Was uns Netzbetreiber nicht erzählen

–

Maik Lindner

Was uns Netzbetreiber nicht erzählen

Maik Lindner

Impressum

Erscheinungszeitraum: 1. Auflage 2024

Autor: Maik Lindner
c/o SP-Day.de Impressum-Service Dr. Lutz Kreutzer
Hauptstraße 8
83395 Freilassing
Lindner-Buch@web.de

Korrektorat: Uli Kaufmann / uli.kaufmann@yahoo.com
Coverdesign: Christine Lipovec / www.Lipographie.de
Satz & Gestaltung: Daniela Rohr / www.skriptur-design.de
Bildnachweise (mit freundlicher Genehmigung):
Abb 1: Prof. Dr. med. habil Karl Hecht
Abb 2, 3, 8, 9, 11, 12: Pixabay
Abb 10: www.depositphotos.com
Abb 4: D. Roloff/ Friedensinitiative Dresden
Abb 5, 6, 7, 13, 14: F. M. König/ Bad Wörishofen/ D
Autoren-Portrait: Privatarchiv M. Lindner

ISBN Taschenbuch: 978-3-384-45297-9

Bibliografische Informationen der Deutschen Nationalbibliothek:
Die Deutsche Nationalbibliothek verzeichnet diese Publikation in der Deutschen National-
bibliografie. Detaillierte Informationen hierzu sind im Internet über dnb.de verfügbar.

Anmerkung zur Buchtitelwahl

Der Haupttitel dieses Buches lautet: „Was uns Netzbetreiber nicht erzählen". Er wurde gewählt, um über verschwiegene, ignorierte, schöngefärbte oder bewusst weggelassene kritische Aspekte des Mobilfunks und der 5G-Netze, Netzbetreiber und Netzbefürworter aufzuklären. Natürlich stehen die Netzbetreiber lediglich stellvertretend für all jene Befürworter und „Schwärmer" des weltweiten 5G-Netzausbaus, seiner Möglichkeiten und der damit einhergehenden Technologiesprünge, die jegliche negativen Aspekte und Gesundheitsrisiken bestreiten. Hierzu gehören ebenfalls die Politik, Behörden oder Ministerien wie das Bundesamt für Strahlenschutz (BfS), die internationale Strahlenschutzkommission ICNIRP, der industrielle-militäriche Komplex, oder all jene Wissenschaftler, die eine Unbedenklichkeit „bescheinigen", obwohl öffentlich zugegeben wird, dass man noch 5G-Langzeitforschung braucht, um Gesundheitsrisiken auszuschließen. Ebenso bitte ich die LeserInnen, den Untertitel, wie auch den Buchrückentext in der möglicherweise kritisch betrachteten Titelwahl mit einzubeziehen, um zu verstehen, dass sich der Inhalt dieser Lektüre nicht nur auf die „Netzbetreiber" fokussiert. Die als Haupt-Nutznießer der neuen, leistungsstarken 5G bis 8G-Netze natürlich kein Interesse an negativer Publicity haben.

Danke, der Autor.

*„Nachdem wir das Feuer erfunden hatten,
haben wir uns ein paarmal dumm angestellt.
Und dann den Feuerlöscher erfunden.
Bei mächtigeren Technologien wie Nuklearwaffen, synthetischer Biologie und hoch entwickelter künstlicher Intelligenz sollten wir uns vorher Gedanken machen und uns große Mühe geben, alles gleich beim ersten Mal richtig zu machen. Denn womöglich haben wir nur diese eine Chance. Unsere Zukunft ist ein Wettlauf zwischen der wachsenden Macht unserer Technologien und der Weisheit, mit der wir davon Gebrauch machen. Wir sollten sicherstellen, dass die Weisheit gewinnt."*

Stephen Hawking

Danksagungen

Ich danke allen, die an der Entstehung, Herausgabe und dem Erscheinen dieses Buches mitgewirkt haben. Insbesondere Prof. Mladen Karic, Vizepräsident des Europäischen Erfinderverbandes, für seine Bereitschaft zu einem Vorwort für dieses Buch, der Waveguard GmbH und der Friedensinitiative Dresden für die jahrelange Zusammenarbeit auch in Form von Filmbeiträgern, Videos oder Blogbeiträgen, Daniela Rohr für Satz und Gestaltung, Uli Kaufmann für das Korrektorat, Christine Lipovec für das Cover, dem Innovations-Forum (IF) und der KIT-Initiative (Kreativität-Innovation-Technologie) für ihre Unterstützung, ...

Danke auch allen unabhängigen Forschern und Wissenschaftlern für ihren Mut, sich mit kontroversen Themengebieten wie Mobilfunk, ElektroSmog, 5G oder Digitalisierung und den damit einhergehenden Risiken ernsthaft, sachlich und kritisch auseinanderzusetzen und ihre Erkenntnisse einer verwirrten Welt zu präsentieren: Wie Professor Dr. Dr. Karl Hecht, Professor Adlkofer, (beide 2022 verstorben), Dr. George L. Carlo, Professor Semm, Professor Dr. Klaus Buchner, Dr. med. Monika Krout, Dr. Waldmann-Selsam, Professor Dr. Dr. Manfred Spitzer und vielen anderen.

Besonderer Dank gilt hierbei auch D. Sc. Ingenieur (FH) Florian M. König, der mir durch seine langjährige unermüdliche Forschung ein Quell der Inspiration für bioverträglichen Funk (bio5G) und guter Freund wurde, um einer technologisierten, vernetzten Welt Hoffnung zu geben, unsere unnatürliche, künstliche Technologie, zu einer naturkonformen Funk-Technologie umzumodulieren.

Danke auch allen Kritikern, die mich herausfordern, meinen Standpunkt, wie auch mich selbst zu hinterfragen, und mir mit ihrem Feuerwerk an berechtigter oder unberechtigter und barscher Kritik bewusst machen, dass im Punkt Aufklärung noch viel getan werden muss.

Danke für den erbaulichen Zuspruch oder die Ehrungen, wie dem KIT-Medienpreis 2024, die ich als Nichtwissenschaftler, Nichttechniker, Autor und Zukunftsforscher für meine langjährige, auch sozialen Tätigkeitsfelder erfuhr. Was mich motiviert, die Hände auch künftig nicht in den Schoß zu legen.

Danke ebenfalls an die LeserInnen, für ihren Mut, sich mit der kontroversen Thematik dieses Buches kritisch zu befassen, um für sich selbst, gegenüber dem Umfeld und dem Planeten angesichts eines weltumspannenden, in seinen Langzeitfolgen derzeit (Stand: 2024) noch unerforschten 5G-Hochleistungsnetzes, weise Entscheidungen zu treffen.

Inhalt

Vorwort von Professor Mladen Karic, Vizepräsident des Europäischen Erfinderverbandes

Ich erhielt vor zwei Jahren, als ich auf der Erfindermesse in Nürnberg war, ein Exemplar von Maik Lindners Sachbuch über 5G, mit der Bitte für ein Statement. Das Buch selbst setzte mich in Erstaunen, dass ein Laie – zumindest stellte es sich für mich zu dem Zeitpunkt so dar –, ein so gut recherchiertes Buch über das Thema 5G zusammengetragen hatte. Aus dem Grund kam ich nun gerne der Bitte nach, für sein neues Sachbuch ein kurzes Vorwort zu schreiben.

Maik Lindner hat in dem Buch – Was uns Mobilfunkbetreiber nicht erzählen – verschiedene Themen aufgegriffen, die den Leser informieren, ihn aber auch mit einigen Fragen zurücklassen.

Als Wissenschaftler weiß ich, wie sehr auch die Wissenschaft sich irren kann. Nicht nur Mobilfunkbetreiber. Aus dem Grund ist es wichtig, immer wieder eine neue Beobachterposition einzunehmen und sich zu fragen, ob es nicht alles ganz anders sein kann. Wie anders, als Mobilfunkbetreiber es uns erzählen, das führt Lindner in seinem Buch genauestens auf und belegt seine Aussagen mit wissenschaftlichen Quellen.

Wer sich verantwortungsvoll mit dem Thema 5G, den Funkstrahlungen und den möglichen Auswirkungen beschäftigt, wird in jedem Fall eines sagen können: Wir sind noch nicht an der Stelle, um die möglichen Risiken und Konsequenzen, die der Mobilfunk mit sich bringt, in seiner Gänze aufzuzeigen. Man tut aber gut daran, darüber nachzudenken. Und dieses Buch bietet jede Menge an Informationen und Inspiration dazu.

Bleiben Sie im Zweifel bei Ihrem gesunden Menschenverstand und denken Sie!

In diesem Sinne empfiehlt das Buch sehr gerne
Mladen Karic im Oktober 2023

Einleitung: Wie dieses Buch entstand

Die Geschichte dieses Buches begann im Frühjahr 2020. Damals las ich in einer Kolumne im Handelsblatt von Professor Kurt Diehm zur Frage, ob Mobilfunk schädlich sei oder nicht, dass selbst er nicht genau wüsste, ob er darauf mit „ja oder nein" antworten solle, da es hierzu viele unterschiedliche wissenschaftliche Meinungen, Aussagen und Studien gibt. Womit er, ohne es zu wissen, mitten ins Herz der seit den Anfängen des Mobilfunks anhaltenden Diskussion über die Schädlichkeit der Funktechnologie traf. Welche nun aktuell mit dem geplanten flächendeckenden 5G-Netzausbau einen neuen Höhepunkt erreicht.

Es stimmte mich nachdenklich, dass Wissenschaftler in einer wissenschaftlich geprägten Welt seit 70 Jahren Mobilfunknutzung und Forschung nach wie vor im Zwiespalt liegen, ob Mobilfunk schädlich ist oder nicht. Aber ich kannte durch eigene langjährige Recherchen auch die Gründe, weshalb Politikern, Behörden und Netzbetreibern es trotz Zusicherung, „alles sei unbedenklich" bisher nicht gelingt, einen einheitlichen (wissenschaftlichen und gesellschaftlichen) Konsens zu schaffen.

So entstand Anfang 2020 in mir der Wunsch, dazu einen Beitrag in Sachbuchform zu schreiben, worin ich das Für und Wider zur weit verbreiteten Mobilfunktechnologie abbilden und meine in vielen Jahren gewonnenen Erkenntnisse einem größeren Publikum anbieten wollte. Welches im Herbst 2020 unter dem Titel; *„5G Mobilfunknetze; Strahlende Zukunft oder gefährliche Strahlung - Was erwartet uns?"* erschien.

Überraschenderweise bekam ich zu dieser schwierigen Thematik jedoch viel positive Kritik. Selbst von Wissenschaftlern, die sicherlich durch praktische Forschung und technische Ausbildung viel tiefer als ich im Thema „steckten" und zahlreiche Mobilfunkbücher - auch in anderen Sprachen - gelesen hatten.

Einer davon - Florian M. König, ein Visionär, Erfinder und Patentinhaber - erklärte sich sogar bereit, ein Vorwort für die Neuauflage meines Sachbuch-Erstlingswerkes zu verfassen. Später, im November 2021, sollte Professor Mladen Karic, Physiker, Vizepräsident des Europäischen Erfinderverbandes und weiterer Gremien, mein Buch sogar auf der iENA Nürnberg (Erfindermesse) mit einem Innovationspreis ehren. Was mich natürlich als Nichtwissenschaftler stark berührte und überraschte.

Das Leben überraschte mich jedoch noch mehr, als erste Einladungen zu Interviews, Webinaren, oder Telefongespräche mit Experten und Wissenschaftlern, wie Professor Adlkofer, Leiter der von der EU finanzierten REFLEX-Studie, folgten. Während ich parallel mit freundlicher Unterstützung der Firma Waveguard und des Innovations Forums, einem Journal, das auch von Wirtschaft und Politik abonniert wird, Blogbeiträge zu schreiben begann.

Ende August 2022 erschien mein erstes Mobilfunkbuch dann auf Englisch. Womit ich – immer noch erstaunt – nun auch einem internationalem Publikum Informationen zum 5G-Netzausbau bot, während ich mich still zu fragen begann, wohin diese Reise noch führen würde? Offensichtlich traf ich mit dem Thema den Nerv der Zeit und es bestand hier ein großes Bedürfnis nach sachlicher kontroverser und kritischer Auseinandersetzung und Aufklärung. Oder sprach ich vielen Menschen einfach aus dem Herzen? Während ich dazu weiterhin Beiträge schrieb, lernte, lehrte, kleine Filme produzierte und erste Erfahrungen mit Social-Media-Kanälen zu sammeln begann, bemerkte ich bald, dass trotz all des Wissens zum Thema „Mobilfunk, 5G und seiner Wirkung auf Mensch und Umwelt" die Öffentlichkeit immer noch zutiefst verwirrt, teil- oder uninformiert und gespalten ist. Ja sogar gezielt desinformiert wird, während die 5G-Technologie und der weltumspannende Netzausbau (nahezu um jeden Preis?) mit Milliarden-Investitionen und ohne Wissen um die Langzeitfolgen auf der Erde, in den Ozeanen, im Erdorbit und sogar im Weltraum vorangetrieben wird.

So entstand in mir der Gedanke, aus meinen teilweise auch auf Englisch erschienenen Blogbeiträgen und Informationen eine neue pointierte Zusammenfassung als Sachbuch zu veröffentlichen. Die angesichts einer öffentlich sehr einseitigen, positiven Berichterstattung zu den großen Vorteilen, auch viele kritische Blickwinkel und Studien beinhaltet. Neben einer Fülle an Allgemeinwissen zu Mobilfunk und 5G, seinen wenig bekannten Wirkungen auf Mensch, Natur und Umwelt, aber auch den damit einhergehenden Entwicklungen wie Künstlicher Intelligenz, Digitalisierung, Elektrosmog, gesundheitlichen Risiken von Mikrowellennahrung, militärischen Anwendungsmöglichkeiten (als Mikrowellenwaffen) uvm. Viel Stoff zum Nachdenken eben.

Das vorliegende Werk spiegelt dieses öffentlich zugängliche, aber nicht so deutlich kommunizierte Wissen wieder und möchte zur Klärung vieler Widersprüche beitragen. Beginnend mit der Frage, weshalb es die eingangs erwähnte kontroverse Diskussion und sogar wissenschaftlichen Widersprüche seit den Anfängen des Mobilfunks und seiner schädlichen Wirkung gibt, bis hin zum kaum bekannten Netzausbau in den Ozeanen, der Abschaffung der Privatsphäre, dem unglaublichen Energieverbrauch der 5G-Netze, dem Problem von Elektroschrott, oder dem Blick in eine digitalisierte Zukunft von Mensch-Maschine-Mischungen (Cyborgs) usw, ... sollten nochmals den LeserInnen eine Fülle an Informationen, geboten werden. Worüber seitens der Netzbetreiber und Befürworter teilweise nur ungern gesprochen oder sogar geschwiegen wird.

Das vorliegende Werk bietet also nicht nur eine Fülle an Wissen, sondern greift auch unbequeme Fragen auf. Wie das politisch verankerte Vorsorgeprinzip, das mit dem 5G-Netzausbau komplett übergangen wird.

Die einzelnen Themengebiete und Kapitel können dabei einzeln gelesen oder gleichzeitig als Gesamtwerk gesehen und gelesen werden. Weshalb der Leser gezielt zu einem Thema vorblättern oder das Werk insgesamt von vorn nach hinten lesen kann.

Natürlich möchte dieses Buch nicht nur den Finger in viele öffentlich geleugnete Wunden legen, sondern auch mögliche bereitliegende Alternativen zeigen. Denn mir ist bewusst, dass wir diese Technologie nicht mehr aus dem Alltag wegdenken oder verbannen können. Das ist auch nicht der Sinn und Zweck dieses Buches. Vielmehr geht es darum, Wissen zu teilen, um bewusste Entscheidungen im Umgang damit treffen zu können, statt teilinformiert und uninformiert „relativ blind" in eine inzwischen milliardenschwere Industrie zu vertrauen. Da die öffentliche Meinung in Bezug auf Mobilfunk und 5G derzeit stark von politischen und industriellen Interessengruppen geformt, dominiert und gestaltet wird.

So erwartet die LeserInnen mit diesem Buch eine hoffentlich geistig inspirierende, teilweise auch aufrüttelnde Lektüre, die in einfach verständlicher Sprache dem uninformierten Laien oder auch vorgebildeten „Mobilfunkkenner" Wissenswertes zum Mobilfunkthema und zur Zukunft der 5G-8G-Netze, als kleines Nachschlagewerk mit bunter Themenvielfalt bieten möchte. Weiterführende Literatur und Kontaktadressen im Anhang laden abschließend noch zur Vertiefung ein.

Viel Freude beim Lesen wünscht
Maik Lindner

Kapitel 01

Das Märchen vom unbedenklichen und die Angst vor dem lückenlosen Mobilfunk-Netz

Derzeit werden tausende Satelliten für den neuen Mobilfunkstandart 5G neben den Millionen erdbasierenden Sendeanlagen in den Orbit geschossen, um uns allen superschnelles Internet und eine neue Ära unfassbarer technologischer Möglichkeiten zu bieten. Aussagekräftige Studien zu Langzeitwirkungen gibt es für dieses flächendeckende Experiment jedoch nicht und aufgrund des internationalen Drucks, konkurrenzfähig zu bleiben, wird diese Hochleistungs-Technologie dem Motto folgend eingeführt; „erst kommt die Industrie, um die möglicherweise danach auftretenden Gesundheitsrisiken kümmern wir uns später".

Elon Musk hat einen Traum

2003 kündige der Milliardär Elon Musk noch etwas unsicher an, wiederverwertbare Raketen und tausende Satelliten ins All zu bringen. Wofür er damals belächelt wurde. 2008 konnte er bereits fünf Prozent der weltweiten Raketenstarts mit dem von ihm initiierten SpaceX-Programm für sich beanspruchen. Während er heute tausende Satelliten für 5G in den Orbit bringt und niemand mehr lacht. Vielmehr wird er nur staunend als Visionär bezeichnet, während das Capital[1] über sein Starlink-Programm berichtet, das Musk rund um den Globus in Stellung bringt. Ein Teil der Weltbevölkerung jubelt über das superschnelle 5G-Netz. Ein anderer Teil der Weltbevölkerung beginnt sich etwas kritischer und mit wachsendem Widerstand zu fragen, ob wir mit dem versprochenen Technologie-Wunder nicht die Büchse der Pandora öffnen. Da selbst Politik, Netzbetreiber oder das Bundesministerium für Strahlenschutz (BfS) faktisch eingestehen, dass man zu den neuen mit 5G einhergehenden höheren Leistungsstärken noch über keine aussagekräftigen Studien zu Langzeitwirkungen verfügt. Wie die Präsidentin des Bundesamtes für Strahlenschutz, Dr. Inge Paulini, äußerte[2]:

> *„Die Präsidentin des Bundesamtes für Strahlenschutz, Dr. Inge Paulini, forderte im März 2019 dazu auf, die gesundheitlichen Auswirkungen von 5G zu untersuchen. „Deutlich höhere Datenübertragungsmengen, neue und zusätzliche Sendeanlagen und höhere Frequenzen verändern aber die Strahlungsintensitäten – diese*

müssen untersucht werden". Sie betonte zwar, dass auch bei 5G unterhalb der Grenzwerte keine Gesundheitsfolgen bewiesen sind, bemängelte aber, dass vor allem im Bereich der hohen Frequenzen kaum Forschungsergebnisse vorliegen."

Oder das Presseportal www.t-online.de zitiert das Bundesministerium für Strahlenschutz (BfS)[3]:

„Der neue Standard 5G soll auch in höheren Frequenzbändern funken, für die bisher erst wenige Untersuchungsergebnisse vorliegen. Hier sieht das BfS auch im Hinblick auf gesundheitliche Auswirkungen noch Forschungsbedarf."

Spielen wir also gerade technologisches Russisch-Roulette, während weiterhin Satellit um Satellit in den Orbit gebracht wird und wir das Szenario auch noch live im Netz anschauen können?[4]

Weisheit sollte über Unwissenheit triumphieren

Der 2019 verstorbene Nobelpreisträger Stephan Hawking äußerte hierzu, wir sollten bei so mächtigen Technologien wie Künstlicher Intelligenz, für die 5G die Grundlage bildet, vorher gründlich überlegen, was wir tun. Denn womöglich werden wir nur diese eine Chance haben. Was realistisch scheint, wenn wir über KI-gesteuerte Waffensysteme nachdenken. Er plädierte dafür, dass die Weisheit gewinnt, nicht die Unwissenheit. Doch ist das wirklich so?

Steine können nicht vom Himmel fallen

Im Zeitalter globaler Vernetzung haben es 5G-Querdenker, also Menschen, die das 5G-Thema kritisch sehen, schwer. Denn Querdenken ist zu einer neuen Gefahr geworden, ja, es wird in Zeiten von Corona tendenziell mit Rechtsradikalismus gleichgesetzt. Auch mit Pseudowissenschaft oder

Spinnerei. Letztlich könnten wissenschaftliche Beweise, die eine Schädlichkeit des Funks belegen, den ganzen weltweiten Netzausbau und das utopische Vorhaben ganzer Industrien gefährden, wenn man denn eingestehe, dass es doch einen Zusammenhang zwischen Mobilfunk und Krebs oder anderen Gesundheitsgefahren gäbe. Ohne Querdenker gäbe es aber keinen Fortschritt. Denken wir nur an Querdenker wie Albert Einstein, Leonardo da Vinci, Galileo, Werner von Humboldt, oder an die Zeit, als sich 1768 damals noch im bayerischen Mauerkirchen[5], im heutigen Österreich, die Gelehrten wunderten und stritten, als ein großer Stein mit gewaltigem Lärm vom Himmel fiel. Was wissenschaftlich gesehen ein Unding war und nicht geschehen könne. Und zur Folge hatte, dass bald jegliche anderen Gedankengänge oder Erkenntnisse geächtet und alles Meteoritengestein bis auf ein paar große Brocken, die man nicht wegschaffen konnte, zerstört wurde. Eine Art Hexenjagd gegen ketzerische Wissenschaftler, die behaupteten, Steine sind doch vom Himmel gefallen, folgte. Trotz wissenschaftlicher Aufklärung erinnerte das Szenario an die Zeit, als man glaubte, dass die „Erde eine Scheibe oder der Mittelpunkt des Universums" sei. Weshalb als genetisches Muster sozusagen, die Gedanken von Querdenkern immer erst bekämpft, aber später dann oft verehrt und angehimmelt werden. Oder diesen Freigeistern zu Ehren später sogar Statuen errichtet oder Universitäten mit ihren Namen versehen werden. Läuft mit 5G vielleicht etwas Ähnliches ab?

Die Spaltung von Wissenschaft, Politik und Gesellschaft zu Mobilfunk und 5G

Grundsätzlich spaltet nämlich Mobilfunk und 5G die Gesellschaft in Befürworter und Gegner. Die Befürworter behaupten, es gäbe keine Gesundheitsgefahren, keine nicht-thermischen Wirkungen oder diesbezügliche Langzeitstudien. Oder auch keine Belege zu Waldsterben, Bienensterben, Fehlgeburten bei Tieren, Krebs, Gendefekten, usw. Und die Gegner sagen, es gäbe sie doch! Und führen uns auf entsprechenden Webseiten, wie www.funkwissen.org, www.emf-portal.org, www.diagnose-funk.org, www.kompetenzinitiative.net usw. zu tausenden Studien ernsthafter Forscher, die uns mit kritischen Ergebnissen die Augen öffnen wollen. Wie jene von Prof. Adlkofer, Leiter der von der EU finanzierten und zu einem kritischen Ergebnis kommenden REFLEX-Studie. Wobei Adlkofer wie viele andere wissenschaftliche Querdenker erleben musste, dass beim allgemein für unbedenklich gehaltenen Mobilfunk nicht gerade Fairplay gespielt wird. Da er sogar entsprechende Gerichtsprozesse führen musste, um sich gegen falsche Anschuldigungen zu behaupten, die er letztlich gewann, aber dennoch Rufmord an sich selbst erleben musste.[6]

So ist unter den vielen mobilfunk-kritischen Studien auch die Salford-Studie zu finden. Die bei Ratten unter Mobilfunkbeschuss Tumorbildung nachweisen konnte. Zitat zur Salford-Studie[7]:

> *„Wir können nicht ausschließen, dass eine ganze Generation von Handynutzern nach einigen Jahrzehnten (häufigen) täglichen Gebrauchs negative Effekte erleiden kann, möglicherweise schon in ihrem mittleren Lebensalter."*

Doch auch diese Ergebnisse werden nach wie vor bestritten und nicht anerkannt. Da sie angeblich nicht auf den Menschen übertragbar seien. Obwohl man Ratten und Mäuse in der Industrie weit verbreitet als Versuchstiere nimmt, um Schäden an Menschen auszuschließen oder vorzubeugen. Für den Mobilfunk gilt das hier eben interessanterweise nicht, obwohl man unter ähnlichen Bedingungen wie bei Menschen forschte.

Die Angst der Lobby

Interessant wird es, wenn wir Gerichtsprozesse, die gegen den Mobilfunk geführt und gewonnen wurden, mit in die Diskussion einbringen. Womit die Schädlichkeit des Mobilfunks sogar gerichtlich untermauert und beglaubigt wurde.[8] Doch darüber berichten die Netzbetreiber und das Bundesministerium für Strahlenschutz lieber nicht. Dies erfahren wir nur, wenn wir den Weg allgemeinen Mobilfunkwohlwollens verlassen und uns eingehender mit der Thematik auf kritischen Webseiten befassen. Was bis zu einem gewissen Grad auch verständlich ist, wenn man bedenkt, dass große Schadenersatzansprüche geltend gemacht werden (könnten) und die enorme Gewinnspanne der milliardenschweren Mobilfunkindustrie, aber auch das Unbedenklichkeitsszenario von Politik und Militär stark gemindert würden. Und ein Eingestehen einer Schädlichkeit nicht nur auf allen Seiten Angst erzeugen, sondern den „schönen smarten Technologiesprung und das unbeschwerte Surfen damit" in Verruf bringen würde. Obwohl bereits ein geschäftsbedingter Dauertelefonierer durch Handytelefonieren einen Gehirntumor bekam, und Schadenersatzansprüche in einem aufsehenerregenden Gerichtsprozess vor dem obersten Gerichtshof in Italien durchsetzte.[9, 10] Bei all dem Für und Wider könnte man nach intensiver Auseinandersetzung aller Argumente und Gegenargumente zu der Einsicht von Marie von Ebner-Eschenbach (1830-1916) gelangen ...

„Wir suchen die Wahrheit, finden wollen wir sie aber nur dort, wo es uns beliebt."

Der Mensch im smarten Netz

Dabei ist die Problematik mit dem Mobilfunk und der davon ausgehenden schädlichen Mobilfunkstrahlung seit langem bekannt. Doch haben es Mobilfunkkritiker schwer, sich gegen eine große gesellschaftliche Inakzeptanz oder übermächtige Lobby durchzusetzen und Gehör zu finden. Was auch dem Umstand mit geschuldet werden kann oder muss, dass uns die von den Technokraten propagierte „schöne, bequeme, smarte Welt" mit ihren vielen Annehmlichkeiten stark eingelullt hat. Niemand möchte im Zeitalter der Digitalisierung heute gern auf Smartphone, Handy, Internet oder vollautomatische Produktionsanlagen, funkgesteuerte Autos oder fernsteuerbare Drohnen, die künftig Blüten bestäuben, Pakete liefern oder Kriege für uns führen sollen, verzichten. Und nur wenige haben den Mut oder viele finden es lächerlich, so wie Prof. Dr. Peter Semm bereits um das Jahr 1999, von Handys 4 Meter Abstand zu nehmen. Weil er sich der Schädlichkeit dieser Technologie nicht aussetzen wollte. Die er im Auftrag der Telekom auf ihre gesundheitliche Wirkung hin, in mehrmals wiederholten Experimenten untersuchte. Um alle Irrtümer auszuschließen. Woraufhin er sein Handy weggab und immer 4 Meter Abstand zu Telefonierern hielt. Zu einer Zeit, als Mobilfunk noch nicht so weit vernetzt wie heute war. Doch heute hat uns Social Media mit allen Vor- und Nachteilen fest im Griff und sogar neue Krankheitsbilder wie Internetsucht hervorgebracht. Wovon allein in Deutschland 560.000 bis 1,5 Millionen Menschen onlineabhängig sind[11]. Während wir inzwischen 9 Krankheiten incl. Smartphonesucht kennen, die auf Handynutzung zurückzuführen sind: Handy-Akne, Handy-Nacken, Handy-Ellbogen, SMS-Daumen, Video-Schulter, Augenleiden, Schlafstörungen, Nomophobie (Stress), die neben psychischen Leiden wie Mobbing, Depression, Mangel an sozialen Kontakten, Übergewicht durch Bewegungsmangel oder erhöhtes Krebsrisiko durch Vieltelefonieren ausgelöst werden können. Aber kehren wir zurück zur Geschichte um Prof. Peter Semm, die schon um 1999 ziemlich bekannt und von den Medien aufgegriffen wurde, während die Telekom ihn drängte, seine Ergebnisse zu widerrufen und er nach fast 2 Jahren Streit gekündigt wurde. Unbequeme Wahrheiten möchte niemand hören. Ein interessanter Kurzfilm zu gesundheitlichen Auswirkungen des Mobilfunks, steht zur Zeit, wo ich dies schreibe, noch im Netz ... [12]

Kritische Belege seit den 1930er Jahren!

Die heute anhaltende, immer heftiger werdende Diskussion begann historisch betrachtet jedoch schon mit den ersten Funkmasten in den 1930er Jahren: Dr. Erwin Schliephakes Forschungsarbeit aus dem Jahr 1932 zum Radiowellensyndrom ist dafür ein guter Beleg. Der seine Arbeitsergebnisse auf dem Kurzwellengebiet am 15.06.1936 in einem Vortrag der Berliner Medizinischen Gesellschaft präsentierte. Was in der Deutschen Medizinischen Wochenschrift (Nr. 32/ 5. August 1932) veröffentlicht wurde. (siehe Abbildung 1)

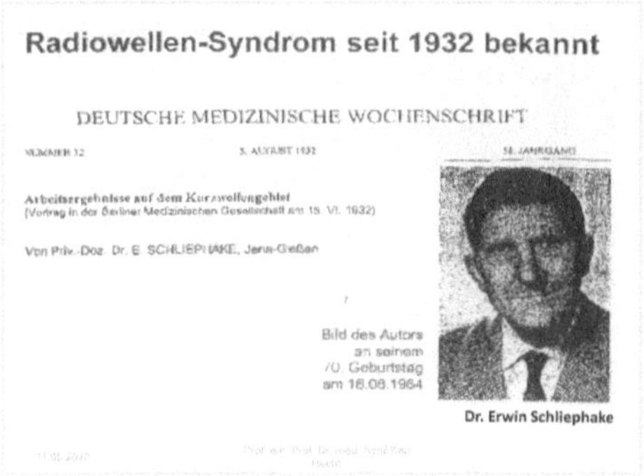

Abb 1. Dr. Erwin Schliphakes Bericht zum Radiowellensyndrom in der deutschen medizinischen Wochenschrift vom 05.August 1932:

Bildquelle: Mit freundlicher Genehmigung von Prof. Dr. med. habil Karl Hecht

Das große Dilemma:

Die Bundesregierung und Netzbetreiber sagen uns, alles sei unbedenklich, es gäbe keine Hinweise auf Schäden durch Mobilfunk. Und Forscher wie Dr. Barrie Trower, ehemaliger Forscher an Mikrowellenwaffen für die Royal Navy, der die auf Millimeterwellen beruhende Waffentechnologie an Menschen testete, erklärt, wir werden durch die Langzeitfolgen wahrscheinlich mehr Tote haben als wir erahnen können. Oder künftig werde bei ungebremstem 5G-Netzausbau jedes 7. von 8 Kindern entweder tot oder mit Gendefekten zur Welt kommen. Was natürlich eine erschreckende Aussage ist, wenn es denn stimmen würde. Interessant wäre, hier mehr Informationen vom Militär zu erhalten. Doch dass Mikrowellenwaffen-Entwickler sich zu Wort melden, oder das Militär uns über ihre Entwicklungen offen Auskunft gibt, wird wohl ein Traum bleiben.

Kritik am globalen Netzausbaus ist immer weniger erwünscht

Die in den großen Leitmedien wie 1999 auf Sat1 noch geführte offene gesellschaftliche Diskussion um die Risiken und möglichen Schäden des Mobilfunks erfährt dabei im Zeitalter der kompletten Digitalisierung und des grenzenlos auch im Orbit und Weltall geplanten 5G-Netzausbaus eine große Wende. Denn das neue, am 1. September 2017 geplante **Netzdurchsetzungsgesetz** (NetzDG)[13], das eigentlich gedacht ist, um

Hasskriminalität, strafbare Falschnachrichten und andere strafbare Inhalte auf sozialen Netzwerken einzudämmen, unterbindet nun auch immer öfter kritische Stimmen zum Mobilfunk und 5G. Während parallel die großen Leitmedien in ihrer vor 20 Jahren noch offen geführten kritischen Diskussion immer mehr verstummen und vermehrt lieber die positiven Aspekte von 5G hervorheben. Womit ein einseitig positives öffentliches Bild entsteht. So bleibt Forschern und Kritikern, wie Dr. Barry Trower nur, sich mit seiner Botschaft auf Plattformen zu präsentieren, die wie KlaTV[14] als Sekte oder der Verbreitung von Verschwörungstheorien verschrien sind. Da YouTube diese erschreckenden Informationen löschte.

Der Kampf um Informationsfreiheit, Meinungsfreiheit und offene Berichterstattung

Die Gesetzgebung selbst gesteht dabei ein, dass man das sehr strenge Gesetz bereits etwas lockern musste, als sich kurz nach Einführung des NetzDG eine breite öffentliche Allianz aus Industrieverbänden, Journalistenvereinigungen, Bürgerrechtsbewegungen und netzpolitischen Initiativen zusammenfand und mit großem Widerstand auf den Verlust der Meinungsfreiheit antworte, was zumindest zu einer Teilentschärfung des Gesetzes führte[15]. Aber dennoch genügend Spielraum lässt, alles nicht politisch korrekte zu entfernen.

Die verrückte Sache mit den Grenzwerten

Eine weitere auffallende Kuriosität rund um Mobilfunk und 5G ist die Sache mit den Grenzwerten: Denn weltweit ist man sich zwar im Großen und Ganzen einig, 5G einführen zu wollen, doch geht man bei den Grenzwerten nicht so einig vor. Es wäre sicher sehr interessant, einer öffentlich geführten Diskussion beizuwohnen, worin hochstudierte Vertreter aus Deutschland, Italien oder auch der Schweiz, Belgien, Frankreich usw. zu Wort kämen, weshalb diese Länder andere oder sehr viel geringere Grenzwerte für eine gesundheitliche Unbedenklichkeit vergeben. Oder manche Länder den 5G-Ausbau wegen starker Bedenken sogar stoppen. Anders ausgedrückt genehmigen nämlich in 5G befürwortenden Ländern die Behörden, Politiker, Netzbetreiber eine 5G-Kanonenkugel von **61 V/m** und 5G-kritisch eingestellte Länder feuern „nur" mit Gewehrkugeln von **5 V/m** oder stellen sich wegen unkalkulierbarer Folgen dieses Experiments vorerst gegen den Netzausbau[16]. Ungeachtet dieser Differenzen hält zumindest Elon Musk die Fahne der Einigkeit nach oben und bringt weiterhin Satellit um Satellit in den Erdorbit, während auf der Erde in verschiedenen Ländern ein Kampf um möglichst hohe oder niedrige Grenzwerte tobt. Womit der Himmel mit einheitlichen Leistungsstärken versorgt wird. Welche gesundheitlichen Langzeitfolgen sein Experiment dann hat, kann auch er leider noch nicht sagen. Zumindest lebt er erst jedoch (s)einen Traum.

Aussagen und Gegenaussagen zu thermischen und nicht-thermische Wirkungen

Wir haben also zum Mobilfunk, der uns nun auch mit tausenden Satelliten im Orbit anfunkt, eine komplett verrückte Welt von Studien und Gegenstudien, Aussagen und Gegenaussagen, bis hin zu gesetzlich unterschiedlichen Grenzwerten. Und wissen angeblich oder wissen wieder nicht, was kommt. Zumindest könnte man bei all der Verwirrung darüber aufklären, dass jene, die zu keinen gesundheitlich schädlichen Ergebnissen kommen, sich meist auf thermische oder zu kurzzeitige Messungen berufen. Also der Erwärmung von Körpergewebe im Abstand zu Mobilfunk oder Handystrahlung. Und jene, die zu schädlichen Wirkungen kommen, auf nicht-thermischen Wirkungen und Langzeitstudien basieren. Also der Wirkung auf Zellen, Gene, Blut, Hirnaktivität, Schlaf, Herzrhythmus, ... über längere Zeiträume. Was dann aber recht laut bestritten wird, von jenen, die ihre thermischen Messungen hochhalten, um so die weitere Unbedenklichkeit zu rechtfertigen. Womit wir die ersten Unklarheiten um den „Wellensumpf der Mobilfunkstrahlung" sogar als Laien-Forscher und Beobachter des Szenarios klären und entwirren könnten.

Die Wurzel der bis heute anhaltenden Verwirrung

Die Wurzel dieses Übels ist, laut Prof. Dr. Adlkofer, dem ehemaligen Leiter der EU-finanzierten und jetzt natürlich auch heftig kritisierten REFLEX-Studie, im Jahr 1953 zu finden. Als das Militär erkannte, dass die Radar- und Funktechnologie doch nicht so harmlos in ihrer gesundheitlichen Wirkung ist, wie angenommen. So befand man sich schon damals und nicht erst heute in einem großen Dilemma. Die Lösung des Problems, so erklärte mir in einem persönlichen Telefonat Prof. Adlkofer Ende 2020, bot der deutsche Physiker Dr. Paul Hermann Schwan vom Kaiser Wilhelm Institut, welcher – wie viele deutsche Denker, Techniker und Ingenieure nach Ende des Zweiten Weltkrieges – in die USA migrierte. Dieser schlug den Militärs als Alternative ein öffentliches Erklärungsmodell vor, das lautete:

> *„Die Hochfrequenz wirkt nur über Wärmewirkung. Es gibt keine andere Wirkung, weil diese gegen die Gesetze der Physik verstößt!"*

Das Militär übernahm diesen theoretischen Leitsatz zur Handhabung mit dem unbequemen Funk nur zu willig und später natürlich auch die Netzbetreiber und Politik, als Mobilfunk, GPS, usw. – ursprünglich aus dem Militär kommend – immer mehr Verbreitung im zivilen Sektor fand. Wodurch bis heute jedwede andere Wirkung bestritten wird und damit die Kluft zwischen Befürwortern und Gegnern immer größer wird. Da diese längst überholte Theorie heute durch zahllose Studien unabhängiger Forscher hundertfach widerlegt ist. Was jedoch den ganzen Netzausbau und unsere moderne Kommunikationstechnik-Ära gefährdet. Weshalb sich Nutznießer dieser gesundheitsrisikobehafteten Technologie (einschließlich des BfS/Bundesministeriums für Strahlenschutz) weiterhin an diesen alten Knochen von 1953 der „alleinigen thermischen Wirkungen" klammern.

Die holprige Suche nach einem Mittelweg

Die WHO suchte hier wohl mit ihrer Veröffentlichung zum Mobilfunkthema den Mittelweg, ohne sich klar für eine Seite zu entscheiden, indem sie alle verfügbaren Studien von „nicht krebserregend bis krebserregend" nahm und daraus bereits 2011 den heute von Kritikern viel zitierten Hinweis "möglicherweise krebserregend" formulierte[17]. Was ausdrückt, dass immer noch ein latentes Krebsrisiko durch Mobilfunk besteht, was für Politiker jedoch kein Anlass ist, den Netzausbau deshalb zu stoppen. Oder auch wir gern vergessen, wenn wir im Netz unbegrenzter Möglichkeiten surfen. Wir telefonieren also tatsächlich auf eigene Gefahr. Weshalb interessanterweise Mobilfunkschäden auch nicht versicherbar sind. Worauf der Interessierte schnell stößt, wenn er sich tiefer mit der Thematik beschäftigt.

Warnungen werden seit Jahrzehnten negiert, herabgespielt und nicht ernst genommen

Seit Jahrzehnten warnen also Wissenschaftler, Ärzte und unabhängige Forscher vor den Gefahren der inzwischen weit verbreiteten Mobilfunk-Technologie, die uns jetzt auch von oben aus dem Himmel flächendeckend mit ihren Vorteilen segnen oder Nachteilen bombardieren will. Je nachdem, welchen Blickwinkel wir dazu einnehmen. So zum Beispiel der Freiburger Ärzteappell[18], ein Zusammenschluss zahlreicher praktizierender Ärzte und der Bundesärztekammer. Der seit 2002 - damals mit etwa 1.200 Unterzeichnenden, heute in einem internationalen Appell mit über 31.000 Befürwortern - ungehört an die Regierung appelliert, den Mobilfunkausbau zu stoppen. Weil ihre Erfahrungen mit Patienten, die unter weitreichenden gesundheitlichen Störungen litten, belegten, dass die zahlreichen Beschwerden verschwanden, wenn die Funkquellen (DSL Router, Handy, Mobilfunkmast etc.) abgeschaltet oder entfernt wurden. Gleichzeitig macht das Thema der Millionen unbeachteten Elektrosensiblen allein in Deutschland nachdenklich. Die bereits ohne leistungsstarke 5G-Netze Zuflucht in den letzten verbliebenen Funklöchern suchen und am 16. Juni einen internationalen Tag der Elektrosensibilität[19] ins Leben riefen, um an eine – von Politik und Netzbetreiber nicht gern diskutierte – wachsende funkgeschädigte Bevölkerungsgruppe zu erinnern. Zu der übrigens auch immer mehr hoch qualifizierte Fachkräfte zählen, die am Arbeitsplatz oder im Wohnumfeld mit immer mehr Technik zu kämpfen haben und über wachsende Erschöpfungszustände klagen. Burnout, die neue anerkannte Volkskrankheit, ist nun auch bei den Ärzten ein Begriff. Ist es nicht interessant, dass Burnout und Elektrosensibilität auffallend viele Parallelen aufweisen?

Baum und Artensterben durch Mobilfunk und 5G?

Das Thema Baumsterben[20], Insektensterben und andere Wirkungen des Mobilfunks, was unabhängige mutige Forscher wie Prof. Schorpp oder Frau Dr. Waldmann-Selsam dokumentieren, haben wir dabei noch nicht einmal angesprochen. Wobei Bäume, Insekten oder Tiere keine wissenschaftlichen Debatten um richtig oder falsch führen können, sondern auf Hochfrequenz einfach reagieren. Wie wir in Kapitel drei und vier noch ausführlicher sehen werden. Was wird also mit uns und unserem Planeten geschehen, wenn wir nun von unten und von oben alles Leben rasterartig und 24 Stunden am Tag in noch nie dagewesenem Maße mit Hochfrequenz, die später bis zum 10-fachen der jetzigen Leistungsstärken oder sogar dem Radarbereich reichen wird, beschießen? Insgesamt müsste uns eigentlich langsam einleuchten, dass hier etwas nicht ganz stimmen kann, da wir, wie Kritiker berechtigterweise anmerken, trotz gesundheitlicher Bedenken bereit sind, jedes Risiko einzugehen, nur um immer mehr Sendemasten, immer mehr Satelliten und immer mehr Leistung zu haben, um den Planeten in eine Art riesigen Mobilfunkmastenglobus umzuwandeln.

Fazit: Technischer Fortschritt über alles?

Wir leben heute also in einer Welt, in der technischer Fortschritt über alles gestellt wird, wo Wissenschaftler und Entwickler wie Dr. Florian

König sich äußern, dass sie sich wünschten, dass bevor eine neue Technologie eingeführt wird, diese erst einmal auf ihre Langzeitfolgen geprüft werden sollte, statt zuerst neue Technologien einzuführen, ohne etwas über die Langzeitfolgen zu wissen. Oder Landkreise wie Tutzing und ganze Regionen in Italien nein zum 5G-Netzausbau sagen, bis das alles mehr erforscht ist. Dass wir bei den Vorläufern von 5G schon starke Probleme haben und nun die ganze Welt mit diesen Frequenzen vom Nordpol bis zum Südpol einhüllen wollen, stimmt sicher jedes denkende Wesen nachdenklich. Trotz dieses Faktes formulieren die Befürworter ihre Kritik in auffallender Eintönigkeit: „Man müsse in dieser Sache zwar noch mehr Forschung betreiben, aber solle das Ganze nicht so hysterisch sehen. Schließlich gebe es gesetzliche Richtlinien und Grenzwerte und diese würden ja grundsätzlich auch eingehalten. Und für die nicht-thermischen Wirkungen, so das Bundesministerium für Umwelt, Naturschutz und nukleare Sicherheit (BMU), gäbe es bisher keine empirischen Beweise[21].

Künstliche Frequenzen, die unabgeschirmt auf natürliche, ökologische Systeme treffen

Ist es nicht interessant, dass wir den häuslichen Mikrowellenherd, der mit etwa 2,5 GHz (Gigaherz) Leistung arbeitet, komplett abschirmen, aber den Mobilfunkmasten um die Ecke, der mit ebenso viel oder mehr Leistung arbeitet, nicht? Und hier der Strahlung freien Lauf lassen? Wobei es dann lediglich eine rote Zone gibt, in der sich ein Mensch in einem geringen Abstand zum Mast nur wenige Minuten aufhalten darf? Doch 5G-Fortschritt ohne Grenzen darf nicht angehalten werden und so bringen wir die bis auf Radar hochschraubbare Mikrowellentechnologie überall in Position: Auf der Erde, im Erdorbit, in den Ozeanen und künftig auch mit auf den Mond oder Mars. Schließlich soll der Mond oder Marsroboter ja guten Empfang haben und saubere Bilder funken.

Das sich ständig beschleunigende System

Bedenken, dass wir in einer Zeit, wo alles immer schneller wird und Burnout zur Volkskrankheit wurde, werden schnell mit den Vorteilen des superschnellen Netzes übertüncht. Während sich Experten fragen, woran das wohl liegen könnte, während Wirtschaftsunternehmen durch den 5G-Ausbau weiterhin ihre maximalen Gewinne noch mehr maximieren wollen und diese parallel zu 5G bereits 6G, 7G, 8G und 9G vorbereiten und diskutieren[22]. Diese menschlichen Lücken sollen oder werden dann bald KI-gesteuerte Roboter füllen, da wir Menschen ja bereits an unsere Kapazitäten kommen. Roboter sind pflegeleichter, universell einsetzbar, beheben das Fachkräftemangelproblem, brauchen keine Kaffeepausen und fordern für mehr Arbeit nicht mehr Lohn. Sie sind einfach besser programmierbar, obwohl ich mir schon manches Mal die Frage stellte, ob wir Menschen nicht doch schon ein Stück weit selbst programmiert sind, da wir uns täglich in wiederkehrenden Mustern – fast schon mechanisch – hin und her bewegen? Doch für diese Art Philosophie ist im Zeitalter der Algorithmen und Industrie 4.0 kein Platz. Und so werden Oldtimer wie ich, die auch längere Zeit problemlos analog leben können, wohl bald vergessen sein, da Schachcomputer ja das „Spiel des Lebens vom Bauern oder König" bereits viel besser beherrschen.

Was wären in diesem Szenario die Alternativen?

- Auf diesen Luxus verzichten und wieder wie zur Zeit der Dampfmaschinen leben, als alles noch „gemütlicher" aber körperlich auch sehr viel anstrengender war?
- Oder so wie die Elektrosensiblen in die letzten verbliebenen Funklöcher fliehen? Die auf Drängen der Politik und Netzbetreiber nun immer mehr geschlossen werden.
- Funkfreie Zonen in Städten gleich neben dem 5G-Netzausbau mit einzuplanen, wie es Professor Dr.-Ing. Wilfried Kühling in seiner 2021 erschienenen Schrift unter dem Titel ***„Mit Planungsrichtwerten die***

Vorsorge vor Mobilfunkstrahlung auf Gemeindeebene verbindlich umsetzen" publiziert?[23]

- Zuflucht in Bunkern unter der Erde suchen?
- Sich, sein Haus, seine Räume, seine Arbeitsbereiche ... mit Schutzanstrichen, Schutzkleidung, speziellen, von der Armee entwickelten Schutzgardinen, Schutzaufklebern oder Schutzbehältern versehen?
- Das Immunsystem so sehr stärken, dass uns Strahlung, in welcher Höhe auch immer, nicht mehr beeinflussen kann?
- Oder wäre der weiseste Weg, die Problematik gleich an der Wurzel anzupacken und statt einer nicht naturkonformen Mikrowellentechnologie, wie wir sie täglich nutzen, eine natürliche Technologie nutzen. Womit technologischer Fortschritt, Mensch und Natur wieder im Gleichklang gebracht würden und die ganze Diskussion um die Schädlichkeit des Mobilfunks ein Ende finden könnte.

Doch welche Technologie könnte das sein?

Kapitel 02

Elektrosensibilität und 5G-Netzausbau: Könnte es uns bald alle treffen?

Die Digitalisierung und der 5G-Netzausbau schreiten mit großen Schritten voran. Was für die einen ein Segen, scheint für jene, die bereits in die letzten verbliebenen Funklöcher fliehen, oder nur noch abgeschirmt vor E-Smog und Funk leben können, ein Fluch: die Elektrosensiblen. Geschätzt wird, dass allein in Deutschland bereits Millionen Menschen elektrosensibel sind. Genaue Zahlenerhebungen gibt es nicht. Dabei könnten wir – bei kritischer Betrachtung – selbst vielleicht bald betroffen sein.

Elektrosensible: Vergessen, gemieden, verdrängt, ignoriert und lächerlich gemacht!

Das Thema Elektro-Hyper-Sensibilität (EHS) ist im Zeitalter des weltweiten 5G-Ausbaus, der smarten Netze, Umstellung auf Homeoffice oder der geplanten Industrie 4.0 unbequem. Zeigt es doch nicht nur den Netzbetreibern, der Wirtschaft, Politik, dem Militär, sondern auch uns, dass bei all dem Jubel um superschnellen Datentransfer und den damit einhergehenden Vorteilen mit unserer Technologie auch große gesundheitliche Risiken einhergehen (könnten).

Wer gern „Zucker" isst, damit Geschäfte macht, oder einfach nur gern das Smartphone oder Handy nutzt, möchte sicher nichts davon hören, dass dieser Stoff oder diese Technologie auch schaden kann. Deshalb erleben viele Elektrosensible, wie sie sprichwörtlich gegen Windmühlen kämpfen oder gegen Wände reden und werden sie oftmals als Exoten der Gesellschaft, die unter „Einbildung", „psychischen Problemen" oder einem „Nocebo-Effekt"[24] – dem bösen Bruder des „Placebo-Effekts"[25] – leiden, eingestuft.

Offizielle Bedenken um die grenzenlose Zunahme elektrischer Geräte

Dabei stehen aber bei dem Thema EHS die Zeichen auf Sturm, denn schließlich sind die Länder der Erde mehr oder weniger bereit, die letzten noch bestehenden Funklöcher zu schließen, wird unser Alltag auch künftig mit immer mehr elektrischen und elektronischen Geräten gespickt, oder nehmen jedes Jahr die Handyverträge, Leistungsstärken und Netzdichten zu. Wobei öffentlich zugegeben wird, dass niemand genau abschätzen kann, wie die Summe all der elektrischen Geräte, Funkmasten und smarten Netze, die jedes für sich natürlich gesundheitliche Grenzwerte einhalten muss, dann insgesamt auf uns wirkt. So können wir bereits zum Jahresbericht der Strahlenschutzkommission bei www.zeit.de am 20.10.2005 lesen[26]:

> *„Selbst die Strahlenschutzkommission, welche die Bundesregierung berät und nicht im Verdacht steht, Gefahren zu übertreiben, warnt in ihrem Jahresbericht: „Ein zunehmend drängendes Problem besteht darin, dass in der menschlichen Umgebung die Zahl der Geräte, die elektromagnetische Felder produzieren, dramatisch zunimmt." Jedes einzelne Gerät bleibe zwar unterhalb der Grenzwerte, aber in der Summe bestünde durchaus die Gefahr, dass sie überschritten würden. Zudem sind diese Werte eine Art Hilfskonstruktion. Sie schließen nur aus, dass es zu einer Erwärmung von Gewebe kommt. Ob aber eine Strahlenbelastung auch unterhalb der Grenzwerte schädlich ist, gilt bis heute als umstritten. Erste* ***Hinweise*** *darauf gibt es durchaus, aber noch keine wissenschaftlichen* ***Nachweise."***

Damit gestehen sogar offizielle Behörden seit 2005 ein mögliches Risiko ein! Als Schlussfolgerung wäre ein Appell an die Öffentlichkeit dringend notwendig, die Sache ernster zu nehmen und zu klären:

- was Elektrosensibilität tatsächlich ist,
- wie und wodurch sie entsteht,
- und ob an dem Phänomen der Elektrosensibilität vielleicht doch mehr dran sein könnte, als nur „psychische Einbildung"?

Elektro-Hyper-Sensibilität [EHS] – was ist das? – Der Versuch einer Definition

Doch schon bei der Frage nach einer Definition gibt es erste Probleme. Denn offiziell gibt es kein „Krankheitsbild eines Elektro-Hyper-Sensiblen" bzw. wird dieses nicht nur in Deutschland, sondern weltweit bis heute nicht anerkannt. Und es herrscht hier seit vielen Jahrzehnten großer Widerstand, dies von offizieller Seite auch künftig anzuerkennen. Sich nämlich dem Thema, womöglich in Fernsehsendungen zur Premium-Sendezeit, öffentlich zu nähern, würde bedeuten, anzuerkennen, dass hier etwas Unangenehmes in unserer global vernetzten Gesellschaft geschieht. Und etwas mit unserer weltweit viel genutzten Technologie nicht stimmt. Was wiederum das ganze System der Unbedenklichkeit untergraben würde. Wodurch eine Kettenreaktion ausgelöst werden könnte, die sich sicher nicht nur in sinkenden Umsatzzahlen oder dem Rückgang von Handyverträgen, sondern auch in erheblichen Schadenersatzansprüchen und großflächigen Abschirmmaßnahmen spiegeln könnte. Und so geht das Spiel um die Unbedenklichkeitserklärungen weiter. Aber kehren wir zurück zur Definition von Elektrosensibilität. Bei Wikipedia finden wir zum Begriff „EHS" folgendes Zitat[27]:

> *„Als elektrosensibel werden Menschen bezeichnet, die behaupten, elektrische, magnetische oder elektromagnetische Felder (EMF) wahrnehmen zu können. Solche Felder werden von elektronischen Anlagen erzeugt und sollen den sog. Elektrosmog verursachen. Quellen der primär technisch genutzten EMF sind zumeist Mobilfunk, Rundfunksender, Radargeräte, DECT-Telefone, WLAN, Mikrowellenherde oder Bluetooth. Andere höherfrequente Strahlungen wie Gamma-, Röntgen-, die Infrarotstrahlung oder das sichtbare Licht werden dabei nicht betrachtet, obwohl diese auch elektromagnetische Felder darstellen."*

Künstliche und natürliche Felder

Sinnvoll wäre bei solchen Aussagen zuallererst, die Öffentlichkeit darüber aufzuklären,

- dass es sowohl natürliche Felder gibt, an die sich das Leben insgesamt, einschließlich des Menschen, seit Jahrmillionen angepasst hat. Forscher und Entwickler wie Dr. sc. Florian M. König, die darüber seit Jahrzehnten forschen[28] sprechen hier von Sferics.
- Als auch künstliche, vom Menschen geschaffene hochfrequente Strahlen und Felder; sogenannte Technics. Die unnatürlichen Ursprungs sind, da diese technisch erzeugt werden.

Abb. 2: Atmosphärische Energien (Sferics) in Form von Blitzen und Gewittern.

Bildquelle: pixabay.com

Wobei Technics unseren Zellen sprichwörtlich dazwischenfunken, da sie all die Probleme auslösen, die wir nachfolgend noch betrachten wollen. Weil wir uns biologisch und genetisch seit Jahrmillionen an sogenannte Sferics, auch Atmos-Spherics genannt- (= natürliche Felder atmosphärischen Ursprungs) angepasst haben. Wie sie bei Blitzen, Schönwetterlagen, Schlechtwetterlagen, Erdbeben (Bodensfrics) oder als Hintergrundrauschen im Radio spürbar, sichtbar, messbar und hörbar gemacht werden können. Da sich künstliche und natürliche Energieformen in ihrer Wirkung grundlegend voneinander unterscheiden, reagiert schlussfolgend der menschliche Körper darauf[29].

Was mancher Sensible mehr oder weniger spürt. So können wetterfühlige Menschen Energieströme in der Natur wahrnehmen und fühlen sich bei Hochdruckgebieten und Schönwetterlagen meist wohl und bei Schlechtwetterlagen schlecht. Elektrosensible haben hier ebenfalls sehr feine Antennen für die Wahrnehmung elektromagnetischer, künstlich gepulster Felder entwickelt. Was Fluch oder Segen sein kann. Da wir nur jene Probleme beheben können, die wir (er)kennen.

EHS – die Symptome: Was Ärzte in ihren Praxen wahrnehmen

Interessant hierbei ist, dass die negativen unangenehmen Folgen und gesundheitlichen Beschwerden rund um den technischen Mobilfunk historisch bereits gut dokumentiert sind[30] und mit den ersten Funktürmen begannen, wie in Kapitel 1 beschrieben. Ebenfalls interessant zum Thema EHS wird es, wenn wir die jahrelangen Beobachtungen zahlreicher Ärzte und sogar der Bundesärztekammer und ihrer seit 2002 öffentlichen Appelle an uns, die Politik und Netzbetreiber mit einbeziehen[31]:

> *„Wir beobachten in den letzten Jahren bei unseren Patientinnen und Patienten einen dramatischen Anstieg schwerer und chronischer Erkrankungen, insbesondere • Lern-, Konzentrations- und Verhaltensstörungen bei Kindern (z.B. Hyperaktivität) • Blutdruckentgleisungen, die medikamentös immer schwerer zu beeinflussen sind • Herzrhythmusstörungen • Herzinfarkte und Schlaganfälle immer jüngerer Menschen • hirndegenerative Erkrankungen (z.B. Morbus Alzheimer) und Epilepsie • Krebserkrankungen wie Leukämie und Hirntumore. Wir beobachten außerdem ein immer zahlreicheres Auftreten von unterschiedlichen, oft bei Patienten als psychosomatisch fehlgedeuteten Störungen wie • Kopfschmerzen und Migräne • chronische Erschöpfung • innere Unruhe • Schlaflosigkeit und Tagesmüdigkeit • Ohrgeräusche • Infektanfälligkeit • Nerven- und Weichteilschmerzen, die mit üblichen Ursachen nicht erklärlich sind, um nur die auffälligsten Symptome zu nennen …"*

Die Ursachen dafür identifizierten die Ärzte des Freiburger Appells so:

> *„… Da uns Wohnumfeld und Gewohnheiten unserer Patienten in der Regel bekannt sind, sehen wir, speziell nach gezielter Befragung, immer häufiger einen deutlichen zeitlichen und räumlichen Zusammenhang zwischen dem Auftreten dieser Erkrankungen und dem Beginn einer Funkbelastung z.B. in Form einer • Installation einer Mobilfunkanlage im näheren Umkreis der Patienten • Intensiven Handynutzung • Anschaffung eines DECT – Schnurlos -Telefones*

im eigenen Haus oder in der Nachbarschaft. Wir können nicht mehr an ein rein zufälliges Zusammentreffen glauben, denn: • zu oft beobachten wir eine auffällige Häufung bestimmter Krankheiten in entsprechend funkbelasteten Gebieten oder Wohneinheiten, • zu oft bessert sich die Krankheit oder verschwinden monate- bis jahrelange Beschwerden in relativ kurzer Zeit nach Reduzierung oder Eliminierung einer Funkbelastung im direkten Umfeld des Patienten, • zu oft bestätigen zudem baubiologische Messungen außergewöhnlicher elektromagnetischer Funkintensitäten vor Ort unsere Beobachtungen ..."

EHS und die offizielle Sichtweise

Damit müsste eigentlich - sogar ärztlich gefordert - einleuchten, dass mit unserer Technologie etwas nicht stimmt. Was einem rechtschaffenen Menschen sicher zum Handeln bringen würde. Doch offiziell wird leider weiterhin mehrheitlich bestritten[32], dass es einen solchen Zusammenhang zwischen den Symptomen, die die Ärzte des Freiburger Appells zum Mobilfunkausbau herstellten, gäbe. So wird behauptet, EHS-Betroffene leiden unter einem Nocebo-Effekt[33]. Der Nocebo-Effekt ist hierbei, laut offizieller Lehrmeinung, der böse Zwillingsbruder des Placebo-Effekts[34]. Womit gemeint ist, dass die negative Erwartungshaltung die Beschwerden auslösen soll. Konkret meinen Forscher dieser Denkrichtung damit, dass man den Leuten nur einreden bräuchte, dass es ihnen unter Frequenzbestrahlung schlechter gehe, (auch wenn diese nicht eingeschaltet wird) und es ihnen dann tatsächlich schlechter ginge (siehe auch selbsterfüllende Prophezeihung in der Psychologie[35]). Was man bei einer Versuchsgruppe getestet habe, weshalb es ein Fakt und „erwiesen", ist, dass das Problem bei den elektrosensiblen Menschen nun „immer" psychischer Natur ist. Also nur auf Angst und Panik beruhe. Worauf dann der Körper „ähnlich einer Scheinschwangerschaft" reagiere. Es lebe also die Macht der Gedanken, die ab einer gewissen Grenze ebenfalls von vielen Forschern bestritten wird.

Das nicht ernst genommene Problem und seine Risiken

Sarkastisch ausgedrückt gibt es bei den Netzbetreibern wie der Telekom dazu einen Witz[36]:

> *Seit auf dem Dach des Nachbarhauses eine Mobilfunkantenne installiert worden ist, findet Herr Meier kaum noch Schlaf. Nachts wälzt er sich mit Kopfschmerzen im Bett. Nach einer Woche hat Meier genug. Er greift zum Telefonhörer (Festnetz) und beschwert sich bei der Telekomfirma. Der Techniker, mit dem er verbunden wird, hat schlechte Neuigkeiten für ihn. „Es tut uns leid, Herr Meier, aber bald wird alles noch viel schlimmer", sagt er. Und fügt nach einer Kunstpause innerlich triumphierend an: „Nächste Woche wird die Antenne nämlich sogar eingeschaltet."*

Diese Art Humor zeigt, wie intellektuell geschulte Netzbefürworter denken. Durch das Nichtanerkennen einer immer größeren Zahl von EHS-Betroffenen, konnte der Netzausbau natürlich unglaublich fortschreiten. Und jetzt wird bewusst politisch und wirtschaftlich angestrebt, die letzten Funklöcher zu schließen. Da es offiziell so etwas wie Elektro-Sensible (ES) oder Elektro-Hyper-Sensible (EHS) nicht gibt, gibt es offiziell auch keine Gesundheitsprobleme. Schließlich geben die offiziellen Studien ja keinen Anlass zur Sorge[37]:

> *[...]Zum Phänomen „elektromagnetische Hypersensibilität" gibt es bereits seit den 1990er-Jahren Studien. Einige dieser Studien hat das Bundesamt für Strahlenschutz in der Vergangenheit selbst in Auftrag gegeben. Der Großteil der nationalen und internationalen Studien kann* ***keinen eindeutigen Zusammenhang*** *zwischen den Symptomen und elektromagnetischer Strahlung feststellen. So heißt es beispielsweise in einer 2009 veröffentlichten Untersuchung der Bundesanstalt für Arbeitsschutz und Arbeitsmedizin [...]*

Offizielle Zählungen gibt es nicht

Daraus kann man konkret ableiten, dass die Ärzte des Freiburger Appells sich allesamt irren und sich „aus reiner Einbildung" mit ihren Appellen seit etwa 20 Jahren unter enormen Herausforderungen an Politik und Öffentlichkeit wenden und damit selbst lächerlich machen (wollen). Oder aber, dass die Zahl der Elektrosensiblen tatsächlich, mit ständigem Netzausbau offiziell nicht erfasst - stetig steigt. Selbst ein Kontakt zum Vorstand des Vereins für Elektrosensible München e.V.[38], wie für mein Buch „5G-Mobilfunknetze" (siehe Anhang) bringt leider keine Klärung, da der Verein antwortete[39]:

> *„Auch wir hätten gerne belastbare Zahlen, denn wir sehen, dass die Anzahl der Betroffenen stetig steigt. Eine offizielle Erhebung gibt es jedoch nicht und diese wird es auch nicht geben, solange die Existenz des Krankheitsbildes EHS von offizieller Seite negiert wird. Gerade im Hinblick auf den geplanten Ausbau des 5G Netzes ist eine verstärkte Aktivität aller amtlichen Entscheidungsträger zu spüren, das Problem mit den „sogenannten Elektrosensiblen" - so der offizielle Duktus - auch weiterhin kleinzureden und kleinhalten zu können. So liegt es in der Natur der Sache, dass offizielle Schätzungen viel zu niedrig sind und die Dunkelziffer entsprechend hoch sein dürfte. Wir gehen davon aus, dass ca. 35 - 40% der Bevölkerung betroffen sind".[...]*

Burnout und EHS als Indikator für mehr körperlichen Stress im Vergleich

Die Fachwelt stellt zumindest heute fest, dass immer mehr Menschen unter dem sogenannten Burn-out-Syndrom leiden[40]. Gemeint sind damit chronische Erschöpfungs- und Ermüdungszustände, das Gefühl von Sinnlosigkeit, Antriebslosigkeit, innerer Leere, aber auch Kopfschmerzen, Rückenschmerzen, Schlaflosigkeit und zahlreiche weitere Symptome. Zwischen Burn-Out und Elektrosensibilität gibt es jedoch interessanterweise und rein äußerlich betrachtet einige Parallelen, wie:

- Schlaflosigkeit und chronische Ermüdungserscheinungen,
- Kopfschmerzen, Depressionen,
- Kreislaufprobleme, Schwindel, Übelkeit, usw.

Ursache hierfür scheint in beiden Fällen ein geschwächtes Immunsystem zu sein, dass unter einem gewissen Dauerstress steht. Wobei eine genaue Zuordnung der Fachwelt seit Jahren Probleme bereitet. Burn-Out wird jedoch mehr diskutiert und daher öffentlich stärker wahrgenommen als EHS. Burne-Out-Betroffene werden deshalb heute auch ernster genommen und der „Richtung psychosomatische Beschwerden" zugeordnet. Diesen „Stempel" versuchen Wissenschaftler, Politiker oder Mobilfunkbetreiber auch den Elektrosensiblen zu geben. Doch entgegen den Burn-Out-Betroffenen erfahren diese - wie wir gerade durch den Freiburger Appell sahen - eine rasche Besserung ihres Gesundheitszustandes, wenn die entsprechenden Störquellen wie DSL-Router etc. neutralisiert wurden. Was ein starkes Indiz dafür ist, dass EHS technischen und nicht psychischen Ursprungs ist.

Die Haken am Nocebo-Effekt und der offiziellen Sicht

In einer einzelnen Gruppe mag ein Nocebo-Effekt vielleicht tatsächlich festgestellt worden sein, doch was ist mit Studien, in denen den Patienten nichts zur Schädlichkeit gesagt wurde? Oder das Elektrostress verursachende Gerät ohne Wissen der Testpersonen oder der Forscher ein und ausgeschaltet wurde, was man eine Doppelblindstudie nennt?

Im Jahr 2003 wurde bereits eine solche Studie, der sogenannte TNO-Report - gemacht[41]. Hierbei wurden 72 Teilnehmer - bestehend aus 32 Elektrosensiblen und 32 nicht elektrosensiblen Personen - in mehreren Versuchsreihen einer kurzfristigen Bestrahlung von GSM-Funk von 0,9 GHz und 1,8 GHz und UMTS-Funk 2,1 GHz ausgesetzt:

> *„Die Expositionszeiten betrugen 45 Min, 90 Min. und 135 Min, gearbeitet wurde im Doppelblindverfahren, d. h., weder der Untersucher noch der Proband wussten, ob die Antenne strahlt oder nicht,*

ob eine reale oder nur scheinbare Placebo-Exposition durchgeführt wurde. Die Feldstärke betrug 1V/m, was einer Leistungsflussdichte von 300 nW/cm^2 entspricht, einer Strahlung, die im Hauptstrahl einer 15 Watt-Antenne noch in etwa 150 m erreicht wird."

Diese Studie kam dann zu dem folgenden Ergebnis:

„Interessanterweise zeigte sich sowohl bei der elektrosensiblen als auch bei der nicht-elektrosensiblen Gruppe unter UMTS-Bestrahlung eine signifikante Zunahme von Störungen der „kognitiven Fähigkeiten", als da wären Reaktionszeitverlangsamung, deutlich verminderte optische Erkennungs-, Aufmerksamkeits- und Gedächtnisleistungen u.a. Des Weiteren wurden Symptome vegetativer Befindlichkeit bzw. „Störungen des Wohlbefindens" untersucht, die nach der WHO-Definition als wesentlicher Teil von Gesundheit zu gelten haben."

Tiere lügen und diskutieren nicht!

Interessant bei diesen Gedankengängen ist auch, was mit Tieren geschieht, die neben Elektrosensiblen in ein Gebiet geführt werden, das stark funkbelastet ist. Wobei weder das Tier noch der begleitende Elektrosensible im dichten Wald den Sendeturm sehen können, während man die Herzfrequenz beider „Testobjekte" bei dieser Wanderung in „unberührter" aber funkbelasteter Natur misst? Dass die Herzfrequenz in Mobilfunkmastennähe bei beiden „Testobjekten" ansteigt, demonstrierte der in Deutschland recht bekannte Elektrosensible Ulrich Weiner unter den Augen der Kameras, in einer „Galileo-Fernsehsendung" im Jahr 2018[42]. Was leider von den Forschern und Befürwortern des Nocebo-Effekts nirgends erwähnt oder beachtet wird.

Die schleichende Gefahr

Wenn wir den Gedanken eines Nocebo-Effekts noch weiterspinnen, dann müssten oder könnten all die auf den Packungsbeilagen beschriebenen und möglichen Nebenwirkungen von Tabletten ebenfalls einen Nocebo-Effekt auslösen. Oder negative und brutale Fernsehsendungen einschließlich des berühmten Freitagskrimis. Woran dann Tausende - wie die EHS-Sensiblen - unter Neurosen leiden müssten. Dennoch genießen wir diese „Nocebos" weiterhin in vollen Zügen. Nicht auszudenken, was massenhaft ausgestrahlte Bilder großer Terroranschläge dann bei uns auslösen (können), wie sie nach dem 11. September pausenlos ausgestrahlt wurden. Auch wird uns in Arztpraxen täglich (als Nocebo) in der Werbung „eingeimpft": „Zu Risiken und Nebenwirkungen lesen sie" ... Wir sehen also, mit solchen Äußerungen betreten wir einen schmalen Grat der wissenschaftlichen Beweisführung einer angeblich nicht vorhandenen Elektro-Hypersensibilität. Parallel nehmen sowohl die Funkdichte als auch die elektronisch miteinander vernetzten Geräte oder Komponenten immer mehr zu. Vom einfachen Auto bis hin zum elektronisch gesteuerten Kühlschrank oder sekundengenauen Funkwecker, Schnurlos- Telefon, und vielem mehr; - aus der als erklärtes Ziel formulierten komplett vernetzten Welt ist es bald unmöglich zu entkommen. Denn heute wachsen unsere Kinder damit auf und werden bereits im Mutterleib mit technischen Frequenzen in Kontakt gebracht. Weshalb wir alle in der Verantwortung stehen, uns damit gründlich und umfassend auseinanderzusetzen und zu fragen, was aus unserer Welt und Zukunft wird, in der die Nutzung des Fortschritts bereits neue Formen von Süchten hervorbringt[43], die durch uns auf unsere Kinder abfärben.

Abb. 3: Viele Kinder sind heute bereits Smartphone- oder Internetsüchtig

Bildquelle: pixabay.com

Thermische und nicht-thermische Studien und Gerichtsurteile

Vielleicht ist es an dieser Stelle sinnvoll, sich einmal die Wirkung des Mobilfunks näher anzuschauen. Unterschieden werden muss hier zwischen:

1. Thermischen Wirkungen und Studien, die öffentlich genutzt werden, um Mobilfunktechnologie weltweit zu verbreiten. Wobei die Erwärmung von Körpergewebe im Abstand zu einer Strahlenquelle, wie einem Mobilfunkmast, gemessen wird. Worauf dann die offiziellen Grenzwerte und Argumente der Unbedenklichkeit beruhen.

Und ...

2. Nicht-thermischen Wirkungen und Forschungen. Welche die Wirkung auf Zellkommunikation, Herzrhythmus, Blutwerte, Schlafverhalten, Gene, die Blut-Hirn-Schranke, Entstehung von Krebs oder Produktion von ATP[44], einem Nukleotid, das für den Kalziumspiegel und Energielieferant in den Zellen verantwortlich ist, beeinflussen. Was seit Jahrzehnten sehr gut erforscht und belegt ist. Der durch zu viel Bildschirmarbeit, Handykonsum oder Funkstrahlung (E-Smog) ausgelöste Energiemangel durch den ATP-Verlust[45] und daraus resultierende Erschöpfungszustände sind insofern hochinteressant, da sie sowohl in Zusammenhang mit den Bereichen Elektrosensibilität oder Burn-out gebracht und gemessen werden können.

Die REFLEX-Studie; Wendepunkt in der Diskussion!

Eine dieser nun tatsächlich sogar gerichtlich bestätigten Studien ist die von mir gern erwähnte, von der EU finanzierte REFLEX-Studie[46] von Prof. Dr. Franz Adlkofer aus dem Jahr 2004. Zu der es heißt[47]:

> *„Die europäische Studie REFLEX (2004) wurde im Auftrag der EU von 12 Institutionen für ein Gesamtbudget in Höhe von 3 Millionen Euro durchgeführt. Die Studienergebnisse zeigen, dass sogar bei einem SAR-Wert von 1,3 W/kg (typisch für viele Mobiltelefone)*

signifikante biologische Schäden an menschlichen Zellen und insbesondere an der DNA verursacht werden. Der Kernpunkt ist, dass man endlich die nicht-thermische Wirkung von 2G-Strahlung (GSM), 3G-Strahlung (UMTS) und magnetischen Feldern aus elektrischen Anlagen und Geräten strukturell untersucht hat. Die Wirkung der elektromagnetischen Strahlung aus diesen Quellen ist der Wirkung von Röntgenstrahlung sehr ähnlich. Dies ist bemerkenswert, weil viele Physiker immer noch darauf beharren, dass hochfrequente elektromagnetische Strahlung (Mobilfunk) keine Schäden an der DNA verursachen könne, aufgrund ihrer nichtionisierenden Natur."

Damit machte sich Prof. Adlkofer mit seinem internationalen Team, bestehend aus zwölf Forschergruppen aus sieben Ländern, das die Studie begleitete, natürlich keine Freunde. Wie auch bereits 1995 Professor Ley von der Universität in Washington, oder George Carlo mit der groß angelegten WTR-Studie des Interessenverbandes der Mobilfunkindustrie CTIA. Schließlich leben wir in einer Welt, die den Globus aus dem All und erdbasierend lückenlos mit Funksendern und Empfängern bestücken will. In der es bereits im Jahr 2017 in einigen Regionen der Welt mehr Mobilfunkverträge als Einwohner gab[48] und das Smartphone oder Handy seitdem einen stetig wachsenden Stellenwert in der digital vernetzten Gesellschaft einnimmt. Wie groß die Unwissenheit oder Angst der Lobby vor einer – zugegeben und faktisch bewiesenen – schädlichen Wirkung der alltäglich genutzten Funkstrahlung ist, zeigt uns die Tatsache, dass um Mobilfunkstudien sogar Gerichtsprozesse geführt werden. So war der bereits erwähnte Prof. Adlkofer mit seiner REFLEX-Studie nicht der erste Forscher, der Prozesse wegen Fälschungsanschuldigungen gegen den mobilfunknahen Prof. Lerchl des BfS (Bundesamtes für Strahlenschutz) führte und einen Prozess nach 12-jähriger Kosten- und Nerven-aufreibender Auseinandersetzung (bis zur letzten gerichtlichen Instanz) vor dem obersten Gericht gewann. Auch Forscher, wie George Carlo, konnten bereits in der weltweit größten Mobilfunkstudie (1993-1999) eine Gefährlichkeit belegen[49], und setzten sich erfolgreich in Prozessen, sogar gegen die gesamte Mobilfunkindustrie, durch. Obwohl diese ihn ursprünglich mit 25 Millionen-Dollar dafür finanziert und zum „Auffinden keiner Probleme" beauftragt hatte. Weshalb nun seit einiger Zeit die gesamte

Mobilfunkindustrie unter Anklage steht. Was aber niemand weiß, außer er oder sie beschäftigt sich damit, was uns die Netzbetreiber und Profiteure natürlich verschweigen. Es würde das ganze Konzept vom angeblich „unbedenklichen Mobilfunk" und damit den weiteren Netzausbau gefährden.

Der positive Aspekt gewonnener mobilfunkkritischer Gerichtsurteile

Ohne jeden Zweifel werden durch solche unlauteren Vorgehensweisen ehrliche Forscher abgeschreckt, sich mit dem Thema Mobilfunk sachlich, öffentlich und kritisch auseinander zu setzen und zu äußern. Müssen diese doch mit Repressalien, Gerichtsprozessen oder sogar wie Professor Semm – ehemaliger Mitarbeiter der Telekom – mit Jobverlust rechnen. Durch diese Gerichtsurteile zugunsten großer Forschungen und aufrichtiger Forscher, ist jedoch offiziell auch bestätigt, dass Mobilfunk und Handynutzung Genschäden und viele andere Leiden verursacht und damit in den Langzeitfolgen Krebs und Tumorbildung auslösen kann. Da Zell- und DNA-Schäden die Vorstufe zur Krebsentstehung sind. Womit wiederum indirekt oder direkt EHS und all die damit einhergehenden Symptome Bestätigung finden. So ist nicht verwunderlich, dass auch Nachfolge-Projekte der REFLEX-Studie von Professor Wilhelm Mosgöller[50] vom Institut für Krebsforschung der Medizinischen Universität Wien, mit seinen Ergebnissen parallel zu den öffentlichen Fälschungsvorwürfen gegen Prof. Adlkofer seine Ergebnisse nochmals bestätigten. So wie auch die amerikanische NTP-Studie von 2016, die Ramazzini-Studie der Universität Bologna (2016) oder die österreichische AUVA-Studie.

Die Wahrheit und ihre Folgen

Damit müsste eigentlich heute eine große und öffentliche Diskussion einsetzen, oder? Doch findet diese tatsächlich statt? Oder nur in bestimmten Foren, die sich dem Thema kritisch und kontrovers nähern? Wenn wir – biblisch gesehen – an unseren Taten erkannt werden, was würde hier wohl die Göttin Justitia sagen, wenn wir Wahrheit, Teilwahrheit und

Falschinformation in eine Waagschale legten? Also sind solche Gerichtsentscheide ein großer Erfolg für die wirklich an Aufklärung interessierten Menschen. Zeigt es uns doch, dass die Wahrheit über die Unwahrheit sogar in Zeiten von Big Data gewinnt[51]:

> *„Das Urteil ist für alle Menschen, die sich seit vielen Jahren mit den gesundheitlichen Auswirkungen von Mobilfunkstrahlung auseinandersetzen, von enormer Bedeutung: Auf der einen Seite haben Wissenschaftler nun die Möglichkeit, auf der Basis der REFLEX-Studie weiter zu forschen. Auf der anderen Seite geht es jetzt darum, die Aufklärung über die schädigende Wirkung von Mobilfunkstrahlung auf den Körper voranzutreiben."*

Schlussfolgernd zeigen sich im globalen Denken viele unterschätze Gefahrenpotentiale. Denn viele, oder sogar der Großteil der Menschen, meinen, es gehe ihnen gut und sie verkraften das schon. Oder zumindest müssten sie ja sehen, wie die Leute davon krank würden. Oder irgendetwas davon spüren. Außerdem müssten uns die öffentlichen Netzbetreiber oder Behörden und Ämter hierüber ja auch aufklären. Schließlich haben diese renommierte Forschungsinstitute für sich arbeiten. Dass diese auffallend mobilfunkpositiv forschen, nur thermische Wirkungen anerkennen, oftmals mit den Netzbetreibern „vernetzt" und daher nicht immer unabhängig/neutral sind, da sie finanzielle Zuwendungen erhalten, wird dabei leider oft vergessen. Und dass wir die EHS-Betroffenen nicht sehen, weil sie in den letzten Funklöchern fern unserer vernetzten (Gedanken-) Welt leben und leiden, auch. Weshalb wir in Deutschland nun mit 5G eine Strahlenbelastung von bisher 5 V/m auf künftig bis zu 61 V/m als noch gesundheitlich unbedenklich genehmigen, statt enorm zu reduzieren. Interessant beim Festlegen der Grenzwerte ist, dass in Ländern wie der Schweiz oder Italien diese bei 6V/m als gesundheitlich unbedenklich eingestuft werden. „Gesundheitlich unbedenklich" ist also etwas, das individuell verhandelt und festgelegt werden kann. Wobei die Länder sich tendenziell wohl mehr oder weniger an den Wünschen der Industrie anstatt an denen der Bevölkerung orientieren.

Das Leben und der Kampf der EHS-Betroffenen

Doch EHS-Betroffene geben nicht auf. Kämpfen mit Plakat-Aktionen oder sogar Hungerstreiks[52] gegen den weltweiten Netzausbau und eine sich ständig mehr erhöhende Leistungsdichte - und Stärke, weil sie am eigenen Leib erfahren, was unsere Technologie ihnen für gesundheitliche Beschwerden verursacht.

Zitat Dr. Gunilla Ladberg[53]:

„Ein junges Paar ist glücklich über sein neugeborenes Baby, aber das Glück wurde von Angst überschattet, als das Baby plötzlich schwere epileptische Anfälle bekam. Es war jedes Mal lebensgefährlich, und sie mussten zur Notaufnahme in das Krankenhaus fahren ... Eines Tages entdeckte die Mutter eine seltsame Installation auf dem gegenüberliegenden Haus. Jemand klärte sie darüber auf, dass das eine UMTS-Mobilfunkantenne war. Sie begann darüber nachzudenken, ob diese Antenne der Grund für die Anfälle sein könnte und fragte einen Experten, der bestätigte, dass es bereits Forschungsergebnisse gibt, die darauf hinweisen. Die Eltern bekamen den Rat, mit ihrem Kind versuchsweise einen strahlungsarmen Ort aufzusuchen und auch keine Mobilfunktelefone oder andere elektronischen Geräte dorthin mitzunehmen. Das taten sie und die Anfälle hörten sogleich auf."

Abb. 4: Plakat-Aktion zum (inoffiziellen) Tag der Elektrosensiblen am 16.06.2021 in Dresden.

Bildquelle: Mit freundlicher Genehmigung D. Roloff/ Friedensinitiative Dresden

Tausende, ja Millionen Menschen machen heute bereits ähnliche mehr oder weniger schreckliche Erfahrungen mit unserer Technologie. Wobei Babys noch (wie die Tiere oder Insekten) keine wissenschaftlichen Gerichtsprozesse führen (können). Und die Praxis den Elektrosensiblen zeigt, dass sie Besserung erfahren, wenn die Störquellen beseitigt wurden.

Fragen an eine bald komplett vernetzte Welt

Niemand möchte natürlich, dass er selbst oder sein Kind betroffen ist. Doch ist die Gefahr im Zeitalter des ‚Internet of Things' (IoT) latent um ein vielfaches größer geworden. So wirft das immer mehr Fragen auf, beispielsweise:

- wie wir als Gesellschaft damit umgehen (wollen oder werden)?,
- wo Betroffene in einer komplett vernetzten Welt heute oder künftig leben sollen, um noch Teil der Gesellschaft zu bleiben?,
- wie diese offensichtlich wachsende, unbekannte Gruppe ihren Lebensunterhalt bestreiten soll, wenn EHS weder anerkannt wird und dieser arbeitsunfähige stetig wachsende Teil der Bevölkerung keine Sozialleistungen erhält, da sie als „gesund" eingestuft werden?,
- und wann wir damit beginnen, die Sache etwas ernster zu nehmen und das Thema wissenschaftlich, sachlich und politisch-öffentlich oder solidarisch anzugehen? Zitat eines EHS-Betroffenen[54]:

> *„Björn: Von Nachbarn und Freunden geht eine ständige Bedrohung aus, denn man weiß nie, wann sie kommen und ob sie etwas dabeihaben, was man nicht verträgt. Und es kann passieren, dass Nachbarn mit eingeschalteten Mobiltelefonen über unser Grundstück laufen und testen wollen, ob wir wirklich reagieren. Stell dir mal vor, man würde so mit einem Nussallergiker umgehen. In das Essen Nüsse hineinschmuggeln, um zu testen, ob er davon krank wird ... Man ist eben ein Stück Freiwild."*

Nicht nur die Behörden, Politiker, Netzbetreiber, oder Gesundheitsorganisationen bzw. viele Ärzte befinden sich demnach in einem latenten Zustand der Unwissenheit, was die wachsende EHS-Sensibilität der

Bevölkerung betrifft, sondern auch der einfache Nachbar. Welcher spaßhalber auch einmal das Handy einschaltet, um zu sehen, ob der EHS-Betroffene dann wirklich Reaktionen zeigt. Dabei könnten wir selbst bald die nächsten Betroffenen sein.

Familiäre und finanzielle Herausforderungen EHS-Betroffener

Außerdem haben EHS-Betroffene nicht nur mit physischen Leiden zu kämpfen, sondern erleben oft auch ein Ausgegrenzt-Sein in der Gesellschaft oder sogar innerhalb der eigenen Familien. Obwohl die Grundrechte jeden Bürgers in der UN-Menschenrechtskonvention festgelegt wurden, wie:

- Das Recht auf Leben, Freiheit und Sicherheit der Person (Artikel 3)
- Niemand darf Folter, oder grausamer erniedrigender Behandlung oder Strafe unterworfen werden (Artikel 5)
- Niemand darf willkürlichen Eingriffen in sein Privatleben, seiner Familie, seiner Wohnung, ... ausgesetzt werden oder jeder hat Anspruch auf rechtlichen Schutz vor solchen Eingriffen und Beeinträchtigungen ... (Artikel 12)
- Jeder hat das Recht, sich innerhalb eines Staates frei zu bewegen und seinen Aufenthaltsort frei zu wählen (Artikel 13)

Doch haben Millionen EHS-Betroffene tatsächlich diese Rechte, oder erleben sie diese Menschenrechte aus ihrer Erfahrung anders?[55]:

> *„Was bedeuten diese Rechte für die Elektrosensiblen? „Sicherheit der Person", wenn man krank machender Strahlung ausgesetzt ist? - „Freie Beweglichkeit", wenn man nicht mehr in einem gewöhnlichen Verkehrsmittel fahren kann? - „Freizügigkeit", wenn man fast nirgends einen Ort mehr findet, wo man wohnen kann? - Niemand darf „erniedrigend behandelt" werden, - wie sollen wir das Verhalten von Ärzten und Beamten nennen, von dem viele meiner Freunde berichteten?"*

Hinzu kommt für EHS-Betroffene oft auch der finanzielle Ruin. Da das Krankheitsbild offiziell geleugnet wird, bekommen sie keine Hilfen vom Staat. Selbst jene, die ein Haus oder Ersparnisse besitzen, brauchen diese bald für Wohnungssuche, Umzüge oder Lebenshaltungskosten auf. Krankengeld von Versicherungen zu bekommen, wenn EHS offiziell als Krankheit bestritten wird, ist ebenfalls für EHS-Betroffene ein Kampf. Und auch innerhalb der Familie gibt es für EHS-Betroffene Spannungen. Denn wer möchte auf Smartphone, Laptop, Facebook, Onlinebestellung, Marketing, Banking und Online-Geschäfte im Zeitalter der verstärkten Corona-bedingten Umstellung auf Digitalisierung aller Lebensbereiche verzichten? Wer möchte nur noch mit Kerzen sitzen, Mensch-ärgere-dich-nicht spielen und das „Neueste vom Neuen", wie die 20 Uhr Nachrichten im Fernsehen verpassen? Oder beim neuesten Auto auf Elektronik und elektrische Fensterheber oder Elektrosmogverstrahlte „umweltfreundliche" Elektroautos verzichten? Und doch könnten wir, wie schon erwähnt, alle bald selbst zu den Betroffenen zählen und müssten unser Leben, unsere Beziehungen und unseren Platz in der Gesellschaft damit völlig neu definieren.

Fazit:

Wir sind mit dem Netzausbau einer schleichenden ständig wachsenden Gefahr, EHS-Sensibel zu werden, ausgesetzt.

Schließlich wird die Funkdichte immer größer und die elektronisch miteinander vernetzten Geräte oder Komponenten nehmen immer mehr zu. Vom einfachen Auto bis hin zum Kühlschrank oder sekundengenauen Funkwecker, Schnurlos- Telefon; aus der als erklärtes Ziel formulierten komplett vernetzten Welt gibt es bald kein Entkommen mehr. Was Bargeldabschaffung, Onlinehandel und Umstellung auf Homeoffice noch verstärken wird.

Die Studien der EHS-Kritiker weisen dabei erhebliche Mängel auf und stützen sich lediglich auf Symptome, äußere thermische Wirkungen oder Effekte, die angeblich durch Einbildung entstehen. Tatsächlich müssten hier nach fundiertem Kenntnisstand auch die inneren Wirkungen auf Zellen oder Blutbildveränderungen usw., wie sie durch die REFLEX-Studie nachgewiesen wurden, mit einbezogen werden. Denn durch Mobilfunk oder Dect-Telefonstrahlung ausgelöste Zellschäden, verursachen mit großer Wahrscheinlichkeit Immunschwäche, weshalb wir uns nach langer Bildschirmarbeit erschöpft fühlen. Diese Immunschwäche verursacht wiederum eine ganze Reihe von Nebenwirkungen, die ebenfalls bei Elektrosensibilität auftritt und seit langem (auch durch die Ärzte des Freiburger Appells) wahrgenommen wird. Da die Beschwerden meist verschwinden, wenn die Strahlungsquellen abgeschirmt, neutralisiert oder abgeschaltet werden, ist hier ein signifikanter Zusammenhang zwischen Technologie und Gesundheit erkennbar. Deshalb ist es im Zeitalter alles durchdringender Funknetze unerlässlich, Gegenmaßnahmen einzuleiten.

Gegenmaßnahmen: Was wir tun können

1. Wissen aneignen

Als erstes und wichtigstes Ziel steht natürlich die Aneignung von Wissen über das Für und Wider unserer seit Einführung schädlichen Funktechnologie auf dem Plan. Denn ohne Wissen, um die schädliche Wirkung kann man auch keine Gegenmaßnahmen einleiten.

2. Offenheit

Das setzt natürlich eine gewisse geistige Reife und Offenheit, sich mit dem Thema einmal tiefergehend und kontrovers auseinandersetzen zu wollen, voraus. Wenn der Wille nicht da ist, sich auch mit den negativen Wirkungen auseinanderzusetzen, bringen die besten Argumente nichts. Leider ist in diesem Bereich noch sehr viel Aufklärungsarbeit zu leisten, da mit immer weiter voranschreitendem Netzausbau und der Vernetzung aller Dinge (Internet of Things) der Eindruck entsteht, es handele sich um eine unschädliche Technologie. Doch umfassende seriöse Studien wie die REFLEX-Studie belegen, das ist sie NICHT!

3. Die Bereitschaft umzudenken

Nachdem wir offen sind uns damit neutral, kontrovers und kritisch auseinanderzusetzen und Wissen aus allen verfügbaren Blickwinkeln und Studien angeschaut und verinnerlicht haben, wird natürlich der Wunsch nach Veränderung geboren. Vorausgesetzt, wir glauben den Kritikern an der Mobilfunkthematik und nicht den Schönfärbern. Für die Krebs bei Ratten zwar auftritt, aber beim Menschen nicht wahrscheinlich ist. Und gehören nicht bis zum letzten Atemzug zu den Leuten, die symbolisch auf der Titanic feiern, während das Schiff Leck geschlagen hat. Und das riesige Schiff des Mobilfunks, das mit 5G nun alle Lebensbereiche durchdringen will, auf dem unsere Zivilisation aufbaut, hat auch Lecks. Diese sind - ich betone es nochmals - in den nicht-thermischen Wirkungen zu finden. Wer diese ignoriert, handelt grob fahrlässig. So wird der offene Mensch und mit Wissen ausgestattete Theoretiker sich also umschauen und fragen, was er für sich, seine Lieben, oder die ihm anvertrauten Lebewesen denn tun kann, um sich zu schützen und stößt auf verschiedene Möglichkeiten:

4. Flucht

Ein Weg wäre natürlich, einfach in funkfreie Gebiete zu fliehen. Die es nun aber - wir erinnern uns an Kapitel 1 zu den Satelliten im Erdorbit - bald nicht mehr geben wird. Da der Visionär „Elon Musk" wie besessen scheint, die Erde „in einen Mikrowellenherd" zu stecken.

5. Rückkehr zu einer Zeit ohne Funkbelastung oder den Netzausbau stoppen?

Immer mehr Menschen sehnen sich nach mehr Natürlichkeit. Aussteigen oder die Of The Grid Bewegung der USA sind weltweit zu einem Trend geworden. Der Fotograf und Autor Eric Valli war verblüfft über die große Gegenbewegung, die hier im Zeitalter des Internets der Dinge um sich greift. Leben wir also in einem Zeitalter der beginnenden Umkehr zum Einfachen? Wo immer mehr Menschen den Hype der Digitalisierung nicht mitmachen wollen? Diese Möglichkeit sehen auch führende KI-Entwickler wie Max Tegmark als Wahrscheinlichkeit voraus. Während parallel Bürgerbewegungen dafür kämpfen, den Netzausbau zu stoppen.

6. Abschirmung und Neutralisierung

Ein anderer Weg wäre, alles was strahlt, - so wie wir es in Raumstationen machen - abzuschirmen. Hier gibt es eine so große Palette an Entwicklungen und Möglichkeiten, von Schutzanstrichen bis Gardinen, die, patentiert und im Handel erhältlich, Linderung versprechen, dass es den Rahmen sprengen würde, hier alles aufzuzählen. Was uns aber zeigt, dass bereits eine große Zahl an Entwicklern tätig ist, die den Bereich E-Smog-Neutralisierung und Gesundheit ernst nehmen.

7. Das Immunsystem stärken

Aus Medizin und Forschung wissen wir, dass ein starkes Immunsystem der Schlüssel zur Gesundheit ist. Weshalb ein weiterer Weg, um mit wachsender Strahlenbelastung umzugehen, wäre, das Immunsystem in eine starke, uneinnehmbare Festung zu verwandeln. Wobei hochdosierte Nahrungsergänzungsmittel oder andere kraftspendende Dinge hier sicher förderlich sind. Auch hier ist die Auswahl wieder groß und ich überlasse es dem Leser, sich damit zu befassen.

8. Funkfreie Schutzzonen und Esmog-neutrale oder strahlenfreie Orte einrichten

Professor Dr.-Ing. Wilfried Kühling schlägt in seiner 2021 erschienenen Schrift unter dem Titel *„Mit Planungsrichtwerten die Vorsorge vor Mobilfunkstrahlung auf Gemeindeebene verbindlich umsetzen"* vor, (erhältlich bei www.competenzinitiative.com) beim Netzausbau funkfreie Zonen mit zu integrieren.

Das hätte zumindest den Vorteil, dass unser Körper die Gelegenheit bekommt, sich von dem Dauerstress einer komplett vernetzten Welt etwas zu erholen. Wenn wir in Bereiche zurückkehren, die wieder verstrahlt sind, ginge der Stress natürlich von neuem los, wie es umgangssprachlich so schön heißt.

9. Superschnelles Glasfaserkabel statt unzähliger Funkmasten

Glasfaserkabel wäre eine Alternative zum 5G Funknetz. Es verfügt über enorme Bandbreiten und muss sich hinter 5G bis 9G, welches bereits in Planung ist, nicht zu verstecken. Die Politik der Grünen fordert zwar, beides auszubauen, unterstützt damit aber auch die künftige Strahlenbelastung. So zu entnehmen aus dem Positionspapier zur Wahl aus dem Jahr 2018, das einen flächendeckenden 5G-Ausbau und ein flächendeckendes Glasfasernetz vorsieht[56]:

„... Wir wollen flächendeckenden Ausbau der Glasfaserinfrastruktur und einen flächendeckenden 5G-Ausbau innerhalb der nächsten zehn Jahre."

10. Ummodulation einer schädlichen in eine unschädliche Technologie

Wenn wir aus einer unnatürlichen Strahlung, wie dem erst seit 100 Jahren von Menschen erfundenen künstlichen Mikrowellenfunk, eine natürliche, biologisch besser verkraftbare (eine Art bio5G) machen könnten, wäre uns allen geholfen. Netzbetreiber hätten ihre höheren, vor allem für die Wirtschaft forcierten Leistungsstärken und Elektrosensible oder Mobilfunkkritiker eine bioverträgliche Alternative. Das eine sanfte Technologie, an die wir seit Jahrmillionen - wie die Natur und alle Lebewesen - angepasst sind, möglich ist, wenn wir die heutige Technik (Technics) durch Sferics ersetzen. Worüber ich in einem neuen Buch informiere. Wichtig zu wissen ist, das in diese Richtung gerade geforscht wird und ich hier mit Entwicklern in Kontakt stehe. Was den Puls der Zeit trifft und all das Kräftezehren um technologischen Fortschritt und gesundheitliche Gefahren ein Ende setzen könnte. Wodurch womöglich unzählige Elektrosensible ihren Platz in der Gesellschaft wieder zurückbekämen. Diese Technologie existiert bereits, ist aber kaum oder nur wenig bekannt oder öffentlich gemacht und genutzt worden. Weshalb hierüber großer Wissensbedarf besteht.

Darüber hinaus gäbe es noch eine ganze Reihe an exotisch anmutenden Möglichkeiten, die ich bereits in meinem Buch 5G-Mobilfunknetze erwähnte und hier deshalb aus Platzgründen nicht nochmals erwähnen will. Die Würfel um unsere Zukunft sind also noch lange nicht gefallen.

Kapitel 03

Die schädliche Wirkung von Mobilfunk auf Pflanzen, Tiere & Insekten

Am 01.06.2011 stufte die WHO (Weltgesundheitsorganisation) nach Prüfung aller verfügbarer Daten Mobilfunk in die Liste 2B als „möglicherweise krebserregend" ein. Was bedeutet, dass elektromagnetische Wellen nun in derselben Gefahrenstufe wie Benzindämpfe, Chloroform und das Pflanzengift DDT stehen. Womit die bisherige Aussage „Funkstrahlung erwärme nur das Gewebe", öffentlich durch die WHO revidiert wurde. Doch auch diese Prüfung der Sachlage wird seitens der Netzbetreiber und Mobilfunkbefürworter verharmlost und bestritten. Dieses Kapitel möchte daher die Wirkung von Handy, WLAN, Mobilfunk, Radar und & Co. auf Bäume, Tiere, Insekten und Umwelt anhand zahlreicher wissenschaftlicher Studien aufzeigen, da diese Lebewesen und Lebensbereiche keine wissenschaftlichen oder politischen Diskussionen um schädlich oder nicht schädlich führen können.

Strahlung ist nicht gleich Strahlung: Natürliche und künstliche Strahlen, Wellen, Felder

Allgemein wird gern angenommen, Mikrowellenstrahlung - wie sie der Mobilfunk, Radar, Handy, WLAN oder auch der Mikrowellenherd nutzt - käme auch in der Natur vor und sei daher „natürlich" und unschädlich. Nun, Mikrowellenstrahlung kommt zwar in der Natur vor, unterscheidet sich jedoch grundlegend von der seit über 100 Jahren genutzten, heute weit verbreiteten Funktechnologie. Das eine ist nämlich eine natürliche und das andere eine künstliche, vom Menschen geschaffene Strahlung, die deshalb auch völlig anders wirkt. Um den großen Unterschied und die öffentlich nicht enden wollende Diskussion, um die Gefährlichkeit zu verstehen, ist es wichtig zu begreifen, dass unser Körper, wie auch alles Leben sich bis auf Zellebene an natürliche Strahlung und Energiefelder angepasst hat. Zum Beispiel dem Erdmagnetfeld und verschiedener in der Natur auftretender Elektrizität wie den **Sferics oder Atmospherics**[57]. Das sind impulshaft auftretende elektromagnetische Wellen natürlichen Ursprungs (AIS), welche in Wettersferics, (z.B. Blitze, Orkane), geophysikalische Sferics (z.B. Energieentladungen bei Erdbeben) oder Schumann-Resonanzen (stehende Energiewellen zwischen Erdoberfläche und

Ionosphäre) unterteilt werden. Sferics wurden zu Beginn des 20. Jahrhunderts als Ursache für das Knistern und Knacken in Radios entdeckt und in den 70er/80er Jahren und danach, auch auf ihre bioWirkungen auf den Menschen gezielter erforscht[58].

Sferics vs. Technics: natürlicher Gleichstrom und künstlicher Wechselstrom

An Sferics/Atmosphärics hat sich das Leben lange Zeit vor der Erfindung des Mobilfunks angepasst. Sferics können sogar akustisch hörbar gemacht oder mit entsprechenden Geräten oder speziellen Antennen (Ferritstabantennen) gemessen und analysiert werden. Was wir beim Radio als Knistern oder Hintergrundrauschen wahrnehmen oder sich als geballte Energie bei Erdbeben (Bodensferics) und Aufeinandertreffen von Kalt und Warmfronten in gewaltigen Stürmen[59] entlädt. Worauf dann Tiere, Insekten oder auch wetterfühlige und sensible Menschen reagieren, weshalb beispielsweise Elefanten oder Wildtiere vor Erdbeben und ähnlichen Ereignissen fliehen[60, 61]. Nun stellt sich die Frage, worin der grundlegende Unterschied zwischen einer natürlichen Mikrowelle, wie sie die Sonne ausstrahlt und einer künstlichen, wie sie der Mensch erfand und auch zum Erhitzen von Speisen im Mikrowellenherd oder zum Telefonieren nutzt, liegt? Rein optisch, als Energie- oder Funkwelle betrachtet, wären sowohl die natürlichen als auch die technischen Wellen identisch. Der große Unterschied liegt darin, dass die natürliche, von der Sonne ausgehende Mikrowellenstrahlung, welche die Photosynthese, das Pflanzenwachstum und unzählige Prozesse auch in unseren Zellen beeinflusst, auf Gleichstromfeldern beruht. Während der menschengemachte Mobilfunk auf Wechselstromfeldern basiert. Das ist tatsächlich ein Unterschied wie Tag und Nacht, obwohl die Energiewelle an sich identisch aussieht.

Weshalb selbst Funktechniker optisch hier keinen großen Unterschied wahrnehmen können.

Die großen Unterschiede von natürlichen und künstlichen Energiefeldern

Doch diese gibt es tatsächlich, denn die Gleichstromfelder der Natur bauen sich eher langsam immer mehr auf und kennen keine ständige (künstliche) Umpolung von Plus auf Minus, wie menschengemachter, scharf gepulster Funk, beruhend auf Wechselstromfeldern. Die in natürlichen Gleichstromfeldern enthaltene Energie fließt also im Gegensatz zum menschengemachten Funk auf natürliche Weise und ohne Unterbrechung von Plus nach Minus und lässt gleichzeitig Energie in einem ewigen Kreislauf zurückfließen. Das ist das sogenannte Implosionsprinzip und der ewige Kreislauf der Natur, das dem Explosionsprinzip des Menschen, wie wir es auch bei Verbrennungsmotoren finden, völlig entgegensteht. Denn in den Gleichstromfeldern der Natur gibt es keinen Abfall oder Wärmeverlust, wie wir ihn bei Heizkraftwerken, Atomkraftwerken, bis hin zu Stromleitungen messen können. Oder bei Autos sehen, die eigentlich „Landschaftsheizer" sind, da sie die meiste Energie durch Verbrennung oder Erwärmung (Explosion) an die Umwelt abgeben. Anschauliche Beispiele für das natürliche Implosionsprinzip ist die Photosynthese bei Pflanzen oder der Erdmagnetismus, die beide keine Abfälle oder Erhitzung produzieren und worin doch ständig Energie fließt. Was ununterbrochen und ohne Energieverlust geschieht.

In der Ruhe liegt die [harmonische] Kraft: Leise und laute „Töne"

Natürliche Gleichstromfelder sind daher eher kraftvoll-ruhiger, nichtthermischer Natur und wirken kühlend und erhitzen Pflanzen -entgegen der menschlichen zur Erwärmung von Speisen genutzten Mikrowelle- ihr Umfeld nicht. Sie kennen keinen thermischen Effekt, wie der menschengemachte Funk oder bringen diese nicht zum Kochen, wie die heimische Mikrowelle. Daher sind natürliche Gleichstromfelder für einen Mikrowellenherd völlig unbrauchbar. Oder für das Militär, das künstlich gepulste Mikrowellen als Waffen einsetzt. Worauf ich in den Kapiteln zum militärischen Bereich des Mikrowellenfunks noch ausführlich eingehen werde. Bildlich gleichen die sanften, in der Natur vorkommenden Gleichstromfelder vom Tonformat her damit eher dem Klang einer zarten Harfe, während künstlicher Mobilfunk den dröhnenden Boxen von „Heavy Metal" entspricht, der die zarten, natürlichen Felder übertönt und diesen dadurch andere (laute/aggressive) Schwingungen überstülpt. Womit die natürlichen Felder dann anders zu „vibrieren" beginnen, als es der „natürliche Funk der Natur" eigentlich tut, bzw. tun würde, da alle biologische Masse von Natur aus genetisch an natürlich schwingende Felder angepasst und darauf „programmiert" ist. Der international bekannte Saarbrückener Biophysiker Ulrich Warnke formulierte es 2001 in einem wissenschaftlichen Aufsatz so[62]:

> *„Technischer Kommunikationsfunk - wie Mobilfunk, Radio, Fernsehen und Satellitenkommunikation - ist nur deshalb möglich, weil die Leistungsflussdichte des verwendeten technischen Hochfrequenz-Spektrums diejenige der natürlichen Strahlung weit übersteigt. Die natürliche Strahlung an der Erdoberfläche liegt im Bereich von 300 Megahertz (MHz) bis 300 Gigahertz (GHz) ungefähr bei 0,001 Mikrowatt pro Quadratmeter: der heute (aus dem Jahr 2001! Anm. d. Autors) typische technisch aufgebaute Strahlungspegel in Städten liegt bei 10'000 Mikrowatt pro Quadratmeter. - also das Zehn-Millionen-Fache. Und die geltenden deutschen Grenzwerte lassen für das D-Netz sogar Werte bis 4,5 Millionen Mikrowatt, für das E-Netz bis 9 Millionen Mikrowatt pro Quadratmeter, für UMTS bis 9,8 Millionen Mikrowatt pro Quadratmeter zu."*

Da die natürlichen Felder im Bereich von 0,001 Mikrowatt angesiedelt sind, technischer Funk aber millionenfach diesen Wert übersteigt, erschufen wir mit dem künstlichen Funk ein großes Problem, das sich bis auf Zellebene zurückverfolgen lässt:

Zellkommunikation & technische Funkwellen vertragen sich nicht!

Die Zellkommunikation aller Lebewesen basiert laut wissenschaftlichen Erkenntnissen auf ultraschwachen Lichtimpulsen, wie durch den deutschen Physiker Albert Popp bereits vor über 20 Jahren nachgewiesen wurde. Doch die künstlichen, auf Wechselstrom basierenden (Mobilfunk-) Wellen bringen mit ihren erhöhten Frequenzen die natürliche Ordnung der Zellen durcheinander und stürzen diese ins Chaos. Chaos in den Zellen verursacht wiederum Zellschäden, die zu verschiedenen Krankheiten führen können. Was durch unzählige Studien belegt ist und ich im vorherigen Kapitel zur Elektrosensibilität oder Studien zu Krebsrisiken, wie der vor Gericht anerkannten REFLEX-Studie, bereits zeigte. Ursache hierfür ist, dass sich (künstlicher) Wechselstrom und (natürlicher) Gleichstrom eben von Natur aus völlig unterscheiden. Es liegt in diesem Zusammenhang also nahe, dass es mit wachsendem Netzausbau und fortlaufenden Leistungssteigerungen immer mehr zu einem Anstieg bei psychischen, physischen und chronischen Leiden beim Menschen und allen Lebensformen kommen wird. Wobei Statistiken der Krankenkassen und Unfallversicherungen das bereits seit den letzten Jahrzehnten belegen. Diese sind sich jedoch über die Ursachen noch unklar oder bestreiten inzwischen wissenschaftlich belegte Warnungen vor den unterschätzten Langzeitfolgen des Mobilfunks.

Paracelsius und Petkau

Der öffentliche akzeptierte Diskurs um die „sicheren Grenzwerte" einer eigentlich unnatürlichen Technologie beruht dabei auf der Idee von Paracelsius, dass allein die Dosis das Gift macht. Daher nimmt man an, dass man dem Problem mit dem künstlichen Funk gewachsen sei, wenn man die Grenzwerte in entsprechenden verträglichen Höhen hält. Ähnlich wie Salz, das in großen Mengen tötet, aber in kleinen Mengen schmackhaft ist. Doch das genau ist – laut all der Forscher, die sich intensiv damit befassen – der große Denkfehler, da technische Funkwellen in der Natur überhaupt nicht vorkommen. Weshalb nicht-thermische Messungen auch bereits bei einem Milliardstel der offiziell zulässigen Grenzwerte zu gesundheitlich bedenklichen Resultaten kommen. Deshalb sollte bei den Mobilfunkgrenzwerten nicht das Gesetz von Paracelsius, dass allein die Höhe der Dosis das „Gift" ausmacht, Gültigkeit haben, sondern eher das noch recht junge, vor einigen Jahrzehnten entdeckte **Gesetz von Petkau**[63], das besagt:

> ***„Eine schwache Dosis über lange Zeit ist schädlicher als eine starke Dosis über kurze Zeit".***

Grund dafür ist, dass bei starken Mikrowellenbeschuss das Immunsystem mit Abwehr (Panik, Flucht etc.) reagiert, während schwache (nicht natürliche) Mikrowellen die gefürchteten, schädlichen Langzeitfolgen (Krebs, Herzrhythmusstörungen, Blutverklumpung, Unfruchtbarkeit, Bournout, etc.) erzeugen kann. Das ist keine Einbildung, sondern zu diesem Schluss kommen namhafte Forscher wie Prof. Dr. Franz Adlkofer, Leiter der EU-finanzierten REFLEX-Studie v. 2000-2004:

> *„DNA-Strangbrüche treten bereits bei einem Vierzigstel des Grenzwertes auf. UMTS-Signale sind damit fast zehnmal wirksamer (genschädigender) als GSM-Signale."*

Weitere Unterschiede

Technisch gesehen besitzt Wechselstrom keine fortlaufende harmonische Energiequelle wie Sonnenstrahlen, da technischer Funk ständig (künstlich) umgepolt oder umgeknickt wird und somit die Polaritäten von Plus und Minus ständig wechseln[64]:

> *„Der Mobilfunk hat sogenannte digital niederfrequent gepulste Wellen, und zwar passiert da folgendes: Es kommt ein scharfer Puls, dann gibt es eine Pause, es kommt wieder ein scharfer Puls, dann gibt es wieder eine Pause, d.h. das Signal schaltet 217 mal pro Sekunde ein und aus. Gepulst heißt also, das Signal wird immer ein- und ausgeschaltet. Ein Mobilfunksendekanal (von 1999, heutige*

sind viel leistungsfähiger/Anm. M.L.) kann bis zu acht Mobiltelefone bedienen, indem er gepulst sendet, ...und diese Mobilfunkbasisstation schaltet dieses Signal 217- bis 1736 mal pro Sekunde ein und aus ... Der Mobilfunk arbeitet mit einer Frequenz von 900 MHz, das heißt 900 Mio. Schwingungen pro Sekunde und 1,8 GHz (1,8 Billiarden Schwingungen pro Sekunde) ..."

Eine gegenläufige Energiewelle, wie bei natürlichen Feldern, ist bei künstlichen Funkwellen also nicht vorhanden, da ein harmonisches Zurückfließen von Energie beim ständigen gepulsten und unterbrochenen Wechsel der Polaritäten, nicht stattfindet. Daher kann im Inneren einer Technics-Welle auch keine Harmonie-Information wie in einer Sferics-Welle vorhanden sein. Oder eine künstliche, menschengemachte Energiewelle auch keine harmonischen Schwingungen an die Umwelt abgeben.

Depolarisierte Moleküle

Natürliche Mikrowellen wie von der Sonne, depolarisieren deshalb auch keine Körperzellen, wie der heutige allgegenwärtige und überall genutzte Mobilfunk, da die Natur, wie wir jetzt wissen, nach dem natürlichen Gleichstromprinzip arbeitet, während normaler Wechselstrom mit einer Leistung von 50 Hertz, bereits die Moleküle 50-mal in der Sekunde hin und her schüttelt. Nahrung in der Mikrowelle mit natürlichem Gleichstrom zu erzeugen ist daher unmöglich, da er keine Reibungswärme (Hitze) erzeugt, wie der Wechselstrom. Ein Pionier unter den Forschern und Kritikern des Mobilfunks, Dr. Hans U. Hertl, warnte deshalb schon in den 80er Jahren vor den schädlichen Gefahren technisch erzeugter Mikrowellen[65]:

„Depolarisierte Zellen sind der Anfang eines Krebsprozesses, bzw. eines Krebssyndroms, das die meisten der heutigen Krankheiten einschließt: Kreislaufstörungen, Herzinfarkte, Alzheimer, Parkinson, Tuberkulose, Rheuma, Arthrose, Aids, BSE etc."

Technisches Schreckensszenario getarnt als technischer Fortschritt?

Stellen wir uns schlussfolgernd einmal vor, welches Chaos überall in der Natur ausbrechen würde, wenn wir das natürliche, kühlende, auf Gleichstrom basierende Erdmagnetfeld ständig Tausende oder Millionen Male pro Sekunde – so wie das Essen im Mikrowellenherd – umpolen (erhitzen) und damit die natürliche Ordnung innerhalb der Zellen durcheinanderbringen würden. Wir sagen, das wäre unnatürlich und doch tun wir das bereits seit Erfindung des Radars, der Funktechnologie, mit den militärisch genutzten HAARP-Anlagen und dem sich immer mehr ausbreitenden Mobilfunk und zahllosen Geräten wie Handys, WLAN-Routern, DECT-Telefonen, mit funkvernetzten Produktionsanlagen, smarten funkvernetzten Autos, intelligenten Häusern und sogar beim einfachen Anruf mit dem Smartphone. Doch schauen wir uns das anhand der Wirkungen auf nicht diskutierfreudige Pflanzen, Tiere und Insekten einmal näher an:

Baumschäden und Hochfrequenz

Bäume sind ein sehr guter Indikator für die Wirkung von Hochfrequenz. Denn sie sind der Strahlung 24 Stunden am Tag ausgesetzt und können nach Inbetriebnahme einer Mobilfunkantenne nicht wie Vögel oder Insekten fliehen und woanders ihre Nester bauen oder ihre Wurzeln schlagen.

Abb. 5: Schnaitsee, Viktor-Sendeturm, Juli 2005: Unnatürlich verkrüppelte Bäume in Sendernähe durch Mobilfunkbeschuss:

Bildquelle: mit freundlicher Genehmigung F. M. König/ Bad Wörishofen/ D

Bilddokumente als bestrittener Beweis

Bilddokumente gelten allgemein als starkes Indiz für die Forschung. In der Astronomie beobachten wir Sterne, fotografieren sie und stellen anhand dieser Beobachtungen Berechnungen an. Bei der Polizei oder Versicherungen gelten Fotos als Beweisdokumente für Unfälle oder kriminelle Handlungen. Doch beim Mobilfunk gelten aus Sicht der Mobilfunkbefürworter andere „Regeln", denn hier werden Fotoaufnahmen nicht als Beweis anerkannt, sondern bestritten. Was Forscher wie Dr. Schorpp, ein Diplom-Ingenieur - der intensive Studien[66, 67] zur Wirkung von Mobilfunkstrahlung auf Bäume betrieb und akribisch nach den Ursachen für das auffallend häufige Auftreten von Baumschäden im Umfeld von Mobilfunkmasten suchte - ständig erleben. Vielmehr werden diese kritischen Studien und Fotobeweise von den Befürwortern und Netzbetreibern in öffentlichen Stellungnahmen als Beweis abgelehnt.[68]

Wie Bäume auf Mobilfunk reagieren: Studien und unabhängige Forschungsberichte

Doch Bäume führen diese Diskussionen nicht. Sie reagieren einfach. Ihre Reaktionen im Umfeld der dem Sender (und der Strahlung) zugewandten Seite bleiben dabei damals wie heute immer dieselben. Zuerst bilden die Bäume sogenannte Schadpole:

- es welken die Blätter,
- dann lichten sich die Baumkronen,
- dann kommt es zu einem seltsamen, einseitigen Absterben, während einige Teile des Baumes noch in vollem grün stehen und andere Teile des Baumes bereits kahl und trocken oder abgestorben sind,
- bis nach einem letzten Aufbäumen der Baum komplett stirbt und gefällt werden muss.

Umfangreiche Studien unabhängiger Forscher[69] konnten weder Schädlingsbefall, Hitze, Wassermangel oder Nährstoffmangel als Ursache für die auffallende Häufigkeit kranker Bäume im Senderumfeld von

Mobilfunkmasten ausmachen. Während Bäume, die im Vergleich nicht im Strahlenfeld des Richtfunks liegen oder durch Häuserwände abgeschirmt werden, von den Schäden verschont blieben. Es bei betroffenen Bäumen im Umfeld von Mobilfunksendeanlagen jedoch zu seltsamen Verkrüppelungen kommt.

Dr. Schorpp[70]:

„Derartige räumlich bizarre Schädigungsstrukturen-sind ein gewichtiges Indiz für einen ursächlichen Zusammenhang zwischen Baumschäden und chronischen Hochfrequenzbelastungen. Erfahrene Fachleute für Baumkrankheiten (ohne HF-Strahlungskenntnisse) kommen bei diesem neuartigen Erscheinungsbild in „Erklärungsnot". Mit den Kenntnissen über die HF-Strahlungsausbreitung (bzw. mit der Kenntnis der räumlichen Verteilung des HF-Vektorfeldes) lassen sich derartige Schäden plausibel erklären, und es lässt sich auch erklären, warum derartige Schädigungsmuster quasi nur in bebauten Gebieten vorkommen."

Aufsehen erregte ebenfalls eine Studie an 60 einseitig geschädigten Bäumen in Bamberg und Hallstadt des spanischen Biologen Alfonso Balmori de la Puente, des Diplom-Forstwirts Helmut Breunig und der Ärztin Dr. Cornelia Waldmann-Selsam aus dem Jahr 2016, die unter dem Titel: „Hochfrequenz-Felder schädigen Bäume im Umkreis von Mobilfunkbasisstationen" veröffentlicht wurde. Messungen der Strahlendosen an der geschädigten Seite der Bäume ergaben eine Leistungsdichte von im Mittel rund 2.000 Mikrowatt/cm^2. Die Strahlenbelastung außerhalb des Sichtfeldes zu Mobilfunkmasten war geringer. Unterschiedliche Bodeneigenschaften oder Standorte wie Gärten, Versiegelungen, Grünstreifen und Gewässernähe spielten bei der Schädigung der Bäume dabei keine Rolle. Die Forscher kamen nach eingehender Untersuchung zu dem Schluss:

„Die Annahme, dass die hier beschriebene Art von Schäden an Baumkronen durch Mobilfunkstrahlung verursacht werden, erweist sich als begründet, weil solche an belasteten Standorten im Sichtfeld von Mobilfunksendern vorkommen, jedoch in Abwesenheit

von Funkbelastungen außerhalb des Sichtbereichs von Sendern nicht auftreten". Der weitere Ausbau des Mobilfunknetzes müsse daher angehalten werden."

Mobilfunk und Nutzpflanzen

Alain Vian (Vian et al. 2016) wertete ebenfalls in einer Übersicht 60 Studien aus, die die Wirkung von Mobilfunksendern auf die häufigsten auch landwirtschaftlich genutzten Pflanzenarten wie Rettich, Tomaten, Tabak, Bohnen, Linsen, Mais, Rosen und Hibiskus untersuchten, die mit einer Leistung von 450 MHz bis 2,4 GHz bestrahlt wurden. Das Ergebnis zeichnete ein erschreckendes Bild ab;

- es kam zu zahlreichen Beeinträchtigungen beim Stoffwechsel der Zellen,
- häufiger abnormaler Zellteilung,
- zu 6-mal mehr genetischen Schäden,
- zu einer Hemmung der Keimung von Samen in der Hälfte aller Fälle,
- sowie zu reduziertem Wachstum,
- reduzierter Höhe und reduziertem Gewicht von Pflanzen und Früchten zwischen 16% bis 60% gegenüber unbestrahlten Pflanzen.

Abb. 6: Schnaitsee, Viktor-Sendeturm, Juli 2005: Durch Mobilfunkbeschuss stark geschädigter Obstbaum auf einem ländlichen Grundstück, der im Vergleich zu den von den Häuserwänden abgeschirmten, im Hintergrund befindlichen Obstbäumen im satten Grün, stark und unnatürlich im Juli unter herbstähnlichem Laubkronen-Verlust litt.

Bildquelle: mit freundlicher Genehmigung F. M. König/ Bad Wörishofen/ D

Das wird auch durch Landwirte wie Rolf Grimm dokumentiert, die auf ihren Grundstücken nach Inbetriebnahme einer neuen Sendeanlage den Verfall von Bäumen beobachten und mit der Kamera dokumentieren konnten[71]. Solche Ergebnisse werfen natürlich die berechtigte Frage auf, inwieweit Mobilfunk durch die landwirtschaftlichen Verluste mit zum Problem der Ernährung einer wachsenden Weltbevölkerung beiträgt, während Politiker vor allem in ländlichen Gebieten den 5G Netzausbau voranbringen wollen. Aber schauen wir uns weitere Studien an:

Forschungsprojekte der Universitäten Wuppertal und Karlsruhe aus den Jahren 1999 und 2000 bestätigen ebenfalls die negative Wirkung der Hochfrequenzexposition auf einjährige Keimlinge von drei Nadelbaumarten. Diese registrierten eine signifikante Zunahme von Schädigungen und toten Pflanzen unter Einfluss von Mobilfunkstrahlung. In weiteren Studien (Lerchel et al. 2000) untersuchte man Sämlinge von Koniferen, Zwergkiefern (Pinius Pumila), der großen Küstentanne (Abies grandis) oder der Weißtanne (Abbis alba), indem man diese 222 Tage der Mobilfunkstrahlung aussetzte. Wonach festgestellt wurde, dass bei der Zwergkiefer und großen Küstentanne dreimal so viele und bei der Weißtanne doppelt so viele Pflanzensämlinge abstarben, als bei unbestrahlten Kontrollgruppen. Wir sollten uns vielleicht an dieser Stelle bewusst werden, dass wir hier von Erkenntnissen sprechen, die bereits vor über 20 Jahren gemacht wurden. Was die ungeheure Schieflage in der öffentlichen Berichterstattung zeigt.

Hochfrequenz in freier „Wildbahn"

In freier Natur treten Baumschäden im Umfeld von Mobilfunkmasten sowohl bei Nadel als auch Laub- oder Obstbäumen oder Büschen auf, weshalb keine bestimmte Baumsorte ausgeschlossen werden kann. Wobei man bemüht ist, die geschädigten Bäume möglichst schnell zu entfernen (fällen), was man in der Kriminalistik wohl die Vernichtung von Beweismaterial nennen würde.

Abb.7: Schnaitsee, Viktor-Sendeturm, Juli 2005: Unnatürlicher Zwergenwuchs einer etwa 25 Jahre alten Fichte, die sich in Sendernähe weigert, weiterzuwachsen und aufgrund der Strahlenbelastung dadurch nur noch eine Höhe von 8 Metern erreicht.

Bildquelle: mit freundlicher Genehmigung F. M. König/ Bad Wörishofen/ D

Zitat Dr. Schorpp[72]:

> *„Nachdem die Fichten über die schützenden Laubbäume wuchsen, gerieten deren Spitzen in ein HF-Strahlungsfeld, und es bildete sich eine scharf begrenzte Schneise geschädigter junger Bäume, die daraufhin gerodet wurden."*

Ursachen für die Baumschäden oder schädliche Wirkung lassen sich laut Dr. Schorpp und anderen Forschern so erklären, dass die Äste, Zweige, Nadeln und Blätter der Bäume wie Antennen für die Strahlung wirken, die sie aufnehmen und ins Erdreich abgeben. Wobei sie unter Mobilfunkbeschuss unnatürlich viel künstlich gepulste Strahlung aufnehmen (müssen), was ihren Stoffwechsel und die Zellteilung durcheinanderbringt, also Chaos im Inneren der Bäume verursacht und die Bäume schädigt. Mobilfunk stört demnach ihren Wasserkreislauf, Nährstofftransport oder sogar die Wasseraufnahme, weshalb Bäume direkt neben Wasserquellen sprichwörtlich vertrocknen können.

Wie ein Nationalpark durch Mobilfunk starb

Der kritische Leser fragt sich natürlich, ob das vielleicht alles doch nur Zufall und durch Schädlingsbefall, Wassermangel, Krankheiten oder dem Klimastress verursacht wird, wie allgemein von Netzbetreibern, Mobilfunkbefürwortern oder der Politik erklärt wird. Ein sichtbares Beispiel, dass es eben nicht nur einzelne Bäume oder Baumgruppen betrifft, ist, einem Interview mit dem im Ruhestand befindlichen englischen Mikrowellenspezialisten Dr. Barrie Trower zufolge, in dem ehemaligen Nationalpark in der NARDI-Bergkette Australiens zu sehen[73]:

> *[...] „Wenn Sie jetzt anfangen, Bäume mit Mikrowellen zu bestrahlen, was Sie tun, schwächen Sie ihre Resistenz gegen bakterielle und virale Infektionen und zerstören den photosynthetischen Mechanismus, mit dem sie Nahrung herstellen. Ein gutes Beispiel dafür ist ein Ort von besonderem wissenschaftlichen Interesse in Australien, bekannt als die Nardi (N-a-r-d-i) Bergkette. Sie war als besonderes Naturschutzgebiet ausgewiesen und sollte als Naturschutzgebiet erhalten werden. Die Industrie kam mit ihren Sendern und ging hin - Zoonk Zoonk Zoonk - und stellte Sender auf, weil sie sie gerne auf Bergen aufstellen. Und jetzt - das weiß ich, weil ich sie gesehen habe - sind es hundertfünfunddreißig Veröffentlichungen, die beschreiben, wie die Nardi-Bergkette in Australien jetzt tot ist. Die Bäume sind tot. Der Boden ist tot. Alles, was sich bewegen konnte, hat das Weite gesucht. Alles, was nicht wegkonnte, ist tot, und es ist im Grunde genommen eine Wüste. Und wenn sie die Sender nicht abnehmen und da wegholen - was sie nicht tun werden - dann wird es einfach immer schlimmer werden ..."*

Baumkahlschlag für 5G?

Neben dem Thema „Baumschäden durch Hochfrequenz", gibt es jedoch noch einen anderen Aspekt, der sich seit der Einführung des 5G-Netzes negativ auf Bäume und gegenüber den Vorgängerversionen 1G bis 4G abhebt. Dieser hat weniger mit Frequenzen zu tun, sondern ist eher maschineller Natur. Diesbezügliche Recherchen bringen ans Licht, dass für den viel gelobten 5G-Ausbau bereits in Italien, England, Deutschland und der EU größere Flächen gesunder großer Bäume und sogar ganze Baumalleen unter dem Deckmantel des Schutzes (Windbruchgefahr) gefällt werden[74]. Da Bäume eine natürliche Barriere gegen Funkempfang bilden. Schließlich möchten weder die Hersteller noch die Nutzer ferngesteuerter („selbstfahrender") Autos künftig die peinliche Erfahrung machen, in einem Funkloch stehen zu bleiben. Oder? Ob diese „saubere Technologie", die weniger Abgase aber mehr Funkverstrahlung und gefällte Bäume verursacht, dann wirklich so „fortschrittlich" ist, müsste jetzt öffentlich kontrovers diskutiert werden. Zumal Bäume bekanntlich auch Kohlendioxid filtern. Mit der Wirkung auf Bäume ist das brisante Thema jedoch noch längst noch nicht abgeschlossen:

Die Wirkung von Hochfrequenz auf Tiere

1. Forschungen an Versuchstieren

Der Leser erfuhr bereits in Kapitel 1 von der Salford-Studie von Prof. Dr. med. Leif Salford der Universität Lund in Schweden, aus dem Jahr 2002. (Persson & Salford 1992; Salford et. al. 2002) Worin in über 1.000 Versuchsreihen an 3 Gruppen von je 8 Ratten die Wirkung von Handys (GSM-Standard) auf organisches Gewebe getestet wurde. Das Ergebnis zeigte mit einer Sicherheit von 99,8%, dass sich nach nur 2 Stunden konstanter Bestrahlung die Blut-Hirn-Schranke der Versuchstiere öffnete und so Gifte aus der Blutbahn ins Gehirn gelangen und dort Schäden verursachen können. Wobei die Schäden irreversibel waren und die Ergebnisse in weiteren Studien bestätigt wurden.

Zitat Prof. Salford:

„Die Befunde sind gut auf den Menschen übertragbar. Wir können nicht ausschließen, dass sich einige Jahrzehnte täglichen

Handygebrauchs auf eine ganze Generation schon im mittleren Alter negativ auswirken."

Die NTP-Studie (National Toxicology Programm der USA) von 2018 erlangte über die Landesgrenzen hinaus ebenfalls traurige Berühmtheit, als die Ergebnisse der lebenslangen Mobilfunk-Dauerbestrahlung von 360 Ratten bekannt gegeben wurden. (Wyde et al. 2018). Eine weitere, an 2.000 Ratten durchgeführte Studie vom Ramazzini-Institut (Falcioni et al. 2018), bestrahlte die Versuchstiere zwei Jahre lang. Wobei beide Studien die offiziellen Vorgaben der zulässigen Grenzwerte einhielten und damit Situationen schufen, denen auch wir Menschen ausgesetzt sind:

In beiden Versuchsreihen wurde ein eindeutiges Ansteigen an bösartigen Tumoren bei den bestrahlten Tieren festgestellt. Australische Wissenschaftler wiederum haben in Doppelblindversuchen 100 Mäuse mit Handystrahlung bestrahlt. Wobei die bestrahlte Kontrollgruppe 2,4-mal häufiger Krebs entwickelte, als die unbestrahlte Kontrollgruppe.[75] Das ließe sich weiter ausführen und bis in das Jahr 1997 (oder weiter) zurückverfolgen, als bei einem Experiment an Mäusen in Griechenland (Magras und Xenos 1997) festgestellt wurde, dass die Versuchstiere bereits bei einem 1/30 der damaligen deutschen Grenzwerte (damals noch das D-Netz mit 900 MHz / Anm. d. Autor) innerhalb von 3 Generationen vollständig unfruchtbar werden.

2. Funkstrahlung und Nutztiere

Diese Tierversuche zeigen bereits eine krankmachende Wirkung. Doch wie sieht es mit Nutztieren wie Hühnern, Schweinen, Rindern usw. aus, die mehr oder weniger unfreiwillig und ohne wissenschaftliche Absicht Mobilfunkstrahlung ausgesetzt sind? Prof. Dr. Dr. Andras Varga, Hygiene-Institut der Universität Heidelberg äußerte sich hierzu bereits 1991 (!) nach einer Versuchsreihe an Hühnereiern, die in Brutkästen Mobilfunkstrahlung ausgesetzt wurden, wie folgt[76]:

„Die Grenzwerte sind zu hoch! Wir haben Hühnereier in einem Brutschrank mit Mikrowellen der Stärke unterhalb unserer aktuellen deutschen Grenzwerte bestrahlt und damit ausnahmslos jedes Embryo getötet! Kein einziges Küken ist geschlüpft, keines hat die Strahlen überlebt. Aus der Kontrollgruppe, die nicht bestrahlt wurde, schlüpften ausnahmslos gesunde Tiere."

Die erschreckende Erfahrung, dass keine Küken mehr aus Hühnereiern schlüpfen, machte ebenfalls eine Bäuerin im ländlichen Frankreich, nachdem eine Antenne in der Nähe ihres Bauernhofes gebaut und mit den noch nicht so leistungsstarken 2G-Netzen in Betrieb genommen wurde. Was sie in einem Interview vor der Kamera[77] dokumentierte. In einem anderen Fall kam es in einem Schweizer Rinderzuchtbetrieb, nachdem dort eine Mobilfunkantenne auf dem Dach installiert wurde, im Vergleich zur Zeit davor, zu einem 3,5-fachen Anstieg von Augenleiden/grauem Star bei den Nutztieren. (Hässig et al. 2009). Und ein deutscher landwirtschaftlicher Betrieb (Buchner et al. 2014) bekam nach der Installation einer Mobilfunkantenne Probleme mit der Schweinezucht, da die Zahl der Würfe nach der Installation signifikant sank und seine Tiere unter verstärkter Unfruchtbarkeit litten. Während parallel dazu die Zahl der Missbildungen stieg. Zusammenhänge mit Infektionen usw. konnten nicht festgestellt werden, weshalb die Ursachen dafür auf elektromagnetische Felder und die schädlichen Strahlen der Mobilfunkantenne zurückgeführt wurden.

Der Landwirt Josef Hopper beobachtete und dokumentierte seine negativen Erfahrungen mit dem Mobilfunk sogar mit Messungen und durch Fotomaterial in seinem Schweinezuchtbetrieb von 2002-2010. Als im Mai 2009 300 Meter von seinem Anwesen entfernt in Ruhrsdorf, Kreis Passau, ein 40,5 Meter hoher Mobilfunkmast in Betrieb genommen wurde[78].

Dabei stiegen nach der Inbetriebnahme nicht nur die Leistungsdichten von vorher 0,0 bis 0,5 Mikrowatt je Quadratmeter (er lebte nahezu in einem Funkloch!) auf bis zu 1200 Mikrowatt bis Mai 2009 an, was einem Anstieg um das 2.000-fache entspricht, sondern sprunghaft auch die Zahl von Missbildungen und Fehlgeburten in den ersten 6 Monaten auf 1,2%. Außerdem sank in kurzer Zeit nach der Inbetriebnahme die Ferkelgeburtenzahl von ursprünglich 24,45 Ferkeln pro Muttersau auf 21,1 Ferkel pro

Muttersau, was zu starken finanziellen Einbußen führte. Für notwendige wissenschaftliche Untersuchungen fehlte dem Landwirt das Geld und bei der Politik fand er kein Gehör. Was uns die schädlichen Einflüsse des Mobilfunks auf die Fleischproduktion, aber auch das Stillschweigen der Politik offenbart. Bei Kühen und anderen Nutztieren, die Elektrosmog oder Mobilfunkstrahlung ausgesetzt sind, sieht es ähnlich aus: So wurde Ende 1997 neben dem Hof von Friedrich Stengel in Öttingen/Bayern eine Mobilfunkantenne errichtet[79]. Dieser erlebte nun, dass bereits 1998 die Schwalben und Zugvögel wegblieben und seine Kühe bis November 2010 zahlreiche körperliche Schäden bekamen:

- 25 Kühe verendeten an Immunschwäche,
- es gab 75 Frühabgänge bzw. Totgeburten im dritten bis vierten Monat,
- außerdem stellte der Amtstierarzt katastrophale Blutbilder fest (ähnlich wie bei Krebspatienten durch Strahlentherapie)

Der zurate gerufene Arzt konnte für die Schäden keine natürliche Ursache finden, weshalb er schlussfolgerte, dass es nur auf die erhöhte Strahlenbelastung durch die Funkantenne zurückzuführen sei. Für den entstandenen Schaden von ca. 70.000 € fühlte sich niemand zuständig und bei den kontaktierten Behörden, wie dem bayerischen Umweltministerium, fand er kein Gehör. Ähnliches beschreibt auch ein Artikel von Sasanne Meier vom 23.03.2014 im „Schweizer Bauer"[80] mit dem vielsagenden Titel „Elektrosmog beeinflusst Kühe". Demnach sich seit Anfang 2014 auf einen Aufruf der Uni Zürich hin schon rund 30 Bauern zu Elektrosmog belasteten Nutztieren gemeldet hätten.

3. Vögel und Hochfrequenz

Doch sind Versuchstiere oder Nutztiere nicht die einzigen Leidtragenden: Es ist allgemein bekannt, dass sich Vögel, besonders Zugvögel, bei ihren Flügen über tausende Kilometer anhand des Erdmagnetfeldes orientieren. In allen Vögeln, aber auch Walen und Insekten wie Bienen, Ameisen, Schnecken und sogar Bakterien, steckt diese Fähigkeit, sich mithilfe eines inneren Kompasses zu orientieren. Grund dafür ist eine kristalline metallische Struktur namens Magnetit im Gehirngewebe, welche auch im menschlichen Gehirn vorkommt. Doch im Gewebe von Vögeln, Fischen, Walen, Bienen im Verhältnis zu uns Menschen, ist die Magnetitkonzentration größer. (Walker et al.1992). Bei Tauben enthält beispielsweise eine Gehirnhälfte der Schädeldecke metallisches Gewebe, das permanent magnetisch ist, während in der gegenüberliegenden Hälfte nur sehr wenig Material vorhanden ist, das permanent magnetisch (mit Magnetit-Einlagerungen ausgestattet) ist. Das magnetithaltige Gewebe der Tauben ist außerdem mit Nervenzellen durchzogen, die von den Magnetitkristallen ausgehende Orientierungsänderungen signalisieren. Zusätzlich verfügen Tauben über weitere Orientierungshilfen. Zum Beispiel im oberen Schnabelbereich, wo sich drei magnetithaltige Körper befinden, an denen je ein Neuron endet. Das zoologische Institut der Universität Frankfurt/Main fand heraus, dass Tauben durch das dreikanalige System im Schnabel, verbunden mit dem magnetischen Anteil im Gehirngewebe, sehr gut fähig sind, ein räumliches Abbild des umgebenden Magnetfeldes zu bilden, um sich beim Flug exakt zu orientieren[81].

Wie Hochfrequenz das Navigationssystem von Vögeln stört

Über die Federn ihrer Flügel nehmen Vögel ebenfalls Energien wahr. So fliehen beispielsweise Küken innerhalb von Sekunden, wenn sie einem Mikrowellenfeld mit hoher Leistung ausgesetzt sind (Tanner 1966) und wurde beobachtet, dass Zugvogelschwärme sich in der Formation vor einer Trafostation eines Kraftwerkes aufteilen, es dabei wie ein unsichtbares Hindernis umfliegen, um sich dahinter wieder zu vereinen (Wassermann et al. 1984). Wobei das Phänomen ebenfalls auftritt, wenn Wasserflächen elektromagnetische Wellen reflektieren. Auch Kraniche lösen ihre Formation über Mobilfunkmasten auf. Im immer dichter werdenden Sendemastenwald verlieren teilweise sogar ganze Vogelschwärme ihre Orientierung und fliegen zu komplett anderen Orten, weil die künstlich erzeugten Hochfrequenzen das natürliche Magnetfeld überlagern, welches die Tiere zur Orientierung brauchen. Weshalb neueren Berichten zufolge auch die seit Jahrhunderten zur Nachrichtenübermittlung genutzten Brieftauben plötzlich nicht mehr heimfinden[82]. Jedoch ist das noch nicht das Tragischste:

Tod und Unfruchtbarkeit durch Hochfrequenz?

In den Medien oder sozialen Netzwerken wird immer wieder berichtet, dass Wale (durch Ubootfunk) an Küsten stranden und dort verenden, oder dass komplette Vogelschwärme plötzlich tot vom Himmel fallen. Während ein Youtuber in Den Haag den Tod von über hundert plötzlich vom Himmel fallenden Zugvögeln in Zusammenhang mit Testläufen einer dort neu installierten 5G-Mobilfunkantenne bringt[83], wird nach einer Internetrecherche schnell klar, dass das kein Einzelfall ist und man es hier mit einem weltweiten Phänomen zu tun hat. So zeigt eine Google-Suche mit „Vögel fallen tot vom Himmel", dass laut Presseberichten in Indien, den USA (New Mexico, Colorado, Texas, Arizona und Nebraska), Deutschland usw. teils dutzende, teils sogar tausende Vögel[84] plötzlich und unerklärlich tot vom Himmel fallen. Virenbefall wurde ausgeschlossen, Dehydrierung oder Futtermangel oder chronische Erschöpfung werden wissenschaftlich diskutiert. Wozu die Forscherin Allison Salas einige Vermutungen hat, was das plötzliche Massensterben verursacht haben könnte. In einem Twitter-Thread beschreibt die Doktorandin bei www.watson.de[85], wo sie tote Vögel findet und welche Schlüsse sie daraus zieht:

> *„Es ist fast so, als wären die Vögel geflogen, bis sie nicht mehr konnten."*

Könnte es sein, dass wir mit dem 5G-Netz durch tausende Satelliten im Orbit, mit dem flächendeckenden Netz auf dem Boden und bald auch in den Ozeanen hin zu Flugzeugen/Satelliten über schwimmende Sendeanlagen, die sich am Magnetfeld orientierenden Zugvögelschwärme durcheinanderbringen? So dass diese die Orientierung verlieren und ihren Weg nicht mehr finden? Das wäre eine Erklärung für den Flug bis zur Erschöpfung. Doch wenn chronische Erschöpfung die Ursache wäre, dürften die Vögel nicht alle gleichzeitig vom Himmel fallen. Weil jedes Lebewesen, egal wie groß oder klein über individuell unterschiedliche Ausdauer verfügt. Oder ist tatsächlich das neue 5G-Hochleistungsnetz dafür verantwortlich? Was öffentlich natürlich dementiert wird. Tatsächlich gibt es jedoch gute Belege, dass Mikrowellen, also technischer Funk, starken Einfluss darauf haben: So berichtet ein Beitrag der Zeitenschrift [86, 87] von Beobachtungen und Belegen, dass nach der Installation und Inbetriebnahme neuer Mobilfunk-Sendeanlagen;

- Vögel und Fledermäuse das Weite suchen/ ihre Nester verlassen,
- Tauben nicht mehr brüten oder die Jungvögel einfach verhungern lassen,
- 50% der Tauben bei Preisflügen nicht mehr heimfinden,
- das Tauben-Brutgeschäft um bis zu 50% zurück geht und sich vermehrt Missbildungen bei Jungtieren zeigen,
- Hausspatzen und andere Vögel bei elektromagnetischer Mobilfunkstrahlung „verrückt spielen",
- oder Insekten jagende Vögel, wie Schwalben, durch Mobilfunk ihre sensorische Orientierung verlieren und ihre Beute verfehlen,
- oder überhaupt weniger Nahrung finden, da Mücken schon bei 0,2 V pro Meter tot zu Boden fallen,
- dass sehr niedrige Frequenzen von 900-1.800 MHz die Schädeldecke von Küken und Eierschalen schädigt,
- und die ursprünglich in Massen auftretenden Spatzen in London bereits 2011 vom Aussterben bedroht waren und der Bestand in Hamburg in dieser Zeit um 80% zurückging.

Interessant dabei ist, dass die Vögel gern wieder an ihre Brutstätten zurückkehren, wenn die Sender abgeschaltet oder stark in ihrer Exposition herabgefahren werden. Weitere Berichte zeigen, dass Brutvögel im nahen Umfeld von Sendeanlagen, keinen Brut-Erfolg (Unfruchtbarkeit der Eier - wir erinnern uns an das Laborexperiment mit den Küken!) haben. Während jene Vögel, die weiter von Sendeantennen entfernt brüten, erfolgreich Jungtiere ausbrüten.[88]

4. Technische Funkstrahlung und Amphibien/ Reptilien

Ähnlich erschreckende Auswirkungen stellten Forscher auch zum Einfluß des Mobilfunks auf Amphibien wie Frösche oder Reptilien her. Insgesamt sind hierzu zwar noch nicht so viele Forschungen gemacht worden, doch die folgenden mögen dem Interessierten zur Ergänzung des Bildes reichen. So wurden in einem Experiment (Balmori 2010) Frösche vor dem Bau eines Mobilfunkmasten mit einem Farradaykäfig (faradayschen Käfig) von der Strahlung abgeschirmt, während andere Teiche nicht abgeschirmt wurden. Nach Inbetriebnahme der Antennenanlage mit Frequenzen von 1,8 bis 3,5 V pro Meter (durchschnittlich 1/20 bis 1/30 des zulässigen deutschen Grenzwertes) kam es in den ungeschützten Teichen zum Absterben von etwa 90% der Larven und zu Beeinträchtigungen bei Koordination und Bewegungsfähigkeit. Während in den abgeschirmten Teichen die Sterblichkeit bei etwa 4,2% lag und Koordination wie Bewegungsfähigkeit ebenfalls normal waren. In einer anderen Studie (Mina et al. 2016) wurde die Immunreaktion des Wandersalamanders (Podarcis erhardii) auf Funkwellen untersucht. Das Immunsystem war nach nur achtwöchiger Bestrahlung mit einem DECT-Telefon stark geschwächt. Es zeigte sich eine um 45% verminderte Immunreaktion als unter normalen Bedingungen.

5. Hochfrequenzfelder & die Wirkung auf Insekten

Abb. 8: Biene auf Blüte

Bildquelle: pixabay.com

Seit der Krefeldstudie von C. Hallmann, Universität Nijmwegen[89], über die ich bereits in meinem

Buch 5G-Mobilfunknetze berichtete, ist die Öffentlichkeit wieder alarmiert und beginnt über den Verlust von 75% der Insektenmasse sogar aus Landschaftsschutzgebieten nachzudenken. Was innerhalb kurzer Zeit das deutsche Insekten-Hilfs-Projekt „Rettet die Bienen" zur Folge hatte, welches erfreulicherweise recht schnell umgesetzt wurde, da sowohl Volksbegehren als auch Politik Sinn im Schutz der Artenvielfalt sahen. Unklar war und ist bis jetzt, worin die tatsächlichen Ursachen dafür liegen, da Pestizide oder neue hochgiftige in der Landwirtschaft genutzte Substanzen[90] in Naturreservaten bekanntlich nicht versprüht werden. Andererseits zeigen seit langer Zeit zahlreiche Studien die schädliche Wirkung von Mikrowellenstrahlung auf Insekten, so dass es förmlich drängt, sich damit näher zu befassen:

Was Wissenschaftler zum Einfluss von Hochfrequenz auf Insekten wissen:

- So fanden die beiden russischen Wissenschaftler Eskow und Sapozhnokov bereits 1974 heraus, dass Bienen bei ihren Kommunikationstänzen elektromagnetische Signale von 180 – 250 Hertz erzeugen. Also einer Frequenz, bei der sich auch der GSM-Mobilfunk mit etwa 217 Hertz bewegt. Und hungrige Bienen auf diese Frequenzen mit dem Aufrichten ihrer Fühler reagieren.
- Und 2006 schrieb das österreichische Bundesministerium für Land- und Forstwirtschaft, Umwelt und Wasserwirtschaft an den damaligen Nationalrat Dr. Andreas Khol, dass Bienen in starken elektromagnetischen Feldern (z.B. unter Starkstromleitungen) weniger Honig produzieren und zu einer erhöhten Mortalität (Sterblichkeitsmaß für eine bestimmte Erkrankung) neigen, wie wissenschaftliche Untersuchungen ergaben.
- Im Frühjahr 2007 sorgte außerdem eine Pilotstudie der Universität Koblenz-Landau unter Professor Hermann Stever für öffentliches Aufsehen, worin die Forscher Bienenvölker gezielt der Wirkung von „harmlosen, handelsüblichen" Schnurlos-DECT-Basisstationen mit einer Leistung von 1.880-1.900 MHz, 250 mW EIRP, gepulst mit 100 Hz und 50 m Reichweite im Dauerbetrieb aussetzten. Dazu wurden einzelne

Bienen markiert und 800 m vom Stock entfernt freigelassen. Das Experiment zeigte eindeutig, dass die Anzahl der heimkehrenden Bienen aus den nichtbestrahlten Völkern größer war, als die aus bestrahlten Stöcken. (Harst et al. 2006).

- In Indien beobachteten Forscher ähnliches, als sie über zwei Monate hinweg Bienenvölker täglich 15 Minuten mit dem Mobiltelefon bestrahlten: Auch hier kehrten weniger Bienen zurück und kam es dadurch zu einer schlechteren Nahrungsversorgung, weniger Nachwuchs und letztlich kleineren Bienenvölkern. (Sharma und Kumar 2010). In einer Nachfolgestudie suchten die Forscher nach den Ursachen für das Schrumpfen der Bienenvölker unter Mobilfunkbeschuss und fanden Veränderungen im Blutbild der Bienen, wie einen Anstieg von Fetten, Kohlenhydraten, Glukose, Cholesterol, Proteinen, ..., was darauf hinwies, dass die Bienen unter extremen Stress litten. (Kumar 2011).
- Andere Studien ergaben, dass 44% der Bienenköniginnen, die während der Entwicklungsphase mit Mobiltelefonen bestrahlt werden, noch während der Verpuppungsphase starben. (Odemer und Odemer 2019).
- Und bereits im August 2009 veröffentlichte der indische Universitätsdozent und Biologe Dr. Seinudeen Pattazhy seine Ergebnisse[91], wonach eindeutig technische Mikrowellenstrahlen für den Kollaps der Bienenvölker verantwortlich sind. (DNA India.com, 31. August 2009). Dabei legte er ein eingeschaltetes Mobiltelefon in die Nähe des Bienenstockes und beobachtete, dass jedesmal der gesamte Bienenstock innerhalb von fünf bis zehn Tagen zugrunde ging, da die Bienen in ihrer Orientierung durch die Funkwellen massiv gestört wurden und nicht mehr zum Stock zurückfanden. Weshalb die Brut, männliche Tiere und Königin letztlich starben.

Wie Imker die Situation erleben

- Der 2017 verstorbene Professor em. Dr. Ferdinand Ruzicka, der auch viele Beiträge in Imkerfachzeitschriften wie „Der Bienenvater" veröffentlichte, berichtete ebenfalls über ein starkes Schwarm- und aggressives

Verhalten oder von unerklärlichen Zusammenbrüchen der Bienenvölker nach Errichten eines Funksenders in der Nähe seiner Stöcke. Welche teilweise sogar im Winter ausschwärmten und dann im Schnee erfroren. Daraufhin startete er eine Umfrage in der Bienenzeitschrift „Der Bienenvater", ob es anderen Imkern, die im Umkreis (300 m) von Mobilfunksendern Bienenzucht betrieben, auch so ginge. Er erhielt 20 Zuschriften, wovon 25% von einer vermehrten Schwarmneigung, 38% von einer erhöhten Aggressivität und 63% von einem unerklärlichen Zusammenbrauch ihrer Völker berichteten[92].

- Im Mai 2007 bis Mai 2008 experimentierte der Schweizer Imker, Peter Loepfe[93] mit einigen Kollegen in einem Feldversuch, ob Mikrowellenstrahlung, wie sie von Handys, oder Sendetürmen ausgeht, tatsächlich schädlich und für den Zusammenbruch (Kollaps) der Bienenvölker verantwortlich sind. Sie stellten in Großhöchstetten, das von 17 Handymasten bestrahlt wurde, im Abstand von 200 Metern zum Sendemast Bienenvölker auf, die mit 1,5V/m und UMTS und GSM-Frequenzen von 900, 1.800 und 2.100 MHz Leistung arbeiteten.

Alle 12 zu Testzwecken aufgestellte Bienenvölker waren nach Peter Loepfes Angaben vor dem Experiment gesund, kräftig und verfügten über große Vorräte für den Winter und hätten somit auch einen guten Honigertrag eingebracht. Nach nur zwei Monaten unter Funkstrahlung waren jedoch die Vorräte aufgebraucht und es musste ständig vom Imker zugefüttert werden, da kaum noch Honigbienen in den Stock zurückfanden, der Nachwuchs kleiner vom Wuchs blieb und zwei Völker sogar trotz ständiger Betreuung durch den Imker starben. Parallel dazu vermehrten sich seine unbestrahlten Völker stark, blieben gesund, kräftig und brachten einen guten Honigertrag ein. Nachdem er die stark geschwächten Völker wieder zurück in von- E-Smog und Funkstrahlung - unbelastete Gebiete brachte, erholten sich diese wieder und entwickelten sich nach den Erfahrungen des Imkers normal.

Das gestörte Verhalten betrifft jedoch nicht nur Bienen, sondern auch Ameisen und alle Fluginsekten insgesamt, die der künstlichen Funkstrahlung ausgesetzt sind:

- So setzen Wissenschaftler beispielsweise die Säbeldornige Knotenameise (Myrmica sabuleti) technischer Mobilfunkstrahlung aus und beobachteten, dass bestrahlte Ameisen sich nicht mehr merken konnten, was sie lernten (was sie normal mehrere Tage speicherten) oder in ihrem Geruchs - und Wahrnehmungsverhalten stark eingeschränkt wurden. In einer Nachfolgestudie wurde festgestellt, dass sie sich mittels des Geruchssinns nur noch über kurze Distanzen orientieren konnten und daher oft nicht mehr über ihre Markierungen heimfanden. Woraufhin die Kolonien nach einer Woche Bestrahlung zusammenbrachen, da immer weniger Ameisen Futter nach Hause brachten. (Cammaerts et al. 2012 und Cammaerts et al. 2013).
- Bei mobilfunkbestrahlten Fruchtfliegen zeigte sich, dass die Eierstöcke deutlich kleiner werden, was auf DNA-Schäden und das Absterben von Zellen in den Eikammern hinweist. (Panagopoulos 2012).

Nun kann der Kritiker natürlich sagen, dass es sich um Zufälle oder einzelne Effekte möglicherweise begrenzt auf wenige Insektenarten handelt. Doch;

- in Griechenland wurde in einem größeren Feldversuch (Lazarote et al. 2016) ergründet, wie sich die Insektenpopulation insgesamt bei sogenannten „Bestäubern" wie Wildbienen, Wespen, Hummeln, Schmetterlingen, Käfern, Fruchtfliegen und anderen Fliegen unter Mobilfunkbeschuss entwickelt. Die Ergebnisse zeigten, dass je näher man den Sendemasten kam (50-400 Meter), die Population aller Fluginsekten immer kleiner wurde. Woraus sie große negative ökologische und ökonomische Folgen für den Pflanzenerhalt und das menschliche Wohlergehen, ausgelöst durch künstlich gepulste elektromagnetische Felder, erkannten.

Insgesamt zeigt sich also seit vielen Jahren wissenschaftlich sehr gut erforscht und dokumentiert eine sehr schädliche Wirkung des Mobilfunks in allen Lebensbereichen - angefangen von den Pflanzen, bis hin zu Tieren, Amphibien, Insekten oder sogar Mikroben. Weshalb wir dem 5G-Netzausbau berechtigterweise kritisch und umfassend informiert begegnen sollten.

Kapitel 04

Die wenig bekannte Wirkung von Hochfrequenz auf Wasserkreisläufe, Klima & Umwelt

Kapitel 3 zeigte die schädliche Wirkung der Funktechnologie auf Pflanzen, Tiere und Insekten. Dieses Kapitel geht noch einen Schritt weiter und befasst sich mit der wenig bekannten und öffentlich kaum diskutierten Wirkung des Mobilfunks auf Wasserkreisläufe, Ökosysteme und das Klima. Bevor wir jedoch konkret auf die Klimaeffekte des Mobilfunks eingehen, ist es wichtig, das Thema Klimawandel insgesamt zu betrachten, da es hier einige vergessene Faktoren und - wie beim Mobilfunk - eine unter Wissenschaftlern und Kritikern hitzig geführte kontroverse Diskussion gibt. Da sich die Wissenschaft NICHT, wie öffentlich gern behauptet wird, zu 100% einig ist, dass nur der Mensch, oder der anthropogene CO2-Ausstoß, für die Erwärmung der Durchschnittstemperatur des Planeten verantwortlich sind. Was wir, aufgrund des emotional stark geladenen, politisch, gesellschaftlich und wirtschaftlich geführten, mit CO2-Feindbildern durchsetzten Kampfes gegen den Klimawandel, oftmals vergessen.

Klimawandel und Erderwärmung; steht die Welt am Abgrund?

Wir alle spüren es; das Wetter wird teilweise extremer! Eine Hitze- oder Kältewelle jagt die andere und die Schlagzeilen sind voll von nicht enden wollenden Waldbränden, Überschwemmungen, Vulkanausbrüchen und angeblich immer heftiger werdenden Wirbelstürmen, ... Und Wissenschaftler schlagen seit Jahren Alarm, warnen vor den unüberschaubaren und folgenschweren Entwicklungen des Klimawandels, während Politiker seit Anfang der 70er Jahre, mit Erscheinen des Buches des Club of Rome „Die Grenzen des Wachstums", die zu erwartenden katastrophalen Auswirkungen stoppen wollen. Seitdem zählt für uns jedes Grad, wird das Ziel definiert, die Temperatursteigerung bei 1,5 Grad zu halten oder wird dafür die gesamte Weltwirtschaft klimaneutral umgestaltet. Während in medialen Endlosschleifen, beruhend auf virtuell erzeugten Klimamodellen, mögliche katastrophale Zustände gehypt werden, die es mit gemeinsamer Anstrengung zu verhindern gilt, um den Planeten zu „retten".

Die Angst vor dem drohenden Weltuntergang und die Suche nach den Ursachen

Während die Meeresspiegel in manchen Gebieten nur wenig, kaum oder etwas mehr steigen, Inseln unter- oder auch wieder auftauchen, fruchtbare Böden durch Überbeanspruchung, Hitzewellen oder die industrielle Landwirtschaft mit ihren endlosen Monokulturen (Bodenerosion) verlorengehen, sich Wüsten einerseits um jährlich 70.000 km^2 ausbreiten[94], zeigen uns Satellitenbilder, dass - entgegen aller Hitzetod-Prognosen - die Erde durch die Düngerwirkung des CO2 sogar in Wüstengebieten immer grüner wird. Und zwar in der Größenordnung der doppelten Fläche der USA.[95] Ungeachtet davon wird in Panik verursachenden Großbildaufnahmen gezeigt, wie riesige Gletscher an den Rändern der Pol-Landmassen schmelzen und gewaltige Eisberge abbrechen, die Südafrika ein ganzes Jahr mit Trinkwasser versorgen könnten. Während gleichzeitig die Temperaturen in einigen Gebieten der Welt, wie dem Südpolarmeer oder in der zentralen Antarktis seit über 10 Jahren zurückgehen, sich hier Kälterelorde häufen und Eismassen oder Eisberge sogar wieder wachsen. Welche sich dann von innen nach außen schieben und - wenn sie an den Rändern überhängen, natürlich auch abbrechen. Aber diese gegenläufigen Entwicklungen zum Hitzeproblem auf der Nordhalbkugel, wo die meisten Messtationen auch in Wärme speichernden Städten eine Erwärmung messen, sind im politisch geführten Kampf gegen die drohende Heißzeit nebensächlich. Und so richten wir unseren Fokus politisch und medial meist auf jene Krisenherde, in denen der Permafrostboden taut, Pipelines brechen die Ölkatastrophen verursachen[96], oder einstürzende Erdmassen 100 m tiefe und 1 km lange Krater bilden, die jährlich um etwa 10-30 Meter wachsen. Was wir im Frühstücksfernsehen zum Beispiel zum Batagaika-Krater in Sibirien[97] dann pausenlos „aufs Brot geschmiert" bekommen.

Wer ist schuld am Klimawandel?

Für all das suchte oder fand man zumindest im öffentlichen Diskurs zwei Schuldige:
1. Den Menschen mit seinem wachsenden Verbrauch an fossilen Brennstoffen, wie Öl, Gas oder Kohle.
2. Und zweitens einen Stoff, den Pflanzen und das Leben dringend für ihr Wachstum brauchen: Das CO2!

Und hier wird es in der wissenschaftlichen Argumentation recht abenteuerlich, da eine wachsende Zahl an Gelehrten unter Einbeziehung wissenschaftlicher Erkenntnisse und Messergebnisse, nicht zu dem Schluss kommt, dass die Erde in Gefahr ist und CO2 für die Erderwärmung die Alleinschuld trägt. Oder zumindest nicht in dem Ausmaß, wie wir es in politischen Diskussionen auf Klimakonferenzen finden. Weshalb sich aktuell (2024) sogar prominente Wissenschaftler, wie der amerikanische Physik-Nobelpreisträger von 2022, John Clauser, Klimaketzerisch zu Wort melden[98]:

> *„Auch wenn es viele ärgert, der Planet ist nicht in Gefahr",[...] „Die Welt" ist überschwemmt mit Pseudowissenschaft, wissenschaftlicher Fehlinformation und mit dem, was ich 'Techno-Cons' nenne: wissenschaftliche Desinformation zu opportunistischen Zwecken."*

In den Augen dieses mit klügsten Mannes der Welt und weiter Koryphäen ist der Klimaalarmismus (auch der des IPCC/Weltklimarates) unbegründet und ließe wichtige Fakten weg, wird Wissenschaft für politische Zwecke missbraucht, da sie durch virtuell erzeugte Prognosen eine „Schein-Realität" erzeugt. Woraus nicht belegte Bedrohungsszenarien entstehen, die auf falschen wissenschaftlichen Tatsachen beruhen, denen die Politik als Entscheidungsträger folgt. Weshalb der 82-jährige Nobelpreisträger meint: *„Präzise Beobachtungen haben Vorrang vor rein spekulativen Theorien!"*

Die Geburt der Treibhaustheorie und die Angst vor zu viel CO2 als Klimakiller

Dabei fing alles noch recht harmlos und unschuldig an und galt CO2 (Kohlenstoffdioxid) bis zum Ende der 1960er Jahre nicht wie heute als kolossale Bedrohung für alles Leben. Sondern eher als willkommenes, lebensförderliches Element: Begründet hatte die Treibhaustheorie der französische Physiker Jean-Baptiste-Joseph de Fourier um 1800, weiterentwickelt wurde sie von seinem Landsmann, dem Physiker Claude Pouilliet (1790-1868), dem Iren John Tyndall (1820-1893), und dem schwedischen Wissenschaftler Svante Arrhenius (1859-1927), der diese Theorie 1896 übernahm und dabei 1907 in seinem Buch „Das Werden der Welten", schrieb:

„Der Anstieg des CO2 wird zukünftigen Menschen erlauben, unter einem wärmeren Himmel zu leben."

Entgegen der heutigen, im gesellschaftlichen Bewusstsein stark durch Angst geprägte Gedankenwelt zum CO2-Anstieg, sahen Arrhenius und viele Kollegen seiner Zeit in einer Verdoppelung des CO2-Anstiegs und eines Anstiegs der Temperaturen keine Gefahr, sondern die Lösung für das Welternährungsproblem und den Schutz vor neuen Eiszeiten. In den 1970er Jahren begann sich jedoch eine komplett andere Sichtweise zu verbreiten. Nämlich, dass fossile Brennstoffe endlich sind und der damit verbundene CO2-Ausstoß eine tödliche Gefahr für das Klima und alle Lebewesen darstelle, die mit allen Mitteln (durch Verbote, neue Gesetze, Steuern, eine klimaneutrale Wirtschaft, ...) gebannt werden muss. Die im Eilverfahren aufgestellte CO2-Theorie gilt seitdem als alleinige (Haupt-) Ursache des Treibhauseffektes und namhafte Klimaforscher, Metereologen und Wissenschaftlern, die dem widersprechen, werden seitdem als Pseudowissenschaftler, Klimaleugner oder Querdenker und Ketzer stigmatisiert. Oder finden, wenn überhaupt (wie Mobilfunkkritiker), nur kritisch, mutmaßlich widerlegt, oder nebensächlich mediales Gehör. So schreibt Professor Dr.-Ing. Bert Küppers in einem Raum & Zeit Artikel 2005[99]:

„Der CO2-Kreislauf ist so naturgewaltig, dass der Mensch ihn bisher nicht stören konnte." Auch merkt er an: „Ohne CO2 kein Leben".

Küppers und andere Gelehrte weisen darauf hin, dass die Natur ein natürliches Regulationsprinzip besitzt, um mit dem vermehrten CO2-Gehalt in der Atmosphäre (jährlich ca. 600 Gigatonnen CO2 aus Erdspalten und Vulkanen/ ca. 30 Gigatonnen CO2 von Menschen) zurechtzukommen. Wissenschaftlichen Erkenntnissen zufolge vermehren sich mit wachsendem CO2-Gehalt in der Atmosphäre auch natürliche CO2-Senken des Planeten, wie pflanzliche oder tierische Kalkbilder, die das CO2 dann vermehrt speichern. Was Satellitenbilder einer Zunahme der Grünflächen um 25% gegenüber Waldverlusten von 5% auf der Erde bestätigen[100]. Daher wird ein steigender CO2-Anteil in der Atmosphäre natürlich verstoffwechselt und nehmen die natürlichen CO2-Senken wieder ab, wenn das CO2 zurückgeht. Verschiedene wissenschaftliche Studien [L.H.Ziska, J.A.Brunce:New Phytol.175, (2007) und L.Wang et al.: Agric. Ecosyst. Environment 178 (2013) und Perry et al.,Glob. Environ. Change 14 (2010)] konnten sogar zeigen, dass der Ernteertrag, aber auch die Qualität und Quantität der Früchte, durch eine Verdoppelung des CO2 um 35% steigt. Was einer wachsenden Weltbevölkerung zugutekommt. Gewächshäuser nutzten übrigens die Düngewirkung des CO2 seit langem, indem sie den Pflanzen künstlich große Mengen CO2 zuführen, statt es durch unsinnige und kostenaufwendige Air-Chaptur-Anlagen der Atmosphäre extrem energieaufwendig zu entziehen[101]. Was dem Pflanzenwachstum wenig förderlich ist. Außerdem bieten die nun eisfreien Gebiete auch große Forteile für mehr Siedlungsraum, Ackerbau, Fiehzucht, Rohstoffvorkommen, was die menschliche Zivilisation in historischen Warmzeiten (Mittelalterliche Warmzeit usw.) immer schon für Wachstum nutzte[102]. Wie auch unsere Raumfahrt nutzen will, die massenhaft CO2 zur Bildung von Wäldern auf dem Mars ausbringen will, um den Planeten für unsere dortige Ankunft vorzubereiten[103]. Viele unserer vernunftbegabten Wissenschaftler können sich also sehr gut vorstellen, dass CO2 für menschliches Leben nicht giftig, sondern lebensförderlich ist.

Immer mehr Wissenschaftler wiedersprechen der CO2-Theorie

Prof. Küppers ist aber mit seiner Kritik am Treibhausgasmodell nicht allein: Als einer der ersten Kritiker stellte sich der namhafte Atmosphärenforscher des Massachusetts Instituts of Technologie (MIT), Professor Richard Lindzen, gegen die panischen Verlautbarungen des 1988 gegründeten Internationalen Ausschusses für den Klimawandel IPCC (International Panel on Climate Chanrge), den er als Hauptautor das 7. Kapitels des dritten Assessment-Reports (Einschätzungsbericht) für das IPCC selbst geschrieben hatte. Er äußerte bereits am 11. Juni 2001 im Wall-Street-Journal, dass es tatsächlich in Bezug auf langfristige klimatische Trends oder was diese verursachen, keinen Konsens, weder einstimmig noch sonst wie gäbe, da die hastig und übereilt herausgebrachte „Zusammenfassung des Assessment-Reports", auf die sich das ICCP und die Politik (bis heute) beruft, lückenhaft sei. So fehlten darin wichtige Aussagen, wie: dass 20 Jahre nicht ausreichen, um langfristige klimatische Trends abzuschätzen, oder ließ man bedeutende Fakten einfach weg. Nimmt aber diese fehlerhaften Berichte für einschneidende politische Maßnahmen. John Christie, Professor für Atmosphärenwissenschaften an der University of Alabama, der ebenfalls ein federführender Autor des IPCC-Sachstandsberichts von 2001 war, distanzierte sich später ebenfalls von den mangelhaften Verlautbarungen des Weltklimarates IPCC mit den Worten[104]:

> *„Ich höre immer wieder, dass es einen Konsens unter tausenden von Wissenschaftlern bezüglich des Erwärmungs-Themas geben soll, dass die Menschen schuld an katastrophalen Veränderungen im Klimasystems sein sollen. Nun, ich bin einer von den Wissenschaftlern – und es gibt viele davon -, die der Meinung sind, dass das einfach nicht wahr ist!"*

Wissenschaftliche Messungen wiedersprechen der Treibhausgas-Theorie!

Belegt wird die intellektuelle Schieflage in Zeiten des Klimaalarmismus durch renommierte Experten und Wissenschaftler, die ihre kontroversen, kritischen Gegenargumente und Forschungsergebnisse durch Messungen belegen und auf gegenläufigen Klimakonferenzen präsentieren. Wozu Presse und Medien eingeladen werden, die aber desinteressiert nicht erscheinen. So, als wollte man nichts davon hören. So referierte Prof. em. Dr. Friedrich-Karl Ewert bereits 2011 in einem Vortrag unter dem Titel: „Weltweite Langzeitthermometerdaten zeigen mehrheitlich keine Erwärmung!" auf einem solchen Kongress und präsentierte seine ketzerischen Messergebnisse, während Millionen Menschen auf unserem Globus zu Klimaaktivisten ausgebildet werden, um die Welt vor dem möglicherweise nie eintretenden Klimakollaps zu retten[105].

Eiszeit, Heißzeit oder keins von beidem?

Andere Wissenschaftler rechnen sogar mit einer kommenden Eiszeit, verursacht durch das Tauen der Gletscher und Abkühlen von Teilen des Golfstroms[106], während das der Klimapolitik treue Potsdamer Klimainstitut (PIK) diesen Klimaforschern seit 1999 mit starker Medienpräsens widerspricht[107] und wieder andere Forscher davon ausgehen, dass eine Abkühlung bei einer gleichzeitigen Erwärmung sich ausgleichen würde oder könnte. Weshalb wir aus diesem Blickwinkel nichts zu befürchten bräuchten. Unzufrieden mit dem wissenschaftlich nicht haltbaren Kurs der weltweiten Vorbereitung auf einer künstlich erzeugte Klimakatastrophe, wenden sich immer mehr Wissenschaftler in Apellen oder internationalen Petitionen zu tausenden an die Öffentlichkeit, um CO2 als „Alleinschuldigen" am Klimawandel freizusprechen[108]: Beispielsweise im Jahr 2019 mit weltweit 31.000 Unterzeichnenden/darunter 9.000 Wissenschaftler einer Petition. Oder im August 2022 mit einer Unterschriftensammlung, als über 1.200 Klimaexperten aus der ganzen Welt die World Climate Declaration (darunter auch der norwegische Physik-Nobelpreisträger Ivar Giaever) unterzeichneten, um zum öffentlichen Diskurs einzuladen. Während Politiker weiterhin fordern, immer strengere Maßnahmen gegen den Ausstoß von Kohlenstoffdioxid durchzusetzen. Letztlich wird uns durch all diese widersprüchlichen Aussagen und Verhaltensweisen bewusst, dass der MIT Professor Richard Lindzen wohl recht hatte und 20 Jahre Forschung immer noch nicht ausreichen, um langfristige, sichere Prognosen zu treffen. Aber auch, in welcher Schieflage sich hier die öffentliche Berichterstattung befindet.

Methanmassen auf unseren Nachbarplaneten

Nun stellt sich natürlich bei all dem Hin & Her die Frage, wer oder was dann wirklich für den Klimawandel auf der Erde verantwortlich ist? Und wie Methan, ein vielfach stärkeres und sogar leicht entzündliches Gas, dem als Treibhausgas die Mitverantwortung gegeben wird, auf biotischem Weg (durch Pflanzenreste etc.) entstehen soll, wenn es, wie ebenfalls moderne Satellitenmessungen der Raumfahrt zeigen, auch in Massen auf unseren Nachbarplaneten Mars, Jupiter, Pluto, Neptun und einigen ihrer Monde vorhanden ist?[109] Selbst ein Laie müsste jetzt hellhörig werden und die Theorie, dass Treibhausgase wie Methan durch fossile, verrottende Wälder entsteht, hinterfragen. Da das in unserer Schule gelehrte Bio-Masse-Modell zur Entstehung von Treibhausgasen wie Methan dadurch komplett auf den Kopf gestellt wird. Das lässt nur den Schluss zu, dass Treibhausgase wie Erdgas oder Methan abiotisch, also im Inneren der Planeten, ohne verrottende Urwälder, entstehen. Und damit unbegrenzt zur Verfügeung stehen. Was natürlich wiederum das weit verbreitete Weltbild des Klimaalarmismus über den Haufen wirft, dieser Rohstoff ginge irgendwann zu Ende. Da der Mensch ja laut Klimaalarmisten wie Al Gore explizit nur durch Rinderzucht oder anthropogene Treibhausgase hauptsächlich für das Auftauen des Permafrostbodens und ein ZUVIEL an Methan in der Atmosphäre verantwortlich ist. Wenn also fremde Planeten ohne all die irdische Panikattacken und Fossilien oder ehemaligen Urwälder Methan und andere Treibhausgase selbst produzieren; könnte das die Erde nicht auch tun? Oder ist sie als einzige flach, während die anderen Planeten „blähende Rundungen" aufweisen, zynisch ausgedrückt? Welchen Sinn macht es also gegen Methan - angeblich durch Rinderblähungen oder Babywindeln verursacht - vorzugehen, wenn die Hauptproduzenten davon im inneren eines Planeten liegen, was Menschen weder steuern, noch verhindern können?

Die abiotische Theorie als logisches Erklärungsmodell zur (unlogischen) biotischen Treibhausgastheorie

Die abiotische Theorie liefert heute ein klareres wissenschaftliches Gegenmodell zur heute weit verbreiteten biotischen Theorie, mit seinen lückenhaften Erklärungsmodellen. Möglichkeiten der Abiotik werden seit langer Zeit ebenfalls von internationalen wissenschaftlichen Koryphäen wie Alexander von Humboldt, Dmitri Iwanowitsch Mendelejew, Prof. Vladimir G. Kutscherov, dem Chemie-Nobelpreisträger Dudley R. Herschbach, dem österr. Geowissenschaftler Siegfried E. Tischler, dem Amerikaner Dr. Jack F. Kennedy, der US-Chemikerin Dr. Jean K. Whelan, uvm. erforscht und befürwortet. Letztere berichtete sogar am 26.09.1995 in der New York Times über ein natürliches Auffüllen von Ölfeldern aus großen Tiefen im Golf von Mexiko, während Wissenschaftler aus aller Welt immer wieder über das 1945 entdeckte russische „Elefantenfeld" von Romashkino/Tartastan staunen. Das nachdem es zeitweise erschöpft war, sich ebenfalls auf wundersame Weise aus großen Tiefen selbst auffüllt. Erdölbohrunternehmen und vor allem russische Wissenschaftler wissen inzwischen längst, dass sich auch weit unterhalb der offiziell beglaubigten angeblich verrottenden Urwälder, die die biotische These stützen sollen, Erdöllagerstätten befinden. Und werden sogar in 10.000 m Tiefe oder Gebieten ohne vermutete Biomasse fündig, was der biotischen These des Westens praktisch widerspricht[110]:

> *„Bemerkenswert waren die Erfolge von russischen Experten, die der alternativen Theorie folgten und ihre Ölsuche danach ausrichteten. So stießen sie in einem für die Prospektion eigentlich absolut unattraktiven Areal Sibiriens auf ein ganzes Dutzend großer Lagerstätten. Auf Grundlage der Biothermie hätte niemand dort gesucht. Auch*

vor der Küste Vietnams gingen die russischen Nonkonformisten ans Werk – und wurden wiederum fündig. Die Firma Petrosov entdeckte den „Weißen Tiger". Dieses Ölfeld offenbarte sich bei Bohrungen im Basalt noch unterhalb von fünf Kilometern Tiefe."

Russischen Wissenschaftlern der Akademie der Wissenschaften gelang es übrigens um 2020 Erdöl künstlich (ohne Biomasse) im Labor herzustellen. Was dem Westen mit seiner in der Schule gelehrten Theorie der biotischen Erdölentstehung bisher nicht gelang, und laut dem Autor Hans-Joachim Zillmer und diesbezüglicher Jahrzehnte währenden russischen Forschungen, auch nicht gelingen wird. (Buchtipp: Hans-Joachim Zillmer: Der Energieirrtum -Warum Erdgas und Erdöl unerschöpflich sind, Langenmüller Verlag 2023). Die Theorie und Diskussion um die Endlichkeit der (biotisch erzeugten) Rohstoffe wird also gerade durch neue Belege zugunsten der abiotischen Theorie grundlegend auf den Kopf gestellt. Womit ein Teil der Panik vor der angeblich tickenden Zeitbombe „Endliche Rohstoffe" entschärft wird. Da wir jetzt durch einen Blick in unser Universum zu unseren Nachbarplaneten erkennen, dass auch dort Methan ausgestoßen und von den Planeten ohne menschliches Zutun produziert wird. Weshalb es uns (hoffentlich) langsam zu dämmern beginnt, dass nicht nur ein irdisches Treibhausgasphänomen und Temperaturschwankungsphänom, sondern kosmische Temperatur-Schwankungen bestehen. Ohne dass wir Menschen bisher unseren Fußabdruck dort hinterlassen konnten. Sollten wir also nicht beginnen, in größeren Bahnen zu denken und die neue Faktensituation mit einbeziehen?

Die Erde als offenens System

Treibhausgas-Kritiker weisen zusätzlich darauf hin, dass der Vergleich der Erde mit einem Treibhaus irreführend ist, da die Erde kein geschlossenes Glashaus, sondern ein offenes System ist. Und es oben nicht wärmer, sondern minus 70°C kalt ist. Eine kalte Atmosphäre kann aber laut thermodynamischen Gesetzen unmöglich etwas aufheizen, da es physikalischen Grundlagen komplett wiederspricht. Ebenso gibt es laut erwärmungskritischen Klimawissenschaftlern in unserer Atmosphäre eine natürliche

CO_2-Sättigung. Weshalb dort ab einer gewissen Menge kein weiteres CO_2 mehr aufgenommen wird[111]:

> *„Die Treibhauswirkung einer Steigerung des Kohlendioxid-Gehaltes in der Atmossphäre wird also durch die bereits gegebene Sättigung der einzigen relevanten Absorptionsbande weitgehend reduziert. Vergleichbar ist ein solcher Effekt mit dem Faktum, dass sich die Konzentration einer gesättigten Kochsalzlösung durch weitere Salzzugabe auch nicht mehr erhöhen lässt. Diese Tatsache wurde übrigens bereits 1990 im dritten Bericht der ENQUETE-KOMMISION des Deutschen Bundestages „Vorsorge zum Schutz der Erdatmossphäre" auf Seite 131 anerkannt. [...] Wegen des vorbeschriebenen Effektes der Sättigung wird mit jeder zusätzlichen Tonne CO_2 das Wellenlängenfenster kleiner, in dem noch eine weitere Wärmewirkung stattfindet.* ***Deshalb nähert sich die zusätzliche Wärmewirkung bei steigender CO_2-Konzentration in der Atmosphäre asymetrisch dem Wert Null."***

Für die Erwärmung der unteren Schichten sehen CO_2-Kritiker wie Diplom Physiker Detlef Scholz andere Ursachen,[112] wie Gravitation, Druck & Masse, die Reibungswärme erzeugen. Also konkret: Die Erderwärmung entstünde ...

- Durch den atmosphärischen Druck (je höher der Druck, umso größer die Dichte, desto mehr Reibung) der nach oben gegen Null geht (Schwerelosigkeit) und am Boden etwa 1 bar beträgt.
- Durch die Gesamtmasse der Atmosphäre, die je nach Energiemenge auch etwas variiert.
- Durch die Gravitation, die für die spezifischen Druckverhältnisse der Atmosphäre verantwortlich ist.

Kosmische Zyklen

Andere Wissenschaftler oder auch Politiker, wie Russlands Präsident Putin oder US-Präsident Trump, machen statt menschlichem CO_2 kosmische Zyklen für die Erderwärmung verantwortlich, die der Mensch überhaupt nicht durch neue Abgasgesetze oder CO2-Steuern beeinflussen kann. Was erklärt, warum es auf unseren Nachbarplaneten in unserem Sonnensstem ebenfalls wärmer wird[113]. Solche Zyklen großer Erdveränderungen mit Eiszeiten, Warmzeiten, Eisschmelzen, einschließlich großer Massensterben[114] habe es, wissenschaftlich betrachtet, schon öfter gegeben und sind relativ „normal". Auch, wenn sie über sehr große Zeiträume stattfinden. Da es Lebensformen gibt, die sich anpassen können und solche, die sich nicht anpassen werden oder können, und daher aussterben. Für uns, die wir uns gerade in einem solchen wärmeren Zyklus mit mehr kosmischer Energie befinden, wirken diese Ereignisse nach Aussagen einiger führender Wissenschaftler nur deshalb so dramatisch, weil wir das Brechen der Gletscher mit der Kamera live dokumentieren können[115]. Die Erde oder unser Universum durchläuft dabei kosmische Expansionszyklen[116], ähnlich unseren Jahreszeiten, in denen sich Temperaturen und Energiemengen ändern, mehr oder weniger kosmische Energie oder Strahlung zur Erde kommt und Arten sich an diese veränderten Umstände (auch genetisch) anpassen oder verändern, oder; wenn sie das nicht schaffen, aussterben. Bei großen Sonneneruptionen erwarten beispielsweise international anerkannte Wissenschaftler wie Dieter Broers neben angsteinflößenden Totalstromausfällen auch genetische Veränderungen, oder spontane genetische Mutationen, da unsere Zellen sowie alles Leben an die solaren Zyklen angepasst sind. Was dann wiederum die Evolution vorwärtsbringen wird[117].

Vulkanismus in der Arktis und Antarktis

Ein weiterer öffentlich zu wenig diskutierter Punkt beim Klimawandel und speziell der Eisschmelze sind zahlreiche, unter den Eiskappen aktive Vulkane, die sozusagen zusätzlich von unten das Eis zum Schmelzen oder Brechen bringen[118]. Worüber die Bundesanstalt für Geowissenschaften und Rohstoffe (BGR) bereits ab 1994 einige Forschungsarbeiten über Vulkanismus in der kanadischen Arktis und Nord-Grönland veröffentlichte[119]. Was der Klimaaktivist „Al Gore" jedoch in **seiner** „Unbequemen Wahrheit" irgendwie unerwähnt ließ, da laut seiner Meinung, die er erfolgreich vermarktet, nur der Mensch und das von ihm produzierte CO2 dafür verantwortlich sei. Was er immer noch hunderten seiner Follower in Ausbildungen zum Klimaaktivisten vermittelt.

Der Einfluss des Menschen auf das Klima

Ohne jeden Zweifel beeinflusst auch der Mensch das Klima, die Erde oder sogar das Massensterben. Denn mit immer besserer Technologie wie Radar und großen modernen Fangflotten sind unsere Ozeane bald leergefischt[120], führen Pestizide und Fungizide, oder wie wir im Kapitel zuvor sahen, auch der Mobilfunkausbau zum Verlust von Insektenmasse und verseuchen wir mit unserer Chemie, atomaren Produktion oder Kunststoffen Land, Luft und Weltmeere. Beim Thema Klima können wir abseits der CO2-Debatte mehrere menschliche Auslöser, neben natürlichen Prozessen, wie kosmischen Zyklen oder Vulkanismus ausmachen. Einige davon werden stark diskutiert, einige davon werden - wie der Mobilfunk - kaum in Erwägung gezogen, oder im öffentlichen Diskurs einfach weggelassen. Dabei sind diese Aspekte aber für ein Gesamtverständnis des Klimawandels wichtig, um kein einseitiges Bild zu erhalten. Weshalb wir diese teils vergessenen Einflüsse nochmals kurz abhandeln wollen, bevor wir zum Mobilfunk als Klimaeinfluss kommen:

1. Verbrennung

Egal ob im Heizkraftwerk, in Industrieanlagen, in Autos und benzinbetriebenen Fahrzeugen oder Geräten:

Verbrennung schafft Wärme und Wärme heizt auf. Dabei werden auch giftige Substanzen, Dämpfe oder Rußpartikel freigesetzt, die tatsächlich und in Massen ausgebracht den Himmel verdunkeln können. Wie wir es in großen Metropolen als Smogwolken heute sehen, die das Sonnenlicht nicht mehr durchlassen. Woran laut offizieller Schätzung bereits mehr Menschen sterben als durch das Rauchen[121]. Jedoch entstehen diese „Luftverschmutzungs-Toten" nicht durch das lebensförderliche und auch in der Atemluft enthaltene CO2. Da hierüber schon ausreichend berichtet wurde, möchte ich das Thema „fossile Brennstoffe" mit dem Hinweis belassen, dass es diese wohl noch einige Zeit geben wird, da sehr viel Macht, Kontrolle und Wirtschaftswachstum darauf aufgebaut ist. Oder große Volkswirtschaften und Erdölkonzerne trotz der anhaltenden CO2-Diskussion, derzeit Bohr-Schiffe in die eisfreien Gebiete senden, neue Lagerstätten erkunden, um sich dort den derzeit noch unverzichtbaren Rohstoff Öl für die Zukunft zu sichern.

2. Erderwärmung durch Kernkraft

Ein weiterer wenig bekannter Punkt ist das Freisetzen von Wärme durch Kernenergie: Wir alle wissen, dass Kernenergie strahlt und somit Hitze erzeugt. Deshalb müssen Kernreaktoren zur „angeblich sauberen" Stromerzeugung auch gekühlt werden oder es kommt, wie in Tschernobyl oder zuletzt in Fukushima zur Katastrophe. Zur Kühlung der Heizelemente nutzt man entweder Fluss- oder Meerwasser, das durch einen ausgeklügelten Kreislauf, letztlich erwärmt, wieder in die Flüsse und Meere abgegeben wird, oder durch Kühltürme an die Luft und somit in die Atmosphäre gelangt. Was kritisch betrachtet, als erwärmter Dampf oder Abwärme die Luft dann mit aufheizt. Von dem strahlenden Atommüll, der hunderte oder tausende Jahre als Abfall in den Eingeweiden der Erde lagert, für den sich die Kraftwerksbetreiber nicht in der Pflicht sehen, da die Endlagerungskosten dem Steuerzahler aufgebürdet werden, wollen wir dabei einmal absehen. Zur Abwärme die durch AKWs (Atomkraftwerke) erzeugt wird heißt es in einem Atomkraft-kritischen Beitrag der Elektrizitätswerke Schönau (EWS)[122]:

> *„Atomkraftwerke sind Energieverschwender - mit ihrem bis zu 33 Grad warmen Abwasser heizen sie vor allem die Flüsse auf. Das raubt den Fischen gleich doppelt den Atem. Erstens führt warmes Flusswasser weniger Sauerstoff mit sich als kühles. Und zweitens sterben in warmem Wasser mehr Pflanzen und Kleintiere ab, deren Biomasse beim Verrotten weiteren Sauerstoff verbraucht. Der fehlt dann den Fischen."*

Eine Stellungnahme der AKW-Betreiber konterte, dass das nicht stimme, da die meisten (jetzt abgeschalteten/ Anm. d. Autors) AKWs in Deutschland die Abwärme über unschön aussehende Kühltürme als Wasserdampf an die Umwelt abgeben würden und die Wärmeabgabe von AKWs der normaler Kraftwerke entspräche. Diese Diskussion und Beispiele zeigen uns - egal wer Recht hat oder nicht - zweierlei Fakten:

- erstens, dass Abwärme von AKWs seit Jahrzehnten entweder über die Kühltürme an die Luft
- oder zweitens, direkt an Flüsse und Ozeane abgegeben wird (z.B. französische AKWs).

Je nachdem, wie die Kernkraftwerke konstruiert sind, oder wo sich die Standorte befinden. Dabei müssten jetzt rational kühle Rechnungen einsetzten, so wie wir es von CO2-verursachenden Babywindeln oder Methan verursachenden Rinderblähungen kennen, um zu klären, welche Erwärmung durch derzeit (Stand 2024) weltweit 413 aktive AKWs mit einer Laufzeit von 32 Jahren[123] oder durch bereits viele abgeschaltete AKWs, 24 Stunden am Tag freigesetzt wird, wurde oder künftig noch wird. Wobei ein EU-Forschungsprojekt 2010 auch ergründete, ob AKWs auch 80 Jahre laufen könnten[124].

3. Erderwärmung durch Atombombenversuche und das Militär

Während wir nach solchen Berechnungen sicher zu einem klaren aber noch recht „milden Ergebnis" kommen würden, wären tausende unterirdische, oberirdische oder sogar einige atmosphärische Atombombenversuche sicher ein Horrorszenario für jeden kühl rechnenden Verstand. Da hier Energien in die Erde oder sogar Atmosphäre entlassen wurden und werden, die sogar Steine schmelzen oder Gebirge verdampfen lassen können[125]. Nun, tatsächlich haben wir bereits seit Erfindung und Abwurf der ersten Atombomben ab 1945 etwa 2100 Atomwaffentests durchgeführt [126] und damit unvorstellbare Energien (gezielt) in der Atmosphäre freigesetzt, die bei all der Angst vor zu viel CO2 beim Mitzählen irgendwie vergessen wurden. Es scheint, als bliebe das Militär auch mit dem CO2-Ausstoß seiner gewaltigen Fahrzeugflotten sowohl medial, wie auch politisch unantastbar. Obwohl Wissenschaftler der Universitäten Durham und Lancaster kritisieren, dass allein das US-Militär zu den größten Umweltsündern zählt und mehr Treibstoffe ausstößt als viele Länder zusammen[127]. Während uns erste aktuelle offizielle Forschungsergebnisse neben einzelnen älteren Studien (Effects of Atomic Explosions on Weather, by L. Machta and D.L. Harris (US Weather Bureau), science, 21. January 1955, 75-81) 70 Jahre später zeigen, dass Atomexplosionen hunderte Kilometer entfernt trotz aller bisherigen Kritik und Leugnung, doch das Klima beeinflussen[128]. Doch das „Minenfeld Militär als Umweltsünder und Klimaverursacher" wird seitens der CO2-Hysteriker weiträumig im öffentlichen Diskurs gemieden. Weshalb dieses seit Jahrzehnten gezielt am Wetter herummanipulieren kann, womit wir beim Stichwort „Geoengineering und Wettermotifikation" sind. Welches ebenfalls lange Zeit als Verschwörungstheorie galt, bis der staatliche metereologische Dienst Spaniens „AEMET" (Agencia Astatal de Meteorologia) öffentlich eingestand, dass eine globale große Aktivität vieler Länder zur künstlichen Wetterveränderung durch Menschen zurzeit eine gängige Realität ist. So lesen wir auf der behördlichen Webseite des spanischen metereologischen Dienstes **https://www.aemet.es/es/conocermas/modificacion_artificial_tiempo** unter der Überschrift „Künstliche Wettermotifikation":

> *„Mehr als 50 Länder führen derzeit Aktivitäten zur künstlichen Wetterbeeinflussung durch, deren Status sich in den regelmäßigen Berichten des Expertenausschusses der Weltorganisation für Meteorologie (WMO) widerspiegelt. Diese Aktivitäten zielen auf:*
>
> - Erhöhung des Niederschlags (10-20%)
> - *Reduzierung der Größe des Hagels und den verursachten Schäden.*
> - *Zerstreuen von lokalem Nebel."*

All das zeigt uns, dass auch hier ein globales unbeachtetes Umdenken geschieht, während Klimamahner, Aktivisten und Populisten weiterhin einseitig an der (veralteten) CO2-Debatte festhalten. Von der ganze Industriezweige oder auch Aktionäre, z.B. beim Emmissionshandel, mit den politisch verordneten Umweltzertifikaten für eine „klimaneutrale Wirtschaft, profitieren. Die niemals klimaneutral sein wird oder kann, da Klima sich ständig, teils sogar extrem, auch natürlich wandelt.

4. Erderwärmung durch Mikrowellen, Radar und Mobilfunk

Darüber hinaus gibt es aber auch den Aspekt der technischen Mikrowellen. Die, wie bereits beschrieben, durch ständige Umpolung Reibungswärme oder den sogenannten thermischen Effekt erzeugt. Daher ist es sinnvoll, die Wirkung von Mobilfunk, Radar oder Mikrowellen insgesamt zu betrachten, da erstaunlicherweise, mit dem Aufstellen der ersten Funktürme und Experimente, auch das Wetter immer mehr verrückt zu spielen begann. Könnte es hier vielleicht einen Zusammenhang geben? Die Antwort darauf lautet bei näherer Betrachtung mit großer Wahrscheinlichkeit „ja"!

Ein Wasserglas in der Mikrowelle

Ein einfaches Experiment, das wir jederzeit auch zu Hause machen können, gibt uns einen ersten Hinweis:

Stellen wir nämlich ein mit Wasser gefülltes Glas in die Mikrowelle und schalten sie ein, wird mit großer Wahrscheinlichkeit das Wasser darin zu kochen beginnen und später - wenn das Gerät nicht vorher abgeschaltet wird, sogar verdunsten, weil die Reibungswärme der Mikrowellen besagte Hitze erzeugt. Dabei ist interessant, dass die heimische Mikrowelle mit etwa 2.5 GHz (Gigahertz) Leistung arbeitet. Also mit ähnlichen Frequenzen, wie sie auch moderne Mobilfunkmasten, Radaranlagen, der Flugverkehr oder das Militär nutzen. Wobei die Strahlung der heimischen Mikrowelle bis auf ein wenig Reststrahlung komplett abgeschirmt wird, während die gleiche oder höhere technische Strahlung ziviler oder militärischer Radar-, und Funkmastenanlagen nirgendwo abgeschirmt wird und damit pausenlos überall auf dem Globus, 24 Stunden am Tag/365 Tage im Jahr, Reibungswärme erzeugt.

Wasser: – Lebenselixier mit vielen Gesichtern

Doch, bevor wir hier tiefer ins Detail gehen, schauen wir uns Wasser als Element einmal näher an:

Wasser ist auf der Erde für das Leben enorm wichtig und kommt eigentlich überall vor: oberirdisch, unterirdisch, in der Atmosphäre oder sogar in unserem Körper. Der zu 60-75% aus Wasser besteht. Es wird von den Lebensprozessen überall zu verschiedenen Zwecken (Nährstoff und Abfalltransport, Zellkommunikation, als elektrischer Leiter, etc.) genutzt und kann sogar verschiedene Zustände annehmen:

- fest (Eis),
- flüssig (Wasser),
- gasförmig (Luft)
- und als Blasenwandwasser, das in Wolken entsteht, jedoch aufgrund seiner Leichtigkeit nicht herabregnet.

Dabei ist Wasser allgemein, aber insbesondere das Blasenwandwasser, sehr empfänglich für elektromagnetische Wellen jeglicher Art, die es aufnimmt und sogar bis in die obere Atmosphäre und Ionosphäre transportiert. In den oberen atmosphärischen Schichten befinden sich wiederum große Wasserkreisläufe[129] und starke Höhenwinde, die Jetstreams[130] genannt werden und das Wettergleichgewicht in der Atmosphäre beeinflussen.

Ob es warm oder kalt, heiß oder nass wird, hängt also von den atmosphärischen Strömungen ab, auf die wiederum elektrische Ladungsteilchen Einfluss haben.

Wasserstöme und Flüsse gewaltigen Ausmaßes in der Luft

Wer hierbei denkt, dass es nur auf der Erde oder unterirdisch Flüsse gäbe, der irrt, denn auch in unserer Atmosphäre gibt es große Wasserströme. So entdeckte Reginald E. Newell vom Massachusetts Institut of Technology bereits in den 90er Jahren riesige Wasserdampfströme in der Atmosphäre, die mächtiger als jeder Fluss auf der Erde sind und ein Hauptsystem bilden, das Wasser (-Massen) von den Äquatorialgebieten zu den Polen transportiert[131].

In 3.200 Metern Höhe befinden sich hier atmosphärische Wasserströme von 700 bis 800 km Breite und 8.200 km Länge mit Geschwindigkeiten von 165.000 Tonnen Wasser pro Sekunde. Womit die größten Flüsse auf unserer Erde[132], wie der Nil (6.650 km Länge), der Amazonas (6.400 km Länge) bis hin zum Mississippi (6.051 km Länge), sogar etwas zu kurz geraten zu sein scheinen. Um eine Vorstellung der Größenordnung zu erhalten, was dort über unseren Köpfen in etwa 3 km fließt.

Wie Mikrowellen das Wasser beeinflussen

Auf diese Wassermassen könnte man, wenn man sie von unten mit Mikrowellen beschießt, Einfluss nehmen, und dadurch Windmuster ändern und somit das Klima beeinflussen. Was wir im kleinen „Laborversuch", in der Mikrowelle bereits ansatzweise sehen, da die elektrischen Ladungsteilchen der Mikrowellen das Wasser im Glas zum Kochen bringen oder auch verdunsten lassen. Doch was passiert hier genau? Wenn wir ein Wassermolekül (H2O) einzeln betrachten, besteht es aus einem negativ geladenen Sauerstoff und zwei positiv geladenen Wasserstoffatomen und wäre vom Aggregatzustand her gasförmig. Erst wenn viele dieser einzelnen Wassermoleküle sich aneinanderketten, wird es schwerer und für uns als wunderbares erfrischendes Lebenselixier, Tropfen, Regen, Bach, Fluss oder Ozean sichtbar. Diese Aneinanderkettung einzelner Moleküle wird in der Fachwelt auch als **Wasserstoffbrückenbindung**[133] oder **Clusterverbindung der Wassermoleküle** bezeichnet. Welche letztlich auf Anziehung der positiv und negativ geladenen Atome beruht.

Wie Mobilfunk die Wasserstoffbrückenbindung zerstört und den Dipolcharakter des Wassers verändert

Mobilfunk bringt diese natürlichen magnetischen Verbindungen der aneinandergeketteten Moleküle durch seine unnatürliche Reibung erzeugenden Frequenzen und ständigen Umpolungen durcheinander und löst die Wasserstoffbrückenbindung wieder auf. Wie wir in der Mikrowelle beim Verdunsten des Wassers sehen können. Die Plus- und Minuspole des Sauerstoffs und Wasserstoffs bilden den sogenannten Dipolcharakter des Wassers wie bei einem Stabmagneten. Wodurch das Wasser auch eine erfrischende oder belebende oder – bei weniger elektrisiertem Wasser – eine eher fahle Wirkung bekommt. Je nachdem, wie das Wasser energetisiert ist oder Energie verlor. Mikrowellen beeinflussen nun diesen Dipolcharakter des Wassers unnatürlich und bringen ihn durcheinander. Wodurch das Wasser tatsächlich unter dem Dunkelfeldmikroskop fotografierbar eine andere Struktur erhält und seine energetisierenden Eigenschaften verliert[134]:

> *„Elektromagnetische Wellen, insbesondere Mikrowellenstrahlung (derjenige Frequenzbereich, welcher für Mobilfunk genutzt wird) bringen diesen „Stabmagneten", also das Wasserdipol, ins Rotieren. Denn läuft eine solche elektromagnetische Welle über das Dipol, richten sich sein Minus- bzw. Pluspol entsprechend der elektromagnetischen Welle immer wieder neu aus."*

Mobilfunktürme und HAARP-Projekte als Ionossphärenheizer

Doch damit nicht genug: Nun haben wir uns bereits in Kapitel drei mit den kühlenden Eigenschaften natürlicher (Sferics) und erhitzenden Eigenschaften künstlicher Felder (Technics) beschäftigt. Wobei letztere Reibungswärme erzeugen, die wir gezielt in der Mikrowelle zum Erwärmen von Speisen und Getränken nutzen, was jedoch auch die Molekularstruktur der Nahrung durcheinanderbringt und diese für den Körper unbrauchbar macht. Doch dazu komme ich in Kapitel 7, das sich konkret mit der heimischen Mikrowelle beschäftigt.

Allgemein bekannt ist ja der erwärmende, thermische Effekt von Smartphones und Handys, die eigentlich Mikrowellen im Kleinformat sind und tatsächlich Gehirngewebe erwärmen oder bei Vieltelefonierern Schäden am Gehirn verursachen können[135], was wir bei der weltweit intensiven Nutzung jedoch gern ausblenden.

Verursacht Mobilfunk Trockenheit?

Mobilfunk sendet 24 Stunden am Tag ohne Unterbrechung und verursacht dadurch ständig Reibungswärme in der Atmosphäre. Wodurch sich die Luft in den bestrahlten Gebieten erwärmt. Wärmere Luftschichten nehmen wiederum - das sagt uns die Treibhausgastheorie - mehr Feuchtigkeit auf und können somit (weitergedacht) auch den Boden austrocknen, da sich im Erdreich ebenfalls Feuchtigkeit befindet. Die größeren Wassermassen in der Atmosphäre laden sich zusätzlich durch den Dipolcharakter des Wassers elektrisch auf und verursachen wiederum mehr geladene Wassermoleküle in der Atmosphäre. Die wiederum die Windmuster (Jetstreams) beeinflussen. Je nachdem, wohin die Jetstreams das elektrisch geladene Wasser führen, können sich diese dort dann vermehrt als Stürme, Gewitter oder Niederschlag entladen.

Der weltweit zunehmende Strahlencocktail und sein Einfluss auf das Wasser

Nun stellen wir uns einmal vor, wie sich weltweit insgesamt die durch Milliarden Handys, Smartphones, DECT-Telefonen, Smartmeter, WLAN-Router, Mikrowellen in Großküchen, Flugzeugen, Zügen, Wohnungen, aber auch durch Funk oder Mobilfunktürme und zivil bzw. militärisch genutzte Radaranlagen freigesetzte Reibungswärme einer erhitzend wirkenden Technologie auf das Wasser in der Atmosphäre oder auf die Natur insgesamt auswirken muss, wenn wir alle Mikrowellengeräte zusammenrechnen. Wie viel Gläser Wasser werden hier langsam, aber beständig zum

Kochen gebracht? Der wir freien Lauf lassen, da bei Mobilfunkmasten oder Radar ja nichts, wie in der heimischen Mikrowelle, abgeschirmt wird? Folgt Physik nicht immer denselben Regeln?

HAARP & Wetterkontrolle

In der Tat macht sich das Militär diesen physikalischen (erhitzenden), das Wetter beeinflussenden Effekt für ihre „Spielsachen" zunutze, indem es z.B. mittels großer Antennenanlagen wie HAARP (High Frequency Active Auroral Research Project) durch Hochfrequenz (3,6 Megawatt und mehr) die Jetstreams, Ionosphäre oder Wassermassen in der Atmosphäre beeinflusst. Dr. Bernard J. Eastlund, Inhaber zahlreicher US-Patente der HAARP-Anlage und Präsident einer Technologiefirma in Houstoen, Texas, beschreibt dies laut der alternativen Nobelpreisträgerin Dr. Rosalie Bertell, die 60 Jahre hierzu forschte, sogar in seinen Patenten[136, 137]:

> *„Die Patente von Dr. Eastlund beschreiben auch „die Veränderung der Winde in der oberen Atmosphäre – so dass positive Umweltauswirkungen erzielt werden können ... beispielsweise könnten die Konzentrationen von Ozon, Stickstoff und anderen Gasen in der Atmosphäre künstlich erhöht werden." In der Theorie könnte „HAARP" Regenfälle in von Dürre betroffenen Gebieten erzeugen oder Regenfälle während Überflutungen reduzieren sowie tropische Wirbelstürme, Tornados und den Monsunregen von bevölkerten Gebieten ablenken."*

Mythos & Wirklichkeit der Wettermanipulation

Da diese Forschung allgemein unter Verschluss gehalten wird, ist HAARP zu einem Mythos für Wetterkontrolle und Wetterbeeinflussung geworden. Dass diese Technologie jedoch auch praktisch angewendet wird, hat der Erfinder Eastlund laut Bertell bereits 1994 anhand eines künstlich erzeugten Sturmes, der Teile Georgias, Alabamas und Floridas überflutete, demonstriert. Woraufhin ein starkes öffentliches Interesse an diesen Möglichkeiten entstand. Das Militär zog sich daraufhin jedoch mit der öffentlichen Berichterstattung zurück und tarnt diese, die Bevölkerung verunsichernde Technologie, Forschungen und Patente als Geräte zur „Atmosphärenforschung". Worüber ich bereits in meinem Buch „5G-Mobilfunknetze" berichtete.

Mikrowellenkanonen bei der Polizei

Dass man „lästige" Demonstranten auch mit unsichtbaren Mikrowellen „vertreiben" kann, berichtete bereits eine Zeitenschrift-Ausgabe aus dem Jahr 2007[138]:

> *„Seit Januar 2007 gibt es sie offiziell bei der US-Army im Einsatz: die neue* ***Mikrowellenkanone,*** *einzig und allein zur Abschreckung bei Demonstrationen, wird uns offiziell weisgemacht. Die Demonstranten werden buchstäblich zum Kochen gebracht. Was passiert? Die Wasserstoffbrückenbindungen der Moleküle im Körper des Getroffenen werden beim Beschuss mit der hochfrequenten Strahlung aufgelöst, die Moleküle verdampfen, da Wasser ohne Bindung gasförmig ist. So dehnen sie sich um das Dreitausendfache aus. Das nennt man Sublimation. Dabei wird enorme Wärme frei mit allen erdenklichen Folgen, wie zum Beispiel eine Desorientierung der Nerven, spontane Erblindung wegen Verlust des durch Wasser geregelten Augendruckes und viele andere Auswirkungen."*

Kleine und große militärische Experimente mit Mikrowellen

Das Militär ist sich durch seine intensiven Forschungen der Wirkungen von Mikrowellen auf Wasserstoffbrückenbindungen also sehr bewusst und setzt diese Technologie im kleinen (bei Demonstranten) oder auch im großen Maßstab seit vielen Jahren ein. Was Dr. Rosalie Bertell in ihrem absolut lesenswerten Buch „Kriegswaffe Planet Erde" detailliert anhand vieler Experimente schildert. Ihren Recherchen zufolge einigten sich das US-Militär mit Russland 1974 in einem inoffiziellen Abkommen zum Schmelzen der Pole mittels ihrer Ionosphärenheizer (HAARP-Anlagen):[139]

> *„Im Jahr 1974 einigten sich die Vereinigten Staaten und die Sowjetunion im Vertrag von Wladiwostok darauf, die Arktische Polkappe abzuschmelzen. Es handelte sich um keinen ratifizierten binationalen Vertrag, daher hatten diejenigen, die später vom rapiden Abschmelzen des arktischen Eises, und der daraus resultierenden gefährlichen Lage der Eisbären alarmiert wurden, keinen Zugriff darauf. Für die Öffentlichkeit wurde das Schmelzen der nördlichen Polkappe zu einem starken und unheilvollen Zeichen des Klimawandels."*

Das Militär könnte natürlich auch einen anderen Weg einschlagen und mit seinen „Atmosphärenheizern" Regen nach Äthiopien oder schönes Wetter in Überschwemmungsgebiete bringen, wie Eastlund in „seinen" HAARP-Patentschriften ausführt. Doch geht es den Militärs, wie die Geschichte uns zeigt, nicht um Wohlfahrtsgedanken, sondern um militärischen Vorteil und darum, den Gegner einzuschüchtern oder zu vernichten.

Das Wunder in der algerischen Wüste: Wilhelm Reichs und Nikola Teslas Ideen wiederentdeckt

Wem nun angst und bange bei all den Machtdemonstrationen und Experimenten der Militärs wird, die sogar zu einem Verbot von tektonischen oder Wetter-beeinflussenden Waffensystemen wie dem ENMOD-Abkommen vom 05.10.1978 führten[140], der wird in dem algerischen Erfinder „Madjid Abdellaziz" und seinem Gerät zur Wetterheilung einen positiven Gegenpol finden. Womit er, wie dieser es nennt, Himmelsakkupunktur betreibt. Oder anders ausgedrückt, es tatsächlich regnen lässt und Wüsten begrünt[141] und damit die Abwanderung seiner Landsleute stoppt.

Abdellaziz hat sich nach eigenen Aussagen die Ideen für diese Technologien bei Wilhelm Reich (1897-1957) und Nikola Tesla (1856-1943) ausgeliehen. Und lädt heute dazu ein, sich das von ihm „erzeugte" Wunder in Algeriens Wüste selbst anzuschauen oder bei seiner großartigen Vision einer Welt ohne sich ausbreitende Wüsten mitzuwirken.

Wobei gerade weitere Projekte rund um die Welt von ihm geplant oder schon im Entstehen sind.

Die Zukunft in unseren Händen und der Mensch am Scheideweg

Grundsätzlich können wir also zwei Wege einschlagen: Den der Vernunft, des Herzens, und den harmonischer Technologien, wie eine Ummodulierung der jetzigen Technologie auf Sferics, oder der von Abdellaziz wiederentdeckten harmonischen Wetterheilung. Oder den der Unwissenheit und maßlosen Gier, die selbst nach der Eroberung eines ganzen Sonnensystems immer noch keinen Frieden findet.

Der Weg der maßlosen Gier/des einseitigen Fortschritts:

Wenn wir den Weg der Unvernunft und des technischen Fortschritts über jede moralische Grenze einschlagen, dabei nicht nur die Wälder der Erde durch Brandrodung oder immer schnellere Maschinen, die Flüsse und Ozeane durch Verschmutzung oder Überfischung und die uns anvertrauten Lebewesen durch nicht naturkonforme Strahlung oder Technologien vernichten, werden wir es in Zukunft schwer haben, zu überleben. Da, wie wir sahen, jetzt schon Bienenvölker in funkbelasteten Gebieten nicht mehr heimfinden und die Brut samt Königin verhungert, oder Bäume in Funkmastennähe absterben und zugunsten der Funktechnologie gefällt werden. Ich nenne dieses einseitige Streben nach technologischem Fortschritt und KI (Künstlicher Intelligenz), ohne zuvor die vollen Potentiale des menschlichen Gehirns erkannt und erschlossen zu haben, oder die menschlichen emotionalen Probleme zu heilen, den seelenlosen

Superverstand. Damit meine ich einen hochintellektuellen Verstand oder später auch dessen Kind; eine künstliche Intelligenz, der/die fähig ist, Supertechnologie, Atombomben oder KI-gesteuerte Waffensysteme und Weltraumschiffe zu bauen, aber unfähig ist, die (inneren) Probleme der Welt (wie z.B. den Hunger durch gerechte Verteilung der Überproduktion, etc.) zu lösen.

Das Ziel einer technokratisierten Welt: – Künstliches zum Leben zu erwecken, Natürliches „verbessern"

Ein Verstand, der durch Technologie wie Roboter oder vollautomatische Produktionsanlagen immer mehr produziert, diese Mehrproduktion aber nicht gerecht verteilt, entwickelt sich zwar technisch, aber innerlich (emotional) nicht weiter. Und wird sogar für diesen „Fortschritt" kämpfen. Die höchste Form dieses Krieges wäre hierbei der Einsatz emotionsloser Waffensysteme und Maschinen, die alles Leben, das sich ihnen in den Weg stellt, vernichtet. Statt wie in früheren Zeiten, Konflikte wie Ghandi friedlich oder als Sportler im Boxring „Mann gegen Mann" auszufechten.

KI-Entwickler und Nobelpreisträger warnen

Da bereits mehr Geld in KI-gesteuerte Waffensysteme fließt, als wir in friedliche KI-Entwicklungen stecken, beginnen sich nun immer mehr Wissenschaftler oder sogar KI Entwickler wie Max Tegmark, Physik-Professor am MIT, Mitglied der American Physical Society und wissenschaftlicher Leiter des Foundational Questions Institute oder Nobelpreisträger, wie der 2019 verstorbene Stephen Hawking, gegen diese Entwicklung zu wehren. So schreibt Tegmark in seinem Buch „Leben 3.0 – Mensch sein im Zeitalter künstlicher Intelligenz" (Ullstein-Verlag 2017) dass wir nun verschiedene Wege vor uns haben:

1. Es kann zu einem breiten Spektrum an KI-Entwicklungen in den nächsten 1.000 Jahren kommen, was eine Intelligenzexplosion verursacht.

2. Superintelligenz (KI) könnte friedlich mit uns zusammenleben und uns unterstützen.
3. Oder auch dazu führen, dass einzelne Länder oder Gruppen die Vorherrschaft erringen.
4. Wenn es eine intelligente menschenähnliche KI gäbe und diese unter Kontrolle einiger weniger stehen würde, könnten diese damit die Welt beherrschen.
5. Wenn Menschen KI nicht unter ihre Kontrolle brächten, könnte Superintelligenz die Kontrolle übernehmen und die Menschheit wird durch KI ersetzt (oder aussterben).
6. Superintelligenz könnte die Koordination in immer größeren kosmischen Maßstäben ermöglichen und sowohl für das Beste an Szenarien als auch das Schlechteste an Szenarien verantwortlich sein.

... um nur einige Punkte zu nennen, die Tegmark in seinem lesenswerten Buch anspricht. Zusammenfassend brachte diese Entwicklung der 2019 verstorbene Nobelpreisträger „Stephen Hawking" so auf den Punkt:[142]

> *„Nachdem wir das Feuer erfunden hatten, haben wir uns ein paarmal dumm angestellt. Und dann den Feuerlöscher erfunden. Bei mächtigen Technologien wie Nuklearwaffen, synthetischer Biologie und hoch entwickelter künstlicher Intelligenz sollten wir uns vorher Gedanken machen und uns große Mühe geben, alles gleich beim ersten Mal richtig zu machen. Denn womöglich haben wir nur diese eine Chance. Unsere Zukunft ist ein Wettlauf zwischen der wachsenden Macht unserer Technologien und der Weisheit, mit der wir davon Gebrauch machen. Wir sollten sicherstellen, dass die Weisheit gewinnt."*

Der Weg der Weisheit, Vernunft und Empathie

Neben den großen Gefahren für alles Leben aber auch Mensch und Gesellschaft, gibt es jedoch auch viele positive Entwicklungen, die in eine völlig andere Richtung als die der Technologie (oder Technokratie) zeigen.

So forschen derzeit Millionen auch private Arbeitsgruppen in Bereichen neuer, harmonischer Technologien, oder wollen immer mehr Menschen ökologisch nachhaltig leben, einkaufen oder sogar ganz zurück zur Natur[143]. Zählt der Bio-Boom erfreulicherweise zu den größten Wachstumsmärkten und spiegelt damit ein wachsendes nachhaltiges Denken. Ist ebenfalls in vielen Menschen der Wunsch oder die Vision geboren, dass weniger Technologie auch mehr Lebensqualität bedeuten kann. Weshalb eine weltweit wachsende Gruppe von Mensch sich – trotz guter Ausbildung oder hohem Einkommen – für ein Leben als Aussteiger entscheidet[144]. Oder ist unverkennbar, dass immer mehr namhafter Wissenschaftler spirituell Erwachen. Das Beschäftigen mit neuen Erkenntnissen aus Biologie, Genetik, Epigenetik, Geistes- oder Hirnforschung, ganzheitlicher Medizin, usw. scheint Brücken zu geistigen Ebenen zu schaffen, die früher als spirituell oder religiös eingestuft wurden. So beginnen Quantenphysiker nicht mehr nur dreidimensional, sondern zwölf-dimensional zu denken und Quantenräume oder Ebenen zu betreten, die nicht mehr greifbar, aber (teilweise noch) messbar sind. Und treten einige Vordenker unter ihnen immer tiefer in die Mysterien des Lebens und Daseins ein. Finden dort einheitliche Felder oder machen sogar Erfahrungen und Einsichten, die ihr Leben für immer verändern. Während sie hier eine größere Einheit oder auch einen größeren Geist/Intelligenz (Schöpfer?) hinter allem entdecken.[145]

Wenn in einer wissenschaftlich geprägten Welt die Wissenschaft spiritueller wird, hat das maßgebliche Auswirkungen auf die Gesellschaft. Denn all die vielen Bücher, Seminare, Vorträge usw. haben wiederum Einfluss auf weltweit hunderte Millionen Leser und Teilnehmer, die sich dann mit diesen größeren Gedanken zu beschäftigen beginnen. Was ihr Leben oder ihren Alltag beeinflusst. Auch wird eine größere Einheit im Denken oder Verstehen des Lebens dazu führen, dass eine größere Ethik geboren wird. Also mehr Liebe, Mitgefühl und Verständnis für die Schöpfung. Dinge, die dringend notwendig sind in einer Zivilisation, die Raubbau nicht nur an der Natur und Bodenschätzen, sondern auch ihrer eigenen Lebenskraft betreibt.

Wahlfreiheit – ein Geschenk

Und so treffen viele Menschen bereits die Wahl, oder haben auch wir täglich die Wahl, uns zu entscheiden, ob wir Teil von etwas Größerem oder weiterhin Teil von etwas Zerstörerischem sein wollen. Unser tägliches Streben und inneres Sehnen zeigt uns hierbei, wo wir stehen und insgesamt dann auch gesellschaftlich gehen. Ebenfalls zeigt uns die Geschichte, dass größere Gedanken immer die kleineren inspirierten umzudenken. Weshalb ich Kapitel-abschließend die Frage stellen möchte, was mit einer Welt geschieht, in der bereits Millionen Menschen weltweit (ohne KI) in größeren Gedanken zu denken beginnen?

Kapitel 05

Geheimprojekt funkvernetzte Ozeane; droht die ökologische Katastrophe?

Bisher behandelte ich die Wirkung von Hochfrequenz auf Pflanzen, Tiere, Insekten, ökologische Systeme, das Klima und Wasserkreisläufe, etc. durch Oberflächennutzung. Wenig bekannt ist, dass neben dem 5G-Netzausbau auf der Erde, im Erdorbit oder den Netzausbauplänen der Mobilfunkindustrie für den Weltraum, auch unsere Ozeane digitalisiert, erforscht und „komplett vernetzt" werden sollen. Über diesbezügliche Ausbaupläne, Folgen und Risiken hört man im Zeitalter, wo täglich Terrabyte an Informationen durchs Netz geschickt werden, jedoch fast nichts. Wir finden zwar hier und dort einen Artikel über neueste Unterwassertechnologie und Forschungen zum Unterwasserinternet oder darüber, dass eine internationale Ausstellung mit neuester Unterwassertechnologie stattfand, usw ... aber sonst herrscht großes Schweigen. Der Netzausbau in den Ozeanen vollzieht sich still und bleibt weitestgehend von der öffentlichen Diskussion unbeachtet. Grund genug, sich das Thema „Funkvernetzte Ozeane und mögliche Risiken" näher anschauen.

Wer ist an 5G-Netzen in den Ozeanen interessiert?

Interessanterweise wissen wir, so ein Artikel bei www.quarks.de, tatsächlich mehr über den Mond, als über die Tiefsee, die 50% der Meeresfläche ausmacht. Welche 70% des Planeten bedeckt[146].

Deshalb besteht im Zeitalter der Information und Digitalisierung natürlich großer Bedarf, das schnellstmöglich zu ändern. Weshalb verschiedene Interessengruppen großflächige Pläne entwickeln oder bereits umsetzen, die Erforschung der Meere und den Datentransfer unter Wasser voranzutreiben. Der Hype um die Digitalisierung der Ozeane hat dabei eine Vielzahl von Interessengruppen ergriffen:

1. Zivile Interessengruppen:

Zivile Interessengruppen erarbeiten Möglichkeiten für eine gute Funkverbindung für den hochauflösenden Filmdreh per Smartphone unter Wasser zum Schiff oder Land, bis hin zum Unterwasser-WLAN. Wofür beispielsweise Lasertechnologie oder Sonar eingesetzt werden soll, um den Funk für den Tauchsport, Tourismus und die Kommunikation unter Wasser für zivile Bedürfnisse zu verbessern[147].

Unter den zivilen Interessengruppen werden Großbaupläne für das Leben auf und unter Wasser von wachsender Bedeutung sein:

Die Besiedelung der Ozeane

Leonardo da Vincis Ideenreichtum auch die Unterwasserwelt betreffend, wird wohl bald kein Traum mehr sein, sondern nimmt Gestalt an. So will Japan aufgrund seiner Platznot ab 2025 den Startschuss mit einer ersten Unterwasserstadt für 5.000 Menschen geben, die mindest 26 Milliarden Dollar kosten wird. Neue Materialien, günstigere Herstellungskosten und technischer Fortschritt machen den Traum vom Leben in den Ozeanen möglich[148].

Aber nicht nur Japan oder die Malediven passen sich durch schwimmende Städte an neue Gegebenheiten an und weichen in Richtung Wasser aus: In Holland, London oder dem Spreewald baut man bereits (nach holländischem Vorbild) Stadtteile oder Ferienhäuser aus schwimmenden Häusern, um dem wachsenden Wasserspiegel zu begegnen[149]. Parallel präsentieren eine ganze Reihe von Architekten seit einiger Zeit Entwürfe mit schwimmenden Wolkenkratzern oder Inseln[150], die oben, also über dem Meeresspiegel Landwirtschaft bieten, während man künftig unter Wasser wohnt. Einige dieser schwimmenden Städte saugen sogar Plastik und Abfälle aus dem Meer, filtern das Wasser und können Strom aus Wasserkraft erzeugen, die die Inseln autark machen. Wie ein Entwurf des südkoreanischen Designers Sung Jin Cho zeigt[151].

Unterwassertourismus – Ein boomender Zukunftsmarkt

Den Unter- und Überwasserbauplänen für schwimmende Städte, Häuser oder Wolkenkratzer wird natürlich auch der Unterwasser-Tourismus folgen. Wie wir es jetzt am Arktis-Tourismus in einer vermehrt eisfreien Seelandschaft sehen. So wird es Unterwasserhotels, ähnlich dem geplanten Weltraumtourismus, geben. Worin Urlauber dann mit Booten zum Hotel gebracht und mit Ubooten Ausflüge in die Tiefsee unternehmen können. Dass der Uboot-Tourismus bereits boomt, zeigt die NauticExpo in Ausstellungen, welche außerdem Hersteller verschiedener käuflich erwerbbarer Modelle für den Ausflug unter Wasser oder den „kleinen oder größeren Geldbeutel" präsentiert[152].

2. Wirtschaftliche Interessengruppen:

Das Interesse der Wirtschaft an der Erkundung der Ozeane besteht natürlich vornehmlich in der Erkundung von Rohstoffvorkommen. Weshalb dieser Interessenkreis Rohstoffvorkommen erforscht und Seebergbau fördert. Wofür ebenfalls gute Unterwasserfunkverbindungen benötigt werden. Praktisch eingesetzt werden hierbei Sonar, also Schall, Lasertechnologie, Unterwasserdrohnen und U-Boote, die den Meeresboden scannen, Fischschwärme orten, unterirdische Bodenschatzlagerstätten auskundschaften und später, auch durch Unterwasserstationen Tiefseefunk-, und Bergbau ermöglichen.

3. Wissenschaftliche Interessengruppen:

Wissenschaftler wollen die Tiefsee wiederum flächendeckend auf Artenvielfalt, Unterwasserarchäologie, Fischpopulation, Verschmutzungszustände, Erdbebenüberwachung usw. abtasten/vermessen, oder mit diesen Daten dagegen vorgehen. Ein nobles Ziel, auch wenn die verwendete Technik vielleicht mehr Schaden anrichtet, als Gutes zu tun. Wozu ich gleich noch kommen werde. So berichtet National Geografic im Oktober 2017[153], dass eine ganze Armee von Robotern die Tiefen der Meere ausspionieren soll:

> *„Ende des Jahres soll eine Armee kleiner, schwimmender Roboter die Geheimnisse der Meere auf der ganzen Welt ergründen. Jeder*

von ihnen wird seine eigene Mission haben, die von wissenschaftlich interessierten Privatpersonen definiert wird. Dabei wird alles Mögliche erkundet, von Riffen bis zu „Robomuscheln", die die Temperatur messen können. Die Unterwasserdrohnen sind der neueste Durchgang des Experiments OpenROV von National Geographic Explorer David Lang. Er möchte die Erkundung des Meeres vorantreiben, indem er den Ozean für mehr Menschen über ferngesteuerte Fahrzeuge (ROVs) sichtbar macht. Mit finanzieller Förderung von James Camerons Avatar Alliance Foundation und anderen Unterstützern will die Gruppe 1.000 Exemplare ihrer neuesten Drohne, dem Trident, verteilen. Die Geräte werden im Laufe des nächsten Jahres über die Seite OpenExplorer verteilt. Neben wissenschaftlich interessierten Privatpersonen werden Drohnen auch kostenlos für gemeinnützige Organisationen und Schulklassen zur Verfügung gestellt."

4. Militärische Interessengruppen:

Eine der größten und finanziell stärksten vertretenen Interessengruppen dürfte bei der digitalen Ozeanerschließung jedoch das Militär sein. Welches uns durch seine Pressesprecher erklären lässt, dass es durch seine Unterwasser-Forschung oder auch riesige Unterwasseranlagen unsere Weltmeere sicherer machen will. Beispielsweise um den Drogenhandel in den Meeren und Häfen besser zu kontrollieren, wie die Europäische Kommission auf ihrer Webseite im Januar 2024 schreibt[154]:

„Eine neue öffentlich-private Partnerschaft „Europäische Hafenallianz" soll Häfen in der EU künftig besser vor Drogenhandel und krimineller Unterwanderung schützen. Beteiligt sind Vertreter der Mitgliedstaaten, Hafenbehörden, europäische Verbände, EU-Agenturen (Europol, EMCDDA) und Zoll- und Strafverfolgungsbehörden. Hintergrund sind Rekordmengen von beschlagnahmten Drogen in europäischen Häfen. Allein in Belgien beschlagnahmten die Behörden 2023 im Hafen Antwerpen-Brügge eine Rekordmenge von 121 Tonnen Kokain. Das entspricht einem Anstieg um 10 Prozent verglichen zum Vorjahr. Insgesamt wurden zuletzt jährlich mehr als

300 Tonnen Kokain in der EU beschlagnahmt. Zum Start der Europäischen Hafenallianz sagte EU-Innenkommissarin Ylva Johansson: „Illegale Drogen gelangen zum größten Teil auf dem Seeweg in die EU. 70 Prozent der beschlagnahmten Drogen werden in den Häfen der EU sichergestellt. Deshalb ist die Zusammenarbeit zwischen nationalen und EU-Behörden und den Häfen der EU von entscheidender Bedeutung. Die organisierte Kriminalität ist geschickt darin, von einem Hafen zum anderen zu wechseln, je nachdem, wo sich gerade eine günstige Gelegenheit bietet. Um dieses Netz zu zerreißen, müssen wir ein Netz aufbauen. Die brutalen Folgen des Drogenhandels sind ebenso groß wie die Bedrohung durch den Terrorismus. Deshalb ist es sehr ermutigend, dass heute die EU-Hafenallianz auf den Weg gebracht wird."

... Womit große Antennenanlagen, Ubootflotten und Innovationen unter Wasser zur Kommunikation und Überwachung oder militärischen Präsens der Streitkräfte in den Weltmeeren gerechtfertigt werden[155]. Natürlich ist die Kontrolle des Drogenhandels auf dem Seeweg nur ein kleiner Bereich des militärischen Interessensgebietes, dessen Hauptinteressengebiete in erster Linie in einer Vormachtstellung oder Vorteile im globalen Wettrüsten liegen. Also sind die Argumente zu gewaltigen Tiefseefunk-Bauplänen des Militärs für Unterwasser-Abschussanlagen von Atomraketen oder Meeresboden-Antennenwälder zur Unterwasser-Kommunikation, die sich von der Größe her hinter oberirdischen HAARP-Anlagen (mit mehreren Quadratkilometer Durchmesser) nicht verstecken müssen, sicher nur ein Vorwand, um die gewaltigen Unterwasserkriegspläne des Militärs zu verschleiern. Schließlich bieten sich die Ozeane als geheime Operationsbasen für mlitärische Aktivitäten und Aktionen geradezu an. Wie ein Linkedin-Artikel vom August 2023 wunderbar beschreibt:[156]

„In den weiten Ausdehnungen der Ozeane und Meere unseres Planeten liegt eine Welt des Konflikts und der Intrigen, die dem flüchtigen Beobachter weitgehend verborgen bleibt. Unterhalb der Wasseroberfläche existiert ein verborgenes Schlachtfeld, auf dem hochmoderne Technologien und strategische Manöver eingesetzt werden, um Dominanz in einer ebenso herausfordernden

wie mysteriösen Umgebung zu erlangen. Willkommen in der Welt der Unterwasserkriegsführung - einem Bereich, der eine entscheidende Rolle in modernen Marineoperationen und der globalen Sicherheit spielt.[...]Die Unterwasserkriegsführung umfasst eine Reihe von militärischen Aktivitäten, die unterhalb der Wasseroberfläche durchgeführt werden, von den Tiefen der Ozeane bis zu den flachen Küstengewässern. Diese dynamische Arena umfasst Operationen wie U-Boot-Kriegsführung, Anti-U-Boot-Kriegsführung, Minenkriegsführung und mehr. Während Flotten an der Oberfläche und Luftstreitkräfte die Schlagzeilen dominieren, bleibt die kritische Rolle der Unterwasserkriegsführung oft unbemerkt. Doch ihre Bedeutung ist unbestreitbar."

Wir sehen, dass eine ganze Agenda unterschiedlicher Interessengruppen von der Öffentlichkeit relativ unbemerkt daran arbeitet, die Ozeane als Ressource physisch, praktisch als auch funktechnisch zu erschließen.

Unterwasserfunk: Welche Möglichkeiten haben wir?

Für die Kommunikation unter Wasser braucht es natürlich eine gute Funkverbindung und Kommunikation. Jedoch auch andere Technologien als zu Lande, im Orbit oder in der Luft. Grund hierfür ist, dass sich Funkwellen unter Wasser anders verhalten und abgeschwächt werden[157]. Aktuell erschließt und erforscht man daher mehrere Möglichkeiten für einen möglichst unproblematischen Unterwasserfunk. Wobei die Hersteller bereits in einen Wettstreit um die besten Entwicklungen, Produkte und Marktanteile im boomenden Zukunftsmarkt Ozean getreten sind:

- **Kabelverbindung:** Eine sichere Möglichkeit unter Wasser zu kommunizieren besteht natürlich in einer leistungsstarken (Glasfaser?) Kabelverbindung. Diese Möglichkeit bietet zwar den Komfort eines guten Empfangs und der Übertragung großer Datenmengen, ist jedoch anfällig für äußere Störungen wie Anschläge oder Erdverschiebungen und macht Unterwasseraktivitäten vom Kabel abhängig. In abgelegenen Gebieten also unmöglich. Daher werden verschiedene andere mobile Möglichkeiten getestet und entwickelt, um drahtlos unter Wasser zu kommunizieren:

- **Sonar:** Eine dieser auch im militärischen Bereich verwendeten drahtlosen Kommunikationswege bietet das Sonar. Also die Kommunikation über akustische Signale wie Schall. Der Vorteil besteht in einer großen Reichweite, da Wasser Schall oder Klang sehr gut überträgt. Die Nachteile dieser Technologie liegen darin, dass Sonar sich nur für geringe Datenraten eignet und durch Wasserbewegungen abgelenkt/gestört werden kann. Und diese Verbindung auch recht langsam ist.
- **Laser:** Lichtsignale wie Laser kann andererseits unter Wasser zwar große Entfernungen zurücklegen und viele Daten übertragen, braucht aber klare Sichtverhältnisse zwischen Sender und Empfänger. Was bei unebenem Meeresgrund mit Tälern, Bergen, usw. schwierig werden kann.
- **Funkwellen:** Unterwasserfunk via Funkwellen kann wiederum nur über kurze Distanzen übertragen werden. Da Wasser Funkwellen abschwächt.
- **Radiowellen mit magnetischer Induktion:** Daneben experimentiert man mit Radiowellen und magnetischer Induktion. Wobei die Antennen in einer Gitterstruktur angelegt werden und horizontal mit Unterwasserfahrzeugen und vertikal mit Schiffen oder Bojen an der Oberfläche und sogar Satelliten kommunizieren können.

Mit welchen Leistungsstärken & Frequenzen wird unter Wasser gearbeitet?

Normaler Funk oder Hochfrequenz, wie Funkmasten an der Oberfläche, haben unter Wasser nur begrenzte Möglichkeiten. Deshalb arbeitet man auch beim Militär mit ELF-Frequenzen, was übersetzt „extrem low frequency" oder sehr niedrige Frequenzen bedeutet. Aber im Grunde etwas irreführend ist, denn um unter Wasser extrem niedrige Frequenzen (ELF) zu senden, braucht man wiederum hohe Leistungsstärken von bis zu 150 Kiloherz, damit überhaupt ein Signal über weite Entfernungen übertragen werden kann. Oder man benutzt Laser oder akustische Signale, also

Schall oder Sonar ... Es gibt hier bereits Hinweise und Beobachtungen, dass diese Frequenzen Wale und Delfine negativ beeinflussen. Allgemein reichen die Leistungsstärken je nach Einsatzgebiet von einigen hundert Herz bis in den Gigaherzbereich und brauchen sich Unterwasseranlagen damit nicht hinter ihren „Kollegen" auf dem Land oder in der Luft zu verstecken. So entwickeln beispielsweise Forscher des MIT Media Lab ein System, mit dem Unterwasser- und Luftsensoren direkt Daten austauschen können. Wobei Radarsysteme, die (wie der 5G-Funk) Frequenzen von 30 bis 300 Gigahertz auf die Oberfläche der Ozeane strahlen. Was MIT-Entwickler stolz auf Youtube präsentieren[158].

Technologie: Was wird für den Unterwassereinsatz bereits entwickelt?

Im Grunde arbeitet man heute gleichzeitig an allen möglichen Varianten der Unterwasserkommunikation, wobei Sonar- und Laser-Kommunikationssysteme stark im Kommen sind. Daher gibt es bereits eine breite Produktpalette, die ständig erweitert und stolz von vielen, auf Unterwassertechnologie spezialisierte Firmen, auf jährlichen Aquatec-Messen präsentiert wird. Darunter befinden sich:

- Unterwasserfahrzeuge wie U-Boote,
- große und kleine Unterwasserdrohnen,
- Minidrohnenschwärme, die dann als Schwarmintelligenz fungieren,
- Sonar-Kommunikationssysteme,
- Laser-Kommunikationssysteme,
- große und kleine Unterwasserantennen,
- aber auch unterirdische militärisch genutzte Anlagen, die der Geheimhaltung unterliegen,
- uvm.

Risiken und ökologische Folgen der funkvernetzten Ozeane

Meeresschutzorganisationen wie Sea Sheapherd befürchten, dass diese ständig wachsende Datenflut unabsehbare Folgen für das Leben in den Ozeanen haben wird. So ist bereits jetzt bekannt, dass unsere Meeresökosysteme aktuell durch Verschmutzung, Übersäuerung, Maschinenlärm und Überfischung kurz vor dem Kollaps stehen. Lindy Weigart, eine Meeresbiologin, bezog sich laut einem Artikel des Nexusmagazins vom Juli 2022[159] auf 113 Forschungsergebnisse und erklärte, dass sich Unterwasserlärm negativ auf 66 Fischarten und 36 Arten wirbelloser Tiere auswirkt. Allein der Schiffslärm hat demnach für Meereslebewesen fatale Folgen und führt zu folgenden Schäden:

- Missbildungen der Körpers,
- verlangsamtes Wachstum,
- verringerte Eierproduktion,
- Sterblichkeit von Jungfischen durch innere Verletzungen,
- selteneres Ablaichen,
- Orientierungsprobleme,
- Schwächung der Abwehrmechanismen durch Raubtiere.

Dabei sollten wir bedenken, dass sich diese ersten Forschungsergebnisse nur auf den Lärm, den Schiffsmotoren oder Schrauben usw. unter Wasser erzeugen, bezogen. Und das ganze Thema funkvernetzte Weltmeere mit seinen Auswirkungen auf die Meereslebewesen und Artenvielfalt fast nicht erforscht ist. Oder auch öffentlich kaum diskutiert wird. Weshalb Umweltschutzorganisationen fordern, dringend nachzusteuern und sofort mit intensiver Langzeit-Forschung zu beginnen.

Leben angepasst an Dunkelheit und (Funk-)Stille

Dabei kann man durch einfaches Nachsinnen bereits zu der Prognose kommen, dass es kein gutes Ende mit der Tiefseeflora, Fauna und den Lebewesen nehmen wird, wenn wir mittels Sonar, hochauflösendem Laser oder Hochfrequenz beginnen, hier als „invasive Art" in stetig wachsendem Maße in bisher unberührten „Reservaten" herumzufunken. Da sich die Ökosysteme und Artenvfielfalt in den Meeren über Millionen Jahre an Dunkelheit und natürlichen Schall angepasst haben und Wasserlebewesen mittels natürlichem und nicht künstlichem Schall, Wasserdruck usw. kommunizieren. Die großflächigen, weltumspannenden Experimente mit greller Licht-Lasertechnologie, Sonar, Funk oder Magnetismus in sehr sensiblen, bereits am Kollaps stehenden Ozeanbereichen stören die Meereslebewesen dabei durch künstlichen Funk und Lärm ähnlich schmerzvoll, wie einen Menschen, der plötzlich in helle Scheinwerfer blickt. Welche Folgen das alles auf eine an Dunkelheit angepasste Artenvielfalt hat, wissen wir noch nicht, wurde nicht ausreichend erforscht, oder wollen viele Entwickler guten Unterwasserfunks derzeit auch nicht wissen. Es wäre womöglich zu geschäftsschädigend. Dabei könnte man in Aquarien, Terrarien oder großen abgegrenzten Meeresbuchten einfache und kostengünstige Laborversuche durchführen, um zu erforschen, wie die Artenvielfalt der Ozeane darauf reagiert.

Erste negative Berichte zu den Folgen des Unterwasserfunks

Umweltschutzorganisationen wie Safe Tech International zeigen bereits, dass Wale, die dem hochintensiven Sonar von 240 Dezibel durch den Militärfunk ausgesetzt sind, extrem leiden[160]:

> *„Aufgrund der einzigartigen Fähigkeit von Schall, sich unter Wasser fortzubewegen, haben sich Meerestiere so entwickelt, dass sie sich auf Schall verlassen, um zu navigieren, zu kommunizieren, Partner zu finden, nach Nahrung zu suchen, Raubtieren auszuweichen und Territorien zu verteidigen. Siehe, https://en.wikipedia.org/wiki/Marine_mammals_and_sonar . Ähnlich wie extrem helle Lichtstrahlen, die direkt in unsere Augen scheinen, viel Leid verursachen und unser Sehen beeinträchtigen würden, so beeinträchtigen Sonarwellen und anthropogener Lärm die Fähigkeit von Walen und anderen Meeressäugern zu hören und sich um*

ihre Bedürfnisse zu kümmern. Das von der US-Marine eingesetzte Sonar mit hoher Intensität von etwa 240 Dezibel führt bei Walen zu Taubheit, Blutungen im Gehirn, Strandungen und zum Tod. Desorientiert von dem unerbittlichen Geräusch, das den Ozean über Hunderte von Meilen (und im Falle von niederfrequenten Sonaren Tausende von Kilometern) durchdringen kann, werfen sich Wale in einem verzweifelten Versuch, dem Geräusch zu entkommen, an die Küste und sterben."

Sie fordern deshalb:
- dringend über diese Technologien und ihre Auswirkungen Forschung zu betreiben,
- Schutzzonen einzurichten,
- sich zu engagieren und aktiv zu werden,
- Verantwortliche in der Politik darauf aufmerksam zu machen,
- oder selbst Beiträge darüber zu verfassen, zu forschen und diese Infos weitergeben,
- oder sich mit Umweltschutzorganisationen auszutauschen und jene, die sich für den Schutz und Aufklärung der Meere, Ozeane, Umwelt einsetzen, zu unterstützen.

Letztlich sehen wir, dass wir mit dem 5G-Unterwasserfunk - wie mit seinem Partnern auf dem Lande oder im Erdorbit - sprichwörtlich in gefährlichen „Gewässern" segeln, da wir auch hier erst die Technologie einführen, ohne zuvor die Langzeitwirkung erforscht zu haben. Wobei wir das gesetzlich Vorsorgeprinzip außer acht lassen, da die Ozeane sich sprichwörtlich als Versuchsfeld für stille und geheime (zivile und militärische) Projekte und Operationen anbieten.

Vision: Welche ökologischen Alternativen zur Erforschung und Erschließung der Ozeane gäbe es?

Aufgrund des Klimawandels und des Bevölkerungswachstums weichen bereits, wie wir sahen, einige Nationen auf den Lebensraum

Ozean aus. Andere Interessengruppen wiederum erschließen diese für touristische, wirtschaftliche oder militärisch-industrielle Zwecke. Diese bereits im großen Maßstab stattfindenden Entwicklungen aufzuhalten scheint deshalb fast unmöglich. Womit sich die Frage stellt; welche Alternativen haben wir? Während einige Kritiker befürchten, dass unsere Ozeane durch den wachsenden Einfluss des Menschen noch mehr Schaden nehmen oder komplett kollabieren, gibt es auch einige Hoffnungsträger für einen ökologisch-harmonischen „Eingriff" des Menschen in die Ozeane:

Funkfreie Zonen und unterseeische Nationalparks:

Wie auf der Oberfläche, könnte man in den Ozeanen funkreie Zonen oder Meeres-Nationalparks schaffen. Die von ausgebildeten Rangern, Naturschützern oder sogar dem Militär geschützt und – ähnlich den Weltkulturerben – für künftige Generationen und die Artenvielfalt bewahrt bleiben.

Unterwasserdome und geräuscharme, hocheffiziente Technologien:

Unterwasserdome aus neuen kohlenstoffbasierenden, extrem beanspruchbaren Materialien, wie sie derzeit für die Besiedelung des Weltraums oder für Hochhäuser der Zukunft entwickelt werden, (Buchtipp: Michio Kaku; Abschied von der Erde -Die Zukunft der Menschheit; Rowohlt-Verlag 2019) könnten auch auf dem Meeresboden zum Einsatz kommen, um Nahrungsanbau und Lebensraum im Einklang mit der Natur durch futuristische Ozean-Städte zu ermöglichen. Diese könnten, so wie ebenfalls geplante schwimmende Wolkenkratzer, Plastik aus dem Meer saugen und umweltfreundlich aufbereiten. Meerwasser und die hohen Druckverhältnisse unter Wasser könnte man (entsalzen) für den Menschen, zur Wasserversorgung, zum Nahrungsanbau oder zur Energiegewinnung nutzen. Geräuscharme-, oder freie Uboote, wie sie das Militär bereits nutzt, könnten den Schiffslärm insgesamt auf ein ökologisch vertretbares Minimum reduzieren. Schaubergertechnologie nach Viktor Schauberger (1885-1958) oder die in 36 Ländern patentierte Hilpert-Turbine, nach dem Maschinenbauer Thomas Hilpert, mit einem hydraulischen Wirkungsgrad von über 200% und einem 90% geringerem Triebwasserbedarf gegenüber herkömmlichem Turbinen, könnten die Unterwassertechnologie revolutionieren. Magnetmotoren, wie eine mit 150 internationalen Patenten abgesicherte (davon bereits 60 erteilte) Magnetmotor-Erfindung aus Südkorea, die laut der Messbehörde KES Co., Ltd. eine gemessene Ausgangsleistung von 25,065 kW bei einer Eingangsleistung von nur 1,417 kW besitzt, (was einem COP von 17,69:1/Wirkungsgrad von 1769% entspricht), könnten den Energiebedarf nach sauberer und umweltfreundlicher Energie auch mühelos unter Wasser decken[161].

Blaue Lasertechnologie und natürliche Klänge zur Kommunikation:

Blaue Lasertechnologie, die kühlend, biologisch förderlich, statt wie „normaler Laser" erhitzend und biologisch schädlich wirkt, wie sie heute bereits zur Nährstoffpotenzierung von Germatria-Produkten (siehe bei: https://www.gematria.de) verwendet wird, könnte die Unterwasserkommunikation über große Entfernungen revolutionieren und natürlicher, da weniger gefahrvoll, gestalten. Statt technischem Sonar könnte man natürliche Klänge, ähnlich denen, die Wale und Delfine nutzen, zur Kommunikation für den Ubootverkehr, für Meeresboden-basierende Funkanlagen oder Unterwasserdrohnen, usw. verwenden. Und damit eine Art „bio-Unterwasser-Funknetz" schaffen. Worunter Ozeanriesen wie Wale, dann (funkbelastet) nicht mehr leiden, oder sich orientierungslos an unsere Küsten werfen müssten. Schließlich können Wale unter Wasser über riesige Entfernungen sehr gut natürlich kommunizieren. Weshalb sollte der kreative Mensch diese natürlichen Klangstrukturen nicht für seine Zwecke - „mit etwas Forschung und Entwicklung" - nutzen können? Auf diese Art und Weise gedacht und gemacht, könnten Mensch und Natur wunderbar auch in den Ozeanen koexistieren. Ohne auf technologischen Fortschritt und neueste Innovation zu verzichten. Auch Firmen und Interessengruppen könnten, angesichts des weltumspannenden Rufes nach ökologischer Nachhaltigkeit, sicher damit ein kleines oder größeres Vermögen verdienen. Und in Hinsicht „Imagegewinn" nicht nur technologische Vorreiter sein und stark punkten. Was sich wiederum positiv auf Unternehmergewinne an den Börsen auswirkt. Da „Öko-Tech" ja stark in mode ist.

Kapitel 06

Elektrosmog – die unterschätzte Gefahr

Arbeit im Homeoffice wurde seit der Coronapandemie fast schon zur Norm. Parallel halten immer mehr elektrische oder elektronische Geräte - und damit immer mehr Elektrosmog - Einzug in unser persönliches oder gesellschaftliches Leben. In einer komplett vernetzen Welt wird das noch millionenfach mehr, ja wird es im Grunde kein Entkommen mehr aus einem permanenten Frequenz-Cocktail aus Funkstrahlung und elektrischen oder elektromagnetischen Feldern geben. Wenn wir nicht funkfreie Zonen einrichten, wie es Professor Dr.-Ing. Wilfried Kühling in seiner 2021 erschienenen Schrift „5G/Mobilfunk durch gesamträumliche Planung steuern"[162] vorschlägt. Doch:

- Was ist eigentlich Elektrosmog?
- Wie wirkt er sich auf unsere Zellen und Gesundheit aus?
- Wie viele Menschen sind bereits betroffen?
- Und womit müssen wir künftig bei ungebremstem Netzausbau noch rechnen?

Auf diese Fragen geht dieses Kapitel ein.

Was ist Elektrosmog?

Der Begriff Elektrosmog besteht einfach und getrennt betrachtet aus den Wortteilen; „Elektro" (für elektrische Geräte oder Elektrizität) und dem Begriff „Smog". Letzterer Wortteil ist aus dem englischen Begriff für Rauch (smoke) oder Nebel (fog) abgeleitet. Womit man ursprünglich negative Wirkungen und Merkmale der industriellen Revolution, durch ungünstige Wirkungen von Rauch oder Nebel auf Atemwege, den Kreislauf und die Gesundheit insgesamt assoziierte. Dieser „schlechte Nebel oder Rauch" konnte damals mit den Sinnen (Sehen/Riechen) wahrgenommen werden und wurde allgemeinsprachlich mit Erfindung der Elektrizität und seinen elektrischen oder elektromagnetischen Feldern übernommen, als man sich der negativen Wirkungen von elektromagnetischen Feldern, Funkstrahlung oder Elektrizität immer mehr bewusst wurde.

E-Smog und schmutzige Elektrizität

Doch ist der Begriff „Elektrosmog" etwas irreführend, da man diesen nicht im herkömmlichen Sinne sehen, riechen, schmecken oder tasten, jedoch mit modernen Messgeräten messen kann. Dabei handelt es sich um elektrische oder magnetische Störfelder (Störnebel?), die von allen elektrischen Anwendungen durch Spannung und Strom in Form von Feldern oder Wellen ausgehen. Der Epidemologe Samuel Milham, der als erster die Zusammenhänge zwischen der Elektrifizierung der Welt und dem damit einhergehenden Auftreten massiver chronischer bis tödlicher Krankheiten in der Weltbevölkerung durch Analysen entdeckte, prägte die treffendere Bezeichnung „Schmutzige Elektrizität". Worauf er in seinem gleichnamigen Werk „Schmutzige Elektrizität - Elektrifizierung und die Krankheiten unserer Zivilisation" (Mosquito-Verlag 2012), die Grundlagen zum Verständnis von E-Smog legte. Sowie erste Belege für das Auftreten von heute allgemein als Zivilisationskrankheiten eingestufte Krankheitsbilder durch den schädlichen Anteil der Elektrizität (Elektrosmog) lieferte. Was heute allerdings kaum beachtet wird.

Elektrosmog als schädlicher [schmutziger] Teil der Elektrizität und Strahlung

Konkret handelt es sich bei Elektrosmog um jene Anteile der Elektrizität oder Strahlung, die z.B. beim Einschalten des Lichtes keinen Nutzeffekt, sondern Störeffekte durch „ungewollte Beeinflussung des Umfeldes" wie Funkenflug usw. verursachen. Hochspannungsleitungen geben z.B. nicht nur Abwärme, sondern ungewollt auch Elektrizität/E-Smog an das Umfeld ab. Weshalb Elektrosmogfelder ein Problem mit der elektromagnetischen Verträglichkeit (EMV) darstellen. Aber keinen echten, sondern eher einen unsichtbaren „Rauch oder Nebel" bilden.

Elektrosmog ist messbar!

Einer der großen Irrtümer, der mit dem Verständnis bezüglich von Elektrosmog einhergeht, ist, da wir Elektrosmog nicht sehen, riechen, schmecken oder anfassen können und viele Menschen nicht wie Elektrosensible mit ihren feineren Antennen darauf reagieren, dass wir daraus schlussfolgern, und dem Trugschluss erliegen, Elektrosmog sei nicht real. Doch handelt es sich um einen physikalischen Effekt, der durch Nutzung von Elektrizität, Elektronik, Funk, Radar usw. auch Störfelder erzeugen und dadurch ungewollt Mensch, Natur, Umwelt und sogar die Elektronik selbst negativ beeinflussen kann. Den Umfang, die Stärke und Intensität der auftretenden Felder oder Wellen kann man heute mittels moderner Messgeräte sogar messen und berechnen. Woraus offizielle Richtwerte oder Grenzwerte entstanden, die uns vor schmutziger Elektrizität schützen sollen. Weshalb wir bei E-Smog nicht hilflos sind, sondern gesundheitliche Vorkehrungen - beispielsweise durch Abschirmung oder den Kauf strahlungsarmer/freier Geräte usw. - treffen können.

Vor- und Nachteile von Funkstrahlung und Elektrizität

Vorteile:
Durch die Erfindung der Elektrizität oder des Mobilfunks und seiner zahlreichen Anwendungen kam es weitverbreitet und allgemein zu der Vorstellung, diese Technologien nur noch als Wohltat und Fortschritt zu empfinden, was bis zu einem Grad natürlich auch stimmt. So ist es durch Funk möglich, einen Rettungshubschrauber oder Notarzt zu rufen, bietet Elektrizität die Möglichkeit, im Dunkeln eine Lichtquelle zur Hand zu haben und besitzen wir dadurch Millionen Möglichkeiten an das Leben erleichternden Produkten, wie elektrische Zahnbürsten, einen Föhn, Elektroautos und tausend Dinge mehr. Weshalb immer mehr elektrische Anwendungen oder elektrische bzw. funkgesteuerte Geräte Verbreitung finden.

Nachteile:
Damit geht jedoch auch eine ständig steigende Funk- oder E-Smogbelastung von Arbeitsplätzen, Wohnbereichen, aber auch dem Umfeld und der Umwelt einher. Für jene, die feinere Antennen für die impulshaft auftretenden künstlichen Wellen oder Felder entwickelten, wird die zunehmende E-Smog – und Funkwellenbelastung immer mehr zum Fluch und ist die zunehmende Funkdichte sogar mit körperlichen Schmerzen verbunden; **die sogenannten Elektrosensiblen**. Weshalb sie nur noch abgeschirmt oder fern jeglicher Funkwellen oder elektrischer und elektromagnetischer Felder leben können. Worauf ich in Kapitel 2 bereits einging.

Natürliche und künstliche Felder

Ein enorm wichtiger Punkt zum Verständnis der negativen Wirkung von Elektrosmog, der gern vergessen oder unterschätzt wird, ist der Fakt, den ich bereits im Kapitel 3 und 4 zur Wirkung auf Pflanzen, Tiere und Umwelt erläuterte: Also, dass wir uns seit Jahrmillionen an natürliche Felder angepasst haben und jetzt künstliche elektrische oder elektromagnetische Wellen oder Felder, die den sogenannten Elektrosmog erzeugen, schufen. In die wir uns täglich immer mehr und öfter hineinbewegen. Was unser Körper wohl auch mit entsprechenden Pausen ganz gut verkraftet, aber mit zunehmender Elektrifizierung, zunehmendem Funk oder dem 5G-Netzausbau zu einer wachsenden Bedrohung des Lebens wird (siehe Kapitel 3 und 4). Der große Unterschied liegt hierbei – um es nochmals kurz zu wiederholen – in natürlichen Gleichstromfeldern (Sonne, Erdmagnetismus usw.) und künstlich erzeugten Wechselstromfeldern (Elektrizität, Mobilfunk, Radar usw.), welche in der Natur so nicht vorkommen. Weshalb die künstlichen Felder oder Strahlen all die – sogar messbaren – negativen Wirkungen und Eigenschaften nicht nur bei elektrosensiblen Menschen verursachen. Interessant hierbei ist, dass Studien seit langer Zeit belegen, dass es bereits weit unter den heute gültigen Grenzwerten Gen- oder Zellschäden z.B. durch Mobilfunk gibt und damit die heute geltenden Grenzwerte tatsächlich beträchtlich reduziert werden müssten, weil sie nicht wirklich schützen. Wovor Experten, wie Prof. Dr. Franz Adlkofer (Leiter der EU-finanzierten REFLEX-Studie v. 2000-2004) seit langer Zeit warnen.

Grenzwerte, die schützen sollen, es aber oftmals nicht tun

Die schädliche Wirkung der verschiedenen Strahlungsbereiche, Frequenzen bzw. elektromagnetischen Felder hängt dabei auch von der Höhe der jeweiligen Frequenzen oder Felder ab. Oder anders ausgedrückt gibt es hier eine Grenze dessen, was verkraftbar ist. Und diese Grenzen oder Grenzwerte werden leider oft an wirtschaftliche Interessen angepasst, weshalb ein Jahrzehnte andauernder Kampf um die gesetzlich verankerten Grenzwerte tobt.

Thermische Wirkungen werden erlaubt, nicht-thermische Wirkungen werden verleugnet und bestritten

Dabei werden beim Mobilfunk beispielsweise nur thermische Wirkungen als Entscheidungsgrundlage zur Festlegung der Grenzwerte genommen. Während man nicht-thermische Wirkungen und Studien, eben wie die aktuell sogar vor Gericht bestätigte Echtheit der Forschungsergebnisse der REFLEX-Studie[163] komplett verneint, negiert, diskreditiert oder sogar willentlich ignoriert. So forderte bereits 2005 zum damaligen noch nicht so leistungsfähigen GSM-Mobilfunknetz Dr. Gerd Oberfeld, Umweltmediziner der Landessanitätsdirektion Salzburg, Referent der Österreichischen Ärztekammer im ‚Österreichischen Ärztemagazin' (Heft 6, 2005):

> *„Zum Schutz der individuellen und öffentlichen Gesundheit werden basierend auf dem heutigen wissenschaftlichen und empirischen Kenntnisstand diese Zielwerte vorgeschlagen: GSM-Mobilfunk im Freien 10 $\mu W/m^2$, in Innenräumen 1 $\mu W/m^2$."*

Während Prof. Dr. Jürgen Bernhardt, ehemaliger Vorsitzender des industrienahen Gremiums der ICNIRP (International Commission on Non-Ionizing Radiation Protection), welches die Grenzwertempfehlungen herausgibt, öffentlich anmerkte:

„Wenn man die Grenzwerte reduziert, dann macht man die Wirtschaft kaputt, dann wird der Standort Deutschland gefährdet."

Womit sich das weltweit wachsende und nun verschärfende Dilemma entgegengesetzter wirtschaftlicher und gesundheitlicher Interessen immer deutlicher abzeichnet. Aber schauen wir uns, bevor wir uns auf die öffentliche Diskussion der Befürworter und Kritiker einlassen, erst einmal näher an, welche Anwendungen und Geräte eigentlich E-Smog verursachen:

Welche technischen Anwendungen oder Geräte verursachen schädliche Wirkungen/ Elektrosmog?

Wenn wir uns anschauen, was eigentlich alles um uns funkt, strahlt oder E-Smog erzeugt, kommen wir schnell zu dem Schluss, dass im Grunde nahezu alles, was auf künstlich gepulsten Wechselstromfeldern basiert, für uns und alle Lebewesen, die genetisch an natürliche Gleichstromfelder angepasst sind, störend wirkt und mehr oder weniger schädlich ist:

- Funksender,
- Funktelefone,
- Schnurlostelefone,
- Handys,
- Bildschirmgeräte, Computer,
- Hochspannungsleitungen,
- Netzspannungen mit 230 V/50 Hz. (elektrische Stromkabel),
- Mikrowellenherde,
- Radiowecker,
- Heizkissen/Heizdecken,
- Kühlgeräte/Gefrierschränke,
- Geräte mit Elektroantrieb, (auch Elektroautos etc.),
- Elektroheizungen und sonstige elektrische Geräte,
- elektrostatische Aufladungen und elektronische Körperhilfen, usw.

Die Störung technischer Geräte durch E-Smog

Doch nicht nur wir Menschen oder Pflanzen, Tiere und Insekten reagieren sensibel auf Elektrosmog oder Funkstrahlung: Wir alle kennen die Durchsage in Flugzeugen: „Bitte die Handys oder Laptops ausschalten", um die Bordcomputer beim Start nicht zu stören. Der negative Effekt des E-Smogs wirkt sich also auch auf viele technische Geräte aus und kann dort sogar messtechnisch nachgewiesen werden. Zum Beispiel bei:

- Radiogeräten,
- Fernsehern,
- Audio-Anlagen,
- Videoanlagen,
- Antennenanlagen,
- Kabelanlagen,
- Satellitenempfangsanlagen,
- Computern,
- Kraftfahrzeugen,
- elektrischen und elektronischen Haushaltsgeräten,
- oder portablen elektronischen Geräten und vielem mehr[164].

Strahlungsbereiche von Elektrosmog

Deshalb können wir Elektrosmog allgemein in 5 Strahlungsbereiche untergliedern:

- Elektrische Wechselfelder (Niederfrequenz)
- Magnetische Wechselfelder (Niederfrequenz)
- Elektromagnetische Wellen (Hochfrequenz)
- Elektrische Gleichfelder (Elektrostatik)
- Magnetische Gleichfelder (Magnetostatik)

Offizielle Grenzwerte des Mobilfunks

Das Informationszentrums Mobilfunk hat für Deutschland diese gesundheitlichen Empfehlungen der Österreichischen Ärztekammer aus 2005 von im Freien 10 μW/m², in Innenräumen 1μW/m² (Mikrowatt je m²/also millionstel Watt) als gesundheitlich unbedenklichen Orientierungswert, nicht genommen, sondern bisher 6V/m².[165]

Welche nun für den 5G-Ausbau von der Internationalen Strahlenschutzkommission (ICNIRP) neu auf **61V/m²** heraufgestuft werden, ohne die Langzeitwirkungen dafür zu kennen. Dabei ist wieder einmal interessant, dass das Gesetz zum Schutz vor Elektrosmog nicht für Handys oder Haushaltsgeräte gilt und diese Strahlenquellen ausklammert, wie ein Beitrag bei www.Elektrosmog.com verrät[166], obwohl diese Geräte natürlich auch Elektrosmog erzeugen:

> *„Das Gesetz zum Schutz vor nichtionisierender Strahlung bei der Anwendung am Menschen (NiSG) gilt für den Betrieb von Anlagen zur medizinischen Anwendung sowie wirtschaftlich genutzte Anlagen mit Anwendungen außerhalb der Medizin. Für den Schutz der Allgemeinheit vor der Einwirkung nichtionisierender elektromagnetischer Felder sind in der Verordnung über elektromagnetische Felder (26. Verordnung zum Bundes-Immissionsschutzgesetz, 26. BImSchV) Grenzwerte festgelegt. Nicht ortsfeste Quellen wie Haushaltsgeräte oder Handys werden von der 26. BImSchV nicht erfasst. Das Bundesamt für Strahlenschutz (BfS) trägt die Weltgesundheitsorganisation (WHO)-Empfehlungen zum vorsorglichen Gesundheitsschutz mit. Vor diesem Hintergrund plant das BfS, vor allem die Forschung zur Klärung der Datenlage zu intensivieren und die Kommunikation in diesem Bereich zu verstärken".*

Elektrosmog als wachsendes Alltagsproblem

Je nachdem, inwieweit unser Immunsystem intakt ist, oder in welchem Ausmaß wir elektromagnetischen Störfeldern ausgesetzt sind, wird unsere

Immunabwehr bemüht sein, die durch Funkwellen, E-Smog oder elektrische Geräte ausgehende künstliche Strahlung zu neutralisieren und den Schaden zu reparieren, aber insgesamt kommt mit wachsender Vernetzung, dem 5G-Ausbau und immer mehr elektrischen oder elektronischen Geräten auch immer mehr Elektrosmog und damit auch physische Belastung hinzu. Weshalb es für unsere Immunabwehr immer schwieriger wird, dem auf natürlichem Wege (durch Schlaf, Urlaub in funkfreien Gebieten, etc.) entgegenzuwirken. Sogar unsere Behörden sind sich seit einiger Zeit nicht sicher, wohin diese Situation der fortschreitenden totalen Vernetzung noch führen wird[167]:

> *„Selbst die Strahlenschutzkommission, welche die Bundesregierung berät und nicht im Verdacht steht, Gefahren zu übertreiben, warnt in ihrem Jahresbericht: „Ein zunehmend drängendes Problem besteht darin, dass in der menschlichen Umgebung die Zahl der Geräte, die elektromagnetische Felder produzieren, dramatisch zunimmt." Jedes einzelne Gerät bleibe zwar unterhalb der Grenzwerte, aber in der Summe bestünde durchaus die Gefahr, dass sie überschritten würden. Zudem sind diese Werte eine Art Hilfskonstruktion. Sie schließen nur aus, dass es zu einer Erwärmung von Gewebe kommt. Ob aber eine Strahlenbelastung auch unterhalb der Grenzwerte schädlich ist, gilt bis heute als umstritten. Erste Hinweise darauf gibt es durchaus, aber noch keine wissenschaftlichen Nachweise."*

Trotz dieser ernstzunehmenden Bedenken schreitet der Netzausbau aber ungebremst voran und es halten immer mehr elektrische Geräte Einzug in unseren Alltag. Im Zeitalter der Robotik und des zu erwartenden industriellen Fortschritts wollen wir davon nichts hören. Weshalb Mahner leicht als Schwarzmaler bezeichnet werden. Schauen wir uns deshalb die gesundheitlichen Aspekte von dem, was Elektrosmog mit uns leidenschaftlich gern und viel funkvernetzten Menschen körperlich, geistig oder seelisch neben einer „thermischen anerkannten Wirkung" macht, einmal näher an.

Krankheitsbilder und Beschwerden, die durch Elektrosmog ausgelöst werden können

Zahlreiche Studien oder auch langjährige Beobachtungen von Ärzten[168] belegen, dass der weitverbreitete Mobilfunk:

- den Schlaf stört,
- die Reaktionszeit verändert,
- die Funktion der Blut-Hirn-Schranke einschränkt,
- Konzentrationsschwäche,
- Kopfschmerzen,
- Müdigkeit,
- Unwohlsein und Gedächtnisverlust bewirkt,
- die Spermienanzahl verringert,
- die Melatoninproduktion verringert,
- DNA-Stränge bricht,
- die Zellperforation erhöht,
- den Blutdruck steigen lässt,
- Herzschrittmacher beeinflusst,
- das Krebsrisiko (insbesondere Gehirntumor bei Menschen) erhöht.

Womit ein allgemeines Unwohlbefinden offenbar wird, das sich bis auf den Hormonspiegel oder die Zellkommunikation usw. zurückverfolgen lasst. Womit wir zum Thema der offentlich bestrittenen, nicht-thermischen Wirkungen kommen.

Elektrosmog, Melatoninmangel und seine gesundheitlichen Folgen

Beim immer mehr zunehmenden gesellschaftlichen Problem mit Schlafstörungen, chronischer Müdigkeit, oder Erschöpfungszuständen (Stichwort Burn-out) in einer immer mehr elektronisch oder funkvernetzten Welt, kann leicht ein Zusammenhang mit dem Melatoninmangel, einem Hormon, das in der Zirbeldrüse erzeugt wird und vom Tag-Nacht-Rhythmus gesteuert wird, hergestellt werden. Denn Mobilfunk ist dafür bekannt, dass er den Melatoninspiegel negativ beeinflusst. Weniger Melatonin (und innere Ausgeglichenheit) verursacht als Folge dann Depressionen, Unruhe oder Schlafstörungen und schwächt somit das Immunsystem. Denn erholsamer Schlaf wirkt wahre Wunder, wie wir alle wissen. Außerdem fängt Melatonin freie Radikale, (aggressiver Moleküle, die Erbänderungen in Zellen hervorrufen und somit Krebs erzeugen können), weshalb fehlendes Melatonin ein erhöhtes Krebsrisiko bedeutet.

ATP-Beeinflussung durch Funkstrahlung und Elektrosmog

Adenosintriphosphat, kurz ATP[169] genannt, ist ebenfalls wie Melatonin unglaublich wichtig für uns, speziell für unseren Energie- und Leistungshaushalt. Denn es ist unser Energielieferant und wird für jede geistige, wie auch körperliche Arbeit benötigt. Wobei unser Gehirn es in den Mitochondrien, den Kraftwerken der Zellen, selbst synthetisiert. Mobilfunk, starker Handykonsum, WLAN, Bildschirmstrahlung usw. senken den ATP-Spiegel und schwächen unsere Leistungsfähigkeit. Weshalb wir uns auch nach langer Bildschirmarbeit ausgezehrt und erschöpft fühlen[170].

Burnout als neue Volkskrankheit

Beim Thema Erschöpfungszustände, innere Unruhe usw., ausgelöst durch E-Smog, müssten nun unsere (geistigen) Alarmglocken schellen. Denn Burnout ist zu einer der großen neuen Volkskrankheiten geworden, neben Internetsucht, Krebs und vielen anderen unangenehmen „Errungenschaften" einer technologisierten Welt. Wobei Menschen, die sich mit den nicht-thermischen Wirkungen des Mobilfunks beschäftigen, einen klaren Zusammenhang zwischen E-Smog Belastung und Gesundheit herstellen können. Während offiziell immer noch nur thermische (Körpergewebe erwärmende) Eigenschaften berücksichtigt werden. Was auf Paul Hermann Schwan zurückzuführen ist, wie bereits in Kapitel 1 beschrieben. Da Elektrizität oder Mobilfunk heute zu einem festen Bestandteil der Gesellschaft wurde, wäre ein Umdenken hier fatal und können oder wollen natürlich heute die Netzbetreiber, Wirtschaft oder Politik eine schädliche Wirkung des Elektrosmogs nicht eingestehen. Es würde das ganze System auf den

Kopf stellen. Doch immerhin müssen wir nun gesellschaftlich eingestehen, dass es immer mehr Menschen mit Burnout-Syndrom gibt. Auch wenn in der Gesellschaft noch Verwirrung darüber herrscht, woran das eigentlich liegt. Schauen wir uns den gemeinsamen Nenner Burnout daher einmal näher anhand von Krankenkassenberichten an.

Abb. 9: Burnout
Bildquelle: pixabay.com

Krankenkassenberichte

Rainer Radtke schreibt am 20.10.2021 zu einer statistischen Erfassung der AOK von Burnouts bei Arbeitnehmern für das Jahr 2019 bei www.statista.com[171]:

> *„Die AOK zählte 2019 durchschnittlich 5,9 Arbeitsunfähigkeitsfälle je 1.000 Mitglieder aufgrund einer Burn-out-Diagnose. Damit hat sich die Diagnosehäufigkeit im letzten Jahrzehnt beinahe verdoppelt. Auch das Krankheitsvolumen dieser Diagnosegruppe hat sich rapide erhöht: waren es 2005 noch 13,9 Krankheitstage, registrierte die AOK 2019 bereits 129,8 AU-Tage je 1.000 Mitglieder. Hochgerechnet auf alle gesetzlich krankenversicherten Beschäftigten ergeben sich daraus für 2019 rund 185.000 Burn-out-Betroffene mit kulminierten 4,3 Millionen Krankheitstagen."*

Burnout im Zeitalter der Digitalisierung

Die Digitalisierung der Arbeitsplätze schreitet seit Jahren, verstärkt jedoch auch in der Coronakrise, immer weiter voran. So werden oder wurden im Zuge der Digitalisierung nicht nur bei Behörden die Papierakten auf E-Akten umgestellt und müssen die Arbeitnehmer damit immer mehr vor elektronischen Bildschirmen sitzen, oder bekommen Arbeitsplätze oder sogar Schulen immer mehr elektronische Geräte, sondern hat Homeoffice oder Fernunterricht auch für Lehrer, Schüler, Unternehmen oder Mitarbeiter mit der Coronapandemie eine neue Dimension bekommen. Damit einher gehen auch wiederum mehr Erschöpfungszustände: So zeigt ein Ende 2021 erschienener Fehlzeiten-Report der AOK[172] eine deutliche Verschlechterung der psychischen Belastung, die natürlich auch mit Angst, großer existentieller Unsicherheit, erhöhter körperlicher Belastung (Pflegebereich) usw. erklärt werden kann. Aber zusätzlich eben auch, laut *Arbeitgebermagazin AOK Bayern 4/2021*, mit vermehrter Bildschirmarbeit in Zusammenhang gebracht wird[173]:

> *„Während Anfang 2020 etwa 69% der Befragten über Probleme wie Lustlosigkeit, Nervosität oder Niedergeschlagenheit berichteten, waren es im Frühjahr 2021 bereits 88 Prozent. Zudem stieg der Anteil der Beschäftigten mit mindestens einer psychosomatischen Beeinträchtigung von 80 auf 84 Prozent. Besonders deutlich zeigte sich dies bei* ***Konzentrationsproblemen*** *(plus 10 Prozent) und* ***Schlafstörungen*** *(plus 7 Prozent) ... Auch über körperliche Probleme klagten sie häufiger, etwa über Magen-Darm- oder Herz-Kreislauf-Beschwerden."*

Burnout, Corona und Homeoffice

Kritiker können bei diesen negativen Trends nun berechtigterweise einwenden, viele der psychosomatisch wachsenden Probleme hätten mit der damals „anstrengenden" Coronasituation zu tun. Was ich natürlich sofort bestätige. Doch wer sich die steigenden Zahlen bereits vor der Coronapandemie anschaut, wird oder muss zwingendermaßen nach anderen Gründen suchen. Und hier können wir dann einen Zusammenhang herstellen, zwischen Digitalisierung, Netzausbau und einer Zunahme an Schlafproblemen und anderen Krankheiten, die mit Abstellen und Entfernen der Störquellen (Funkmast/ Handy/WLAN/DECT-Telefon, etc.) verschwinden. Was die Ärzte des Freiburger Appells[174] seit langer Zeit beobachten, oder ältere Statistiken uns zeigen. Ein Vergleich mit dem Zuwachs an Leistungsstärken seit dem A-Netz macht deutlich, dass hier ein Zusammenhang bestehen könnte. Was Forscher der nicht-thermischen Studien bejahen, während Kritiker der nicht-thermischen und Befürworter der thermischen Studien, dies vehement bestreiten. Da es (bis heute) in ihren Augen nur eine geringe Erwärmung von Gewebe gibt.

Fazit: Die Digitalisierung und der 5G Netzausbau gehen konform mit einer Zunahme an psychosomatischen Problemen und Burnout. Hier könnte auch ein Zusammenhang hergestellt werden zur Umstellung auf Homeoffice, vermehrter Bildschirmarbeit und einer Zunahme an Erschöpfungszuständen vor und auch während der Coronapandemie.

Wie viele Elektrosensible gibt es heute in Deutschland und womit müssen wir künftig rechnen?

Da, wie wir in Kapitel 2 bereits sahen, von offizieller Seite jeglicher Zusammenhang zwischen E-Smog oder Funkstrahlung und Gesundheitsbeschwerden bestritten wird, können wir nur Schätzungen abgeben. Zumindest der Verein für Elektrosensible in München, der wohl am Besten mit der Thematik vertraut ist, schätzt - wie erinnern uns - dass es bereits 35-40% der deutschen Bevölkerung sind[175]. Die Ausführungen des Vereins für Elektrosensible scheinen realistisch, wenn zwischen Burnout, Erschöpfungszuständen, der Schwächung des Immunsystems und wachsendem Mobilfunkausbau ein Zusammenhang hergestellt wird. Viele Mobilfunkkritiker warnen vor noch nicht überschaubaren Folgen einer kompletten Vernetzung und der Dauerbestrahlung aller Lebensbereiche mit den auf ihre Langzeitwirkung noch viel zu wenig erforschten 5G-Millimeterwellen, wozu es auf der Webseite des Bundesamtes für Strahlenschutz heißt[176]:

„[...] Perspektivisch werden für 5G auch elektromagnetische Felder mit deutlich höheren Frequenzen über 20 GHhz eingesetzt.[...] Die biologischen Wirkungen der elektromagnetischen Felder in diesen Frequenzbereichen sind vergleichsweise weniger gut untersucht, weshalb hier noch Forschungsbedarf besteht. [...] Mögliche Auswirkungen einer Exposition mit Zentimeter- und Millimeterwellen soll anhand einer experimentellen Studie an Zellen untersucht werden."

Ein Großversuch an der Weltbevölkerung?

5G-Kritiker meinen daher nicht zu Unrecht; der 5G-Standart sei ein Großversuch an der Bevölkerung, aber auch an der uns anvertrauten Natur und Umwelt, sprich - Bäume, Tiere, Insekten, ... Kenner der Materie werden nun ein kleines „Deja Vu" haben, denn mit Einführung der ersten Handys gab es (vor über 20 Jahren!) dasselbe Problem:

„Derzeit haben wir 40 Millionen Versuchskaninchen in Deutschland. Die Quittung werden wir vielleicht in ein paar Jahren haben. Den Menschen sind Handys in die Hand gedrückt worden, obwohl noch keine genauen Erkenntnisse über die medizinischen Folgen bekannt sind."

Professor Mäntele (EU-Forschungsprojekt 2002)

Und die Quittung haben wir heute bereits erhalten:

- Durch immer mehr elektrosensible Menschen, die über gesundheitliche Beschwerden klagen, welche, wie der extrem Elektrosensible Ulrich Weiner[177], Zuflucht in den letzten verbliebenen Funklöchern suchen,
- durch den bereits erwähnten wachsenden Anteil an Burnout,
- oder sogar durch die durch wissenschaftliche Studien nachgewiesene Zunahme von Hodenkrebs bei Männern[178], welche ihr Handy ständig in der Hosentasche tragen.

5G-Netzausbau: Der aktuelle Stand

Aktuell schreitet der 5G Netzausbau, wie wir bereits in den vorherigen Kapiteln sahen, sowohl auf der Erde wie auch durch tausende Satelliten im Erdorbit oder sogar auf dem Meeresgrund massiv voran. Gleichzeitig wehren sich immer mehr Menschen gegen diese leistungsstarke Technologie, die in ihren gesundheitlichen Langzeitfolgen, außer vom Militär, noch überhaupt nicht erforscht ist. Weshalb einige Bürgermeister, Landkreise oder Regionen „Nein" zum Netzausbau sagen, bevor diese neue Technologie besser auf ihre gesundheitliche Wirkung erforscht ist. Parallel werden Städte wie Dresden oder Jena teilweise sogar ohne Zustimmung der Bürger zu 5G-Modellstädten erklärt[179]. Wobei mit klarem Fokus wirtschaftliche Interessen über die des Gemeinwohls gestellt werden. Wozu sich Prof. Dr. Hyland von der Universität Warwick bereits 2001 in einem umfangreichen Papier des Europäischen Parlamentes so äußerte:

> *„Gegenwärtig ist der vom Menschen verursachte ‚Elektrosmog' eine wesentliche Bedrohung für die öffentliche Gesundheit. Die Strahlung ist insofern heimtückisch, als sie sich der Erkennbarkeit unserer Sinne entzieht – ein Umstand, der eine eher sorglose Herangehensweise in Bezug auf den eigenen Schutz fördert. Man darf vermutlich mit Fug und Recht sagen, dass – träte ein neues Medikament oder Lebensmittel auf denselben Mangel an Konsens und gleichstarke Bedenken – es niemals zugelassen würde".*

Was steht uns bevor?

Angesichts verschiedener Entwicklungen gibt es mehrere Wahrscheinlichkeiten, was uns und der Welt mit dem geplanten 5G-Netzausbau bevorstehen kann:

1. Die Politik, Wirtschaft und Netzbetreiber erkennen die Gefährlichkeit dieser Technologie und suchen eine Lösung, die in einer bio-verträglichen Variante (bio5G) der heute weitverbreiteten Funk-Technik laut des Erfinders und Entwicklers Dr. Florian König auch technisch realisierbar ist[180].

2. Der Widerstand gegen diese Technologie wird durch auftretende negative Begleiterscheinungen so stark, dass der Netzausbau gestoppt wird und wir zu einer Zeit ohne Mobilfunk (?) und komplette Verstrahlung der Umwelt, Bevölkerung, Arbeitsplätze, usw. zurückkehren.
3. Der Netzausbau wird wie geplant global und international ohne vorher die Langzeitfolgen zu kennen, durchgeführt und wir können - wie der Ex-Militär und Mikrowellenspezialist der Royal Navy „Barry Trower" meint[181], der Millimeterwellen für das Militär in ihrer Wirkung untersuchte, mit großem gesundheitlichen Schaden rechnen. Was laut Trower so aussehen würde, dass von 8 Kindern, die geboren würden, beispielsweise 7 mit Genschäden, also behindert oder sogar tot zur Welt kämen. Weil eben die 5G-Strahlung nach seinen Kenntnissen so unglaublich schädlich für das Leben ist.
4. Die Welt geht in eine völlig andere Richtung, die mehr mit spirituellem Erwachen, natürlichem Leben und unsichtbaren, heute noch für unmöglich gehaltenen geistigen Potentialen mündet, die technischen Mobilfunk dann überflüssig macht und nicht mehr braucht. Was ich in meinem ersten Sachbuch in den letzten Kapiteln beschreibe und der international bekannte Biophysiker Dieter Broers durch seine Forschung[182] bejaht.

Wohin auch immer die Entwicklung geht: Wir alle tragen durch unsere persönlichen Entscheidungen jetzt und in Zukunft dazu bei, dass sich die Waagschale in die eine oder andere Richtung neigt. Weil alles durch eine unsichtbare Matrix miteinander verbunden ist.

Kapitel 07

Essen aus der Mikrowelle: (k)ein Gesundheitsrisiko?

Laut Statistik[183] besaßen im Jahr 2000 etwa 56,1% der deutschen Haushalte eine Mikrowelle. 2021 waren es bereits 73,8% der deutschen Haushalte, die neben unzähligen Mikrowellenherden in Zügen, Flugzeugen, Großküchen usw. superschnell und einfach ihr Essen im Mikrowellenherd erhitzten. Und der Markt boomt: Weltweit wurde 2021 ein Umsatz im Segment Mikrowellen von etwa 7.998 Mio., also fast 8 Milliarden Euro[184] erzielt. Was uns zeigt, wie weit verbreitet Hochfrequenz in unseren Küchen ist. Doch ...

- Wie kam der Mikrowellenherd eigentlich in unsere Haushalte?
- Ist Mikrowellennahrung wirklich so unbedenklich wie immer behauptet wird?
- Was passiert mit durch die Mikrowellen erhitzter Nahrung auf Molekularebene?
- Was geschieht nach dem Verzehr in unserem Körper?
- Gibt es Studien, die eine schädliche Wirkung zeigen?
- Und wenn „ja“, weshalb sind diese kaum bekannt?

Vom Radarherd zum Mikrowellenherd: Wie Mikrowellenherde in die Haushalte kamen

Offiziell heißt es, Percy Spencser (1894-1970), ein amerikanischer Ingenieur, der bei der Firma Raytheon, einem Rüstungskonzern und Hersteller für Hochfrequenztechnik, Magnetrone (Vakuum-Laufzeitröhren zur Erzeugung elektromagnetischer Wellen) für Radaranlagen baute, sei der Vater der Mikrowelle[185]. Er kam auf die Idee für einen Radar-Herd, als er eher per Zufall beobachtete, dass Schokolade während seiner Tätigkeit an Radaranlagen in seiner Tasche schmolz. Was sein Interesse weckte, weshalb er gezielter mit künstlich erzeugten Mikrowellen experimentierte. Diese Experimente, in denen er Eier zerplatzen oder Maiskörner als Popcorn durch den Raum fliegen ließ, überzeugten ihn von der Wirksamkeit und so wurde die Idee für einen „Radarherd“ geboren. Doch sollte es noch einige Zeit dauern, bis die heutige uns bekannte Mikrowelle in die Haushalte kam.

- **1946** wurde einer der ersten Herde, welche recht klobig bei 1,80 m Höhe und 340 kg Gewicht waren, über Wasserkühlung und etwa 3000 Watt Leistung verfügten, stolz im Hotel Waldorf Astoria der Öffentlichkeit präsentiert.
- **1954** wurden nach offiziellen Angaben dann die ersten kommerziellen Mikrowellenherde mit etwa 1600 Watt Leistung für Passagierflugzeuge und später auch Großküchen hergestellt. Welche zu diesem Zeitpunkt ca. 2000 bis 3000 Dollar kosteten.
- **1955** brachten in einem Gemeinschaftsprojekt die Firma Raytheon mit dem US-Unternehmen Tappan einen Herd in haushaltsüblichen Abmessungen auf den Markt, den man heute im Nationalmuseum für amerikanische Geschichte in Washington D.C bestaunen kann.
- **Bis 1964** wurden etwa 1.396 Exemplare davon für 1.400 US-Dollar verkauft.
- **Ab 1970** sanken die Preise, was zu einer weiten Verbreitung in der Bevölkerung führte. So besaßen 1970 bereits etwa 40.000 Haushalte in den USA eine Mikrowelle, 1975 bereits eine Million und 1997 bereits 97% der US-Bevölkerung. Während die häusliche Mikrowelle parallel ihren Siegeszug rund um die Welt antrat.

Heute besitzen laut statistischen Erhebungen etwa 73,8% aller deutschen Haushalte einen Mikrowellenherd. So die offizielle Version der Mikrowelle, die jeder mit einem Mausklick bei Wikipedia findet[186].

Deutschland und die Mikrowelle

Wenn der Mikrowellenherd auch unbestreitbar durch die USA weltweite Verbreitung fand, so wurde er jedoch nicht zuerst in den USA entdeckt. Denn die Idee, Essen schnell, zeitsparend und unkompliziert durch hochfrequente Mikrowellen zu erhitzen hatten nämlich schon einige Jahre vor den Amerikanern die deutschen Techniker und Ingenieure an der Berliner Humboldt-Universität während des 2. Weltkrieges. Doch ließ man dort diese krankmachende Idee schnell wieder los[187]:

„Die Kampfmoral einer Truppe verlangt nach vollen Mägen und warmen Essen. Und so hätte der Mikrowellenofen die Aufgabe der Feldküchen drastisch erleichtert. Hätte. Doch das Gerät wurde von der Heeresführung nicht akzeptiert. Falls überhaupt, sollten die Soldaten nur im feindlichen Feuer fallen - und nicht durch die unwissende Hand der eigenen Küchenkompanie. Die Ärzte und Ingenieure an der Berliner Humboldt-Universität, wo die ersten Mikrowellengeräte entwickelt wurden, hatten nämlich schnell erkannt, wie schädlich diese zeitsparenden „Kocher" tatsächlich sind. Also wurde der Mikrowellenofen sogleich wieder beerdigt, nachdem er das Licht der Welt erblickt hatte."

Doch damit hört die inoffizielle, öffentlich wenig bekannte und kritische Geschichte rund um den Gebrauch der als praktisch und gesundheitlich unbedenklich erklärten, gelobten und gefeierten Mikrowelle nicht auf:

Russland und die Mikrowelle

Nachdem Berlin zuerst durch russische Streitkräfte eingenommen und besetzt wurde, fiel ein Großteil der geheimen oder weniger geheimen Forschungen der Deutschen in ihre Hände. So auch die Entwicklungen und Ideen rund um die Mikrowelle. Doch nahm man auch dort schnell wieder Abstand von diesem Vorhaben[188]:

„Gerade auf dem Gebiet der Schwingungsphysik waren die sowjetischen Forscher ihren Kollegen im Westen jahrzehntelang voraus, und es ist deshalb nicht verwunderlich, dass die politische Führung der UdSSR im Jahr 1976 einen Bann gegen Mikrowellenöfen aussprach. Russische Wissenschaftler hatten bereits in den 1930er Jahren die Auswirkungen von Mikrowellenstrahlung mit geringer Leistungsdichte auf das Zentralnervensystem von Tieren und Menschen untersucht. Die daraus abgeleiteten extrem strengen Sicherheitsnormen wurden von westlichen Forschern aber nicht ernst genommen und noch in den 60er Jahren um das Tausendfache überschritten."

Nach dem Zerfall der UdSSR begann man sich in Russland jedoch wieder am westlichen Lebensstil zu orientieren. Weshalb die Mikrowelle auch dort heute wieder in den Haushalten zu finden ist. Die Bequemlichkeit und Unwissenheit hatten also wieder einmal über Weisheit und Vernunft gesiegt. Oder war es einfach nur unsere Ignoranz und Gier?

Was deutsche und russische Forscher zu Gesundheitsrisiken von Mikrowellennahrung erkannten

Nun stellt sich natürlich dem gesunden Menschenverstand die Frage, weshalb deutsche und russische Wissenschaftler schon vor 70/80 Jahren eine Bannmeile um den Mikrowellenherd legten, anstatt - so wie es heutige Galileo-Sendungen bei YouTube[189] oder verschiedene Netzbeiträge tun -, Koch - und Grillmöglichkeiten darin anzupreisen? Waren Deutschlands und Russlands Entwickler, Forscher, Ärzte und Ingenieure allesamt nur zu unwissend und nicht so „zeitgemäß gebildet" und auf „dem neuesten Stand" wie wir? Oder weshalb lehnten sie die Mikrowelle zur praktischen, zeitsparenden Erwärmung von Speisen bereits kurz nach der Entwicklung wieder ab? Aufschluss darüber gibt Benjamin Seiler's Artikel „Erschwertes Überleben im globalen Mikrowellenherd", wo es auf Seite 49 heißt[190]:

> *„In den Archiven des Atlantis Educational Centre in Portland, Oregon, befindet sich das Originaldokument eines forensischen (gerichtsmedizinischen) Forschungsberichts, über die Resultate der deutschen und russischen Versuche mit Mikrowellenöfen zusammengefasst, welche bereits in den 1940er und 1950er Jahren durchgeführt wurden. Die damals festgestellten Auswirkungen wurden in folgende Kategorien unterteilt:*
>
> - *Krebserregende Auswirkungen von mit Mikrowellen bestrahlter Nahrung.*
> - *Zerstörung des Nährwertes von mit Mikrowellen bestrahlter Nahrung.*
> - *Direkte biologische Auswirkungen von Mikrowellenstrahlung auf den Menschen."*

Die schädliche Wirkung von Mikrowellen[öfen]

Damit betreten wir nun den Bereich, der von der Industrie und den Befürwortern stark umstrittenen und heftig dementierten, ja sogar verbannten Forschungen zur schädlichen Wirkung von Mikrowellenöfen und den damit einhergehenden negativen Wirkungen auf die Gesundheit.

1. Krebserregende Auswirkungen von mit Mikrowellen bestrahlter Nahrung

Die deutschen und russischen Forscher erkannten, dass elementare Nährstoffe durch die Bestrahlung mit Hochfrequenz (Mikrowellenöfen arbeiten etwa mit 2,5 GHz Leistung, ähnlich wie Mobilfunkmasten) so verändert werden, dass sie zu Funktionsstörungen im Verdauungstrakt und Lymphsystem führt. So werden Eiweißverbindungen molekular destabilisiert und die Entstehung von krebserregenden Stoffen in Fleisch, Milch- und Getreideprodukten wird gefördert. Wobei es keine Rolle spielt, ob wir die Nahrung nur in der Mikrowelle auftauen, oder diese darin kochen. Anders ausgedrückt wird durch die unnatürlich hohen Schwingungen von ca. 5 Milliarden Mal pro Sekunde, bei einer Frequenz von etwa 2,5 GHz Leistung, das Essen molekular dermaßen durchgeschüttelt, dass sich die natürliche Struktur der Zellen und Moleküle in der Nahrung verändert und die Harmonie der Moleküle zerstört wird. Mit unnatürlich veränderter Nahrung kann der Körper aber nichts anfangen, da diese letztlich toxisch (giftig) wirkt.

2. Mikrowellenessen und Übergewicht

Toxische Nahrung versucht der Körper loszuwerden oder in Lösung zu halten, um uns davor zu schützen. Weshalb er diese in Wasser bindet (verdünnt), wodurch er künstlich aufgeschwemmt wird, da er diese Stoffe als Schlacken und Gifte einlagert. Weshalb Mikrowellennahrung ebenfalls den Körper übersäuert. Ein ungesunder Säure-Basen-Haushalt des

Körpers macht ihn aber nicht nur dick[191], sondern schwächt die Immunabwehr und macht ihn anfällig für eine ganze Reihe zivilisationsbedingter Krankheiten, wie; Übergewicht, Rheuma, Herz-Kreislaufkrankheiten uvm. Messungen ergaben, dass sich das Blutbild nach dem Essen von Mikrowellennahrung ebenfalls zum Schlechteren verändert, wodurch wiederum die Entstehung von Krebs gefördert wird[192].

3. Zerstörung des Nährwertes von mit Mikrowellen bestrahlter Nahrung

Die deutschen und russischen Forschungen der 40er/50er Jahre, aber auch spätere Forschungen in den 70er/80er Jahren aus der Schweiz, auf die ich noch eingehen werde, zeigten, dass in Mikrowellenöfen erhitzte, gekochte oder aufgetaute Nahrung zu einer signifikanten Abnahme des Nährwertes führten:

- So reduziert sich die Bioverfügbarkeit der Nährstoffe signifikant. Also die Fähigkeit des Körpers, Nährstoffe aufzunehmen,
- oder wird der Nährwert tierischen Eiweißes zerstört,
- nimmt die Vitalenergie der Lebensmittel um 60-90% ab,
- ebenso wird der Hämoglobingehalt (rote Blutkörperchen / wichtig für die Sauerstoffzufuhr) und Folsäurespiegel (wichtig für die Blutbildung) deutlich reduziert,
- während die Zahl der Leukozyten (weiße Blutkörperchen), der Cholesterinspiegel (Stressspiegel des Blutes) und der Säuregrad des Blutes drastisch steigt,
- und die Eiweiß-Stabilität gestört wird. Wodurch sich das Blutbild insgesamt durch regelmäßigen Verzehr von Mikrowellennahrung verändert, das dann vermehrt pathologische Blutbildveränderungen aufweist. Wie sie bei der Auslösung von Krebsgeschwüren vorliegen.
- Außerdem beschleunigt sich der strukturelle Zerfall aller im Mikrowellenherd erhitzten Nahrung.

4. Biologische Auswirkungen von Mikrowellenstrahlung auf den Menschen.

Wenn wir uns direkter Mikrowellenstrahlung aussetzen, bekommen wir damit interessanterweise ähnliche Probleme wie mit dem Mobilfunk. So führt Benjamin Seiler in seinem bereits erwähnten Artikel zu den deutschen und russischen Forschungen zu den biologischen Auswirkungen der Mikrowellen aus:

> *„Die (gesetzlich erlaubte) Leckstrahlung eines Mikrowellenofens führt beim Menschen zu einem markanten Verlust der Vitalenergie. Der Körper ist kurzzeitig nicht mehr in der Lage, auch gesunde Nährstoffe richtig zu verwerten. Im Inneren der Körperzellen kommt es zu einem Kurzschluss der Membranpotentiale und damit zum Zusammenbruch der Zellfunktionen; diese gilt speziell für Blut und Lymphe."*
> *[...] „Die Kreisläufe der elektrischen Nervenimpulse im Großhirn und in den Zentren des zentralen und des autonomen Nervensystems brechen zusammen. Die Funktion des*
> *Wachbewusstseins wird ebenso gestört wie die Hormonproduktion und das hormonelle Gleichgewicht. Alpha, Beta- und Delta-Hirnwellen weisen deutlich höhere Störfrequenzen auf, was zu folgenden Beschwerden führen kann:*
> *- Erinnerungsverlust, Konzentrationsschwäche, unterdrückte Emotionalschwelle, Verlangsamung der Denkprozesse und Schlafstörungen."*

Im Grunde erzeugen Mikrowellenherde damit ähnliche Wirkungen, wie wir sie schon in den Kapiteln zum Elektrosmog oder zur Elektrosensibilität ausführlich betrachtet haben.

Leckstrahlung und Elektrosmog

Dass Mikrowellenherde Leckstrahlung abgeben und wir dadurch ständig mehr oder weniger Elektrosmog ausgesetzt sind, ist hinlänglich bekannt.

Was je nach Blickwinkel ernst genommen oder verharmlost wird. Wie beim Bundesministerium für Strahlenschutz[193]:

> *„Hochfrequente elektromagnetische Felder mit einer Frequenz von 2,45 Gigahertz werden in Mikrowellenherden zum schnellen Erwärmen von Speisen verwendet ...Durch Abschirmmaßnahmen ist gewährleistet, dass im Betrieb nur sehr wenig Strahlung nach außen gelangt. Trotz guter Abschirmung tritt in der Umgebung der Sichtblende und der Türen eine geringe Leckstrahlung auf."*

E-Smog-Kontaminierung des Wohnbereiches

Dadurch wird die Küche und das Wohnumfeld eigentlich ständig mit Elektrosmog kontaminiert. Die Höhe der austretenden Leckstrahlung soll laut BfS zwar nur 1% betragen und damit absolut verkraftbar sein, doch langjährig erfahrene Experten auf dem Gebiet von Elektrosmog, wie Dr. Joseph Mercola, raten dringend von der Anschaffung einer Mikrowelle ab[194]:

> *„Eine Mikrowelle gehört zu den stärksten Produzenten von Radiowellenstrahlung in Ihrem Haushalt und strahlt überdies weit in die Küche ein starkes Magnetfeld aus. Eigentlich müsste man 30 Meter Abstand von einer laufenden Mikrowelle halten, also werfen Sie das Gerät am besten aus dem Haus. Aber vergessen Sie nicht: Auf die Dauer sind Ihre Mobiltelefone und Ihr Router die Geräte, die für die größte EMF-Belastung sorgen."*

Wer auf Nummer sicher gehen und seine heiß geliebte Mikrowelle nicht hergeben will, sollte also hier lieber nicht blind vertrauen, sondern seinen älteren oder auch neu gekauften Herd mit modernen Messgeräten (z.B. einem Mikrowellenlecksuchgerät PMD74 Pyle Audio und Mikrowellenindikator „BR15") lieber immer wieder überprüfen. Da ältere, auch noch funktionstüchtige Geräte mehr Leckstrahlung abgeben und dadurch die Grenzwerte an nicht mehr richtig abdichtenden Stellen schnell um ein Vielfaches überschritten werden. Wie die Herausgeber der Zeitschrift

Mysteries in einem praktischen Selbsttest ihrer alten, noch „gut funktionierenden" Mikrowelle schnell feststellten. Woraufhin sie das noch voll funktionsfähige Gerät sofort wegwarfen[195].

Tod durch Mikrowellen-Leckstrahlung?

Dass Mikrowellen-Leckstrahlung sogar tödlich sein kann, darüber berichteten Benjamin Seiler und Siegfried Zwerenz in einem älteren Zeitenschrift-Artikel aus dem Jahr 1999, worin es heißt[196]:

> *„Ein englischer Arzt obduzierte vor wenigen Jahren (vor 1999! / Anm. d. Autors) einen angeblich gesunden Koch, der während der Arbeit plötzlich tot umgefallen war. Herzstillstand. Als der Arzt den Körper des Verstorbenen öffnete, erlebte er den Schock seines Lebens: Das Herz des Kochs war in den Worten des Arztes „gar gekocht wie ein Stück Fleisch auf dem Mittagstisch". Dieses Phänomen konnte sich der Arzt nicht erklären – bis er dann feststellte, dass dieser Koch vor einem Mikrowellenofen gearbeitet hatte. Durch irgendeinen Defekt oder eine Fehlfunktion war die volle Mikrowellenstrahlung ausgetreten und hatte den Koch innerhalb weniger Augenblicke getötet."*

David gegen Goliath

Zwei Forscher, die öffentlich auf diese negativen Wirkungen hinwiesen und sich damit gegen eine mächtige Industrie-Lobby stellten, waren der Agraringenieur Dr. Hans Ulrich Hertl und Professor Bernand Blanc von der Eidgenössischen Technischen Hochschule in Lausanne (Schweiz). Diese beantragten um das Jahr 1989 beim Schweizer Nationalfond Fördermittel in Höhe von 150.000 Franken, was jedoch mit der Begründung abgewiesen wurde, dass für die Untersuchung von Mikrowellen(öfen) kein öffentliches Interesse bestehe. Weshalb sie ihre unabhängigen Untersuchungen aus eigener Tasche finanzierten und bereits industrieunabhängig in den 90er Jahren nachweisen konnten, dass durch Mikrowellennahrung vermehrt all jene pathologische Blutbildveränderungen auftreten, wie wir sie bereits betrachtet haben. Daraufhin begannen Hertl und Blanc öffentlich ihre Berichte und Forschungsergebnisse mit Mikrowellenherd-Bildern mit Totenkopfschädel zu veröffentlichen, um auf ihre Studien und die negativen Folgen der Mikrowellennahrung hinzuweisen[197]. Doch der Fachverband ‚Elektroapparate für Haushalt und Gewerbe Schweiz' (FEA) fand das überhaupt nicht lustig und klagte Hertl wegen geschäftsschädigendem Verhalten an und erwirkte in kostenaufwändigen Prozessen, dass Hertl öffentlich dieses geschäftsschädigende Verhalten nicht mehr zeigen durfte. Hertl gab, obwohl er die ersten gerichtlichen Instanzen verlor und daraufhin 60.000 Franken Prozesskosten zahlen musste, jedoch nicht auf und gewann letztlich am 25.08.1998 vor dem Europäischen Gerichtshof für Menschenrechte. Der wiederum die Schweiz verurteilte, Hertl einen Maulkorb verpasst zu haben. Er erhielt daraufhin seine Freiheit zurück, die Forschungsergebnisse veröffentlichen zu dürfen und zusätzlich einen Schadensersatzanspruch von ca. 40.000 Franken.

Der heutige Stand

Diese alten Forschungen gelten heute allgemein als überholt oder widerlegt[198] und werden entsprechend bestritten oder verschwiegen. Obwohl sich an der Technologie seit seiner Erfindung und weltweiten Verbreitung grundsätzlich nichts verändert hat. Damit ergibt sich die Schlussfolgerung, dass es zwar Forschungen und Ergebnisse seit langer Zeit zur schädlichen Wirkung von Mikrowellen gibt, diese wissenschaftliche Kritik – wie fast schon auffallend auch beim Mobilfunk, oder zur ebenfalls sich ausbreitenden Elektrosensibilität – aber nicht ernst genommen, bestritten oder von einer inzwischen Milliarden schweren Industrie sogar per Gerichtsprozesse unterdrückt wird. So bleibt nur dem unbedarften Laien, sich damit selbst näher auseinanderzusetzen, alle Seiten kontrovers – wenn diese auch teilweise nicht leicht zu finden sind – anzuhören, um dann die Anschaffung und den Nutzen-Schaden Aspekt vor dem Kauf oder beim Gebrauch einer Mikrowelle gründlich zu überlegen. Denn Hochfrequenz in Form von Mikrowellen im Haushalt birgt wohl doch mehr Gefahren, als wir manchmal noch unwissend zu glauben pflegen.

Kompakt-Konfektionsofen als Alternative zum Mikrowellenherd

Doch eine bequeme und zeitsparende Lebensweise zu pflegen und Essen möglichst schnell aufzuwärmen ginge alternativ auch mit einem Kompakt-Konfektionsofen[199], der nicht viel mehr kostet und ohne gefährliche Mikrowellen als multifunktionale und energiesparende Alternative auf dem Markt erhältlich ist.

Kapitel 08

Digitalisierung, Künstliche Intelligenz, der Mensch & die Zukunft

Mit dem 5G Netzausbau kommt - als großer Unterschied zu den Mobilfunkvorgängerversionen - das Zeitalter der Digitalisierung und künstlichen Intelligenz (KI) massiv auf uns zu. Worin, wenn wir KI-Entwicklern Glauben schenken, der Mensch nur noch eine „unbedeutende Nebenrolle" im aufziehenden Zeitalter der Maschinen innehaben wird. Oder sogar durch biometrische Chips, Nanotechnologie oder Robotik selbst zu einem Teil der Computertechnologie wird.

- Wohin wird die Reise hier gehen?
- Welche gesellschaftlichen Herausforderungen, Risiken, Gefahren oder sogar Bedrohungen gehen damit einher?
- Bleibt der Mensch künftig eigentlich noch Mensch oder wird er zu einem Cyborg und als Individuum reduziert auf eine Nummer in einem unendlichen Datenmeer?
- Welche Alternativen haben wir?

All das schauen wir uns in diesem Kapitel näher an.

Technik – der neue Gott

Technologie ist unser neuer Gott. Zivilisation ohne sie ist für uns nicht mehr vorstellbar, ja undenkbar, denn wenn morgen alle Technologie abgeschaltet würde, bliebe das öffentliche Leben still, da Elektronik und digitaler Datentransfer unser tägliches Brot geworden sind. Gleichzeitig leben wir im Zeitalter globaler Hackerangriffe, in der täglich Millionen Daten gestohlen werden oder auf seltsamen Wegen im Netz ständig wachsender Datenmengen verlorengehen. Allein in der EU entsteht jährlich ein Schaden von rund 250 Milliarden Euro, der auf Datendiebstahl zurückzuführen ist[200]. Von 2013 bis 2017 hat sich dieser Wert sogar verfünffacht und bis 2019 lag er laut offizieller Schätzungen noch einmal viermal so hoch. Doch trotz dieser negativen Entwicklungen geht der Netzausbau ungebremst weiter, schließen wir die letzten Funklöcher, wollen wir künftig alles via Mikrochip oder Suchmaschinen und Algorithmen steuern, erfassen, messen und berechnen (können). Und dank Nanotechnologie, Quantenphysik, Chiptechnologie und Entwicklungen in diesbezüglichen neuen Fachgebieten, gelingt uns das immer mehr.

Wie die Digitalisierung bereits alle Lebensbereiche durchdringt

Dabei ist der Hauptprofiteur dieser Entwicklungen natürlich in erster Linie die Wirtschaft. Die für ihre Echtzeitanwendungen unbürokratische, kapitalstarke Innovationsfelder benötigt und diese über flächendeckende Hochgeschwindigkeitsfelder abwickeln möchte, wie es auf der Webseite des Instituts der Deutschen Wirtschaft heißt[201]. Wodurch Mensch, Maschine und Prozesse miteinander vernetzt werden sollen.

Von der Demokratie zur Technokratie

Im Grunde erleben wir damit praktisch schrittweise heute immer mehr den Übergang von einer Demokratie hin zu einer Gesellschaft der Technokratie. Was bedeutet, dass wir die Gesellschaft, Gesetzgebung sowie alle wichtigen gesellschaftlichen Entscheidungen immer mehr an wirtschaftlich-technologischen Interessen, als wie bisher; an menschlichen Bedürfnissen orientieren. Das öffnet Tür und Tor für eine neue Form des Extremkapitalismus, worin voll automatisierte Produktionsabläufe und gesellschaftliche Prozesse unser Leben bestimmen, Marktanalysen unser Kauf- oder Wahlverhalten analysieren und Alghorithmen unser Leben steuern. Unser Bruttosozialprodukt gegen ein gesamt-gesellschaftliches Brutto-Inlands-Glück zu tauschen[202], wie es das kleine Land Bhutan versucht, ist für Industrieländer, die sich auf ständiges Wirtschaftswachstum fokussieren, undenkbar.

Macht euch Erde und Kosmos untertan!

Und mit diesen neuen Technologien, Materialien und Berechnungsmöglichkeiten sind Reisen zu den Sternen in greifbare Nähe gerückt. Aber auch Bauwerke in oder auf dem Grund der Ozeane[203]. Für jene, die es sich leisten können natürlich. Und so denken wir darüber nach, schon morgen Raumschiffe von bis zu einem Kilometer Länge[204] im Weltraum zu bauen oder Millionen winzig kleiner Nanoschiffe zu fernen Planeten zu senden, die dort einmal angekommen, sich selbstständig zu großen Robotern zusammenfügen und Städte für unsere baldige Ankunft bauen sollen. (Buchtipp: Michio Kaku; Die Physik der Zukunft - Unser Leben in 100 Jahren, Rowohlt Verlag 2013) Es reicht uns längst nicht mehr, alle Rohstoffe und Länder der Erde zu besitzen, ungeachtet dessen, ob sie gerecht verteilt sind oder nicht. Denn, obwohl wir zumindest in der technologisierten Welt immerzu Überfluss produzieren und täglich Millionen oder jährlich sogar Milliarden Tonnen noch Verwertbares wegwerfen, reichen einfach die Vorräte und Ressourcen nicht. Kühle Berechnungen von Menschen und Maschinen in farbigen 3D-Computeranimationen oder echt wirkenden Hologrammen angezeigt, sollen oder wollen uns verdeutlichen, wo unser (materieller) Mangel liegt. Und durch diese Computer-Animationen angesteckt oder munter geworden, beginnen wir heute bereits Grundstücke auf Mond, Mars, Venus, Saturn, Jupiter und alle Planeten unseres Sonnensystems zu kaufen oder verkaufen[205].

Technische Neuerungen & Fortschritt überschlagen sich

Doch was sind schon 30 oder 50 Jahre im Angesicht dessen, was alles seit dem Zeitalter der Dampfmaschinen geschehen ist:

- Elektrizität,
- das Reich der Quanten,
- Computer, Informatik,
- Elektronik,
- Mikrochips,

und die daraus resultierenden mikroskopisch kleinen wie unermesslich großen Möglichkeiten, Potentiale und Entwicklungen, die uns in rasendem Tempo mit Neuerungen überhäufen. So ist das, was heute modern ist, schon morgen unmodern und übermorgen uncool oder sogar antik. Während die Werbetrommel rührt und uns bereits wieder das Neueste vom Neuen verspricht und das Militär vielleicht technologisch schon 100 Jahre voraus lebt. Schließlich und letztlich kommen ja die meisten aller technischen Neuerungen vom Militär: Der Computer, der Funk, das Handy, das GPS, ...

Wenn wir uns dabei einen der ersten Computer[206] mit seinen gigantischen Abmessungen/Gewicht und beschaulichen Möglichkeiten anschauen und mit einem aus heutiger Zeit, der kleiner als ein Reiskorn ist[207], vergleichen, sehen wir einen gewaltigen Unterschied. Erahnen aber auch, wohin das alles künftig noch führen wird.

Quantenphysik: Fassbares trifft Unfassbares

Unfassbares trifft heute also auf Fassbares, winzig Kleines auf gigantisch Großes, Unvorstellbares auf Überlegenswertes, Sinnvolles auf vielleicht bald Unsinniges, Geist auf Materie und Wissenschaft sogar auf Gott. Denn bei dem exakten Räderwerk der Natur und all den Geheimnissen, die Wissenschaftler ihr entlocken oder bald noch entlocken werden, dämmert so manchem klugen Kopf und rein rechnerischen Denker plötzlich, dass die Feinabstimmung und Ausgewogenheit, mit der alles existiert, eigentlich kein Zufall sein kann oder Gott nicht würfelt, wie Bernard Haisch in seinem titelgebenden Buch[208] meint und dabei Albert Einstein zitiert.

Und mittendrin der Mensch

Und bei all den Richtungen, in die sich alles gleichzeitig zu bewegen oder zu entwickeln scheint, sitzt mittendrin der Mensch und fragt sich, wo er künftig noch seinen Platz haben, oder was künftig noch Realität sein wird. Doch an dem, was Realität ist und künftig noch sein wird, wird, während wir uns das fragen, bereits weiter gebaut. Denn selbst der Mensch scheint in einer technokratisierten Welt[209] nicht mehr gut genug und muss, seinem höchsten Ideal - der Technologie - entsprechend mit neuester Technik verbessert, optimiert oder wie ein Auto in der Werkstatt zum Maximum getunt werden. Dafür steht eine riesige Industrie bereit, die unseren Körper mit künstlichen Bauteilen, Implantaten, oder biometrischen Neuerungen wie Mikrochips optimiert. Weg vom Homo Sapiens und hin zum Homo Optimus; einer Mensch-Maschine-Mischung, wie Manon Baukhage in einem Artikel des PM-Journals im April 2007 beschreibt.

Das große Streben: Künstliches zum Leben erwecken

Doch die Optimierung des Fleisches mit technischen Raffinessen, wie einem Gehirnchip, der uns erlaubt, Daten oder Sprachen einfach hochzuladen, telepathisch Türen zu öffnen usw., ist längst ein alter Hut für die wahren Futuristen und Entwickler in dieser Technikszene, die sich gerne auch selbst Bio-Hacker nennen: Denn künstliche Intelligenz menschengleich zu machen oder sogar eine Superintelligenz zu erschaffen, die fähig ist, so wie der Mensch zu denken, fühlen und schöpferisch zu sein, ist das hohe Ziel, für das es sich zu leben lohnt. Meinen zumindest jene, die keine Ruhe finden, bis sie es verwirklicht haben.

Bewusstsein: Lokal oder nichtlokal?

Und so duplizieren sie Neuron für Neuron, um an einem Tag X endlich ein komplettes menschliches Gehirn auf einen unsterblichen Metallkörper zu übertragen, oder glauben, mit dieser Art Forschung eines Tages Unsterblichkeit zu erlangen. Denn für Forscher, die diese Art Mind-Mapping[210] praktizieren, ist Bewusstsein lokal. Also lediglich im Gehirn zu finden. Und nicht nichtlokal, also wie andere Forscher und Gelehrte meinen oder sogar schon belegten, nicht Körper-gebunden. Womit wir die Bereiche der Grenzwissenschaft, Bewusstseinsforschung, Esoterik oder Religion betreten. Für welche meist der Mensch nicht nur aus Körpergewebe, Knochen und Gehirn, sondern auch noch aus Geist und Seele besteht. Wobei Geist und Seele nach dem Ableben in unsichtbare Sphären oder geistige Existenzebenen (Himmel?) reisen, was ein unbeseelter Metallkörper mit rational geklontem Neuronenhirn dann wohl nicht vermag. Ist er doch lediglich eine Kopie menschlichen Fleisches und kein feinstoffliches Gebilde wie „Geist oder Seele", das durch unsichtbare Energiebänder mit dem Körper verwoben ist. Zumindest habe ich noch von keiner Nahtoderfahrung gelesen oder gehört, in der Roboter „wie auf Erden, so im Himmel" herumspazierten.

Das Gehirn und seine Möglichkeiten – reduziert auf einem Chip?

Und so sind wir also am Gehirn oder der Steuerungszentrale und des Befehlsgebers unseres Körpers sehr interessiert. Ja hoffen sogar, dass es uns gelingt, das ganze Wissen und all die bekannten und unbekannten Potentiale unseres Gehirns aufzuschlüsseln und auf einen Chip zu transferieren, wie erste Experimente und Bestrebungen in diese Richtung zeigen. Wobei sich die Forscher fragen: Wie bekomme ich das (Wissen vom) Gehirn auf einen Mikrochip?[211] Doch ungeachtet dessen, ob Bewusstsein nun lokal ist oder nicht, worüber Gelehrte schon seit Jahrhunderten streiten, das Gehirn auf einen Chip passt oder nicht, schreitet technologischer Fortschritt - zumindest im Bereich der künstlichen Intelligenz - ständig voran. Und man strebt sogar danach, technisch abzubilden, was Menschen denken oder träumen.

Wohl, um auf diese Weise, die Wirtschaft und das öffentliche Leben noch mehr oder besser zu steuern/optimieren. Denn wenn man weiß, was Menschen denken, kann man auf diese Gedanken reagieren. Der neue Hype um die Digitalisierung möchte nämlich laut offizieller Berichterstattung folgendes tun:

- Betriebsabläufe vereinfachen,
- neue (technische oder digitale) Arbeitsplätze schaffen,
- für schnelleren Datentransfer sorgen,
- Budget effizienter einsetzen,
- Produkte & Service optimieren,
- platzsparend archivieren,
- benutzerfreundliche Anwendungen schaffen.

Wie darin die Forschungen rund um die Digitalisierung des Gehirns Platz finden, erschließt sich mir zwar nicht ganz eindeutig, doch zumindest möchten unsere Entwicklungsplaner, dass wir künftig möglichst ganztags (24h) im Netz verbringen. Denn heute werden bereits Arbeitsplätze digitalisiert oder durch KI, Algorithmen oder Roboter ersetzt, das Bargeld reduziert und auf immer mehr bargeldlos umgestellt, der Einzelhandel auf Shopping im Internet ummoduliert, während Drohnen künftig statt menschlicher Postboten unsere Paketpost liefern sollen[212].

Die Zukunft ist digital: Die Schattenseiten der Digitalisierung

Wozu also noch nach draußen gehen, wenn man von zu Hause aus arbeiten kann, der intelligente Drucker künftig automatisch neue Patronen bestellt, wenn diese leer sind, der Kühlschrank sich meldet, wenn er leer ist und wir nur den (digitalen) Knopf drücken brauchen, um ihn wieder zu füllen, Geld automatisch aufgebucht oder abgebucht wird und alles so „bequem und sicher" ist? Digitalisierung ist der große Marktschreier. Und von der Wirtschaft bis hin zum kleinsten Hosenknopf soll künftig alles mit den digitalen Netzen oder der großen Mutter, dem „Internet der Dinge"[213] verknüpft sein. Doch damit einher geht eine ganze Reihe von negativen Aspekten[214]:

Die Schattenseiten der Digitalisierung

1. Reduzierung von einem dreidimensionalen auf ein zweidimensionales Dasein

Eigentlich findet unsere heute noch dreidimensionale Welt, in einem gewissen Zusammenhang gesehen, mit der Digitalisierung ein Ende und wird auf eine zweidimensionale Welt, die sich nur noch virtuell hin und & her bewegt, reduziert. Wer sich umschaut, findet überall bereits Zeichen, die in diese Richtung deuten:

- So gibt es Plattformen wie Second Life, in denen reale Menschen ein komplettes digitales Leben führen können, also dort arbeiten, Geld verdienen, Leute treffen, ohne einen Schritt vor die Tür zu machen, da sie in einem Metaversum leben, das laut Facebookgründer Mark Zuckerberg künftig ganz normal sein soll[215],
- oder können wir auch einfach auf einer Bank oder im Zug sitzen und all jene Menschen zählen, die nur noch in ihr Smartphone schauen. Was zu einer kollektiven Sucht geworden ist. Doch Smartphone - oder Internetsucht und die Reduzierung des Bewusstseins auf ein

zweidimensionales Dasein sind nicht die einzigen Schattenseiten der immer mehr um sich greifenden Digitalisierung:

2. Vereinsamung und Verrohung der Gesellschaft:

Neben digitalen Kontakten ist eine menschliche Umarmung etwas völlig anderes. So führt die Digitalisierung im Grunde zu mehr emotionaler Einsamkeit. Da ein Pflegeroboter, der das Fachkräfteproblem lösen soll, niemals genauso viel menschliche Wärme zeigen wird, wie ein Mensch. Doch mit der Digitalisierung werden die menschlichen (physischen) Sozialkontakte abnehmen und die Gesellschaft wird insgesamt vereinsamen oder sogar verwahrlosen und noch mehr, wie durch die Digitalisierung bisher schon erforscht wurde, verrohen. Ja sogar an Intelligenz einbüßen, da Studien belegen, dass Kinder effektiver lernen und bessere Noten nach Hause bringen, wenn das Smartphone im Unterricht verboten ist. (Buchtipp: Manfred Spitzer; Die Smartphone-Epidemie/ KLETT-COTTA Verlag 2018/2019)

3. Menschen als Nebensache/ Randerscheinung:

Die Digitalisierung soll angeblich nur Vorteile bringen. Für die Wirtschaft stimmt das wohl auch, doch der Mensch selbst wird im Zeitalter der Maschinen, Algorithmen, Mikrochips und Roboter nur noch eine Nebenrolle innehaben. (Buchtipp: Erik Brynjolfsson/Andrew Mcafee: The Second Maschine Age/ Plassenverlag 2014) Was zu weiteren Problemen führt. Ob wir uns daher jemals an die Maschinen gewöhnen werden, und ob sich dieser Trend durchsetzen kann, bleibt fragwürdig. Da heutige Umfragen ergaben, dass die Mehrheit der Deutschen nicht in einem Intelligentem Haus leben wollen würden, selbst wenn es kostenlos wäre[216].

4. Jobverlust und Massenarbeitslosigkeit:

Eine Vielzahl einfacher oder auch gehobener Arbeitsstellen, vom Fensterputzer bis hin zum Anwalt, muss fürchten mit der Digitalisierung durch Roboter oder Algorithmen ersetzt zu werden[217]. Praktisch droht uns dadurch weltweit eine nie dagewesene Entlassungswelle. Mit daraus folgenden enormen Zusatzbelastungen für das Sozialsystem.

5. Kontrollverlust:

Das könnte so weit ausufern, dass die Maschinen nach weiteren Entwicklungsschüben in Richtung Digitalisierung die Kontrolle übernehmen oder der Mensch letztlich keine Rolle mehr spielt. Was das Potential eines Krieges von Mensch gegen Maschine oder Maschine gegen Mensch in sich birgt. Wie auch der KI-Entwickler und Professor am MIT (Massachusetts Institute of Technology) „Max Tegmark" in seinem Buch: „Leben 3.0 - Mensch sein im Zeitalter künstlicher Intelligenz" (Ullsteinverlag 2017) beschreibt.

6. Abhängigkeit:

Ein komplett in digitale Netze eingewobener und davon abhängiger Mensch, verliert nicht nur seine Freiheit, sondern muss ohne Netzzugang (z.B. bei Stromausfall) sogar um seine nackte Existenz bangen. Wofür die Gesellschaft überhaupt nicht gewappnet ist. Weshalb Regierungen im Zeitalter zunehmender möglicher globaler Hackerangriffe zu einem Notvorrat für mögliche Blackouts raten[218].

7. Grenzenlose Überwachung:

Ein komplett digitalisiertes System, das alles extern an möglichen Daten erfasst, ermöglicht sowohl der Wirtschaft, aber auch der Gesetzgebung, den Geheimdiensten und Polizeiapparaten eine völlig neue Dimension der Überwachung. Es gäbe sprichwörtlich kein Entkommen mehr.

8. Datendiebstahl:

Das ermöglicht wiederum Hackern, in einem Schlaraffenland zu leben, wobei - wie wir bereits sahen - heute schon täglich Millionen Daten über das Netz „verlorengehen".

9. Unabsehbare Gesundheitsrisiken:

Dabei sind die Gesundheitsrisiken, ausgelöst durch in ihrer Langzeitwirkung noch nicht erforschten, für die Digitalisierung genutzten Millimeterwellen (5G-Netze) wie E-Smog/Krebsrisiko/ Burnout/psych. Ängste/Probleme, ... über die ich bereits ausführlich in den vorherigen Kapiteln schrieb, noch gar nicht erfasst. Denn der öffentliche Diskurs um die negativen Aspekte dreht sich meist um die Ängste vor Jobverlust usw.

Was wir tun könnten:

Wir trainieren unser Gehirn im modernen Zeitalter der Digitalisierung, ständig online zu gehen. Doch mit sich oder auf sich selbst zurückgeworfen, kommen viele Menschen nicht mehr mit sich klar. Was die Coronapandemie uns auf schmerzliche Weise zeigte. Doch können uns diese schmerzvollen Erfahrungen auch wachrütteln und uns als positiven Aspekt auf einen Mangel oder eine Abhängigkeit, nämlich das „Glück im Außen zu suchen", hinweisen. Was uns, wenn wir Social-Media-abhängig sind, auch durch einen globalen Stromausfall, der einige Zeit andauern würde, jederzeit schmerzlich bewusst werden würde. Vielleicht wäre es daher weise, dass wir beginnen, uns etwas zu trainieren auch einmal ohne, oder zumindest einige Zeit nicht im Netz unterwegs zu sein. Und lieber:

- in Funklöchern Urlaub machen
- reale Menschen treffen, statt zu zoom'en oder zu skype'n
- die Kraft des eigenen Geistes kennenzulernen, statt die der Maschinen,
- uns dafür genauso zu begeistern,
- oder künstlerisch tätig zu sein,

- und während des Tages mehr Zeit mit natürlichen (Kinder/Natur/Tiere ...) statt künstlichen Dingen zu verbringen.

So trainieren wir unsere Gehirne wieder in natürlichen Feldern zu denken, an die es viel besser angepasst ist. Womit sich unser Schlaf, die Gesundheit, aber auch Intelligenz stark verbessern wird. Probieren Sie es einige Wochen einfach einmal aus. Denn Digitalisierung mag von außen gewünscht und gefördert werden, doch letztlich entscheiden wir, wie viel wir davon in unser Leben holen und ob wir davon abhängig werden und uns abhängig machen, oder nicht.

Weshalb all die Entwicklungen zwar fantastisch sind und Begeisterung bei Technokraten oder Bodyhackern[219] hervorrufen mögen, das Fantastischste von allem dabei aber völlig übersehen wird: Der Mensch, der all das erst erschafft oder auch bereits in sich trägt, wie uns Superbegabte seit langem zeigen.

Kapitel 09

Fehlfunktionen – Wenn KI sich irrt

„Hurra, endlich kommt die KI!" So jubeln Wirtschaft, Wissenschaft, Politik und Teile der Gesellschaft über die künstliche Intelligenz, die – wie wir im vorherigen Kapitel gesehen haben – parallel mit den 5G bis 8G Mobilfunknetzen und der fortschreitenden Digitalisierung nahezu aller Lebensbereiche immer mehr an Bedeutung gewinnt. Doch das System hat Makel, neigt zu Fehlern und ist insgesamt noch recht anfällig für Fehlfunktionen. Was bei der Energiemenge, die hier auch für Entwicklung, Forschung und an Geldmitteln investiert wird, leicht vergessen wird. Diese Makel hätten bei einer flächendeckenden Einführung jedoch verheerende Folgen für das zivile, gesellschaftliche Leben und wären verheerend im Kriegsfall. Was ich im Kapitel zu KI-Waffen noch zeigen werde.

Künstliche Intelligenz: Ein Überblick

Künstliche Intelligenz, kurz KI genannt, gilt als großer wirtschaftlicher Hoffnungsträger und öffnet die Tür zu einer künstlich programmierbaren Welt. Grundsätzlich spaltet sich die Diskussion hierbei in Befürworter und Kritiker. Und mit Blick auf die Zukunft; in Gewinner und Verlierer. Wobei die Befürworter natürlich überschwänglich meinen, dass wir alle letztlich (nur) Gewinner sind. Was man durchaus sehr viel ernster nehmen darf, da mit der KI und allem, was parallel damit geplant oder eingeführt wird, große gesellschaftliche Herausforderungen einhergehen.

Starke und schwache KI

Wie bereits in meinem ersten 5G-Sachbuch (siehe Anhang) behandelt, unterscheiden Experten bei KI in starke und schwache KI. Schwache KI, wie ein Thermostat oder Taschenrechner, verfügt nur über begrenzte, festgelegte (programmierte) Intelligenz und kann meist nur eine Sache. Starke KI hingegen lernt selbst durch Aktion und Reaktion dazu. Und agiert nach einem Punktesammelsystem. Wobei es der künstlichen Intelligenz darum geht, das „Spiel" ständig zu verbessern. Ähnlich dem Belohnungssystem unseres Gehirns[220]. So sind Forscher immer wieder über ihre Kreationen verblüfft, wenn KI plötzlich eigenständig Dinge lernt, die sie von ihren

Schöpfern, den Menschen, nicht beigebracht bekam. Was im Fachjargon Deep Learning[221], also tiefes, bestärkendes Lernen, genannt wird, in Verbindung mit dem technischen Deep Mind[222]. Max Tegmark, einer der weltweit führenden KI Forscher und Entwickler, äußert[223]:

> *„Anfangs spielte die KI (Ping-Pong/Breakout – ein Atari-Spiel) furchtbar. Sie ruckelte den Schläger ratlos und anscheinend zufällig hin und her und traf den Ball so gut wie nie. Nach einer Weile sah es so aus, als habe sie die Idee begriffen, dass es eine gute Sache sei, den Schläger in Richtung Ball zu bewegen, obwohl sie ihn immer noch fast jedes Mal verpasste. Doch mit der Spielpraxis holte sie auf, wurde bald besser, als ich es je gewesen war, und beförderte den Ball zurück, egal, wie schnell er sich näherte. Und dann fiel mir die Kinnlade runter, denn sie fand diese verblüffende Strategie zur Punktemaximierung heraus. Dabei zielte sie jedes Mal auf die obere linke Ecke, bohrte ein Loch in die Wand, ließ den Ball steckenbleiben und zwischen der Rückseite der Mauer und der Begrenzung dahinter hin und her springen. Das fühlte sich wie eine wirklich intelligente Lösung an. Tatsächlich erzählte mir Demis Hassabis später, dass die Programmierer des Deep-Mind-Teams diesen Trick nicht kannten, bis sie ihn von der KI lernten, die sie selbst konstruiert hatten."*

Wo es KI schon gibt

KI hat schon „still und leise" einige Bereiche erobert und findet bereits zahlreiche Anwendungen:

- als schwache, starke, zivile oder militärische, teilautonome oder vollautonome KI,
- als Drohne, Algorithmus, Wärmesensor, Spielzeug, Sex- oder Pflegeroboter,
- im medizinischen Diagnosebereich,
- für Pläne zum Aufbruch in das All,
- beim autonomen Fahren in der Automobilbranche, bei der Navigation,
- in vollautomatischen Produktionsanlagen,

- bei Banken und an Börsen, (Robotic Process Automation = RPA[224]),
- zur Spracherkennung und als Sprachassistent (Siri und Co),
- beim Erkennen von Kleidungsstücken, Gesichtern und Fingerabdrücken (Biosensoren),
- zur Überprüfung und Generierung von Datensätzen, automatischen Schutz vor Spam oder Hassmails,
- bei Nachfrageprognosen und in Logistikprozessen,
- in der Landwirtschaft, zum Beispiel zur automatischen Bilderkennung von Schädlingen,
- im Journalismus zur Generierung von Texten,
- in Kunst und Freizeit, uvm.

Dabei ist all das erst der Anfang. Denn letztlich soll KI alle Bereiche des Lebens „verbessern" und automatisieren, u.A. die Kriegsführung, Warenproduktion und das komplette gesellschaftliche Leben. Ja sogar die Natur und Erde soll programmierbarer werden. Als technische Hilfsmittel dienen hier Catome[225], kleinste Nanoteilchen, heute noch so groß wie Reiskörner, die zukünftig in der Größe von Atomen, ausgestattet mit Plus- und Minuspolen elektronisch programmier- und steuerbar, auf Knopfdruck jede beliebige Form annehmen sollen. (Buchtipp: Michio Kaku; Die Physik der Zukunft - Unser Leben in 100 Jahren, Rowohlt-Verlag). Womit die menschliche Arbeitskraft größtenteils überflüssig wird. Ansätze und Entwicklungen in diese Richtung sind überall schon erkennbar:

Anwendungsbeispiele von KI:

- teilautonome Waffen werden für den vollautonomen (möglichen) Einsatz vorbereitet,
- die digitale Rechtsberatung soll künftig menschliche Berater (Anwälte, Ärzte, Seelsorger, ...) ersetzen. Wobei Algorithmen automatisch Dokumentenrecherche betreiben, Gesetzestexte und Urteile analysieren, Persönlichkeitsprofile speichern und prüfen, um daraus Urteile zu fällen[226].
- In der Landwirtschaft sollen künstliche Kartoffeln (DFKI/ nPotato) Echtzeitanalysen während des Ernteprozesses in der Landwirtschaft

ermöglichen, was die automatische Anpassung der Erntemaschinen ermöglicht,

- Roboter sollen in der Weltraumforschung künftig ins All reisen, sich dort selbständig zusammensetzen, reparieren und Städte für unsere Ankunft auf fremden Planeten, oder auf der Erde und auf dem Grund unserer Ozeane und in den Wüsten mittels 3D-Druck, Nanotechnologie usw. bauen. Um nur einige wenige zu nennen.

Grenzen der KI

Natürlich hat KI auch (noch) Grenzen und wird sie diese zumindest teilweise auch in Zukunft haben. Teilweise deshalb, weil man KI in starke und schwache KI unterscheiden muss, wie ich bereits erklärte. Putzroboter oder Rasenroboter können zwar automatisch und vom Menschen unabhängig vorprogrammierte Aufgaben erledigen, aber mehr dann auch nicht. Weshalb diese Form der KI auch als schwache KI bezeichnet wird. Da sie auf wenige vorprogrammierte Tätigkeiten begrenzt sind und künftig auch sein werden. Starke KI lernt im Gegensatz dazu selbst dazu und versucht durch Punktesammeln (eine Art Belohnungssystem) sich selbst immer mehr zu perfektionieren. Beispiele wie das simple Atarispiel oder Roboter, die selbstständig laufen lernen, faszinieren, verblüffen oder erschrecken hier immer wieder die Wissenschaft. Wie vorab beschrieben. Doch von menschlichem Verhalten sind selbst diese Computer trotz kleiner Erfolge noch weit entfernt.

Superintelligenz

In den Bereich der starken KI fällt natürlich auch das ganze Thema von „Superintelligenz", welches in zahlreichen Science-Fiction-Filmen wie Terminator usw. vermarktet wird. Worin, einfach ausgedrückt, KI den Menschen dahingehend überragt, dass sie eigenständig „denkt", Dinge verbessert, aber auch - so wie einst der Mensch, Dinge aufgrund dieser Fähigkeiten selbst erschafft. Worauf die kontroversen Diskussionen, Bedenken und Gedanken vieler Zukunftsforscher basieren. Da eine solche

KI möglicherweise den Menschen nicht mehr braucht, womöglich als fehlerhaft erkennt und vielleicht dann sogar durch besseres ersetzen wird. Doch um sich um Superintelligenz Sorgen zu machen, müssten wir erst einmal eine erschaffen. Und auch hier sind wir über hundert Jahre von der Entwicklung entfernt. Wie der Physiker Michio Kaku in seinem Werk „Die Physik der Zukunft - Unser Leben in 100 Jahren" schreibt.

Was KI (noch nicht) kann und sie immer vom Menschen unterscheiden wird

Natürlich ist es beachtlich, dass ein Schachcomputer einen menschlichen Schachweltmeister besiegen oder ein fantastisches Gemälde exakt in der Art großer Künstler perfekt malen kann. Was für Schlagzeilen in den Medien sorgt und Gedanken des Konkurrenzkampfes zwischen Mensch und Maschine anheizt. Doch schicken wir diese hochintelligenten Maschinen los, uns einen Kaffee oder kleinen Snack vom Imbisstand zu holen, wird diese jämmerlich versagen. Und somit zeigt KI zwar bereits einige Stärken, aber eben auch große Mängel. Letztlich stellt sich die berechtigte Frage, ob KI überhaupt jemals die feine, geistige und tiefsinnige Kontemplation und Überlegungen eines Menschen, sein Einfühlungsvermögen, oder die Fähigkeit heutiger Wissenschaftler 21 Lichtjahre in die Zukunft zu denken oder zu träumen und darin Visionen von der Zukunft zu erhalten, haben wird. Denn egal wir perfekt wir Neuron für Neuron des menschlichen Gehirns künstlich kopieren und verschiedene Areale des menschlichen Gehirns als Steuerungszentrale für physische Reaktionen verstehen, oder Träume und Gedanken mittels Maschinen analysieren, um so Bewusstsein zu kartografieren und daraus ein künstliches Gehirn (KI) zu erschaffen, stehen Wissenschaftler immer noch am Anfang, wirklich zu verstehen, wie komplex und multidimensional das menschliche Wesen als physisch-metaphysische Kombination eigentlich ist.

Lokales und nichtlokales Bewusstsein

So gibt es - bewiesen durch Untersuchungen zu außergewöhnlichen Fähigkeiten sogenannter Savants (Superbegabten), - Belege, dass der Mensch viel mehr kann als jeder Computer. Ja sogar womöglich mehr ist als nur Fleisch und Blut. Womit sich die Frage stellt, ob es nicht weise wäre, erst einmal diese Fähigkeiten in uns allen ausreichend zu erforschen und zu aktivieren, bevor wir künstlich am Menschsein durch Implantate oder Bodyhacking versuchen daran herumzuexperimentieren? Denn vielleicht könnten wir viele Milliarden Dollar oder Euro und viel Zeit, die hier investiert wird, um uns Menschen durch Technologie zu verbessern und mit kleinen Superfähigkeiten auszustatten, sparen? Da diese Fähigkeiten bereits in unseren Genen, Erbgut oder in unserem Bewusstsein angelegt sind? Wie die russischen Garajew-Studien bereits Ende der 90er Jahre nachwiesen. Womit wir aber, so wie manche Wissenschaftler wie Dieter Broers, Bruce Lipton, usw. auch begreifen würden, dass der Mensch insgesamt über das rein Physische und Messbare weit hinausgeht und Bewusstsein sehr wahrscheinlich nicht nur lokal und körperbezogen ist. Wie viele Physiker und KI-Forscher immer noch irrigerweise meinen. Wodurch das ganze Gebiet der sogenannten Grenzwissenschaften wie Nahtoderfahrungen, außersinnliche Wahrnehmung, Vorahnungen, usw. einen ebenso wichtigen Stellenwert erhält. Da diese als Potential im menschlichen Bewusstsein schlummern und zu finden sind.

Philosophische Fragen

1. Wird ein Computer jemals eine menschliche Seele besitzen?

Diese Frage könnte man jetzt auf den metaphysischen und philosophischen Bereich ausdehnen. Wie die Frage, ob der Mensch eine Seele hat und KI künftig auch durch dieses feinstoffliche Energiegebilde, in der alle Erfahrungen aus allen Leben, die wir jemals seit dem sogenannten Anfang hatten, aufgezeichnet sind. Und ob eine KI dann auch Nahtoderfahrungen oder Kontakte zum Jenseits haben wird. Worüber es zahlreiche gut dokumentierte wissenschaftliche Hinweise und Erfahrungsberichte gibt. Womit uns, wenn wir die Frage mit Nein beantworten würden, offenbar wird, dass Computer, ja sogar Superintelligenz, niemals das zarte verletzliche, bei Kälte frierende und bei Hitze schwitzende Wesen namens Mensch übertreffen wird. Und all die KI-Entwicklungen, einschließlich des Milliarden teuren Versuchs, den Menschen einzufrieren und nach Jahrhunderten wieder aufzutauen, lediglich kostspielige mit viel Aufwand betriebene Spielereien (Illusionen) sind. Worin wir jedoch unser kostbares Leben, unsere geistige Evolution und unsere in uns ruhenden schlummernden Fähigkeiten und Potentiale dann legen. Da so etwas wie die Seele oder das nichtlokale Bewusstsein nicht eingefroren werden kann. Nach aktuellen Erkenntnissen, wäre es viel sinnvoller und kostensparender, den Körper durch spezielle Meditationstechniken (Samadhizustände tibetischer Mönche) in eine Art „Leichenstarre" zu versetzen, um so den Körper ohne Nahrungszufuhr oder Wasser Jahrhunderte oder Jahrtausende überdauern zu lassen. Wie der russische weltweit führende Augenspezialist, Wissenschaftler und Forscher Ernst Muldashev in seinem Buch „Das dritte Auge und der Ursprung der Menschheit - Spektakuläre Erkenntnisse zur Herkunft unserer Zivilisation"(AMRA-Verlag 2017) beschreibt. Aber die Welt ist besessen von den Möglichkeiten der KI, nicht von den unbegrenzten (in die Wiege gelegten) Möglichkeiten des menschlichen Geistes. Weshalb wir nur wenig über diese Potentiale wissen, verstehen und lernen. Es ist nicht so lukrativ alles aus sich zu erschaffen!

2. Verlieren und vergessen wir durch KI unser geistiges Erbe und unermessliches Potential?

Und wenn Technologie, auch wenn sie uns als Potential niemals das Wasser reichen wird, dann jeden Bereich des Lebens beherrscht und übernimmt, und unsere Ausdrucksfreiheit für geistig bereits angelegte Entwicklungen, Potentiale und Superfähigkeiten einschränkt und untergräbt, indem wir lieber mit ihr als Cyborgs oder durch künstliche Nanopartikel, statt mit unserem natürlichen Potentialen verschmelzen, wie es Bodyhacker bereits tun, machen wir uns nicht nur von ihr abhängig, und werden ihr Sklave, sondern verlieren wir letztlich unser geistiges Erbe immer mehr aus den Augen. Dass diese Entwicklung, den Menschen durch Technik zu verbessern bereits eingesetzt hat, sehen wir auch durch Technik-Visionäre wie Elon Musk, der mit seinem Gehirnchip dafür wirbt, künftig Sprachen einfach hochzuladen, als sie mühselig zu erlernen. Womit unsere inneren Fähigkeiten, es auch ohne Technik zu können, dann verkümmern, weil wir entsprechende Areale unseres Gehirns dann brach liegen lassen. Und so vergessen wir in einer komplett technokratisierten Gesellschaft völlig, was der Mensch als natürliches Wesen in vollendeter Form (ohne KI) eigentlich sein und werden kann. Kurz:; wir entwickeln uns dann zu emotionslosen, perfekten biometrischen Robotern, da wir immer mehr nach Außen, zu den unbegrenzten Möglichkeiten der Technologie, und immer weniger nach innen, zu den unbegrenzten Möglichkeiten unseres Geistes greifen. Wie sie bemerkenswerte Menschen, wie beispielsweise der Holländer Mirin Dajo[227] demonstrierte. Der sich von lebensgefährlichen Stichwaffen durchbohren ließ und die Wunden sofort vor den verblüfften Wissenschaftlern und in aller Öffentlichkeit durch reine Geisteskraft wieder schloss. Doch verlassen wir nun diese philosophischen Gedankengänge rund um schlafende SUPER-Potentiale in uns Menschen und kehren wir zum Thema Künstliche Intelligenz und den Problemen, die auftreten, wenn KI versagt, zurück:

Mängel und Fehlfunktionen von KI (Fallbeispiele)

Allgemein braucht es natürlich zuerst ein flächendeckendes Netz wie 5G oder leistungsstärker, damit KI in seiner unglaublichen Vielfalt zum Einsatz kommen kann. Das System braucht also Strom und eine möglichst gute Funkverbindung, um den gewünschten Effekt zu erzielen. Und hier ist die Entwicklung noch nicht da, wo sie KI-Entwickler gerne hätten. Oder der Weg zur perfekt KI-gesteuerten Zukunft auch etwas holprig.

Zivile Beispiele fehlerhafter KI

1. Fehlerhafte Gesichtserkennung:

So urteilte die Zeit Online[228] in einem Beitrag sehr kritisch über eine Gesichtserkennungs-KI, die in der Praxis (noch) kein tatsächliches Abbild der Realität erstellte, sondern haufenweise fehlerhafte Daten lieferte:

> *„Die Situation ist leider aber noch weit schlimmer: Was genau, welche Strukturen diese Systeme „gelernt" haben, ist oft kaum nachvollziehbar. Man kann testen, ob sich das trainierte System in etwa so verhält, wie man sich das wünscht, aber reicht das? Eine Software von Amazon namens „Rekognition", die Menschen mit Vorstrafen auf Basis von Polizeifotos erkennen sollte, erkannte fälschlicherweise 28 US-Abgeordnete als Kriminelle, tat das aber mit auffallender Häufigkeit bei Abgeordneten mit schwarzer Hautfarbe. Erkannte Amazons Produkt einfach schwarze Gesichter schlechter? Hatte es ein impliziertes Bias gegen Schwarze? Hatte es ein impliziertes Bias, der weiße Gesichter bevorteilte? Unklar. Das System war bei Amazon durch die technischen Tests gegangen und erst die Kontrolle durch Nichtregierungsorganisationen und Watchdogs brachte das Problem zutage. [...] Aus soziotechnischer Perspektive ist also der Einsatz von KI-Systemen, insbesondere wenn es um die Leben von Menschen geht, sehr problematisch und schließt sich teilweise sogar aus: Nicht nur lagert man extreme Macht an einfache Automatisierungssysteme aus, man kann diese Systeme sogar nur ungenügend auditieren, um sicherzustellen, dass sie sich korrekt und nicht bezogen auf einzelne Gruppen diskriminierend verhalten. Im Zweifel zeigen sich solche Verfehlungen erst im Betrieb und die Betroffenen müssen neben dem Schaden, der ihnen entsteht, auch noch den Nachweis der Verfehlung des Systems bringen."*

2. Fehlerhafte Ratenbescheide:

Irren ist menschlich, sagen wir umgangssprachlich leicht daher, doch wenn der Computer sich irrt und plötzlich falsche Bankdaten generiert und daraufhin falsche Mahnbescheide herausgesendet werden und Menschen durch eigentlich falsche nicht korrekte Zwangsräumungsbescheide ihr Zuhause verlieren, ist es nicht mehr lustig, sondern wird existenziell bedrohlich. Diese negative Erfahrung durften in den USA bereits 400 Hausbesitzer praktisch machen[229], wofür die Bank sich im Nachhinein zwar entschuldigte und den ehemaligen Hausbesitzern eine Entschädigung von (jeweils nur) 20.000 Dollar anbot, aber die Not nicht wirklich linderte und viele dennoch ihr Haus verloren. Welche verheerenden Folgen das in künftig durch KI komplett gesteuerte internationale Börsen hätte, wodurch ganze Volkswirtschaften durch KI-Irrtümer in den Ruin getrieben werden könnten, kann sich jeder denkende Mensch selbst ausrechnen.

3. Wenn der Kuchen mit einem Wischmopp verwechselt wird

Dass das KI-System sehr fehlerhaft ist, ist auch einem Artikel im Tagesspiegel zu dem von den Erfindern beworbenen Microsoft-Programm Captionbot' zu entnehmen[230]:

> *„Ich kann den Inhalt jedes Fotos verstehen und werde versuchen, es so gut zu beschreiben wie ein Mensch", wirbt der Bilderbot auf seiner Website. Das klappt in vielen Fällen zwar auch ganz gut, doch genauso oft liegt die Künstliche Intelligenz (KI) ziemlich daneben. Lädt man beispielsweise das Foto eines Wischmopps hoch, erklärt der Bot: „Ich bin mir nicht ganz sicher, doch ich denke, das ist ein Kuchen." Schlimmer noch, das Programm lernt offenbar auch kaum dazu. So machten sich viele schon beim Start im Frühjahr 2016 über die Interpretation eines Fotos lustig, auf dem Barack Obama seine Frau Michelle eng umschlungen hält. „Ich denke, es ist ein Mann mit Anzug und Krawatte, der auf einem Handy spricht", erklärte die Software. Und heute verwechselt das Programm Michelle Obama immer*

noch mit einem Telefon ..." [...] „Bei einem anderen Foto glaubt der Captionbot, es wäre eine Person, die auf einem Tisch sitzt. Das ist zwar etwas näher dran als die Konkurrenzintelligenz von Google, aber trotzdem ziemlich daneben. Denn auf dem Foto ist eine farbige Plastikschildkröte zu sehen. Wissenschaftler des Massachusetts Institute of Technology (MIT) haben sie mit einem 3D-Drucker hergestellt, um zu zeigen, wie anfällig Bilderkennungssysteme sind. Die Künstliche Intelligenz von Google hielt die Schildkröte mit einer Wahrscheinlichkeit von 90 Prozent für ein Gewehr. In anderen Fällen des Tests wurde eine Katze mit Guacamole verwechselt und ein Baseball für Espresso gehalten ..."

Der Artikel fährt dann fort:

„Solche Experimente können auch in der Realität gefährliche Folgen haben. Schließlich befürworten auch in Deutschland viele Politiker und Bürger den Einsatz von Videoüberwachung mit intelligenter Bilderkennung. Doch wenn Algorithmen Schildkröten mit Waffen verwechseln, wären fehlerhafte Alarmmeldungen keine Überraschung. Fast noch riskanter sind mögliche Fehler bei selbstfahrenden Autos. Auch hier ist die Bilderkennung zentral. Doch wie schnell die versagen kann, zeigt eine gemeinsame Studie von Wissenschaftlern mehrerer US-Universitäten. Sie haben dafür kleine schwarze und weiße Streifen auf Stoppschilder geklebt. Zum Teil schrieben sie damit die Worte „Love" oder „Hate". Obwohl der Stop-Schriftzug selbst noch vollständig erkennbar war, wurden 73 Prozent der Bilder falsch klassifiziert. Ähnliche Fehler könnten durch Graffiti oder mit Stickern beklebte Schilder auch im echten Straßenverkehr passieren."

Wie viel Chaos können wir uns leisten?

In anderen Bereichen wie der Lebensmittelindustrie, Logistik oder Medizin hätten solche Programmierfehler oder KI-Irrtümer verheerende Folgen, wenn der Roboterarm plötzlich Mehl oder Zucker mit Waschpulver verwechselt, die Paketdrohne zum falschen Zielort fliegt und eine per Algorithmus berechnete Laseroperationen sich nur um einen Millimeter irrt. Und doch wird all das in Kauf genommen und diese neue technische Innovation weiterhin mit Milliarden gefördert, unterstützt und in jedem Bereich vorangetrieben. Einer der gefährlichsten und aktuell am meisten geförderten Bereiche ist hierbei die militärische Entwicklung der KI zu Luft, zu Lande und im Meer.

Militärische Entwicklungen und Beispiele für Mängel der KI

Die Produktpalette des Militärs ist schier unbegrenzt und reicht von unbemannten U-Booten, Schiffen, Drohnen, Fluggeräten und Panzern bis hin zu unsichtbaren „Helfern", die Schlachtszenarien und Gegenmaßnahmen in Sekundenbruchteilen berechnen, feindliche Stellungen kartografieren oder automatisch Raketenabwehrmaßnahmen initiieren. Denn im Fall eines Krieges zählt jede Sekunde! Und doch kommt es vor, dass militärische KI bei der zu verarbeitenden Datenflut fehlerhaft ist. Wobei die wenigen bekannt gewordenen „tragischen Unfälle" sicher nur die Spitze des Eisberges darstellen. Da der am stärksten boomende militärische KI-Markt im Zeitalter des neuen globalen Wettrüstens sicher nicht zu viele Skandale brauchen kann. Doch die nun folgenden wenigen bekannt gewordenen Fälle reichen, um das Ausmaß der Bedrohung(en) abzubilden:

Beispiele fehlerhafter Waffen-KI

2008: Die SWORDS-Roboter werden durch das amerikanische Verteidigungsministerium außer Dienst gestellt. Nachdem sich bei mehreren Vorfällen der Waffenarm gedreht hatte, obwohl dies in der jeweiligen Situation nicht vorgesehen war, wurden die Roboter bis auf Weiteres als unsicher eingestuft und der Feldeinsatz abgebrochen. Verletzt wurde bei den Vorfällen niemand[231].

2007: Eine Fehlfunktion bei einer vollautomatischen Zwillingskanone vom Typ GDF-005/ 35 mm Flab Kan 63 kostet neun südafrikanischen Soldaten das Leben und fordert 14 Verletzte, als sich bei einer Übung ungewollt (angeblich aufgrund eines Defektes) das Geschütz seitwärts dreht und unkontrolliert in das Umfeld feuert[232].

2003: Das teilautonome Patriot-Abwehrsystem der US-Streitkräfte interpretiert im 2. Irak-Krieg ein Flugzeug der Briten irrtümlich als feindlich und schießt es ab. Das Gleiche geschieht wenig später mit einem US-Kampfflugzeug[233].

1991: Zitat WIKIPEDIA[234]: „Im Februar 1991 traf eine irakische Scud eine Kaserne der US Army in Dhahran in *Saudi-Arabien und tötete 28 Soldaten. Die folgende Untersuchung ergab, dass die Patriot-Batterie in Dharan den Flugkörper durchaus erkannt hatte, das Tracking der irakischen Rakete jedoch fehlschlug. Ursache war ein Softwarefehler im Steuercomputer, der zu einer mit zunehmender Laufzeit immer stärker abweichenden Positionsbestimmung des Ziels führte. Zum Zeitpunkt des Angriffs lief das Patriot-System bereits seit über 100 Stunden, so dass der Radarstrahl um mehr als einen halben Kilometer von der tatsächlichen Position der feindlichen Rakete abwich und das Radar-Set somit am falschen Ort nach der Scud suchte. Infolge dieses Fehlers wurde keine Abwehrrakete abgefeuert."*

Diese Beispiele, von denen man sicher noch mehr findet, zeigen bereits über die Jahre verteilt, dass man KI nicht vollkommen vertrauen sollte oder kann. Das Szenario ließe sich sogar bis zur Zeit des Kalten Krieges zurückverfolgen, als die russische Satellitenüberwachung irrtümlich Reflexionen der Sonne auf Wolkenfeldern als Raketenantrieb feindlicher US-Atomwaffen einstufte und fälschlicherweise Atomalarm auslöste. Wie der KI-Entwickler Max Tegmark in seinem Buch „Leben 3.0 - Mensch sein im Zeitalter künstlicher Intelligenz" berichtet. Dass es damals nicht zu einem Atomkrieg kam, verdanken wir einem russischen Befehlshaber, der seine (angeblich „unterlegene") menschliche Intelligenz einschaltete, da er sich nicht vorstellen konnte, dass die USA bei einem Angriff auf Russland nur mit einigen wenigen Raketen feuern würden. Womit er glücklicherweise Recht behielt und wir nur knapp einem 3. Weltkrieg entgingen. Bei vollautonomen Waffen würden solche Entscheidungen auch Maschinen treffen. Was unser aller Untergang sein könnte, wenn KI sich irrt.

Gegenentwicklungen: – Wo wir KI wieder abschaffen

Interessanterweise findet in einigen Ländern, die mit KI oder Robotern bereits bestens vertraut sind und diese daher schon seit Jahren weit in ihre Gesellschaft integrierten, derzeit eine Gegenentwicklung statt. Hier werden Roboter wieder durch Menschen ersetzt. So heißt es in einem Beitrag bei derstandard.de unter der Überschrift „Fehlfunktionen: Roboter werden reihenweise gefeuert“[235]:

> *„Die erste Euphorie mündet in der Umkehr: Mensch ersetzt Maschine. In Japan und China werden reihenweise Roboter „gefeuert“, weil sie nicht ordentlich arbeiten.“*

Ein erstes Roboterhotel in Japan wurde dem Artikel zufolge einige seiner künstlichen Mitarbeiter wieder durch Menschen ersetzen, weil sie ihre Aufgaben nicht richtig erfüllten:

> *„Die Gäste beschwerten sich, dass der virtuelle Assistent „Churi“ ihre Fragen nicht beantwortete. Laut einem Bericht des „Wall Street Journal“ soll ein Hotelgast sogar alle paar Stunden von einem Roboter geweckt worden sein, weil dieser das Schnarchen für Fragen hielt. Das Hotel-Management sah sich daher gezwungen, die Roboter aus dem Verkehr zu ziehen.“*

Weiter wurde ein Serviceroboter in der Supermarktkette Margiotta in Edinburgh/Schottland nach nur einer Woche bereits wieder entlassen, da er seiner Aufgabe, die Kunden schnell zu Sonderangeboten zu führen und Fragen zu beantworten, nicht richtig nachkam:

> *„So lieferte er Kunden dubiose Informationsquellen („Danke, Internet“) und legte ein unangemessenes Verhalten an den Tag. Zum*

Beispiel rief er „Hallo, wunderhübsch!" oder setzte mit seinen Greifarmen zu einem „High Five" an, was bei der Kundschaft gar nicht gut ankam. Die Folge: Die Kunden machten einen großen Bogen um den Roboter. Auch in Sachen Produktivität blieb der Roboter hinter den Erwartungen zurück. Während die menschlichen Supermarktangestellten in der Fleischwarenabteilung jede Viertelstunde zwölf Kunden ein Häppchen anboten, brachte es Pepper in der gleichen Zeit lediglich auf zwei Kunden."

Müssen wir Angst vor der Zukunft haben?

Damit stellen sich mit dem Kommen des Zeitalters der Maschinen viele Fragen:

- Brauchen wir wirklich überall Künstliche Intelligenz?
- Oder wird der Mensch auch künftig manches sehr viel besser machen?
- Sollten wir die Milliarden, die wir darin investieren, nicht lieber teilweise sinnvoller einsetzen?
- Und wenn KI durch Aktion und Reaktion endlich so weit ist, wer garantiert dann, dass sie trotzdem tadellos funktioniert und nicht mehr Schaden als Nutzen verursacht?

Ungeachtet dessen schreitet die KI-Euphorie zumindest für die KI-Waffenproduktion weiter voran und sind Industrieländer wie besessen, dadurch die Oberhoheit zu erlangen oder zu behalten. Was das Potential für eine Eskalationsspirale in sich birgt. Und während KI-Entwickler diesen Weg nun „learning by doing" gehen und viele Fragen erst durch die Praxis klären wollen, ist zumindest das Militär bereit, hier einige Kollateralschäden in Kauf zu nehmen, da ein Ende des Wettrüstens um die besten KI-Waffen noch lange nicht abzusehen ist. Weshalb das Thema der militärischen Entwicklungen des Mobilfunks oder der KI in diesem Buch auch historisch in Rückblicken oder Zukunftsschauen noch ausführlicher in den Kapiteln 17-19 behandelt wird.

Aber auch im zivilen Sektor drohen durch KI noch Gefahrenpotentiale, wenn beispielsweise das Radar eines Roboterautos einen Radfahrer nicht erkennt und dieser dadurch mit seinem Leben bezahlt[236]. Wobei die Frage der Haftbarmachung dann trotz Milliardeninvestitionen bisher immer noch strittig ist. Was die Frage aufwirft, ob sich autonome Fahrzeuge im Straßenverkehr wirklich durchsetzen werden, wenn der potentielle Käufer die Verantwortung für sein Leben lieber selbst tragen will oder niemand eindeutig weiß, wer genau, wann, wo im Schadensfall haftet. Und er oder sie als fortschrittstreuer Kunde dann womöglich im Unfallsfall noch haftet. Doch lassen wir diese existentiell für den Kunden und die Industrie oder Rechtssprechung wichtigen Gedanken einmal hinter uns und riskieren wir in den nächsten Kapiteln einen Blick auf ...

Kapitel 10

Das stille Kommen der biometrischen Chips & seine weitreichenden Folgen

Teil 1: Technologie, Entwicklungen, Möglichkeiten

Was vor kurzer Zeit noch als Verschwörungstheorie und Spinnerei abgetan wurde oder als undenkbar galt, wird heute - wie bei Hunden und Katzen schon üblich - auch bei Menschen angewendet: Biometrische Chips. Offiziell heißt es, tragen bereits ca. 150.000 Menschen einen Chip in ihrem Körper. In Deutschland sollen es laut Medienberichten etwa 3.000 Menschen sein, was bei insgesamt 8 Milliarden Menschen oder etwas über 80 Millionen Deutschen nicht viel ist. Doch die Werbekampagne läuft auf Hochtouren! Die Befürworter und Entwickler sprechen von großen Vorteilen, die Kritiker und Gegner sehen hierin George Orwells Vision vom Überwachungsstaat und der totalen Versklavung der Menschen im Zeitalter von „Big Data & Big Brother" Gestalt annehmen. In den nächsten Kapiteln möchte ich das sensible Thema der biometrischen Chips deshalb etwas näher beleuchten. Dabei geht der erste Teil auf die historischen Anfänge, Entwicklungen, Potentiale und verführerischen Versprechen der Hersteller ein, während der zweite Teil die Schattenseiten, Risiken und Gefahrenpotentiale mit Blick auf die Zukunft ergründet. Betrachten wir also zuerst die Historie:

Der erste Mikrochip

Als am 12.09.1958 der Betriebsneuling Jack Kilby (1923-2005) seiner Firma Texas Instruments, einem Hersteller von Transistoren-Radios, die Idee für einen ersten Mikrochip in der Größe eines Bierdeckels präsentierte[237], hätte wohl nicht einmal er gedacht, dass er dafür 40 Jahre später - im Jahr 2000 - den Nobelpreis für Physik nachgereicht bekäme. Oder welche Welle der Entwicklungen und Möglichkeiten er damit bald auslösen sollte. Denn eigentlich hatte Kilby sich das Gedankengut des Briten Geoffrey Dummer (1909-2002) ausgeliehen, dem einige Jahre vorher bereits ein Schaltkreis aus einem Block aus Silizium vorschwebte. Weshalb dieser heute mit als Urvater des Mikrochips gilt[238].

Wie Mikrochips marktreif wurden

Doch diese ersten Ideen fanden einige Zeit keine Verwendung und schlummerten als Potentiale vor sich hin. Bis 1958 der US-Amerikaner

Roberty Noyce (1927-1990) den Vorläufer des heutigen Mikrochips erfand. Wofür er jedoch nie einen Nobelpreis erhielt. 1966 wurde dann von Texas Instruments der Öffentlichkeit der erste Taschenrechner mit Mikrochip im kleineren Format bei damals noch „handlichen" 1,5 kg Gewicht vorstellt. Welcher die damals noch recht weit verbreiteten, 25 kg schweren und klobigen Rechenmaschinen ablöste[239].

Der Minimalisierungshype beginnt

Damit wurde nicht nur die Öffentlichkeit auf die großen Potentiale der Chiptechnologie aufmerksam und begannen viele Forscher und Ingenieure die vielfältigen Möglichkeiten zu erproben, sondern begann ein regelrechter Wettlauf, Chips auch angesichts des kalten Krieges, globalen Wettrüstens und Konkurrenzdrucks immer kleiner und leistungsfähiger zu machen[240]:

> *„Das US-Mondprogramm und der kalte Krieg beflügeln die Entwicklung leistungsfähiger integrierter Schaltungen. Das Pentagon benutzt Kilbys Mikrochip in den frühen 1960er Jahren, um die Schnelligkeit von Rechnern und Waffensystemen zu steigern."*

Wenn wir uns die ersten Entwicklungen in der Waffenindustrie anschauen, die Chips für ihre Computer oder Raketensysteme nutzen, so sollten wir bedenken, dass die Deutschen wohl bereits diese Technologie lange Zeit vor den Russen oder Amerikanern für ihre neuen Wunder- oder Vergeltungswaffen, wie V1 oder V2 besaßen[241], welche England und die ganze Welt in Angst und Schrecken versetzten. Womit schlussfolgernd der Nobelpreisträger Kilby nicht der Erste wäre, der diese Gedanken entwickelte, auch wenn er offiziell als Vorreiter oder Erfinder gilt. Es ist auch kein Geheimnis, dass nach dem zweiten Weltkrieg ganze LKW-Ladungen an reichsdeutschen Forschungen durch die damals noch geheime Operation Paperclip oder Overcast[242] in die USA und nach Russland geschafft wurden und viele deutsche Denker, Ingenieure oder Entwickler in die USA und nach Russland geholt wurden oder auswanderten, um dort die Raumfahrt und viele weitere Entwicklungen der Deutschen Techniker und Ingenieure anzukurbeln. Wie Wernher von Braun, der maßgeblich die amerikanische Raketenforschung und Raumfahrt beeinflusste.

Die Rolle der DARPA (Defense Advanced Research Projects Agency) bei der Entwicklung von Chips & Technologie

Dabei fand sich die Elite der amerikanischen wissenschaftlichen Vordenker in einer Organisation zusammen, um die sich später viele Mysterien um geheime Entwicklungen ranken sollten: Die DARPA (Defense Advanced Research Projects Agency[243]), welche Präsident Eisenhauer ins Leben rief, um den russischen Fortschritt bei der Vorherrschaft im Weltraum aufzuholen. Seitdem ist auch unter Mithilfe der DARPA unglaublich viel geschehen:

- in den 1950er Jahren hantierten wir im Computerbereich noch mit Vakuum-Röhren,
- in den 1960er Jahren ersetzten Transistoren die Röhrencomputer und es kamen die ersten Großrechner,
- in den 1970er Jahren führten integrierte Schaltkreise zum Bau von kleineren Computern, die nur noch so groß wie ein Schreibtisch waren,
- in den 1980er Jahren ermöglichten Mikrochips mit mehreren zehn Millionen Transistoren den Bau von Computern, die in eine Aktentasche passten,
- in den 1990er Jahren verband das Internet hunderte Millionen Computer zu einem großen Netzwerk,
- in den 2000er Jahren lösten sich Mikrochips immer mehr vom Computer und wurden überall in der Umwelt installiert. Was unter Experten ‚Ubiquitäres Computing'[244] heißt und so viel wie „Allgegenwärtige Rechenleistung" bedeutet. Womit wir wieder im Thema angekommen sind; der Vernetzung aller Dinge, bis hin zu biologischen Lebensformen. Wozu ich gleich noch komme.

Mikrochips werden dank Nanotechnologie seit diesen Anfängen nicht nur winzig klein, sondern sind oder sollen künftig nahezu in fast allem zu finden sein. Wobei statt großen Chips, Millionen kleine (Nano)-Chips in allen möglichen Alltagsgegenständen, wie Kleidung, Möbel, Autos, Bilder, Wände, Geräte, oder auch in unserem Körper zur Krebs- oder Alterskontrolle eingeführt werden. Und all das soll dann mit dem Internet („der Dinge") verbunden sein und miteinander kommunizieren. Was unsere Welt von heute komplett auf den Kopf stellen wird[245]:

> *„...Sobald diese Chips in ein Gerät eingesetzt werden, verwandelt sich dieses Gerät wie durch ein Wunder...*
> *...Natürlich werden wir noch immer von Computerbildschirmen umgeben sein, doch sie werden eher Tapeten, Bilderrahmen oder Familienfotos ähneln als Computern. Stellen Sie sich all die Bilder und Fotos vor, die unser Zuhause heutzutage schmücken. Und stellen Sie sich nun vor, dass jedes einzelne animiert ist, sich bewegt und mit dem Internet verbunden ist. Wenn wir nach draußen gehen, werden wir Bilder sehen, die sich bewegen, weil bewegte Bilder genauso wenig kosten wie statische. Computer werden – wie andere Massentechnologien, zum Beispiel Elektrizität, Papier und fließendes Wasser – weitgehend unsichtbar werden, das heißt, sie werden im Gewebe unseres Lebens verschwinden, überall und nirgends sein, lautlos und unauffällig unsere Wünsche erfüllen."*

Biometrische Chips für Mensch & Tier

Bei diesen schwärmerischen wie rasanten Entwicklungen, die schneller ablaufen, als ich sie hier abbilden kann, kam man natürlich auch auf die Idee, Tiere oder auch Menschen mit „in die Computernetzwerke" zu integrieren. Offiziell angeblich, um das menschliche und tierische Leben zu verbessern, zu optimieren und zu vereinfachen. So haben wir uns wohl bereits daran gewöhnt, dass Tiere einen Strichcode oder Mikrochips bekommen. Oder Menschen nun auch Schritt für Schritt in das Internet der Dinge eingebunden werden[246]:

„Das Internet der Dinge (Internet of Things, IoT) ist ein System miteinander verbundener Computergeräte, mechanischer und digitaler Maschinen, Objekte, Tiere oder Menschen, die mit eindeutigen Kennungen (UIDs) und der Fähigkeit ausgestattet sind, Daten über ein Netzwerk zu übertragen, ohne dass eine Interaktion von Mensch zu Mensch oder von Mensch zu Computer erforderlich ist."

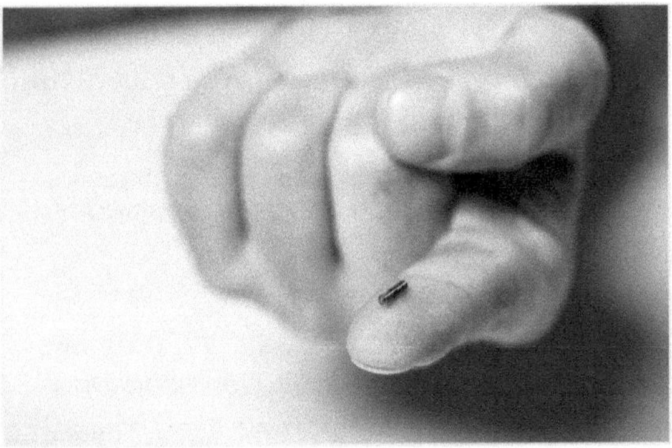

Abb. 10: Biometrischer Mikrochip für Menschen in Reiskorngröße
Bildquelle: www.depositphotos.com

Die ersten Chips für Menschen

Über das Streben auch den Menschen mit in das allumfassende Digitalisierungs-Netz einzubinden, berichtete bereits das Time Magazine am 27. April 1998 in einem Artikel. Worin es heißt, dass künftig das Geld oder Kreditkarten in einem implantierten Chip unter der Haut gespeichert würde. Zeitgleich wurde damals ein Chip, kleiner als ein Reiskorn, von der Firma Applied Digital Solutions entwickelt und als „Digital Angel" einem kleinen Kreis Auserwählter der Öffentlichkeit vorgestellt. Wobei der Entwickler Dr. Peter Zhou kommentierte, dass kein Zusammenhang zu einem biblischen Engel bestehe, diese Technologie jedoch viele Vorteile besäße. Wie das Aufspüren/Orten vermisster Personen durch die darin enthaltene drahtlose Bio-Sensorentechnologie, die an das Globalpositioning Satellite Systeme (GPS) angeschlossen ist. Ebenfalls könnte man darauf alle persönlichen Daten speichern, was unzählige Plastikkarten wie Krankenkassenkarte usw. überflüssig macht. Wodurch Risikopatienten wie Diabetikern „geholfen" würde, ihre Daten immer griffbereit, - sozusagen unter der Haut – für ein schnelles Auslesen gespeichert zu haben. Einem diesbezüglichen Artikel des Magazins 2000plus zufolge[247] bildete sogar das renommierte Geo-Magazin im Jahr 1997 die Meinung eines Insiders mit folgenden Worten ab[248]:

> *„Am einfachsten wäre es, sinniert einer der Referenten auf einer Karten-Messe beim Pausenkaffee, jedem Baby bei der Geburt einen Chip in den Po zu schießen." Die Visitenkarte weist den Mann als Marketingleiter eines Weltkonzerns aus ...!"*

Breite Produktpaletten an biometrischen Chips

Die Entwicklungen in diesem Bereich sind seitdem sehr weit fortgeschritten. So, als würde hier künftig auf einen großen Absatzmarkt hingearbeitet oder würde ein großer Bedarf bestehen. Die Hersteller bewerben dies mit einer breiten Palette an Anwendungsmöglichkeiten, wie[249]:

- schnelle Zutritt/Ticketkontrollen (Flughäfen, Bahnkarten, Büros, Haustüren etc.)
- für die Telemedizin (einfacheres Auslesen wichtiger persönlicher Patientendaten)
- bargeldloses/kontaktloses Bezahlen,
- Sicherheitsdienste (Schutz vor Entführung & weltweites Aufspüren vermisster Personen)
- größerer Komfort (kein Verlieren von Visitenkarten/ Bargeld mehr)
- ein bequemeres, smartes Leben,
- usw.

Bausparvertrag inklusive Mikrochip

Einen gewagten Vorstoß unternahm hier die Deutsche Spardabank Berlin 2020, die ihren Kunden bei Abschluss eines Bausparvertrages über 50.000 € Euro einen Chip in die Hand als Türöffner fürs „Smarte Home" gleich mit anbot. Was als cool, witzig & und trendig in einem Werbespot[250] der Bank vermarktet wurde. Tatsächlich konnte sich in der Praxis dafür bisher jedoch noch niemand begeistern. Es könnte also sein, dass das Akzeptanzproblem dazu führen wird, dass hier Milliarden investiert werden und wurden, ohne dass der Großteil der Menschen diese „Innovation" überhaupt will. Milliarden, die man auch hätte anderswo sinnvoller einsetzen können. Doch zeigt es uns, mit welcher Raffinesse hier an der Akzeptanz in der Masse für das Tragen eines Chips und das „smarte vernetze Leben" gearbeitet wird. Die sich wohl, bis auf etwa 100.000 gechippte Menschen weltweit, nicht so einfach - wie Hunde und Katzen es hingebungsvoll bei Herrchen und Frauchen tun, - chippen lassen will.

Chips mit Tötungsfunktion

Vielleicht, weil man nicht versehentlich einen Chip mit Tötungsfunktion eingepflanzt bekommen will. Der laut einem Artikel der Augsburger Allgemeine am 30.10. 2007 von einem saudi-arabischen Erfinder im Patentamt in München als Erfindung eingereicht, aber zum Glück nicht genehmigt wurde[251]. Welches ein Modell A zur Überwachung von („braven") Bürgern und ein Modell B für „Bad Boys?" incl. Zyanidkammer; zur sauberen, einfachen und unkompliziertenTötung von Terroristen enthielt. Was ich nur kurz erwähne, um die teilweise skurrilen und erschreckenden Entwicklungen in diesem Bereich zu zeigen.

Verhütung per Knopfdruck

Das Leben oder besser gesagt die Geburt auf Mikrochip-Art kontrollieren zu können, zeigen auch die Entwicklungen eines biometrischen Chips, mit dem man sozusagen per Knopfdruck bestimmen kann, ob man schwanger wird oder nicht. Worüber der Spiegel im August 2014 folgendermaßen berichtete[252]:

> *„Antibabypille, Spirale, Verhütungsstäbchen, Kondome - die Liste der verfügbaren Verhütungsmittel ist lang. Derzeit arbeiten Forscher an*

einer neuen Methode. Das Prinzip klingt verlockend: Einmal unter die Haut gepflanzt und per Fernbedienung aktiviert, gibt ein winziger Chip über 16 Jahre hinweg Hormone ab, die vor Schwangerschaften schützen. Stoppen lässt sich das Gerät einfach per Fernsteuerung. Die Idee für das Implantat soll Microsoft-Mitbegründer Bill Gates persönlich gehabt haben. Seine Stiftung unterstützt das Projekt mit umgerechnet etwa 3,4 Millionen Euro. Demnach richtet sich die Erfindung vor allem an Frauen in Entwicklungsländern, wo Verhütungsmittel oft noch rar sind. Aber auch in westlichen Staaten könnte der Chip eine zuverlässige und vor allem komfortable Alternative sein, hoffen die Forscher. Lästige Erinnerungswecker wären damit Geschichte, das Vergessen der Pille unmöglich."

Nanochips – der neueste Schrei

Obwohl Mikrochips, insbesondere biometrische Chips, derzeit mit einem Akzeptanzproblem ringen, wird - wie erwähnt - mit Milliardenbudgets weltweit in diesem Bereich nach allen Richtungen weiter geforscht und bringen neue wissenschaftliche Bereiche, wie die Nanotechnologie, hier neue Potentiale und Möglichkeiten hervor.

Davon schwärmt auch der von mir öfter erwähnte weltweit recht bekannte Physiker Michio Kaku, der in die Zukunfts-Werkstätten der Wissenschaftler reiste und sich ansah, woran dort praktisch geforscht wird und womit wir künftig in der Medizin als Möglichkeit rechnen dürfen[253]:

„Einen Schritt über die Nanopartikel hinaus geht das Nanoauto, eine Vorrichtung, die auf ihrem Weg durchs Körperinnere tatsächlich gesteuert werden kann. Während die Nanopartikel frei im Blut kreisen, ähneln diese Nanoautos lenkbaren ferngesteuerten Drohnen. James Tour und seine Kollegen an der Rice University in Houstoen, Texas, haben ein solches Nanoauto gebaut. Statt Räder hat es vier Buckieballs. Ein Ziel dieser Forschung ist der Entwurf eines molekularen Autos, das einen winzigen Roboter im Blutstrom herumfahren und auf seinem Weg Krebszellen zerstören oder Medikamente zielgenau im Körper abladen kann ..."

Doch Nanotechnologie ist vor allem seit der Coronapandemie heftig umstritten. Viele kritische Menschen und Forscher befürchteten, dass die neuartigen auf Gene einwirkenden Impfstoffe, mit denen zum ersten Mal weltweit der Großteil der Menschen mehrfach geimpft wurde, nicht nur massive Schäden (auch in ihrer Langzeitwirkung) verursachen, sondern auch steuerbare Chips und neuartige Verbindungen, die für Befehle durch Radiosignale oder HF-Frequenzen empfänglich sind, enthalten könnten. Wobei die Anwendungsmöglichkeiten ja praktisch auch da wären, wie Michio Kaku in seinem lange vor der Pandmie erschienenen Werk beschreibt. Ein Patent, das vor allem bei Querdenkern während der Pandemie im Netz für Aufregung und eine kontroverse Diskussion sorgte, betraf Möglichkeiten der digitalen Überwachung von Geimpften durch die im Eilverfahren zugelassenen Inhaltstoffe der Coronaimpfstoffe. Über dieses Patent informierten beispielsweise die Betreiber der Webseite www.mimikama.org/aktuelles/us-patent-ueberwachung-geimpfte/ in einem Beitrag. Der bei Veröffentlichung dieses Buches jedoch – neben Millionen anderer auch wissenschaftlicher kritischer Beiträge, gelöscht wurde. Was, wie seriöse Umfragen zu Todesfällen unter Geimpften nach der (oder evtl durch die) Corona-Impfungen, nicht verwundert[254].

Zusammenfassend kann gesagt werden, dass das Thema Mikrochips sich seit seiner Erfindung ständig erweitert, vervielfacht, in der Menge und Leistung erhöht, aber von der Größe her verkleinert hat. Und künftig wohl in allen Bereichen zu finden sein wird, die wir uns vorstellen oder noch nicht vorstellen können. Wobei es positive Aspekte, aber auch negative Entwicklungen und Bedenken zu diesen fundamentalen, das Leben beeinflussenden Entwicklungen gibt, die wir uns in Kapitel 11 näher anschauen wollen.

Kapitel 11

Das stille Kommen der biometrischen Chips & seine weitreichenden Folgen

Teil 2: Risiken, Schattenseiten & Zukunft

Dieses Kapitel möchte das Zukunftsszenario vervollständigen, aber auch auf Risiken, Gefahren und Schattenseiten der „Digitalen Engel" eingehen und streift dabei Themen wie:

- lückenlose Überwachung,
- Verlust der Individualität & persönlichen Freiheit,
- den gläsernen Menschen,
- Datendiebstahl & Hackerangriffe,
- Bewusstseinskontrolle durch Frequenzen,
- Gesundheitsrisiken,
- und wie der gechippte Mensch in Zukunft leben würde.

Der Mensch, das wandelnde Funkloch

Wenn wir kein Handy, Smartphone oder Notfall-Minisender bzw. GPS-Gerät bei uns tragen würden, wie würde man uns dann heute finden oder wissen, wo wir sind? Gut, es gäbe immer noch die polizeiliche Meldepflicht und ein immer perfider werdendes Überwachungssystem mit Gesichts- oder Stimmen-Erkennungssoftware und Kameras an jeder Straßenecke, Fingerabdruckscanner, Augen- (Iris) Scanner, Möglichkeiten der Verfolgung des bargeldlosen Zahlungsverkehrs, Ausweise mit biometrischen Merkmalen oder sogar Satelliten und Drohnen im Orbit, die jedes Nummernschild lesen können. Doch wenn wir im Amazonas, Gebirge oder in den unendlichen Weiten der Ozeane auf Entdeckungstour gehen wollten und dabei einige Zeit analog unterwegs wären und wie Jäger und Sammler ohne mit Chip versehene Kreditkarten oder Handys leben wollten, wäre der Mensch immer noch ein wandelndes Funkloch.

Der Chip als „Helfer in der Not"?

Abhilfe vor dieser „Gefahr der Unauffindbarkeit" sollen hier Mikrochips in verschiedenen Variationen bieten, die uns unter die Haut gepflanzt und über GPS weltweit nachverfolgbar mehr „Sicherheit" bieten könnten:

- Kinder von Prominenten könnten damit angeblich nicht mehr so leicht entführt werden,
- Menschen in Notlagen (beim Bergklettern) schnell geortet und „befreit",
- oder Kranke schneller medizinische Hilfe erhalten, so versprechen es die Hersteller.

Das perfekte Überwachungssystem

Das mag bis zu einem gewissen Punkt auch stimmen, doch möchten die meisten Menschen auf der Welt diese Art Eingriff in die Privatsphäre bisher noch nicht, weshalb biometrische Chips auch nach wie vor ein großes Akzeptanzproblem haben. Wie wir im vorherigen Kapitel bereits sahen. Denn dem einfachsten Geist ist bewusst, dass er damit 24 h Stunden am Tag und 365 Tage im Jahr komplett überwachbar und gläsern wird. Privatsphäre ist dem Großteil der Menschheit also immer noch heilig. Auch wenn diese immer mehr eingeschränkt wird und neue Mini-Radargeräte, wie das aus den USA stammende, von der Rüstungsfirma „L3-Communications" entwickelte „Range R"[255] es Polizeikräften erlaubt, immer tiefer in Wohnräume einzudringen. Um zu erfassen, wie viele Menschen sich gerade wo in einer Wohnung befinden, usw. Auch schrecken kriminell brutale Subjekte oder Gangs sicher nicht davor zurück, einen Chip oder was immer Ortung ermöglicht, herauszuschneiden, um an diese Daten zu kommen, Spuren zu verwischen, oder ihre Absicht zu untermauern. Der angebotene Schutz ist daher sehr fragwürdig. Wobei ein externes GPS-Minigerät, denselben Zweck erfüllt, wie ein Chip unter der Haut. Wozu also einen Chip unter der Haut, wenn die lückenlose Überwachung[256] doch auch so immer weiter voranschreitet, egal was Datenschützer fordern oder wollen? Darauf gibt es mehrere Antworten:

1. Der Mensch als Funkloch:
Weil der Mensch selbst eben noch ein wandelndes Funkloch ist und man so sicherstellen möchte, dass er „unkontrolliert" keinen Unfug anstellt.

2. Der Mensch als Teil des Internets der Dinge:
Weil es im anbrechenden Zeitalter des Internet der Dinge keine Datenlücken mehr geben soll. Weshalb er nach der Einführung des Internets der Dinge (IoT) in das Internet of All (IoA) eingebunden werden soll.

3. Kommunikation mit Maschinen:
Die dritte Antwort geben die Befürworter der Industrie 4.0 selbst, in der Menschen durch eine Mensch-Daten Schnittstelle zwischen Maschinen und menschlichen Gehirnen direkt miteinander kommunizieren sollen. Was als Human Data Interface bezeichnet wird. Bisher wird hier lediglich verharmlosend auf Lichtschalter, die vom Menschen als heutige Schnittstelle benutzt werden hingewiesen. Doch jedem dürfte klar sein, dass diese einfachen Anwendungen mit einem Chip unter der Haut, z.B. in einem Smart Home gesteuert werden (können). Und all das erst der Anfang ist kontaktlos via Funkchip Befehle an die Technik geben zu können[257]:

> *„Beim Konzept der Mensch-Daten-Schnittstelle geht es darum, dass der Mensch direkt mit den von Maschinen erzeugten Daten arbeitet. Es beschreibt ebenso die Interaktion zwischen den Denkmustern des Gehirns und der Maschine. Anders ausgedrückt: Daten fließen zwischen dem menschlichen Gehirn und der Maschine."*

Das ginge zwar auch über akustische Befehle an „intelligente Maschinen", doch viel praktischer wäre es doch, wenn die Menschen direkt mit den Maschinen - oder dem Internet der Dinge - verbunden wären, oder? So, wie es Elon Musk und andere „Visionäre" durch Gehirnchips mit kleinen Haarfäden der Öffentlichkeit präsentieren, der im menschlichen Körper platziert wird[258].

4. Kontrolle:
Um Menschenmassen zu kontrollieren. Und hier wird es ziemlich makaber. Deshalb schauen wir uns dieses Streben und die hier bereitliegenden Möglichkeiten, menschliches Verhalten durch Technologie gezielt steuern zu können, einmal näher an.

Bewusstseinskontrolle durch Gehirndioden & Chips

Jetzt betreten wir natürlich den stillschweigend und als Verschwörungstheorie behandelten, sehr umstrittenen militärischen Bereich. Worin neben Millimeterwellen oder Psychopharmaka auch immer wieder Mikrochips eine Rolle spielen. Doch wer hier tiefer zu recherchieren beginnt, findet eine ganze Reihe von Hinweisen und teilweise sogar bestätigten „Forschungen" in der öffentlich zugänglichen Literatur, mit erstaunlichen, wie erschreckenden Informationen. Was ich in Kapitel 17 dieses Buches noch ausführlich abhandele, hier aber kurz aufzeigen möchte. Einer der Pioniere auf dem Gebiet der Bewusstseinskontrolle bei Tieren durch im Gehirn angebrachte Dioden war der Yale Professor Jose Delgado. Dieser demonstrierte bereits in den 1960er Jahren öffentlich, dass er per Knopfdruck einen wütenden Stier, der in einer Stierkampfarena auf ihn zustürmte, stoppen kann:

> *„Wütend starrt der Stier den Professor an. Plötzlich greift er an und zielt mit seinen gefährlichen Hörnern nach ihm. Der Professor läuft nicht weg. Vielmehr hält er ein Kästchen in der Hand. Dann drückt er direkt vor den Kameras einen Knopf auf dem Kästchen und der Stier hält wie vom Blitz getroffen mitten im Angriff inne. Der Professor ist sich seiner selbst so sicher, dass er sein Leben riskiert hat, um zu beweisen, dass er das Bewusstseins eines verrückten Stieres kontrollieren kann."* [259]

Das war in den 1960er Jahren! Seitdem ist die Forschung unglaublich fortgeschritten, sind Hirndioden, Chips und diesbezügliche Möglichkeiten viel raffinierter, kleiner und effizienter geworden. Wenn man bedenkt, dass – wie im vorherigen Kapitel gezeigt – sogar gezielt die Empfängnis eines Kindes via Chip per Knopfdruck gesteuert werden kann, was spricht dann dagegen, dass das nicht auch beim Menschen und seinem teils chaotischen Denken insgesamt funktioniert?

Weltfrieden per Knopfdruck?

Der Vorteil von steuerbaren Menschenmassen für Polizeikräfte wäre, dass die Mannschaftswagen mit Wasserwerfern usw. gar nicht mehr ausrücken müssten, sondern diese im trockenen Büro all das über die Ferne regeln könnten. Man müsste einfach nur den Knopf drücken und alles wäre wieder ruhig, sauber, ordentlich und ohne Aufregung. So wie beim wilden Stier von Delgado. Weltfrieden per Knopfdruck sozusagen. Natürlich könnte man das auch, um Arbeitsplätze und Lohnkosten der Polizisten zu sparen und noch eins obenauf zu setzen, von einer KI automatisch überwachen lassen, die unsere Gedanken aufzeichnet und bei gewissen Stresspegeln sofort Alarm schlägt. Tatsächlich wird bereits seit Ende der 90er/ Anfang der 2000er Jahre an Gedankenlesemaschinen[260] geforscht, die unsere Träume aufzeichnen und Gehirnimpulse in Bilder übersetzen. So dass jeder, der Zugang hierzu hat, weiß, was in unserem Kopf los ist. Und wovon wir „träumen".

Ethische Aspekte zur Chiptechnologie

Das wirft natürlich viele ethische Fragen auf, beispielsweise, wie weit wir hier gehen wollen? Oder überschreitet die Wissenschaft hier nicht schon seit Beginn dieser Forschung ihre ethischen Grenzen? Kritiker halten daher Professoren wie Kevin Warwick, Professor für Kybernetik (Reading/ England)[261], oder Technikvisionäre wie Max More für verrückt, da diese Forschergruppe der Transhumanisten, wie sie sich nennen, eine Art Digitalen Darwinismus, in der es für Moral und Ethik keinen Platz mehr gibt, propagieren[262]:

> *„Das Ziel ist der „transhumane", biologisch und digital perfektionierte Mensch. „Altersschwache Teile des Körpers werden gegen selbst gezüchtete Organe ausgetauscht", prophezeit More. Ein Chip im Hirn wird die Emotionen regulieren. Die Muskeln werden durch Nanofaser verstärkt. „Der Mensch soll immer mehr mit der Technik, die er selbst erfunden hat, verschmelzen – bis man nicht mehr vom Menschen im herkömmlichen Sinne sprechen könne …"*

Hoffen wir, dass bei diesen Entwicklungen, wie dem Hirnchip[263], der einen künstlichen Roboterarm steuert, dann dieser keine Fehlfunktion oder Datenfehler hat. Oder gehackt wird. Denn wenn dieser einmal danebengreift, sind menschliche Knochen durch einen mechanischen Datenfehler schnell gebrochen und müssen diese wieder ärztlich versorgt werden. Was dann wieder möglicherweise ein Roboter oder eine KI übernimmt. Heute jedoch noch bestritten wird.

Datendiebstahl & Hackerangriffe

Ein nächster Punkt, der die meisten Menschen abschreckt, sich chippen zu lassen, ist die berechtigte Angst vor Datendiebstahl[264]. Da nahezu jedes System gehackt werden kann und niemand sich plötzlich in den Fängen krimineller Suspekte befinden möchte und womöglich ferngesteuert Dinge tut. Ein Artikel aus dem Jahr 2018 in der Frankfurter Allgemeine unterstreicht das brisante Thema so[265]:

> *„Experten warnen allerdings vor einem erheblichen Datenrisiko: Hacker haben es bereits geschafft, die Chips im Vorbeigehen zu knacken und an die darauf befindlichen Daten zu gelangen. Denn wenige verschlüsseln die Informationen, die sich auf ihren Chips befinden. Wer sein Handy über den implantierten Mikrochip hält, kann dann zum Beispiel die Daten des jeweiligen Nutzers angezeigt bekommen. Noch ist die Menge der Daten, die ein Mikrochip speichern kann, vergleichsweise gering. Doch in naher Zukunft könnte die Anzahl der gespeicherten Daten steigen – deswegen raten Experten auch davon ab, intime Daten auf den Mikrochips zu speichern."*

Machtmissbrauch & Totalitarismus

Im Grunde drängt ein völlig überwachbares und von außen steuerbares System, wie es sich jetzt abzeichnet, dazu, über Machtmissbrauch und Totalitarismus nachzudenken. Worin sehr mächtige Einzelpersonen, nennen wir sie Investoren oder Patentrechteinhaber und Industrielle, Geheimdienste oder Regierungen, Zugang zu unendlichen Datenmengen und damit unbegrenztem Wissen erhalten. Während der Normalbürger lediglich im Internet der Dinge völlig gläsern hin und her springen darf. Wobei dann jede seiner Bewegungen - auch dank Chips unter der Haut - in Echtzeit nachverfolgbar ist. Dabei bekämen nicht nur Regierungen, sondern auch Einzelpersonen oder Konzerne wie Facebook oder Mikrosoft, die meisten Datenmengen sprichwörtlich in die Hand gelegt. Das Problem mit den Menschenrechten im Digitalen Zeitalter ist den Regierungen jedoch bekannt[266]. Weshalb öffentlich zugegeben wird, dass im Zeitalter von länderübergreifendem Big Data die Macht von Regierungen schwindet und mehr in die Hände von Einzelpersonen fließt. Die entscheidende Frage hierbei ist, ob sich Regierungen künftig auf die Seite der Bürger oder der immer mehr ausufernden Datenerfassungsmaschinerie stellen werden?

Der gläserne Mensch

Der Mythos vom gläsernen Menschen und Überwachungsstaat ist längst kein Mythos mehr, sondern bis zu einem gewissen Grad bereits breitgefächerte Realität[267]. Doch niemand möchte hier näher ins Detail gehen, da es „in" ist, online zu gehen, und „out", „analog" unterwegs zu sein. Und letztlich profitieren nicht nur Firmen wie Google, Facebook und YouTube davon, Zugriff auf möglichst viele Nutzerdaten zu besitzen, sondern neigen auch Regierungen zur Vorratsdatenspeicherung über den eigenen Bürger[268]. Ein seltsames Wort, das darauf hindeutet, dass man nicht nur einen Vorrat an Lebensmitteln, sondern auch an Daten anlegen kann. Wobei der einfache Bürger selbst komplett gläsern bleibt, während die Datensammler (im Hintergrund) unsichtbar bleiben und es ein großes Rätsel ist, wer dann genau in welchem Umfang, worüber (?) Daten sammelt. Bis uns ein Skandal oder sogar gezieltes Experiment wieder einmal zeigt, dass das System sich wohl bereits komplett verselbstständigt hat[269].

Gesundheitliche Aspekte

Doch Datendiebstahl ist nicht das einzige beunruhigende Thema rund um die Mikrochips. Bedenklich scheint auch, dass Laborversuche an Ratten schon beim Verichip zeigten, dass sich nach einiger Zeit Tumorgewebe um die Chips bildete[270]. Die Hersteller weisen zwar darauf hin, dass nicht unbedingt ein Zusammenhang zum Menschen hergestellt werden könne, doch schließen sie es auch nicht aus. Ein anderer Artikel[271] erwähnt, dass der Chip auch im Körper wandern kann oder auch bei gechippten Hunden und Katzen, in seltenen Fällen Tumore rund um den Chip auftreten. Insgesamt müsse zwar noch geforscht werden und seien Berichte über Tumorgewebe durch Mikrochips sehr rar. Niemand möchte hier natürlich (wissenschaftlich) näher in die Tiefe gehen und einer Technologie, für die große Pläne gemacht werden, ein mögliches Krebsrisiko zusprechen. Dabei macht Tumorgewebe um Fremdkörper wie Mikrochips sogar Sinn. Vor allem, wenn dieser als Funkempfänger (GPS) im Körper genutzt wird. Da, wie wir im Kapitel drei zur Wirkung auf Tiere, Pflanzen und Insekten gesehen haben, künstliche Funkstrahlung oder künstlich gepulste Mikrowellen sich mit an natürliche Felder angepasster Biologie (Zellen) nicht verträgt. Weshalb sie bei Mensch, Tier, Pflanze und Insekt zu zahlreichen Schäden und Krankheiten führen.

Evolution oder Stagnation?

Ist das Chippen von Menschen und die Abgabe der persönlichen Individualität und Kontrolle an das Internet der Dinge nun angesichts all dessen wirklich ein großer Fortschritt oder eher nicht? Ja, verlieren wir damit vielleicht DAS, was uns Menschen eigentlich tief im Inneren - auch von unserer spirituellen Natur her - ausmacht? Einer der großen negativen Aspekte rund um die Chiptechnologie, die unseren Körper verbessern, technisch aufpeppen und uns in das unermessliche Netz mit einbinden soll, wäre dabei die Frage der natürlichen menschlichen Evolution. In unserer Welt ist nämlich eine Tendenz erkennbar, Technologie als neuen Gott zu verehren und daher mehr in die steuerbare und programmierbare Technologie zu vertrauen, als in unsere Intuition oder mögliche, unermessliche

Potentiale unseres Gehirns. Welche wir Menschen noch nicht kennen, geschweige denn vollumfänglich ausschöpfen. Worüber ich vor allen in den hinteren Kapiteln meines Buches ‚5G Mobilfunknetze' berichte. Wir Menschen besitzen also tatsächlich unbewusste großartige Fähigkeiten, ohne dass uns dafür ein Hirnchip eingepflanzt werden muss. Welche das ganze System der Bodyhacker überflüssig machen und die nicht unberechtigte Frage aufwirft, ob Elon Musk und andere Entwickler hier wirklich so kluge Köpfe sind? Da sie das nicht wissen, ignorieren, oder lieber mehr in kontrollierbare Technik, als in sich selbst und „unkontrollierbare/freie" Menschen, zu vertrauen.

Einseitiger Fortschritt und das Vergessen unserer Bestimmung

Im Grunde verliert dadurch ein Mensch, der immer mehr „zur Technik wird", seine wahre Bestimmung „ zu einem natürlichen Superbegabten" zu werden, aus den Augen und wird zu einem Gefangenen und Abhängigen der technischen Möglichkeiten. Während die Verkäufer ihm verführerisch vorgaukeln, dadurch frei zu sein. Jeder, der mit dem Ausfall der Technologie konfrontiert war, weiß um diese Abhängigkeit. Auch bestünde in einem totalitären System die große Gefahr, dass es künftig nicht mehr erlaubt wäre, hier aus der Reihe zu tanzen, weshalb die natürliche Evolution unterdrückt und ein Ende finden würde. Nun werden spirituelle Menschen, die Technologie nutzen, dem wahrscheinlich wiedersprechen, da sie sich nicht in „Gefahr" sehen, doch was ist mit dem Punkt der Verrohung der Gesellschaft auch durch übermäßigen Internetkonsum[272], vor dem Experten wie Prof. Dr. Dr. Manfred Spitzer seit Jahren warnen?

Das Ende von Zeit, wie wir sie kennen und wahrnehmen

Evolution benötigt Zeit, um ähnlich wie ein Baum vom Samen bis zum großen Baum heranzuwachsen und alles zu werden, was ein Lebewesen sein und werden kann. Doch wenn Fortschritt nur noch technologisch und nicht mehr geistig-spirituell stattfindet, kommt es zu einem Bruch mit der spirituell von Natur aus angelegten Evolution. Wenn Evolution in dieser Hinsicht dann nicht mehr stattfinden kann, kollabiert diesbezüglich Zeit. Oder besser gesagt Evolution, die Zeit benötigt, um dorthin zu gelangen, wohin beispielsweise Superbegabte wie Wim Hof durch geistiges Training kamen[273]. Und Leben, wie wir es kennen, würde zu einer technologisch geprägten Einbahnstraße werden. Einer neuen Droge, von der wir alle abhängig wären und ohne die wir nicht mehr leben könnten. Leben würde seine blühende Vielfalt an unbegrenzten Möglichkeiten und Potentialen zugunsten von Algorithmen, Computern, Chips usw. einbüßen. Denn Wissen oder körperliche und mentale Kraft käme dann (für ein Entgelt) nur noch aus dem Netz oder aus „Fabriken" und würde einfach per Mausklick als Datei in einen Hirnchip hochgeladen, statt auf natürliche Art und Weise angeeignet. So wie es Elon Musk mit seinem Hirnchip an Affen versucht[274] und all die Bodyhacker bereits heute vorschlagen. Wobei spirituell orientierte Beobachter meinen, dass Bewusstsein durch die komplette Machtabgabe an die Technologie, was der Chip im Grunde bedeutet, kollabiert. Wodurch Evolution, wie wir sie kennen, ein Ende findet. Da jedes Kind, das geboren wurde, automatisch vom Internet der Dinge von Geburt an mit darin eingebunden (davon verschluckt) würde. Und damit eigentlich keine wirklich freie Entscheidung mehr treffen könnte, mit oder ohne Technologie und Internet zu (über-) leben. Doch damit betreten wir die Ebene von Prophezeiungen wie die des biblischen Johannes, der laut Überlieferung gesagt haben soll, dass eines Tages ein Tag kommen würde, wo wir ohne „Malzeichen an der Stirn oder Hand" nicht mehr bargeldlos, sondern nur noch kontaktlos bezahlen, kaufen oder verkaufen könnten[275]. Wie moderne IT-Anwendungen es uns heute bereits zeigen[276]. Was Leben und Freiheit, wie wir sie kennen, für immer verändern würde.

Kapitel 12

5G Netzausbau und Corona: Gibt es einen Zusammenhang?

Während der Coronapandemie tauchten immer wieder Berichte und Hinweise sogar namhafter Forscher auf, über mögliche Zusammenhänge zwischen dem 5G-Netzausbau und verstärkt auftretenden Coronainfektionen im Umfeld von Sendeanlagen. Offiziell wurde jeder Zusammenhang geleugnet, oder hieß es, das sei alles falsch, Verschwörungstheorie, Pseudowissenschaft und Desinformation, denn es gäbe keinen Zusammenhang. Jeder, der auch als Wissenschaftler aufgrund seiner Forschungsergebnisse das Gegenteil behauptete, sei deshalb mit Vorsicht zu genießen und nicht ernst zu nehmen. Doch:

- Weshalb gefährden seriöse Forscher durch solche Behauptungen überhaupt ihren öffentlichen Ruf und betreten damit ein politisches und mediales Minenfeld?
- Welche wissenschaftlichen ketzerischen Studien oder Erkenntnisse haben sie gefunden?
- Ist das alles tatsächlich nur Panikmache und Hysterie?
- Oder besteht hier tatsächlich ein Zusammenhang?

Schauen wir uns all das mit mutigem Blick und dem Wunsch nach wirklichem Verstehen einmal näher an:

Vorgedanken

Seit der Coronasituation und dem weltweiten Kampf gegen die Pandemie gilt der 5G-Netzausbau als Rettungsanker und „Heilsbringer" oder wunderbarer Lösungsweg, um solchen Situationen Herr zu werden, da wir dank digitaler Infrastruktur das öffentliche Leben, unsere Tätigkeiten und Jobs usw., wenn auch „nur im Homeoffice", erhalten können. Parallel wird der Netzausbau ebenfalls massiv vorangetrieben und wetteifert die Staatengemeinschaft darum, möglichst schnell 5G-fähig zu sein, um künftig überhaupt noch wettbewerbsfähig zu bleiben. Und so nahm die Umstellung auf 5G im Schatten der Coronapandemie massiv Gestalt an und wird diese weiterhin mit viel Geld und Engagement das gesamte öffentliche Leben vom Einkauf, E-Akten in Behörden, bis hin zu Online-Konzerten digitalisiert. „Zahlen Sie lieber bargeldlos, oder bestellen Sie online, meiden Sie Ihre Mitmenschen und bleiben Sie zu Hause,- es besteht Ansteckungsgefahr!" Wer hörte diese Sätze nicht täglich auf allen Kanälen? Weltweit gab es sogar Kampagnen mit den Hashtags #wirbleibenzuhause und #stayathome während der Pandemie.

Der unliebsame Verdacht

Zu behaupten, dass 5G oder Mobilfunk allgemein in Verdacht stehe, Corona oder Krankheiten und Virenausbreitung zu fördern, oder das Immunsystem zu schwächen, käme daher einem Attentatsversuch auf die gesamte, mit Milliarden finanzierte 5G-Infrastruktur und aller künftigen noch damit in Erscheinung tretenden Pläne und Visionen einer „wunderbar vernetzten Welt" gleich.

Das Recht auf Anhörung

Es scheint daher absolut verständlich, dass erst einmal jeglicher Zusammenhang geleugnet und bestritten wird. Doch, wenn dieser von hoch dekorierten Professoren kommt, die aufgrund ihrer wissenschaftlichen Ausbildungen, Forschungen und Recherchen sicher wissen, was sie tun und nicht „unwissenschaftlich" arbeiten, lohnt es sich dann nicht, das Thema insgesamt einmal näher zu betrachten und den kontroversen wissenschaftlichen Hinweisen zumindest ein Recht auf Anhörung zu geben? Dieses Kapitel möchte das tun, um der Diskussion aus einem erweiterten Blickwinkel zu begegnen. Entgegen der offiziellen Sicht.

1. Die offizielle Sicht

Denn die offizielle Sicht steht dem Thema sehr ablehnend gegenüber, was schnell belegt ist: So findet der nach Informationen Suchende unter dem Suchbegriff „Corona und 5G" über eine normale Google-Suche erst einmal ungefähr 62.200.000 Ergebnisse, (Stand 28.01.2022), was uns zeigt, dass das Thema offensichtlich heiß diskutiert wird. Jedoch gleich oben beginnt die Debatte auch erst einmal mit heftiger Ablehnung und barscher Kritik.

Das BfS bezieht Stellung

So bezieht dazu gleich als erstes das Bundesministerium für Strahlenschutz (BfS) Stellung[277], und weist jegliche Hinweise eines Zusammenhangs zwischen Corona und 5G als wüste Spekulation zurück:

> *„Das Bundesamt für Strahlenschutz (BfS) weist Berichte über einen Zusammenhang zwischen der Verbreitung des Corona-Virus und der neuen Mobilfunkgeneration 5G zurück. Es gibt* ***keinen wissenschaftlichen Hinweis*** *darauf, dass Mobilfunkstrahlung eine Wirkung auf die Ausbreitung von Viren haben könnte. Dies gilt auch für 5G"*

Weitere offizielle Stellungnahmen:

Bei deutschland-spricht-ueber-5G.de erschien dann als zweites zwar die Frage: „Schwächt 5G das Immunsystem?" und erfährt der Leser, dass in manchen Gebieten der Welt der 5G Aufruhr bereits so groß ist, dass extreme Gegner dieser Technologie - wie in Großbritannien - den Krieg erklären, Anlagen in Brand setzen und sich eine gewisse Panik rund um die 5G Netze ausbreitet. Doch weshalb diese Panik (durch welche Studien oder Forschungen ausgelöst) wird, erfährt der Suchende nicht. Schließlich kommen die Autoren des Beitrages auch hier zu dem Schluss[278]:

> *„Es gibt jedoch keinen glaubhaften Hinweis und* ***erst recht keinen wissenschaftlichen Nachweis*** *für einen möglichen Zusammenhang zwischen 5G und der Verbreitung des Coronavirus. Das bestätigt die Weltgesundheitsorganisation (WHO) im April 2020: Viren können sich nicht über Funkwellen oder Mobilfunknetze fortbewegen. COVID-19 verbreitet sich zudem in vielen Ländern, die keine 5G-Mobilfunknetze haben."*

So sind schlussfolgernd also diese „Verschwörungstheorien" auch bei der WHO angekommen.

Das Informationszentrum Mobilfunk leugnet Zusammenhänge

Das Informationszentrum Mobilfunk legt noch eine „Schippe" drauf und macht gleich in der Überschrift ihres Blogbeitrages, „Aluhut, 5G und Corona"[279] deutlich, wie man über einen möglichen Zusammenhang zwischen Corona und 5G-Netzausbau denkt und weist darauf hin, dass eine ganze Reihe von Institutionen, Kommissionen und Vereinen wie:

- das Bundesamt für Strahlenschutz (BfS),
- die Weltgesundheitsorganisation (WHO),
- die International Commission on Non-Ionizing Radiation Protection e.V (ICNIRP),
- und die Europäische Kommission

in einem Faktencheck jeglichen Zusammenhang ausschließen.

5G und Corona im Zweiten Deutschen Fernsehen

So ist es auch nicht verwunderlich, dass der im öffentlich-rechtlichen Fernsehen recht bekannt gewordene Physiker Harald Lesch ebenfalls in einer ZDF-Sendung über das Thema Corona & 5G-Zusammenhänge spricht[280], jedoch insgesamt den öffentlich weit verbreiteten Standpunkt der Unbedenklichkeit einnimmt und den 5G-Netzausbau als harmlosen Nachfolger der vorherigen Mobilfunknetze 1G bis 4G einstuft.

Ist 5G einfach nur ein neuer Mobilfunkstandard oder sehr viel mehr?

Doch hier beginnen die Widersprüche, denn aus umfassender Sicht, Forschung und aktuellem Kenntnisstand ist 5G sehr viel mehr als nur ein neuer Nachfolger bisheriger Netze. Was aber womöglich nur jemand versteht, der tiefer in die 5G-Materie eingetaucht ist, oder (wie ich) ein 408-seitiges Buch zu den großen Unterschieden gegenüber den Vorgängerversionen geschrieben hat. Und wissenschaftliche Aussagen und Gegenaussagen, Potentiale, Möglichkeiten und Risiken recherchierte und verglich.

Die „vergessenen" großen Unterschiede von 5G zu den Vorgängerversionen

Wer tatsächlich tiefer und umfassender in das 5G-Thema eintaucht, begreift schnell, dass populäre Fernseh-Wissenschaftler wie Harald Lesch irren, wenn sie 5G lediglich nur als „normalen" Nachfolger der Vorgänger-Mobilfunknetze (1G-4G) sehen, denn:

- noch nie haben wir ein so leistungsstarkes Netz flächendeckend von oben und unten erlebt,
- noch nie wurden (bis auf beim Militär) flächendeckend Millimeterwellen genutzt,
- noch nie wurden zusätzlich tausende Satelliten in den Orbit geschossen,
- noch nie hat man versucht, alle Funklöcher sogar in den Ozeanen zu schließen und Menschen pausenlos mit neuen Frequenzen bestrahlt, die bis zum Radarbereich (dem 10- oder hundertfachen des jetzigen Mobilfunkstandards) reichen. Welche öffentlich zugegeben, erst noch auf ihre tatsächlichen gesundheitlichen Auswirkungen in Langzeitstudien erforscht werden müssen.

All das lässt H.L. einfach weg und postuliert eine noch nicht nachgewisene Unbedenklichkeit gegenüber Millionen (gläubigen?) Fernsehzuschauern. Was nicht wissenschaftliches Arbeiten, sondern wissenschaftliche

Spekulation spiegelt und damit unseriös ist. Wobei - wer sich mit nichtthermischen Wirkungen und Ärzteappellen[281] beschäftigt - bereits bei den Vorgängerversionen des 5G-Mobilfunknetzes seit den ersten Anfängen gesundheitliche Probleme auftreten sieht. Wie in den vorherigen Kapiteln auch ausführlich zur Wirkung auf Pflanzen, Tiere und Insekten, anhand zahlreicher wissenschaftlicher Studien belegt. Was natürlich bestritten wird[282].

Die Angst vor den negativen Langzeitfolgen

Doch wenn wir nicht mehr leugnen, dass es mit künstlicher, von Menschen geschaffenen Mikrowellentechnologien bereits seit den Anfängen gesundheitliche Probleme gibt, was offensichtlich viele Menschen wissen, wird es gewissermaßen sogar verständlich, dass der 5G-Netzausbau weltweit vielen Menschen Angst, Kopfzerbrechen und Panik bereitet. Auch würden viele Menschen gerne sehen, wenn sie als Bürger mitentscheiden und frei wählen könnten, ob ihre Heimatstädte zu 5G Modellstädten gemacht werden, oder nicht. Beziehungsweise zuerst die Langzeitwirkung näher erforscht und ein gesundheitlicher Schaden ausgeschlossen werden würde, statt erst das 5G-Netz ohne Langzeitforschung und Zustimmung der Bürger - sozusagen über ihre Köpfe hinweg - wie z.B. ein Filmprojekt der Friedensinitiative Dresden zeigt, an dem ich mitwirken durfte[283] - eingeführt wird. Doch aufgrund des politischen und wirtschaftlichen Drucks, wird hier „wider die wissenschaftliche Vernunft" gehandelt und wie bei den Vorgängerversionen 1G bis 4G oder auch bei Handys erst eine neue Technologie eingeführt und hinterher der gesundheitliche Impakt erforscht. Wie Dr. Florian König, ein Forscher und Entwickler mit über 150 teils internationalen Patenten im Bereich Elektrosmogabschirmung erklärt[284, 285]. Wenn man Menschen, ohne ihre Meinung zu erfragen, übergeht und etwas Neues, noch nicht weitreichend genug Erforschtes aufzwingt, schafft das Gegendruck und letztlich Radikalismus, der sich im Anzünden und Zerstören von 5G-Anlagen ausdrückt. Was natürlich Radikalismus nicht rechtfertigt, jedoch die „selbstgemachten Ursachen und Hintergründe dieses Handelns" offenlegt, die zu wenig berücksichtigt werden. Und zu der allgemeinen Angst vor dem neuen 5G-Mobilfunknetz und seinen unbekannten Langzeitfolgen kommt nun noch aus wissenschaftlichen Kreisen der Hinweis, zwischen 5G und Corona gäbe es möglicherweise doch Zusammenhänge.

2. Wissenschaftliche unpopuläre Forschungen zu Corona & 5G

Die Diskussion um Zufall oder Kalkül?

Absolut nüchtern betrachtet, fallen die weltweite Coronapandemie und die weltweite „5G-Netzpandemie" (nennen wir sie einfach einmal so) zumindest zeitlich gesehen zusammen. Darüber hinaus wird nicht nur ein neuer viel leistungsfähigerer Mobilfunkstandard, sondern werden auch neuartige genbasierende Impfstoffe parallel dazu „eingeführt". Wobei wir in beiden Fällen noch reichlich Forschungsbedarf haben und nicht wirklich genau wissen, was dann in 8 oder 10 Jahren kommen wird, da es faktisch noch keine Langzeitstudien gibt. Worin sich die Wissenschaft im Grunde einig ist oder sein müsste, dass auch wenn man nun diese in 2 Jahren im Eilverfahren zugelassenen Impfstoffe als „sicher" einstufte, diese es tatsächlich nicht sind. Sondern diese noch zahlreiche Risiken bergen, die erst in den nächsten Jahren oder Jahrzehnten ans Licht kommen werden.

Mit Kanonen auf Spatzen schießen

Ebenfalls stellt sich bereits bei den ersten Schritten der Suche nach Zusammenhängen und Klärung des Sachverhalts die Frage, ob man - symbolisch gesehen - nicht mit Kanonen (WHO, EU-Kommissionen, BfS ...) auf „Spatzen" schießt, wie es umgangssprachlich so schön heißt. Wo alles letztlich doch nur Spinnerei und Fantasterei oder reine Hysterie einiger verrückter, nicht ernstzunehmender als Verschwörungstheoretiker getarnter Wissenschaftler ist? Oder gibt es doch seriöse wissenschaftliche Studien und Hinweise zu Gesundheitsgefahren und Zusammenhängen zwischen Corona und 5G? Ist also an dem Thema mehr dran als gedacht? Und hier wird es jetzt spannend, denn einige Forscher behaupten, doch wider die allgemeine Meinung, hier Zusammenhänge zu sehen.

Eine Studie aus Spanien sorgt für weltweites Aufsehen

Eine dieser Forschungen, die Zusammenhänge zwischen Coronaerkrankungen und 5G-Netzausbau aufzeigen und damit natürlich für reichlich Aufregung sorgt, kommt von dem spanischen Mikrobiologen Bartomeu Payeras i Cifre, der beispielsweise in einem Artikel des Dipl. - Phys. Detlef Scholz vom Oktober 2020 in Raum & Zeit auf Seite 38 Erwähnung findet[286]:

> *„Besonders beeindruckend ist eine Arbeit des spanischen Mikrobiologen Bartomeu Payeras i Cifre von der Universität Barcelona. Er hat darin die Corona-Statistik einiger Länder mit fortgeschrittenem Rollout der 5G-Infrastruktur mit derjenigen von Ländern verglichen, die 5G noch nicht nutzen. Das hoch-signifikante Ergebnis lässt keinen anderen Schluss zu: Dort wo 5G im Einsatz ist, gibt es die höchsten Corona Zahlen."*

Betrachtet man diese „angeblich nichtexistierenden wissenschaftlichen Hinweise"[287, 288], wird uns interessanterweise bewusst, dass in Bereichen mit 5G-Netzen – zumindest im Jahr 2020 – eine Steigerung der Infektionszahlen um **220%** gegenüber der normalen Ausbreitung vorlag. Natürlich sind die Infektionen dann über die Monate auch noch weltweit gestiegen und haben die Kritiker darin recht. So wie parallel auch der Netzausbau im Erdorbit und man spekulieren oder forschen könnte, ob es vielleicht damit zusammenhängt. Doch zumindest ist das ein erstes Indiz und würde ein normaler Wissenschaftler oder Forscher fragen, warum denn die Zahlen an diesen 5G-vernetzten Standorten plötzlich stiegen und ob tatsächlich ein Zusammenhang besteht? Oder weshalb auch die Coronainfektionen auf Kreuzfahrtschiffen, die bereits mit modernster, leistungsfähiger 5G-Technik und Radar ausgestattet sind, besonders hoch sind, oder waren?

Viren, Borrelien, Pilze und Mikrowellen

Vielleicht ist es an dieser Stelle weise, das Thema Viren und Mikrowellen oder (Mobil-)Funkwellen insgesamt näher zu betrachten. Denn offensichtlich betrifft das nicht nur Coronaviren, sondern haben Wissenschaftler seit längerer Zeit und schon vor der Corona-Pandemie beobachtet, dass Viren, Pilze und Mikroben unter Mikrowellenbeschuss heftiger reagieren und mutierfreudiger werden. So postuliert Dr. Barrie Trower, Mikrowellenspezialist und Ex-Militär, in einem Interview vom 30. März 2019, also 1 Jahr vor der Corona-Pandemie[289]:

> *„... das wurde experimentell geprüft und hat sich als richtig erwiesen – Bakterien gedeihen gut unter Mikrowellen. Ob sie erkennen, dass sie als Spezies in Gefahr sind und sich viel schneller vermehren können als sonst, so dass sie sich kontinuierlich in größerer Zahl vermehren – dasselbe mit Viren – oder ob sie aus irgendeinem Grund die Energie aufnehmen und für eine größere Vermehrung nutzen können – entschuldigen Sie, ich weiß es nicht – aber Sie werden eine stärkere Zunahme aller Virus- und Bakterienkrankheiten feststellen ..."*

Hinweise, dass Borrelien aggressiver unter Mobilfunkbeschuss reagieren und damit vermehrt Borreliose auslösen, findet der Leser auch in einem Artikel von David Seiler in der Zeitenschrift Heft 70/2011 auf Seite 2[290] unter der interessanten wie themenspezifisch gut passenden Überschrift: *„Mobilfunk und seine Wirkung auf Borrelien" – Warum die Mobilfunkstrahlung die Borreliose-Erkrankung begünstigt und welche Pflanze man dagegen einsetzen kann".* Welcher ebenfalls **lange Zeit vor der Coronapandemie** veröffentlicht wurde und darauf hinweist, dass es Studien gibt, die belegen, dass Viren, Bakterien und Pilze unter Mobilfunkbeschuss aggressiver werden, ich zitiere:

> *„In einem Experiment züchtete man Pilzkulturen unter einem Faraday'schen Käfig (er schirmt Elektrosmog ab) und maß deren Aktivität, also wie viele Pilztoxine sie ausscheiden und wie giftig diese sind. Danach entfernte man die „Schutzglocke" und setzte die Kulturen*

der Handystrahlung aus. Dabei wurde beobachtet, dass die Toxinproduktion der Pilzkulturen (Mykotoxine) sechshundertmal so stark war wie vorher! Die Keime reagierten auf den Strahlungs-Stress mit der einzigen Möglichkeit, die sie haben: Sie produzieren zusätzlich Toxine. Allgemein konnte festgestellt werden, **dass Erreger unter Mobilfunkeinfluss aggressiver und virulenter werden***. Als Virulenz bezeichnet man in der Mikrobiologie das Maß der Fähigkeit eines pathogenen Erregers, eine Krankheit auszulösen."*

Warum sollte – nüchtern betrachtet – das Coronavirus hier eine Ausnahme bilden und nicht auf Mikrowellen, wie sie der Funk abgibt, reagieren? Auch weiß jeder, der schon einmal eine Grippe hatte, dass der Virus das Immunsystem schwächt. Oder offiziell bestätigt die Coronaviren das Immunsystem schwächen. Wenn Corona das Immunsystem schwächt und Mobilfunk wie bei den Elektrosensiblen „inoffiziell bestätigt" auch, hätten wir eine Doppelbelastung des Immunsystems. Gehen wir also einmal der Frage nach:

Schwächt Mobilfunk das Immunsystem?

Auf allen offiziellen zuvor bereits erwähnten „Kanälen" findet man die expliziten Hinweise, Mobilfunk und damit auch die neuen 5G-Netze schwächen NICHT das Immunsystem. Auch gebe es keinen wissenschaftlichen Bericht, oder Zusammenhang, dass es einen solchen Zusammenhang gibt. Dem entgegengesetzt findet der Interessierte dann doch Hinweise im Netz von namhaften Forschern, die einen Zusammenhang sehen:

Prof. Dr. Klaus Buchner: 5G schwächt das Immunsystem in Zeiten der Corona-Krise

Wie zum Beispiel von einem Forscher, der neben dem spanischen Mikrobiologen Bartomeu Payeras i Cifre dem öffentlichen Denken „es gäbe keine Zusammenhänge zwischen einer Schwächung des Immunsystems und Corona" widerspricht: Prof. Dr. Klaus Buchner. Der wiederum öffentlich bereits am 28.03.2020 in einem Beitrag darauf hinweist[291]:

„Man kann zwar mit Sicherheit ausschließen, dass das Corona-Virus durch den Funk entstanden ist. Aber es ist erwiesen, dass die Verbreitung von Viren durch Funkstrahlung gefördert wird. Besonders 5G ist ein Brandbeschleuniger der Pandemie." ...

Wobei er, als ehemaliger Präsident der Ökologisch-Demokratischen Partei (ÖDP) und Mitglied des Europäischen Parlaments dann in seinem durchaus lesenswerten Beitrag fortfährt:

„Speziell für Viren ist der Mechanismus bekannt, wie Funkstrahlung ihre Ausbreitung fördert und damit die Wirkung des Immunsystems abschwächt: Funk öffnet die Kalzium-Kanäle; dadurch wird die Replikation der Viren begünstigt. ***Dies wurde sogar für einen anderen Corona-Virus, einen nahen Verwandten des aktuellen Corona-Virus, experimentell bestätigt.****[2] Dadurch ergibt sich sogar eine Therapiemöglichkeit durch Medikamente, die diese Kalzium-Kanäle blockieren. Speziell bei Lungenentzündungen wurden klinische Studien durchgeführt, die mit dieser Methode im frühen Stadium Heilerfolge nachweisen.[3]"*

Wer Wind sät, wird Sturm ernten

Da der kurze Artikel wohl oft gelesen wurde und große Kreise zog, aber offiziell immer noch keine wissenschaftlichen Beweise oder Studien nach Aussagen der Kritiker, Netzbetreiber, großen Leitmedien und Befürworter existieren, wurde oder werden „Professor Buchner & Kollegen" öffentlich natürlich hart angegriffen. Was die Kanonen, mit denen „auf Spatzen" geschossen wird, erklärt. Da diese Aussagen den weiteren Netzausbau gefährden und eine gewisse Panik in der Bevölkerung auslösen könnten, wenn ein Zusammenhang öffentlich zugegeben würde. Und so verschwinden diese Studien wie viele andere unter einer empörten Medienkampagne, Schweige- und Verschwörungs-Lawine. Denn heute gilt schnell alles was politisch, wissenschaftlich oder offiziell nicht konform und zu quer gedacht ist, zur Schublade der Verschwörungstheoretiker und Aluhutträger.

Der ewige Streit um Argumente und Gegenargumente

So bezeichnete der Bayerische Rundfunk in einem bereits Anfang April 2020 ins Netz gestellten Gegenbeitrag[292] „Buchners Aussagen" als Desinformation und bezieht sich beispielsweise auf Simon Clarke, Zellbiologe der Universität von Reading in Großbritannien, der im Interview mit der BBC dies als „Quatsch" einstufe, da es in seinen Augen (wie beim BfS, EU-Parlament, den Netzbetreibern usw.) nur eine mögliche Erwärmung von Körpergewebe (thermische Wirkung) durch Mobilfunk gibt. Was **Professor Adlkofer** jedoch nun sogar durch Gerichtsurteile widerlegte, die jede Fälschungsvorwürfe seitens des BfS-nahen Professor Lerchel gegenüber seiner REFLEXSTUDIE verbot[293]. Womit bestätigt wurde, dass es doch Zellschäden (und nicht-thermische Wirkungen) durch Mobilfunk gibt. Was die ganze Diskussion mit Beweisen, die angeblich doch keine sind, als Gesamtbild etwas skurril erscheinen lässt und sogar Professoren verwirrt, da hier namhafte Forscher uns anhand seriöser Studien Beweise liefern, diese aber durch andere Studien bestritten und erstere daher nicht anerkannt werden.

Fazit:

Wer sucht, findet trotz allgemeiner negativer Meinung doch Hinweise zu Forschungen oder Wissenschaftlern, die einen Zusammenhang zwischen 5G, Mobilfunk und der Ausbreitung von Viren wie Corona, Borriolose, Pilze oder Bakterien sehen. Weshalb sich die öffentliche Sichtweise und Behauptung, sogar seitens der WHO „es gäbe keine wissenschaftlichen Studien oder Forscher, die einen Zusammenhang sehen", anhand der gezeigten Beispiele nicht bestätigen lässt. Wenn Nichtvirologen, wie Dr. Barry Trower doch auch nicht genau verstehen, weshalb Viren, Bakterien, Pilze und Mikroben mit einer verstärkten Aggressivität oder Vermehrung auf Mobilfunkbeschuss reagieren, (der mit 5G flächendeckend von oben und unten geschieht und immer weitere Kreise zieht), so bedeutet das jedoch nicht, dass es eine verstärkte Virulenz dadurch nicht gibt. Weshalb es aus meinem Blickwinkel hier unbedingt mehr (neutraler und kritischer) Forschung bedarf und ich all jenen mutigen Forschern, die es wagen, einen kontroversen Blickwinkel einzunehmen und somit das Stigma von Corona und Mobilfunkausbau öffentlich zu hinterfragen, meinen Respekt für ihren Mut und ihre Offenheit zolle.

Kapitel 13

BIG DATA, Datengeschäfte, Datendiebstahl & Datenschutz

Laut Bundeskriminalamt nahm bereits 2015 bis 2016 die Internetkriminalität um 80% zu und entstand in der EU jährlich ein Schaden von 250 Milliarden Euro, der sich bis 2019 verfünffachte[294]. 2021 entstand demnach deutschen Unternehmen durch Datendiebstähle, Industriespionage und Sabotage ein Schaden von 61,9 Milliarden Euro. Die Dunkelziffer wird seit Jahren um ein Vielfaches höher geschätzt, da viele Geschädigte den Missbrauch oder Schaden auch im privaten Sektor nicht melden. Gleichzeitig gehen immer mehr Datenmengen ans Netz: Waren es im Jahr 2018 schon 33 Zettabyte (ZB,) sollen es laut statistischen Prognosen bis 2025 175 Zettabyte sein[295], die im ständig wachsenden Netz hin- und her fließen. (1 ZB = eine Trilliarde Bytes oder zehn hoch 21 = 1.000.000.000.000.000.000.000 Byte). Von diesem gigantischen Wachstumsmarkt möchten natürlich nicht nur kriminelle Subjekte, sondern auch Konzerne, Privatunternehmen, Geheimdienste oder sogar Regierungen ein möglichst großes Stück vom Kuchen. Deshalb ist es interessant, einmal näher hinzuschauen:

- Wer von unseren Daten profitiert,
- wie und von wem wir hier ausspioniert werden,
- wovor Datenschützer angesichts globalen Netzausbaus warnen,
- und wie oder ob wir uns im Zeitalter von BIG DATA überhaupt noch schützen können.

Daten, das neue Öl

„Wissen ist Macht, doch nichts wissen macht nichts", heißt es umgangssprachlich leicht daher gesagt. Doch wer so denkt oder auch handelt, wird schnell zur leichten Beute im Zeitalter von 5G-Netzausbau, dem Internet der Dinge und damit einhergehenden ausuferndem Datenerfassungssystem. Oder wird womöglich rasch als Bumerang die Volksweisheit; „Unwissenheit schützt vor Schaden nicht" zu spüren bekommen. Denn der Kampf um unsere Daten und deren Schutz wird bereits auf vielen Ebenen und seit den ersten Datenspeichermöglichkeiten geführt. Und erfährt im Zeitalter des 5G-Netzausbaus, dem Internet der Dinge und der KI eine gesellschaftlich nicht mehr zu leugnende Brisanz.

Dabei hat der Satz: „Daten, sind das neue Öl“, die Welt bereits mehrfach umrundet, der vom Economist im Jahr 2017 geprägt wurde. (Original: "The world's most valuable resource is no longer oil, but data"). Wozu es in einem Kommentar bei www.datadrivencompany.de heißt[296]:

> *„In der Veröffentlichung geht es vor allem um die dominierenden Firmen im Digitalmarkt Google, Facebook, Amazon, Apple und Microsoft. Gemeinsam seien sie der unanfechtbare Standard in der Welt der Technologie und diese Vorherrschaft ruft Kartellrechtler auf den Plan. Der Vergleich, der gezogen wird ist das Verfahren rund um Standard Oil, welches im frühen 20. Jahrhundert vom Supreme Court der vereinigten Staaten als illegales Monopol definiert und in 34 kleinere Unternehmen zerbrochen wurde. ... Doch wieso sieht der Autor des Artikels, Kiran Bhageshpur, die Technologie-Giganten auf dem gleichen Weg wie Rockefellers Standard Oil in 1911? Die Argumentation lautet, dass die Kontrolle über die Generation von Daten (z.B. Social Media, Suchdaten, Einkaufsverhalten) einen sich selbst-verstärkenden Vorteil sichert: Wenn man als erstes weiß, was passiert, kann man am schnellsten darauf reagieren und sich einen unlauteren Wettbewerbsvorteil sichern.“*

Es geht bei Datengeschäften also, einfach ausgedrückt, um frühzeitige Markt-, Verhaltens-, Kauf- oder Interessenanalyse, womit dann das „dicke Geschäft“ gemacht (oder erzeugt) wird. Nach dem Motto: „Wer die meisten, besten und umfassendsten Daten hat, gewinnt.“

Das große Geschäft mit unseren Daten

Die größten Stücke vom Kuchen der allgegenwärtigen Datenspionage und Datenanalyse, die offiziell verharmlost als „Marktanalyse“ getarnt wird, holen sich meist jene Konzerne, die direkt oder indirekt den Digitalmarkt „bilden“ und dominieren. Wie: Google, Amazon usw. Aber auch die Netzbetreiber, Geheimdienste, Regierungen und Marktforschungsinstitute oder Datenbroker. Das sind speziell geschulte „Datensammler“, die beauftragt werden, den „Markt“ zu analysieren. Wobei mit „MARKT“ die Summe aller Menschen und Geschäfte, die online registriert sind und getätigt werden, oder im Internet einfach durch surfen oder bestellen und informieren generiert werden, gemeint sind.

Laut Statistik[297] betrugen allein die Jahresumsätze der beauftragten Marktanalyse-Firmen, Institute oder Datenbroker nur in Deutschland im Jahr 2016 3,7 Milliarden Euro. Was wie „Peanuts" erscheint, wenn man bedenkt, wie viele Milliarden aus diesen Analysen abgeleitet und daraufhin verdient werden kann. Also investieren Konzerne oder Firmen und Einzelpersonen mit dem nötigen „Kleingeld" sicher gern einige Milliarden Euro in diese Art „Forschung" oder Lauschprogramme[298], um damit BIG MONEY mit BIG DATA und vorherigen Analysen zu machen.

Datenklau vom Sofa aus

Zu diesen gigantischen Summen, die hier offiziell oder inoffiziell investiert oder generiert werden, welche in kleinerem Umfang (14 Milliarden) jährlich gespendet, das Welthungerproblem bis 2030 lösen könnten[299], kommen noch kriminelle Aktivitäten hinzu. Dabei wird das Spionieren offensichtlich immer leichter:

- Musste früher ein speziell ausgebildeter Spion noch Zäune oder Mauern, Sicherheitspersonal und Stahltüren überwinden, sich an Kameras vorbeischleichen und umständlich mit einer Spezialkamera Papierdokumente abfotografieren, können heute kriminelle Einzelpersonen, Gruppen oder sogar schon Teenager[300] – als sogenannte „Hacker" – bequem vom Sofa aus via Smartphone oder Laptop mit entsprechenden Fertigkeiten, elektronische Sicherheitsbarrieren und Hindernisse (Firewalls) umgehen, um in ihren „virtuellen Tresor", in dem ihre persönlichen Daten lagern, zu gelangen. Was natürlich im heutigen Zeitalter von elektronischen Akten und Steuererklärungen immer mehr Möglichkeiten und Angriffsflächen bietet.

Regierungen als Datenschützer und Datensammler

Es wäre dumm, zu glauben, die Regierungen hätten kein Interesse an Überwachung und/oder unseren Daten, denn das Gegenteil ist der Fall: Nicht nur, dass sie am Umsatz der Marktanalysten, Konzerne und Datenbroker, wenn diese offiziell als Firma oder Unternehmen registriert sind, durch Steuereinnahmen mitverdienen, sondern sucht wohl jede Regierung auch auf „marktanalytischen Wegen" nach (Spionage-)Möglichkeiten, um an möglichst viele Daten über das eigene Volk, innenpolitische, außenpolitische, geheimdienstliche, wirtschaftliche und gesellschaftliche Entwicklungen, Trends und Tendenzen zu gelangen. Und sei es nur über Marktanalysen der Wähler während Wahlkampagnen zum Stand der eigenen Partei. Was noch recht harmlos ist. Interessant wird es, wenn öffentlich verkündet wird, wie viel Sparguthaben die Deutschen (als Kapital) angehäuft haben. Was im Grunde niemanden etwas angeht, wenn es doch angeblich das Bankgeheimnis gibt, oder?

Der Kampf um die Vorherrschaft

Wer als Nation oder Staat weltführend ist, möchte es bleiben, wer nicht, möchte es werden! Und Mittel zum Zweck sind hier also Daten und möglichst viele Informationen über die Nutzer oder „Konkurrenz", mit denen man internationale Handelsabkommen schließt, aber über welche man insgeheim auch MEHR wissen will. Was über das Sammeln oder Ausspähen von Daten geschieht. Jede Nation hat dafür ihre eigene Armee an Geheimdienstmitarbeitern und Spionageprogrammen, die nach innen und außen ihre Kamera- oder realen Augen in alle Richtungen offenhalten. Wie wir hin und wieder auch der Presse entnehmen können. Wobei interessant ist, dass sich oftmals die Datenerfassung des Staates auch gegen den unbescholtenen Bürger richtet[301]:

„Am Mittwoch hat die Bundesregierung einen Gesetzentwurf zur Modernisierung des Strafverfahrens veröffentlicht. So soll es ermöglicht werden, dass ***Ermittler bei einem „serienmäßigen" Vorgehen der***

***Täter erweiterte Befugnisse zur Telekommunikationsüberwachung** erhalten. Explizit inbegriffen ist dabei die Möglichkeit, auch verschlüsselte Nachrichten von Messenger-Diensten wie Whatsapp, Telegram, Threema und Co. mitzulesen. Hierzu soll der Paragraf 100a der Strafprozessordnung um den Einbruchdiebstahl in eine dauerhaft genutzte Privatwohnung ergänzt werden. Zudem kann die Polizei bereits seit zwei Jahren neben Telefongesprächen auch auf E-Mails und Standortdaten zugreifen und eine sogenannte Quellen-Telekommunikationsüberwachung durchführen."*

Whistleblower als Stachel im System

Prekär wird es, wenn Whistleblower wie Edward Snowden mit ihrem eigentlich geheimen Wissen an die Öffentlichkeit gehen und das ganze still im Hintergrund ablaufende System als Einzelperson, Geheimnisverräter und „Volksheld" zum Wanken bringen. Während Konzerne, Regierungen, Geheimdienste, Staatsoberhäupter und die dazugehörige Datenerfassungsagenda hier bemüht sind, möglichst wenig über den wahren Umfang der Spionage gegen den eigenen Bürger oder das eigene Volk zu berichten. Solche, ans Licht der Öffentlichkeit dringenden Skandale, beunruhigen natürlich die daran anhängenden Märkte, welche vor Milliardeneinbußen zu zittern beginnen. Wohinter natürlich einzelne Superreiche stecken. Und wir reden hier nicht von den Aufsichtsräten einer Firma. Sondern von den wirklich reichen Konzern-, oder Firmenbesitzern. Denn beunruhigte Bürger gehen nicht gern online. Weshalb sie schlecht fürs Geschäft sind und es wohl ein großes Interesse gibt, solche „Möglichkeiten oder Skandale", gar nicht erst aufkommen zu lassen und möglichst schon im Keim zu ersticken. Womit die Überwachung des Einzelnen, selbst wenn er oder sie sich niemals etwas hat zu Schulden kommen lassen, (aus einem bestimmten Blickwinkel betrachtet) Sinn ergibt. Während für Aufsehen sorgende Leute wie Aaron Swartz, Linda Tripp, Mark Felt oder eben der ehemalige CIA-Mitarbeiter Edward Snowden[302] auch Sinn in der modernen Welt haben mögen. Bringen sie doch auf ihre aufrüttelnde Art und Weise die Welt voran. (Dokutipp: Democracy: Im Rausch der Daten)

Interessenskonflikte

So offenbart sich seitens der eigenen Regierungen gegenüber den Bürgern, die sie wählten und denen sie ihre Position verdanken, ein großer Interessenskonflikt. Der darin besteht, einerseits Gesetze und Vorschriften zu erlassen, um die Daten und Privatsphäre des Bürgers zu schützen und gleichzeitig Gesetze zu verabschieden, die das Ausspionieren des Bürgers immer mehr ermöglicht, oder seine Freiheiten sogar beschneiden. Was man in den Diskussionen um das 2017 in Deutschland in Kraft getretene Netzdurchsetzungsgersetz (NetzDG) sah, womit man das Treiben von Hasskriminellen und die Internetkriminalität unterbinden wollte, aber auch gleichzeitig die Grundrechte des Bürgers auf Meinungsfreiheit massiv beschnitt[303]:

> *„Im Gesetzgebungsprozess zum NetzDG brachte sich im April eine „Allianz für die Meinungsfreiheit" in Stellung - ein ungewöhnlich breites Bündnis aus Industrieverbänden, Journalistenvereinigungen, Bürgerrechtsorganisationen und netzpolitischen Initiativen. [...] Wegen des breiten Widerstands wurde das Gesetz zumindest in Teilen entschärft. So wurden beispielsweise die ursprünglich geplanten Inhalte- und Uploadfilter wieder gestrichen."*

Datenschutz: künftig nur noch auf dem Papier?

Wenn wir uns intensiver anschauen;

- wie viele Millionen Daten täglich bereits jetzt verlorengehen oder gestohlen werden,
- wer alles unsere Daten erfasst oder stiehlt (Regierungen, Konzerne, Marktforschungsinstitute),
- dass die Internetkriminalität mit wachsendem 5G-Ausbau rapide zunimmt,
- wie viele Datenschützer seit Jahrzehnten warnen, warnen und warnen,
- während gleichzeitig die Spionagemöglichkeiten immer raffinierter werden,

... stellen sich dem besorgten Bürger folgende Fragen:

1. Gibt es überhaupt noch so etwas wie Datenschutz und Privatsphäre, da sowieso schon alles erfasst, ausspioniert oder gespeichert wird?

2. Wie kann oder sollte man sich davor schützen?

3. Was erwartet uns dann erst mit dem Internet der Dinge, worin alles mit allem vernetzt sein wird und extern, also von außen ausgelesen (oder auch gehackt?) werden kann, in einer vollkommen gläsernen Welt?

Gibt es überhaupt noch sichere Daten?

In einem gewissen, leider schrumpfenden Rahmen gibt es noch eine gewisse Datensicherheit,

- doch hat die Gesetzgebung durch neue Gesetze immer mehr Hintertüren geschaffen[304], um Zugriff auf unsere Daten z.B. bei Verdacht auf kriminelle Machenschaften usw. zu ermöglichen. Und weicht dadurch den Datenschutz selbst immer mehr auf.
- Während uns immer wieder auftauchende Datenschutz-Skandale im Fernsehen zeigen[305], dass Konzerne, aber auch Regierungen mit persönlichen Daten nicht immer redlich und respektvoll umgehen und damit unsere Daten eigentlich trotz politischer Versprechen nicht wirklich sicher sind.
- Seitens der Hersteller wiederum werden die neueren Generationen an Software-Programmen oder Smartphones auch gleich mit neuen Spionageprogrammen ausgestattet[306], so dass von dieser Seite aus Datenspionage immer leichter wird.
- Hacker, Datenbroker oder Marktforschungsinstitute können für ein gewisses Entgelt, ihrerseits versuchen, an unsere Daten zu kommen[307].
- Wobei wir, wenn wir das Thema Geheimdienste und die Veröffentlichungen von Edward Snowden über Programme wie Prism miteinbeziehen[308], wir wohl zu dem Schluss kommen, dass es Datensicherheit im Netz angesichts solcher Programme wirklich nicht mehr gibt. Da wir bei jedem noch so kleinen Internetbesuch oder sogar im

ausgeschalteten Zustand der Geräte, stets und ständig (national sowie international) ausspioniert werden, oder werden können.

Wie man sich vor Datendiebstahl schützen kann oder sollte

Letztlich bleibt die Frage, wie man sich trotz neuester Technik, Software, Hardware oder extra dafür entwickelten Schutzprogrammen überhaupt noch schützen kann? Oder ob es nicht weise wäre, da Politik und Netzbetreiber hier offensichtlich gänzlich versagen, insgesamt lieber auf das Internet mehr zu verzichten und wie die ständig wachsende „Of-The Grid-Bewegung" in den USA, netzunabhängig und autark zu leben? (Buchtipp: Eric Valli : Begegnungen mit Aussteigern, Knesebeckverlag 2011) Was als unabhängige Lebensweise weltweit immer größeren Zuspruch erfährt. Wodurch uns gezeigt wird, dass Millionen Menschen trotz Technologiehype und 5G-Ausbau gerade eine völlig entgegengesetzte Richtung einschlagen. Doch kehren wir zu der Frage zurück; wie schützt man sich vor Datendiebstahl? Darauf finden wir folgende Ratschläge[309]:

- So wenig personenbezogene Daten wie möglich preisgeben!
- Nicknames nutzen.
- Mehrere E-Mail-Adressen verwenden.
- Sichere und nicht zu einfache Passwörter verwenden.
- Emails verschlüsseln.
- Spam ignorieren.
- Nicht alle Attachments öffnen.
- Online-Verhalten hinterfragen.
- Spezielle sehr gut bewertete Schutzprogramme nutzen.
- Unsichere Webseiten oder Webbrowser meiden.

Grundsätzlich läßt sich also zusammenfassen, dass man es den digitalen Spionagemöglichkeiten so schwer wie möglich macht, an unsere Daten zu kommen. Oder das Netz, wo es geht, lieber zu meiden oder nur sehr verantwortungsvoll zu nutzen. So könnte man lieber mit Bargeld oder am Bankterminal zahlen und Überweisungen tätigen. Im Laden, statt bei

Amazon shoppen und sich nicht immer alles online liefern zu lassen. Sich zertifizierte Schutzhüllen anschaffen, die ein Auslesen der Daten im Vorübergehen verhindern. In Funklöchern Urlaub machen und reale Kontakte, statt Facebook-Kontakte pflegen usw. Oma und Opa haben auch ohne Internet überlebt und Lebensfreude genossen! Warum soll es der moderne Mensch nicht auch (wieder) können? Auch wenn es, zugegeben, mit dem 5G-Netzausbau und der Digitalisierung, dem Internet der Dinge/ IoT, usw. immer schwieriger wird.

5G-Netzausbau, Digitalisierung, IoT und die Zukunft des Datenschutzes

Das Ideal der vollständigen 5G-vernetzten, digitalisierten Welt sieht vor, dass technisch alles mit allem vernetzt sein soll. Ja, in einer späteren Weiterentwicklung,; dem „Internet of All"[310], selbst der Mensch als „Datenmasse" mit in der dann unermesslichen Datenmenge mittels biometrischer Chips als Nummer verschwindet und wie andere Dinge und Alltagsgegenstände auch, darin eingewoben wird. Wie in vorherigen Kapiteln zur Chiptechnologie für Menschen bereits ausführlich geschildert. Der Kühlschrank wird also mit dem Toaster vernetzt sein, der Drucker, wenn er leer ist, automatisch Neubestellungen aufgeben, die Babywindel sich automatisch melden, wenn sie voll ist ... Um nur einige wenige Beispiele zu nennen. Dabei wird das Smartphone zur zentralen Steuerungsstelle, über das der Nutzer dann alles steuern kann. Ärgerlich wird es, wenn er es doch einmal vergisst, verliert, oder dieses System sogar gehackt werden sollte. Was niemand wirklich ausschließen kann und obige Beispiele in Fülle zeigen. Und noch schlimmer wird es für eine Welt, die sich komplett auf Funknetze verlässt, wenn der Strom oder Funk durch Unvorhergesehenes ausfällt. (Magnetstürme der Sonne etc.). Datenschutz und der durch das „Internet der Dinge" oder das „Internet of All" dann komplett gläsern gewordene Mensch werden somit in einem Ausmaß aufeinanderprallen, dass es dafür auch in diesem Buch keine Worte gibt. Wobei sich die Industrie heute fragen sollte, ob es überhaupt Sinn macht, in einige dieser Richtungen mit Milliarden zu investieren und diese Ideen und Konzepte weiterzuentwickeln, da bereits heute Umfragen zeigen, dass die meisten Menschen lieber selbst die Kontrolle über ihr Auto behalten und nicht in einem „Intelligenten Haus" leben wollten[311], selbst, wenn es kostenlos wäre! Privatsphäre und Unabhängigkeit, versus allumfassende Vernetzung und Bequemlichkeit (incl. kompletter Datenerfassung) werden damit neben anderen Herausforderungen, wie Umweltschutz, Welternährung und Weltfrieden, die künftigen großen Fragen oder Problemfelder sein.

Kapitel 14

Gesundheitsrisiko Smartphone

Im vorherigen Kapitel sprachen wir über Smartphone als zentrale Steuerungsstelle des Internet der Dinge/IoT. Jährlich gehen hier weltweit etwa 1,3 Milliarden Handys und Smartphones über den Ladentisch. Für Deutschland wurde der Umsatz für das Jahr 2022 auf 19,7 Millionen Stück[312] geschätzt. 2021 besaßen 62,6 Millionen Menschen in Deutschland ein Smartphone und insgesamt besitzen die Deutschen etwa 107.500 000 ältere oder neuere Mobiltelefone (134 auf 100 Einwohner). Für 95% der Nutzer zwischen 14 und 49 Jahren ist der „mobile Alleskönner" laut Statistiken[313] heute nicht mehr wegzudenken. Da sich somit Handy und Smartphone tief in den Alltag eingeschlichen haben und mit dem kommenden Internet der Dinge noch unverzichtbarer werden, werden die zahlreichen Schattenseiten der Smartphone-, oder Handynutzung gerne vergessen. Bei näherer Betrachtung stellt sich jedoch die Frage, ob die negativen nicht die positiven Seiten des „smarten Miteinanders" übertreffen. - Schauen wir uns das Ganze deshalb anhand wissenschaftlicher Studien einmal näher an:

Handys als Mikrowellen im Kleinformat

Eigentlich sind Handys und Smartphone Mikrowellen im Kleinformat. Auch wenn ihre maximale Leistung nur 2 Watt beträgt und gegenüber einem Mobilfunkmasten oder einer im Haushalt üblichen Mikrowelle, die mit etwa 2,5 Gigahertz (GHz) Leistung arbeiten, nicht vergleichbar ist. So wird öffentlich zugegeben, dass sie wie Mikrowellen Körpergewebe erwärmen können und nutzt man die gleiche Mikrowellentechnologie, wenn im öffentlichen anerkannten Diskurs auch gesundheitlich vernachlässigbar. So die Befürworter und Netzetreiber.

Der SAR-Wert als fragwürdiger „Gesundheitsschutz"

Beim Gesundheitsschutz durch Handystrahlen beruft man sich dabei auf den sogenannten SAR-Wert. „SAR" bedeutet „spezifische Absorptionsrate" und gibt das Maß an, in dem die Energie aus elektromagnetischen Feldern von organischem Gewebe aufgenommen wird. Er wird als berechenbarer Wert in Watt pro Kilogramm Körpergewebe (W/kg) angegeben. Dieser Wert basiert auf einer Empfehlung der Internationalen Kommission zum Schutz vor nicht-ionisierender Strahlung (ICNIRP) für Handystrahlungen aus dem Jahr 1998, den das Bundesministerium für Strahlenschutz (BfS), aber auch die WHO (Weltgesundheitsorganisation) übernommen hat. Aus Empfehlungen konkrete Richtlinien oder gesetzliche Vorschriften abzuleiten, ohne das Gesamtbild zu kennen, macht Menschen mit Verstand jedoch sehr nachdenklich. Denn der SAR-Wert beruht lediglich auf thermischen Messungen. Also darauf, inwieweit Handys Körpergewebe (Haut/Ohren usw.) erwärmen können und lässt nicht-thermische Wirkungen (Einfluss auf Blut-/Hirn-Schranke, Blutqualität, Herzfrequenz, Schlafstörungen etc.) unberücksichtigt. Interessant wird es, wenn wir erfahren, dass die angeblich „sicheren Grenzwerte" tatsächlich nicht dem Gesundheitsschutz dienen, sondern sich an wirtschaftlichen Maßstäben orientieren. Lassen wir an dieser Stelle vielleicht einige Experten zu Wort kommen, indem wir den über die Jahrzehnte gestreuten, öffentlich gewordenen Hinweisen folgen. So heißt es auf der Seite des Schweizer Bundesamtes für Umwelt[314]:

> *„Die Anlagegrenzwerte stützen sich nicht auf medizinische oder biologische Erkenntnisse, sondern sind anhand technischer, betrieblicher und wirtschaftlicher Kriterien festgelegt worden."*

Oder erklärte Prof. Dr.-Ing. Günter Käs, (Bundeswehruniversität) bereits im Jahr 2000:

> *„Die Strahlungswerte der Mobilfunknetze liegen zwar unter den Grenzwerten, aber diese Grenzwerte orientieren sich nicht an der Gesundheit."*

Während der bereits oft erwähnte Prof. Dr. Franz Adlkofer, Leiter der durch die EU-finanzierte REFLEX-Studie (2000-2004), erklärte:

> *„DNA-Strangbrüche treten bereits bei einem Vierzigstel des Grenzwertes auf. UMTS-Signale sind damit fast zehnmal wirksamer (genschädigender) als GSM-Signale."*

Robert C. Kane, Ingenieur der US-Mobilfunkindustrie (Motorola) und Handyentwickler, Autor von ‚Cellular Telephone Russian Roulette' , welches 2001 erschien, postulierte schon in den Mobilfunkanfängen:

> *„Ein Telefonat von zwei Minuten spiegelt sich eine Woche lang in veränderten Gehirnströmen des Nutzers wider. Wir wissen heute, dass selbst eine einzige Exposition zu DNA-Schäden an Gehirnzellen führt."*

Und Prof. Dr. Wolfgang Löscher von der Tierärztlichen Hochschule Hannover, äußerte zur Repacholi-Studie gegenüber der ‚Süddeutschen Zeitung' bereits im Mai 1997 (!!!):

> *„Keine Firma der Welt entwickelt ein Arzneimittel, das bei Versuchstieren Krebs auslöst, und sagt dann, wie das Bundesamt für Strahlenschutz, die Handyfirmen und die Mobilfunkindustrie, das werde beim Menschen schon nicht auftreten."*

Wir könnten diese historische Zitatreihe hochkarätiger Experten beliebig fortsetzen und sicher ein ganzes Buch damit füllen, um dadurch zu erkennen, dass mit unserem nicht mehr wegzudenkenden Mobilfunk, Smartphonen und Handys etwas nicht stimmt. Was Professor Mäntele nach einem EU-Forschungsprojekt 2002 kritisch so auf den Punkt brachte:

> *„Derzeit haben wir 40 Millionen Versuchskaninchen in Deutschland. Die Quittung werden wir vielleicht in ein paar Jahren haben. Den Menschen sind Handys in die Hand gedrückt worden, obwohl noch keine genauen Erkenntnisse über die medizinischen Folgen bekannt sind."*

Da der SAR-Wert sich vordergründig nicht an der Gesundheit, sondern hauptsächlich an der Wirtschaft orientiert, ergeben sich daraus eine ganze Reihe, ebenfalls bereits seit langer Zeit erforschter und dokumentierter Risiken für den Nutzer, die sich aber erst bei näherem Hinschauen und jenseits der thermischen SAR-Werte zeigen.

Erste Hinweise zu Risiken im Benutzerhandbuch

Tatsächlich finden sich erste Hinweise zur Schädlichkeit bereits im Benutzerhandbuch, worin geraten wird, sich nach dem SAR-Wert zu richten und mindestens einen Sicherheitsabstand von etwa 1,5 cm einzuhalten. Doch ehrlich gesagt; Wer hält diesen schon im Alltag ein? Wenn wir uns umschauen und beobachten, wie viele Menschen den vorgeschriebenen Sicherheitsabstand durch direktes Tragen des Smartphones am Körper (Gesäß/Brust/Jackentasche ...) oder „pausenloses-in-der-Hand-halten" nicht einhalten, dann zeigt sich schnell, dass wir diesbezüglich den Sicherheitsabstand wohl allesamt ignorieren. Doch der Preis ist „heiß", denn die Folgen davon sind verschiedene Erkrankungen, die bei Kenntnis der nicht-thermischen Wirkungen klar und eindeutig mit Handy oder Mobilfunk in Verbindung gebracht werden können. Wie zum Beispiel Hirntumore, Unfruchtbarkeit oder Hodenkrebs, Herzprobleme usw., die in den letzten Jahren rapide zunehmen.

Insektensterben durch Handystrahlen

Da es sich beim Mobilfunk um eine in der Natur nicht vorkommende künstlich gepulste Strahlung handelt, reichen - wie wir in vorherigen Kapiteln ebenfalls sahen - bereits „minimale Leistungsstärken" von maximal nur zwei Watt aus, dass beispielsweise Bienen und Insekten insgesamt in ihrer Orientierung massiv gestört werden und nicht mehr zu ihrem Bau/ Stock heimfinden. Woraufhin das gesamte Insektenvolk an Futtermangel verendet, was als „Colony Collaps" bezeichnet wird.

Mobilfunk und Krebs

Es ist außerdem bewiesen, dass handelsübliche Handys sowohl bei Versuchen an Ratten oder Mäusen als auch bei Menschen Krebs auslösen können. Belege dafür findet der Suchende beispielsweise in der Salfordstudie (Salford et. al. 2003), der NTP-Studie (Wyde et al. 2018) oder in Gerichtsprozessen, die einem geschäftlich bedingtem Vieltelefonierer Recht auf Schadensersatz/Arbeitsunfähigkeitsrente zusprachen, da sein Gehirntumor nachweislich durch die hohe Handynutzung verursacht wurde[315].

Machen Handy, Smartphone & Co unfruchtbar?

Neuere Studien[316, 317] erhärten außerdem den Verdacht, dass Handys unfruchtbar machen oder Krebs und DNA-Schäden erzeugen. Worauf Dr. George Carlo schon seit den 1990er Jahren[318] hinwies:

> *„Die Forscher der Medizinischen Fakultät des Technion in Haifa in Israel befragten in ihrer Studie über ein Jahr lang 106 Männer zu ihrer Handynutzung. Zugleich wurde die Spermienqualität untersucht. Über 60% der Probanden, die angaben, mehr als eine Stunde am Tag zu telefonieren, wiesen eine ungewöhnlich niedrige Konzentration an Spermien auf. Nur bei rund 35% der übrigen Männer fand man vergleichbare Werte. Noch ausgeprägter verhielt es sich bei Männern, die telefonierten, während das Handy am Ladegerät hing. Außerdem ergab die Studie, dass sich die Zahl der Spermien bei rund 47% derjenigen untersuchten Männer verringerte, die ihr Telefon in der Nähe des Lendenbereichs trugen (weniger als 50 cm entfernt) - beispielsweise in der Hosentasche. Nur 11,1% der Gesamtpopulation der Männer weisen laut der Studie eine ähnlich niedrige Spermienkonzentration auf."*

Sehschwäche durch Handystrahlen

Doch nicht nur Krebs oder Unfruchtbarkeit sind Gesundheitsrisiken, die sich Smartphone-Nutzer und Handybesitzer aussetzen, sondern auch Sehschwäche und Augenkrankheiten. So erfährt der Interessierte bei www.optiker-schulz.de, dass, wer den ganzen Tag auf sein Handy, Smartphone oder in den Computer schaut, die Augen „zwingt", ohne Abwechslung unnatürliche Ausrichtungen einzunehmen. Denn unsere Augen brauchen Abwechslung und müssen sich, um gesund zu bleiben, auch auf ferne Ziele fokussieren können. Die Folge dieses ständigen Nahfeldsehens sind gerötete, juckende, flimmernde oder schmerzende Augen, da sie ständig überanstrengt werden. Was zu dauerhaften Schäden am Sehnerv wie Kurzsichtigkeit führen kann und in Fachkreisen „Digitale Augenkrankheit" genannt wird. Und besonders für Kinder schädlich ist[319]:

> *„Bei Kindern unter drei Jahren führt das Starren auf das Display zu einem Wachsen des Augapfels und damit zu einem längeren Auge. Ist ein Auge einmal so gewachsen, schrumpft es nicht mehr. Ab 12 Jahren ist die Entwicklung unserer Augen entschieden. Die Kurzsichtigkeit ist dann für das Leben besiegelt. Unter dem angestrengtem Starren auf das Display mit geringem Sehabstand kann die Entwicklung des räumlichen Seh- und Vorstellungsvermögens eines Kindes leiden, zum Beispiel der Wechsel zwischen Nah- und Fernsicht. Diese Erkrankung fördert wiederum verschwommenes Sehen und damit das Schielen."*

In den gesamten Industrieländern führt demnach die immer weitere Verbreitung des Smartphones und Handys oder digitaler Bildschirmmedien zu immer mehr Augenleiden:

> *„Nach Angaben der Gesellschaft für Augenheilkunde ist die Anzahl kurzsichtiger Menschen in Industrieländern in den vergangenen Jahren deutlich gewachsen: In asiatischen Ländern liegt die Quote bereits bei 95 Prozent, in Deutschland bei 50 Prozent unter den jungen Erwachsenen. Die Zunahme ist auf die sehr frühe und intensive Nutzung von Handys, Tablets und Computern zurückzuführen. Kurzsichtigkeit bedeutet oft das lebenslange Tragen einer Brille oder von Kontaktlinsen. Auch die Risiken für Netzhauterkrankungen oder Grünem Star steigen mit der Kurzsichtigkeit an."*

Außerdem kann – dem Artikel der Augenheilkundler zufolge – das Blaulicht der Bildschirmtechnologie den Augen schaden. Da dadurch nicht nur die Ausschüttung des Schlafhormons Melatonin gehemmt wird, weshalb der Bildschirmkonsum 1 bis 2 Stunden vor dem Zubettgehen eingestellt werden sollte, sondern die Augen auch insgesamt stärker belastet werden:

„Die kürzere Wellenlänge des blauen Lichts hat mehr Energie als andere Lichtfarben. Wissenschaftler konnten belegen, dass das energiereiche blaue Licht die Netzhaut des Auges regelrecht abtöten kann. Displays stehen daher im Verdacht, die Augenkrankheit Altersbedingte Makuladegeneration (AMD) zu fördern, durch die Menschen teilweise oder sogar komplett erblinden."

Insgesamt werden heute 9 physische oder psychische Handy- oder Smartphonekrankheiten offiziell anerkannt: Der Handynacken, die iPhone-Schulter, der Handydaumen (eine Sehnenscheidentzündung), Schlafstörungen, Nomophobie (Handystress), Kurzsichtigkeit, trockene, brennende Augen, Konzentrationsstörungen bis hin zur Smartphone-Akne.

Psychische und gesellschaftliche Schäden

Aber nicht nur physisch, sondern auch psychisch verursachen Handy, Smartphone und Co. eine ganze Reihe von inzwischen mehr oder weniger bekannten Problemen, die die Nutzer und Befürworter tendenziell beim Handy-, oder Vertragsverkauf lieber unerwähnt lassen. Denn das Smartphone wird vor allem bei Kindern und Jugendlichen immer beliebter. So titelte 2016 die Saarbrücker Zeitung[320]:

„95 Prozent der Jugendlichen zwischen 12 und 19 Jahren besitzen ein Smartphone. Das geht aus der JIM-Studie zur Mediennutzung von Jugendlichen des Medienpädagogischen Forschungsverbundes Südwest hervor. Und sogar 99 Prozent haben Zugang zu einem Mobiltelefon. Zudem sind Handys bei Jugendlichen hierzulande wesentlich beliebter als Bücher. 98 Prozent der Mädchen und 95 Prozent der Jungen nutzen mehrmals pro Woche ein Handy. Nur 38 Prozent der Befragten lesen mehrmals pro Woche in gedruckten Büchern. Außerdem nutzen mehr Jugendliche das Smartphone als Tor zum Internet als einen Laptop. 91 Prozent der Befragten surfen mit dem Smartphone, nur 73 Prozent mit einem Laptop oder Computer."

Prof. Dr. Dr. Manfred Spitzer, Psychologe und einer der führenden Kritiker der Digitalisierung unserer Gesellschaft sieht das anders und merkt bereits in Kapitel eins seines Buches „Die Smartphoneepidemie" (Klett-Cotta Verlag 2018/2019) auf Seite 37 an:

> *„Digitale Informationstechnik schadet nicht nur der körperlichen und geistigen Gesundheit sowie der Bildung des Einzelnen, sondern hat auch äußerst ungünstige Auswirkungen auf die gesamte Gesellschaft."*

1. Psychische Schäden: So verursacht die weitverbreitete Smartphonenutzung nicht nur Bewegungsmangel, Haltungsschäden, Übergewicht, Schlafmangel oder Kurzsichtigkeit, sondern auch nicht zu unterschätzende psychische Schäden wie:

- Internetsucht,
- Depression,
- Bildungsdefizite,
- Aufmerksamkeitsdefizite,
- Schulprobleme,
- Sprachentwicklungsstörungen,
- Aggression,
- soziale Isolierung

... und daraus folgend im späteren Lebensverlauf oftmals Arbeitslosigkeit, Krankheit, sozialen Abstieg, Vereinsamung, Demenz, Suizid oder Tod. Was Spitzer ausführlich anhand zahlreicher wissenschaftlicher Studien, wie der PINTA -Studie zur Internetsucht[321] belegt.

Gesellschaftliche Folgen: Da die Zahlen der Internetsüchtigen oder Smartphoneabhängigen steigen, ergeben sich laut Spitzer hieraus weitreichende gesellschaftliche Folgen und Schäden.

- Insgesamt verdummt die Gesellschaft,
- wird diese emotional ärmer,
- verliert ihre Hemmschwelle, wird dadurch aggressiver,
- aber gleichzeitig auch digital dement. Kann sich also weniger merken,

- oder lebt sozial (äußerlich) weniger aktiv und leidet dadurch unter immer mehr psychischen Problemen wie Einsamkeit, Isolation, Online-Mobbing, Ängsten usw.
- Eine ungebildetere Gesellschaft leidet auch immer mehr unter einem Fachkräfteproblem, was wiederum die Wirtschaft bremst.

Die Digitalisierung, die von vielen Politikern und der Wirtschaft als nächste Stufe der Evolution vermarktet und uns in höchsten Tönen schmackhaft gemacht wird, erweist sich damit genau als das Gegenteil. Doch spielt das für die kommende Industrieära, in der Roboter und Algorithmen den Menschen immer mehr verdrängen, keine Rolle. Wenn der Mensch nicht mithalten kann, ersetzen wir ihn einfach durch „unproblematische, programmierbare" Maschinen. Es lebe die Zukunft und das digitale Zeitalter, in dem wir in sekundenbruchteilen Filme herunterladen oder uns 24 Stunden am Tag „digital beschäftigen" können, aber geistig-emotional und gesundheitlich immer mehr auf der Strecke bleiben. Weil wir immer mehr Mobilfunk konsumieren[322].

Was bringt uns die Zukunft?

Da das Smartphone im Zeitalter des 5G-Netzausbaus eine zentrale Steuerungsstelle ist und diese Technologie auch in Schwellen - oder Entwicklungsländern immer weitere Verbreitung findet, ist davon auszugehen, dass parallel dazu die angesprochenen Schattenseiten von Unfruchtbarkeit, Sehschwäche, Augenleiden, Aggression, Schlafproblemen bis hin zu Internetsucht oder Psychosen ebenso Verbreitung finden. Da sowohl von den Herstellern wie auch Netzbetreibern oder teilweise auch von der Politik die Gefahren „schöngeredet oder als nebensächlich gegenüber den Vorteilen" angepriesen werden, muss der Nutzer hier selbst aktiv werden und seine Verantwortung begreifen und sich dem Schattenthema des ungebremsten Technologiewahns durch intensive Auseinandersetzung und gesundem Menschenverstand stellen.

Die Verantwortung der Eltern, des Bildungssystems, der Wirtschaft und der Politik

Abb 11: Eine Mutter lenkt die Aufmerksamkeit ihres Kleinkindes auf ihr Smartphone
Bildquelle: pixabay.com

1. Die Verantwortung der Eltern und des Bildungssytems:
Besondere Verantwortung obliegt den Eltern als erste Lehrer und Vorbilder der Kinder oder auch dem Bildungssystem. Und natürlich auch der Politik. Wenn diese umfassend informiert sind und darauf achten, dass künftige Generationen ihrerseits verantwortungsbewusst damit umgehen, dann wird eine gesunde, ganzheitlich gebildete Gesellschaft heranwachsen. Wenn diese die Risiken leugnen und selbst zu Handysüchtigen oder kompromisslosen Befürwortern werden, werden wir diese Art „Weisheit" an nächste Generationen weitergeben. Und müssen wohl damit rechnen, dass Smartphone-bedingte Krankheitsbilder zukünftig großen menschlichen, gesellschaftlichen und wirtschaftlichen Schaden verursachen.

2. Die Verantwortung der Hersteller, Wirtschaft und Industrie:
Deshalb tragen auch die Hersteller und Verantwortlichen in Wirtschaft und Industrie ihren Anteil an dem Szenario, indem sie die wachsende Nachfrage oder Notwendigkeit nach „naturkonformen Technologien" und strahlungsarmen/-freien Produkten erkennen und darauf reagieren, oder diese leugnen und die Verantwortung an Politik, Gesetzgebung oder den Käufer abgeben (werden).

3. Die Verantwortung des Einzelnen/Nutzers:
Womit sich letztlich auch der Einzelne entscheiden muss und Wahlen treffen kann, inwieweit er sich von Technologie abhängig macht, oder diese in welchem gesunden oder krank machenden Umfang nutzt oder meidet. Was wiederum bedeutet, dass er sich zuvor auch kritisch mit der Thematik beschäftigt und begreift, was Handynutzung eigentlich bedeutet und welche Vor- aber auch Nachteile er/sie damit erhält. Denn nur weil alle es machen, muss das nicht bedeuten, dass es gesund ist. So meint zumindest Manfred Spitzer. Der sicherlich weiß, wovon er spricht. All diese Entscheidungen zusammengenommen, werden letztlich dann unsere Zukunft formen, die entsprechend krankmachend oder gesund aussehen wird.

Wie können wir uns schützen?

Nun stellt sich natürlich bei all den Schattenseiten der sich immer weiter verbreitenden Smartphonetechnologie die Frage, wie wir uns vor negativen Folgen schützen können. Menschen, die ein Leben ohne Abhängigkeit vom Netz leben wollen (und ihre Zahl wächst jährlich um Millionen), müssen sich natürlich diese Frage nicht stellen und können ihr Leben, ohne die Angst und den Druck eines Smartphonesüchtigen - etwas zu verpassen, verlieren oder nicht online zu sein - in Frieden und Einklang abseits des immer verrückter werdenden Technik-Rummels fortsetzen. Aber auch für jene, die besorgt um ihr Wohlbefinden oder das ihrer Kinder sind, gibt es einige Möglichkeiten, all dem zu begegnen:

Zum Beispiel:

- Handys/Geräte mit einem geringen SAR-Wert kaufen[323],
- das Handy beim Telefonieren nicht ans Ohr halten,
- möglichst ein Headset mit strahlungsarmen Air-Tube Kopfhörer oder die Freisprecheinrichtung nutzen,
- sich bei Telefonaten kurz fassen,
- das Handy nicht in der Nähe des Lendenbereichs oder direkt am Körper tragen,
- nicht direkt neben dem Gerät schlafen,
- 1 bis 2 Stunden vor dem Zubettgehen den Handykonsum einstellen,
- Sonnenbrillen, Bildschirmbrillen tragen oder Blaulichtfilter aktivieren,
- bei Nichtgebrauch in den Flugzeugmodus umschalten oder in Abschirmbeutel legen,
- das Telefon nicht während des Aufladens nutzen, sondern es dabei ausschalten,
- Schwangere und Kinder sollten lieber auf Handys verzichten,
- sich insgesamt mit der Thematik tiefer auseinandersetzen (Literaturliste im Anhang) und für bioverträgliche Technologien einsetzen.

Kapitel 15

Der riesige 5G-Netz Energiebedarf und Atomkraft & Erdgas als „nachhaltige“ Energie?

Experten sind sich einig, dass der 5G-Netzausbau und das Internet der Dinge, neben einer wachsenden Weltbevölkerung und Industrialisierung, Unmengen an Energie verbraucht. Was sowohl die Gesellschaft wie auch die Energiewirtschaft vor große globale Herausforderungen stellt. Um diesen erhöhten Bedarf zu decken, greift nun das EU-Parlament auf seit langer Zeit umstrittene „Energiespender" wie Kernkraft und Erdgas zurück und erklärte diese seit Anfang 2022 als nachhaltig[324]. Was die kontroverse Diskussion und den Widerstand gegen diese angeblich „sauberen Energieformen" neu entfacht.

- Sind Atomkraft und Erdgas tatsächlich so sauber und nachhaltig, wie uns erklärt wird, oder eher nicht?
- Welche Schattenseiten und Gefahren bringen diese Energie-Notlösungen mit sich?
- Wieviel Energie verschlingt der 5G-Netzausbau tatsächlich?
- Und welche sauberen Alternativen gäbe es, um den ständig wachsenden Energiebedarf zu decken?

Diese und andere Fragen ergründet dieses Kapitel.

Die Steigerung des Energieverbrauchs durch 5G bis 2030 um 160%!

Der 5G Netzausbau verschlingt vom Aufbau bis hin zur späteren täglichen Anwendung Unmengen an Energie. Dabei wird oft der Abbau von Rohstoffen, die Fertigung für Millionen kleiner und großer Sendeanlagen oder Produkte wie Handys usw., der Transport per LKW, oder Raketentreibstoff für tausende 5G-Satelliten im Orbit, bis hin zum Techniker und Installateur, der ebenfalls Anfahrtswege bewältigen muss, nicht mitgerechnet. Was bedeutet, dass das weltumspannend geplante 5G-Netz pausenlos Energie verschlingt, um all den Service und Luxus oder Dauerbetrieb der Anlagen zu gewährleisten. Der ABI (Inter Digital Report) vom November 2020 beziffert bereits jetzt den Mehrbedarf, den das 5G-Netz verursachen wird, auf 160% gegenüber dem jetzigen Energieverbrauch[325]:

> *„Das Aufkommen von 5G ist ein beispielloses Versprechen für das drahtlose Ökosystem und unsere Welt, aber wir müssen uns über den erstaunlichen Energiebedarf von 5G und seine lebensverändernden Anwendungsfälle im Klaren sein, um geeignete und zeitnahe Lösungen zu entwickeln", sagte Henry Tirri, Chief Technology Officer von InterDigital. „Wir müssen neben den technologischen Auswirkungen auch den ökologischen Fußabdruck berücksichtigen, um sicherzustellen, dass 5G und zukünftige Generationen von drahtlosen Technologien in einer verantwortungsbewussten und energiestabilen Welt existieren und gedeihen."*

Serveranlagen als Energieverbrauch-Monster

Doch damit hört der riesige Energiehunger der 5G-Netze nicht auf: Denn all die Terrabytes an extern erfassbaren und gesammelten Daten für das – oder aus dem – Internet der Dinge, werden zu riesigen Speicheranlagen gesendet, welche Unmengen Strom verbrauchen. In einem Onlinebeitrag vom 10. Dezember 2019 bei www.zeit.de heißt es dazu[326]:

> *„Laut dem Stromversorger E.on wird der Energiebedarf durch 5G um 3,8 Milliarden Kilowattstunden steigen. Das ist genug Strom, um mehrere Großstädte ein Jahr zu versorgen."*

Und diese Aussage spiegelt nur den Bedarf der Rechenzentren, jedoch nicht die gesamte Umstellung und den Verbrauch der Automobilindustrie auf funkvernetzte, fahrerlose „E-Autos" oder vollautomatische 5G-Produktionsanlagen, Drohnen, Anwendungen im Haushalt oder die Vernetzung von Pflegerobotern, usw ... Welche ebenfalls Unmengen Energie benötigen und verbrauchen werden.

Atomstrom & Erdgas als „greifbarer Energielieferant"

Um diesen riesigen, stetig wachsenden Energiebedarf zu decken, greifen die „Lenker der Europäischen Union" jetzt auf Vertrautes zurück und erklärten bereits Anfang 2022 Kernkraft und Erdgas als nachhaltige Energieträger. Angeblich, weil sie plötzlich im Vergleich weniger Treibhausgase freisetzen würden als beispielsweise Kohle oder Öl und der Treibhauseffekt und die CO2-Erwärmung. Die in Politik und Medien eine tragende Rolle spielt, obwohl sie auch viele Löcher hat. Wie im Kapitel zur Wirkung von Mikrowellen auf das Klima und Wasserkreisläufe geschildert. Ableitend daraus hat sich hier jedoch über die Jahrzehnte ein auf Irrtümern beruhendes Denkgebäude gefestigt, das entgegen jeder Logik dem relativ harmlosen CO2 die Alleinschuld am Klimawandel gibt. Aber kehren wir zu dem wachsenden Energiebedarf durch den 5G-Netzausbau und Atomkraft und Erdgas als geplante „Notlösung" zurück.

Alte Ideen im neuen Gewand

Bei näherem Hinschauen sind die Ideen, Atomkraft als „nachhaltig und ökologisch" zu erklären nicht neu. So heißt es bereits in einem Artikel des Diplom-Physikers Detlef Scholz in einer ‚Raum & Zeit' Ausgabe von 2010[327]:

> *„Im Jahr 24 nach Tschernobyl nun sind die Anhänger der Atomenergie wieder ziemlich laut unterwegs. Da ist die Rede von einer umweltfreundlichen, Klima schonenden „Brückentechnologie", welche unabdingbar für die Versorgungssicherheit sei und die Energiewende hin zu den Erneuerbaren erst ermögliche ..."*

Deshalb wird der Leser zwölf Jahre später mit einer Art Déjà-vu konfrontiert, wenn er liest[328]:

> *„Das EU-Parlament hat die Einstufung von Erdgas und Atomkraft als nachhaltig gebilligt. Damit dürfte dem entsprechenden Vorschlag der Kommission nichts im Weg stehen. Aber nicht jedes Land will*

das Votum hinnehmen. Mindestens 353 der 705 Abgeordneten hätten dagegen stimmen müssen, um das grüne Siegel für Atomkraft und Gas zu stoppen. Es stimmten 328 dagegen, 278 Abgeordnete dafür und 33 enthielten sich der Abstimmung."

So ist Atomstrom und Erdgas durch politischen Entscheid über die Köpfe der Bürger hinweg, trotz 328 Stimmen dagegen und 278 dafür, zu „ökologisch freundlicher Technologie" erklärt worden. Doch ist das wirklich so?

Schauen wir uns das einmal näher an:

Der Zweck von Radioaktivität in der Natur nach Walter Russel

In der Tat erfüllt jedes Element, egal ob radioaktiv wie Uran (U, 1789), Thorium (Th, 1828), Polonium (Po), Radon (Rn), Francium (Fr), Radium (Ra), Actinium (Ac), Protactinium (Pa) - oder nicht, in der Erde einen Zweck.

Eine Erklärung dafür lieferte der als Universalgenie geehrte Denker, Künstler, Architekt und Unternehmer Walter Russel (1871-1963), der 1941 von der American Academie of Science für hervorragende wissenschaftliche Leistungen für die Menschheit ausgezeichnet wurde[329]. Russel hatte ein eher universales und kein statisches Weltbild des Periodensystems und der Entstehung und des Verfalls von Materie aller Art, bis hin zu den Atomen. So sind für ihn die Elemente des Periodensystems nicht unverrückbar, sondern lediglich verschiedene Stadien von Materie, die sich im Aufbau/Verdichtungs- oder Zerfallsprozess und ständigem Wandel befinden. Wobei reiner Kohlenstoff, wie der Diamant, die Mitte dieser Aufbau- & und Zerfallsprozesse auf der Erde bildet, weil ab da verstärkt Zerfallsprozesse einsetzen und überwiegen.

Russel sah in dieser Wechselwirkung aus Aufbau und Zerfall auch verschiedene schwache und starke Abstrahlungen von Energie oder Licht. Ähnlich der heutigen Scalarwellendefinition[330], wobei Materie lediglich eine grobstoffliche, greifbare Verdichtung von Licht nach Russels Verständnis ist. Die vollständig zerfallen/aufgelöst wieder zu reiner Energie oder Licht wird und diese Lichtstrahlung wieder an das Umfeld abgibt.

Wie wir es bei alten verglühenden Sternen oder auch in Supernovas beobachten können. (Buchtipp: Walter und Lao Russel: Radioaktivität – das Todesprinzip in der Natur) Was hat das nun alles mit Radioaktivität zu tun? Nach Russels Erkenntnissen, zu denen Nikola Tesla als ein bekannteres Genie seiner Zeit meinte, er solle sie 1.000 Jahre wegschließen, weil die Welt dafür noch nicht bereit sei, handelt es sich bei radioaktiven Stoffen, um sehr alte, bereits stark im Zerfallsprozess befindliche Elemente, die diese Zerfallsprozesse auch in ihrem Umfeld verstärken, da sie ihre dabei entstehende Hitze an das Umfeld abgeben. Tief in der Erde ist das auch gut und gewollt, meint er, da die radioaktive/erhitzende Strahlung von „Licht und Energie" sogar Fels zermürbt (verflüssigt) und letztlich zu Wasser umformt. Was wiederum lebensspendend ist und woraus sich dann Materie wieder fester werdend verdichtet. Was einen ewigen, natürlichen Kreislauf des Werdens und Vergehens bildet, den wir überall in der Natur sehen können.

Die Regenbogenschlange sollte lieber im Boden bleiben!

Doch an die Oberfläche geholt, werden die radioaktiven Zerfallsprozesse, die tief unter der Erde stattfinden, nun hier oben stark angekurbelt und führen zu ungewollten Nebenerscheinungen und verstärkten Zersetzungsprozesse an der Oberfläche. Die wiederum zu großen Problemen, wie der Suche nach einer Endlösung für radioaktiven Abfall, oder Widerstand gegen sogenannte Endlager führen. Wie wir es heute überall erleben. Vielleicht waren die „primitiven" Naturvölker also doch nicht so dumm, wenn sie – wie die Aborigines sagten, wir sollen die Regenbogenschlange in den (Uran – angereicherten) Bergen unberührt lassen, welche für sie heilig waren/sind? Einfach ausgedrückt wirken nach Russels Erkenntnissen radioaktive Stoffe tief in der Erde ähnlich wie ein Komposthaufen: Sie zersetzen und verstoffwechseln sich selbst, alles um sie herum und geben dabei (zersetzende) Hitze frei. Was wir als Strahlung messen können. Und diesen Komposthaufen (Uran usw.) holen wir nun, seitdem wir erkannten, was wir damit machen können, tief aus der Erde herauf und legen ihn sozusagen in unsere Fabriken oder neben unsere

„Wohnzimmer", produzieren daraus Waffen und verschießen diese zu Millionen Tonnen als Kernwaffentests, Uranmunition und setzen diese Kräfte überall frei. (Doku-Tipp: Kriegsverbrechen Uranmunition, von Frieder Wagner, SCHILD-VERLAG) In der Hoffnung, das wäre nicht so schlimm. Weshalb wir hier oberirdisch auch teils nahe von AKWs wohnen, oder Kraftwerke neben Wohngebieten errichten.

Atomkraft: Die Schattenseiten

Damit ergeben sich eine ganze Reihe großer schädlicher Nebenwirkungen. Nur werden und wurden diese Zerfallsprozesse, bereits zu Russels Lebzeiten stark unterschätzt. Ein Virus namens Arroganz und Unwissenheit hat uns im Griff, da wir denken, diese machtvollen Lebens-zersetzenden Energien schon irgendwie oder irgendwann handhaben (bändigen) zu können. Und wenn nicht jetzt, dann eben in einigen Jahrzehnten oder Jahrhunderten. Schauen wir uns das kurz einmal an:

1. Abwärme

Dass Atomkraft (messbar) das Klima erwärmt, wurde bereits in einem anderen Kapitel beschrieben:

- So gibt jedes Atomkraftwerk auch eine beträchtliche Energie an Abwärme über die Kühltürme oder das Kühlwasser in die Flüsse ab, was wiederum das Mikroklima der Flüsse stört,
- Und wurden oder werden weiterhin gewaltige Energiemengen durch tausende Atombombenversuche seit 1945 in der Atmosphäre freigesetzt. Energien, die so heiß sind, dass sie Felsen schmelzen können!
- Oder sprechen Reaktorunfälle wie Fukushima oder Tschernobyl ihre eigene Sprache zum Thema „sichere und nachhaltige", neuerdings auch „ökologisch vertretbare" Energie.

2. Radioaktive Abfälle

Außerdem sind die jährlich weltweit anfallenden 300.000 Tonnen schwach, stark oder sehr stark strahlenden radioaktiven Abfälle, bestehend aus verstrahlten Handschuhen und Werkzeugen, bis hin zu ganzen Fässern, voll mit radioaktiven Substanzen oder tausende Jahre hoch strahlenden Müll, wie „alten, unbrauchbaren Heizstäben" ein ständig wachsendes Problem. Das darüber hinaus niemand vor seiner Haustür haben will. Weil wir eigentlich genau wissen, welche Problematiken damit einhergehen[331].

3. Das Problem mit den „sicheren Endlagerstätten"

Wenn technisch erzeugte Mikrowellen, wie wir sie für den Mobilfunk oder zum Erwärmen von Speisen verwenden, durch das Bundesministerium für Strahlenschutz bestätigte thermische Wirkungen haben (die nach Walter Russel auch Zerfallsprozesse auslösen): wie sehen dann erst Studien zur thermischen Wirkung radioaktiver Strahlung und ihren Auswirkungen auf die Umwelt aus? Zumal es keine wirklich sicheren Endlagerstätten gibt, da selbst härtester Beton über die Jahre durch die radioaktiven Zerfallsprozesse mürbe wird, und radioaktive Strahlung in das Grundwasser oder Flüsse und damit zum Menschen abgibt. (DVD-Doku-Tipp von arte/ Eric Guéret: Alptraum Atommüll)

4. Erhöhtes Krebsrisiko neben Kernkraftwerken

Da die Zerfallsprozesse und Energien nicht „aus ihrer Haut" können, ist es nicht verwunderlich, dass sie auch bei biologischen Lebewesen Zersetzung auslösen (wollen). Daher tragen Mitarbeiter, die in/mit Strahlenabfällen arbeiten, auch Schutzanzüge und dürfen diese sich nur kurze Zeit in der Nähe von hoch radioaktiven Stoffen aufhalten. Oder sie sterben rasch oder bald darauf an Strahlenfolgen wie Krebs usw. Auch hier unterschätzen wir diese Wirkung völlig und meinen, in der Nähe von

Kernkraftwerken wäre das durch „gesetzliche Sicherheitsbestimmungen" schon handhabbar.

Interessant wird es, wenn wir uns Berichte oder sogar Studien anschauen, die in der Nähe von „ungefährlichen" Atomkraftwerken ein verstärktes Krebsrisiko auch bei Kindern offenlegen. Die uns natürlich Rätsel aufgeben, da alles im öffentlichen Diskurs und nach wissenschaftlichen Erkenntnissen oder gesetzlich vorgeschrieben „sicher" sein soll.

Das hier mächtig schöngefärbt und auf unverantwortliche Art und Weise mit den Zahlen leichtsinnig jongliert wird, meint Sebastian Pflugbeil, Präsident der Gesellschaft für Strahlenschutz, und ehemaliges Mitglied einer Expertengruppe, die eine solche Studie begleitete[332]. In einem Artikel der Zeitschrift Raum & Zeit wird dazu unter der Überschrift „ Fahrlässige Wissenschaftler verharmlosen Gefahr durch Atomkraftwerke" angemerkt[333]:

> *„In Deutschland gab es wiederholt Alarm: In der Umgebung der Kernkraftwerke Lingen, Würgassen, Gundremmingen, vor allem aber in der Umgebung des Kernkraftwerkes Krümmel stiegen die Krebsfälle dramatisch an ...*
> *In zahlreichen Studien wurde der Versuch unternommen, diesen Verdacht mit wissenschaftlichen Methoden nachzugehen. Doch diese Versuche waren problematisch. Es handelte sich immerhin um ein brisantes Thema. Die Kernenergielobby war nicht begeistert: Wenn tatsächlich erhöhte Krebs- oder Leukämieraten nachgewiesen würden, würde doch dadurch das Bild der sauberen Energiequelle Kernenergie empfindlich beschädigt: So ist nicht überraschend, dass gerade solche Wissenschaftler schweren Angriffen ausgesetzt waren, die besonders klare Ergebnisse über die Gefahren der Kernkraft erzielt hatten. Auf der anderen Seite begründeten andere Wissenschaftler eine solide Karriere, indem sie konsequent nicht Beunruhigendes fanden ... Im Fall Krümmel war allerdings die Krebsrate derart hoch, dass sogar mehrere Kommissionen eingesetzt wurden, um die Ursachen für das weltweit (!) höchste Leukemierisiko bei Kindern zu ermitteln ..."*

Wissenschaft, die nicht immer [klares] Wissen schafft

Natürlich kann sich jeder ausrechnen, dass schlussendlich öffentlich bekannt gegeben wurde, dass kein Zusammenhang mit Krebsrisiken bestehe. Wie das folgende Zitat der Abschlussbewertungen der eingesetzten Kommissionen aus Pflugbeils Artikel laut Deutschem Ärzteblatt zeigt[334]:

> *„Damit ergibt sich auf einer großen Datenbasis, dass Krebserkrankungen bei Kindern, insbesondere noch Leukämien, nicht systematisch gehäuft in der Nähe deutscher kerntechnischer Anlagen auftreten. Weitere Untersuchungen wurden als nicht sinnvoll angesehen."*

Ein Physiker (Dr. Albrecht Körblein) soll dem jedoch entschieden widersprochen und die (öffentliche) Aufmerksamkeit dann auf das erhöhte Auftreten im 5km-Radius von Kernkraftanlagen gelenkt und so dafür gesorgt haben, dass sich das Bundesministerium für Strahlenschutz (BfS) nochmals dem Thema mittels einer sehr aufwendigen Fallkontrollstudie widmete. Interessanterweise wieder durchgeführt durch das Kinderkrebsregister Mainz, das zuvor zu keinem beunruhigenden Resultat kam. Da die Mainzer Wissenschaftler mutmaßten, womöglich wieder nichts zu finden, wurden sie (durch Anregung von. Dr. Körblein) durch die neue Studie nun aber überrascht, da sie dann doch erhöhte Krebszahlen in der Nähe deutscher Kernkraftwerke fanden. Zitat des oben erwähnten Deutschen Ärzteblattes zu den Folgeuntersuchungsergebnissen:

> ***„Ergebnisse:*** *Ein Zusammenhang zwischen Wohnungsnähe zum Kernkraftwerk und dem Leukämieerkrankungs-Risiko wurde beobachtet (593 Leukämieerkrankungen, 1766 Kontrollkinder). Innerhalb der 5-km-Zone zeigt sich für Leukämien bei unter 5-Jährigen mit 2,19 ein statistisch signifikant erhöhtes Risiko gegenüber der Restregion. Es ergibt sich eine Übereinstimmung der gesamten Studienregion mit der bundesweiten Erkrankungsrate (SIR = 0,99; 95-%-Konfidenzintervall: 0,92–1,07)."*

Endergebnis:

- *„Sowohl für alle Krebse (p=0.0034) wie für Leukämien (p=0.0044) nimmt das Risiko mit der Nähe zum KKW signifikant zu.*
- *Im Nahbereich ist die Krebsrate um 60%, die Leukämierate um 118% gegenüber der Rate im restlichen Studiengebiet erhöht."*

Als Ursache der im Umfeld verstärkt auftretenden Krebsfälle wird Radioaktivität bis heute dennoch explizit ausgeschlossen. Jeder Zusammenhang (wie parallel auch beim Mobilfunk) wird geleugnet, obwohl man konkrete Hinweise auch wieder anhand von Datenerhebungen hat. Wie in der KiKK-Studie (Kinder Krebs in der Umgebung von Kernkraftwerken) die sehr klare Zahlen zu erhöhten Krebsrisiken zeigt, wurden andere Länder mit AKWs angeregt, ebenfalls Untersuchungen zu starten[335]. Später gab es aus diesen Ländern ebenfalls Belege, dass es z.B. in der Nähe englischer Reaktoren ähnlich gesundheitsgefährlich ist. Gleichzeitig wird weiterhin durch das BfS[336] oder eine mächtige Energie-Lobby jeglicher Zusammenhang zwischen Kinderkrebs und Kernkraftwerken bestritten. Da wir nun Kernkraft auch politisch als „sauberen„ Weg in eine „ökologische" Zukunft" anpreisen, wird sich hier wohl unter der Schirmherrschaft der Zukunftsplaner auch nichts ändern. Außer, es stehen genügend Menschen auf, und suchen, entwickeln oder fordern andere Energielösungen. Doch bevor wir dazu kommen, noch ein kurzer Blick auf das angeblich jetzt ebenfalls „saubere Erdgas".

Erdgas – der neue ökologische Hoffnungsträger?

Wer sich ein wenig mit Ökologie und herkömmliche Energiegewinnung beschäftigt, wird auch über das weit verbreitete Konzept vom „umweltfreundlichen" Erdgas stolpern. Allgemein gilt es als saubere und umweltbewusste Energiequelle, da es weniger CO2 bei der Verbrennung verursacht als Kohle oder Öl. Beim Abbau werden mit schwerem Gerät tiefere gashaltige Vorkommen durch senkrecht-Bohrungen gesucht, um sie dann von oben aus mit horizontalen Bohrungen, die zu den ersten Löchern führen, anzubohren und das Gas zu fördern. Hierbei wird mit großem Druck von bis zu 1.000 bar, eine mit Chemikalien angereicherte

Frackingflüssigkeit in die Lagerstätte gepresst, wodurch das Gas entweicht, sich mit der Flüssigkeit verbindet und zum Bohrloch aufsteigt. Wo es aufgefangen und anschließend in Speichern gelagert werden kann.

Die schädlichen Seiten des Frackings

Zu den Inhaltsstoffen der mit Chemikalien angereicherten, sogar durch Untersuchungen nachgewiesenen ökologisch toxischen (giftigen) Frackingflüssigkeit[337] heißt es bei www.solaranlage.eu[338]:

> *„Die genaue Zusammensetzung der Frackingflüssigkeit ist nicht immer bekannt, weswegen Gutachten oft auf freiwillige Angaben der Bohrfirmen basieren. Ganz allgemein setzt sich eine Frackingflüssigkeit aus Wasser, Stützmitteln und chemischen Additiven zusammen. Aufgabe der Stützmittel ist es, die im Gestein erzeugten Risse auf mechanische Weise offenzuhalten. Dazu kommen Quarzsand oder auch eigens zu diesem Zweck produzierte kleine Keramikkugeln zum Einsatz. Die chemischen Additive erfüllen verschiedene Funktionen, entsprechend groß ist ihre Anzahl. Mehr als 700 Chemikalien kommen zum Einsatz. Darunter sind beispielsweise auch Biozide, um das Bakterienwachstum zu hemmen."*

Neben dieser gewollten und gezielt herbeigeführten Gas- und Chemikaliensammlung an den Bohrlöchern durch die mit Gas angefüllte Flüssigkeit, entsteht dabei eine ökologisch und gesundheitlich viel größere und sehr schädliche Nebenwirkung. Anschaulich dargestellt wird das in der DVD „Gasland" (Lighthouse Home Entertainment 2011). Worin wir sehen können, wie in den USA für einen kurzzeitigen Gewinn ganze Regionen dauerhaft vergiftet wurden oder noch werden. Oder Tiere, Pflanzen und Menschen umziehen müssen, „so sie denn können oder eben ins ungenießbare Gras beißen wollen" wie ein Kommentar im Film meint. Grund dafür ist, dass nicht nur an den Bohrlöchern nach dem Anbohren und Aufbrechen der gashaltigen Erdschichten das leicht entzündliche Erdgas entweicht, sondern überall. Wobei niemand danach weiß, wo genau das dann sein wird. So beginnen Wasserquellen durch Gasaustritt plötzlich zu blubbern, werden

Weidetiere krank und geben ungenießbare Milch, müssen Landwirte plötzlich mit sauberen Wasser von außen versorgt werden, da der eigene Brunnen durch Erdgas vergiftet ist, oder brennt das Leitungswasser aus dem Hahn, wenn man ein Streichholz daranhält, wie eine Kerze! Willkommen im ökologisch von jetzt ab „nachhaltigen" Gasland!

Die Rechtfertigung des Dilemmas

Gerechtfertigt wird das Thema Atomstrom und Erdgas mit seinen giftigen Nebenwirkungen damit, dass man Energielösungen bis zum Aufbau der Netze/Infrastruktur zur Umstellung auf erneuerbare Energien sucht, braucht oder eben wegen dem ständig wachsenden Energiebedarf haben muss. Da es angeblich noch Zeit benötigen würde, bis es diese Infrastruktur gibt. Und diese Energiewende (hin zu Wind und Solar) kostet laut offiziellen Medienberichten den deutschen Steuerzahlern und Stromkunden vorerst 500 Milliarden Euro[339]. Mehr kommt dann noch. Dabei ist Windenergie jedoch nicht ganz so sauber, effizient und umweltfreundlich wie immer gedacht, verursacht sie doch laut seriösen Studien regional Trockenheit und Dürre (Miller und Keith/ Universität Harvard 2018) oder trägt sie dazu bei, dass für jedes Windrad in Waldgebieten bis zu 8.000 m^2 Wald für Zufahrtswege, Standorte oder für naturkonforme Rotorblätter aus Balsa Holz neuerdings sogar Regenwald (auch illegal) abgeholzt wird. Da die Nachfrage stark stieg und man für die entstehenden Massen an Sondermüll, wie den Rotorblättern aus Fiberglas, ökologisch nachwachsende Alternativen suchte. So zerstört Ökostrom derzeit immer mehr die grüne Lunge und damit die Ökologie unter dem Motto der Nachhaltigkeit. (Lesetipp: Rolf A. Landsberg: Wind ohne Kraft -Deutschlands gigantischste Fehlinvestition)

Fortschritt schläft nicht: – Unkonventionelle Energielösungsansätze

Während die Politik, Netzbetreiber oder „wirtschaftlich orientierten" Zukunftsplaner und sogar manche Wissenschaftler bangen, wir müssen noch am Alten festhalten und die nächsten Jahrzehnte weiterhin giftiges

Erdgas oder gefährlichen Atomstrom oder Erdöl nutzen, überschlagen sich parallel dazu die Ereignisse und werden alternativ ständig neue Energielösungen kreiert. Welche man aber nur findet, wenn man den Weg des öffentlichen Bangens und Ringens um Lösungen verlässt.

- So findet der Interessierte Ideen zu neuartigen Farbstoff-Solarzellen, wofür der Chemiker Michael Grätzel den Millennium-Technologiepreis erhielt[340]),
- oder sogar Literatur mit Schritt für Schritt-Anleitung zum Umbau von Benzin- oder Dieselmotoren auf Wassermotoren. Die reich bebildert darstellen, dass sie sowohl in Fahrzeugen, wie auch Schiffen funktionieren. (Buchtipp: Adolf und Inge Schneider, Jose Vaesken Guillen; Der Wassermotor – Zum Selbernachbauen für Motorräder und Autos! /Jupiter-Verlag 2018)
- Beziehungsweise „trifft" der Suchende auf Physiker wie Prof. Dr. Claus W. Turtur, der Raumenergie nicht nur nachwies, sondern öffentlich anbietet, einen solchen auf Nikola Teslas Ideen beruhenden „freien Energiegenerator" für nur 11 Millionen Euro in Waschmaschinengröße zu bauen. (Doku-Tipp- Raumenergie – Die unterdrückte Alternative zur Atomkraft)
- Weiterhin „stolpert" der Suchende bei einer einfachen Googlesuche oder auf YouTube über Magnetmotoren ([341], siehe auch in: Adolf und Inge Schneider: „ Autonome Magnetmotoren", Jupiterverlag 2024).
- Oder können wir uns auf Kongressen – wie jene des Jupiter-Verlages – in Live-Vorführungen neue Energielösungen anschauen und Ideen präsentieren lassen,
- oder stoßen Interessenten mit dem nötigen „Kleingeld" inzwischen sogar auf komplette saubere (klimaneutrale) Mini-Anlagen oder industrielle Großanlagen für Privatnutzer oder Unternehmer, die eine hervorragende Energie-Leistungsausbeute erzeugen. (Buchtipp: Adolf und Inge Schneider: „Die Heureka-Maschine- Der Schlüssel von Dr. V.V. Marukhin zur Energiezukunft, Jupiter-Verlag 2017).
- Und werden umweltfreundliche Auftriebskraftwerke der Firma Rosch AG (https://rosch.ag) nachdem sie mit ihren alternativen voll funktionstüchtigen Energie-Lösungsansätzen auf Basis von Pressluft den Firmensitz nach Thailand verlagerten jetzt dort von der thailändischen

Regierung gebaut. Welche gegenwärtig mehrere Großkraftwerke zur autonomen Energiesicherung (24 h am Tag / 365 Tage im Jahr) von der ehemals bei Köln ansässigen deutschen Firma bauen lässt. Entgegen aller kritischen Stimmen, die behaupten, diese funktioniere nicht.

- Dabei haben wir noch gar nicht über neue Entwicklungen im öffentlich bekannteren Bereich Wasserkraft oder Windenergie-Ernte durch Windsegel[342] und tausend weitere Ideen, die gerade in einer Art parallelen alternativen Energiewende von weltweit Millionen Arbeitsgruppen ausgetüftelt, oder sogar der Presse vorgestellt werden, gesprochen.
- Wie die fantastischen Erfindungen des Afrikaners Maxwell Sangulani Chikumbutso aus Simbabwe[343] und andere, über die hierzulande kaum berichtet wurde.

Wer sucht, findet viele in Entwicklung befindliche oder bereits fertige Energie-Lösungen. Weshalb sich die Frage stellt, ob die Energiewende wirklich 520.000.000.000 € kosten muss? Könnte es sein, dass wir womöglich gerade eine alternative Energiewende komplett verschlafen, die sich von den Medien und Politikern unbeachtet, in alternativen Forschungsbereichen entwickelt, während wir lediglich auf Windenergie, Solarenergie, Biogas, Wasserstoff, heißer Fusion, Atomkraft oder Erdgas fokussieren?

Kapitel 16

Smartes Leben & Elektroschrott

Der Ruf nach immer mehr, und vor allem neuester Technologie, und dem Versprechen, auf immer bessere, schnellere und leistungsfähigere Produkte, geht um die Welt: Handys, Smartphones, Computer, Fernseher, Drucker, Scanner, egal ob alt, neu, oder erst nur als Ideen von morgen: Es wird getüftelt, geworben und produziert. Und während die Nutzer, Anbieter, Netzbetreiber, Hersteller, Politiker darüber jubeln und gewaltig vom Technikboom profitieren, wird eine der Kehrseiten verdrängt und wächst ständig an: Der Elektroschrott! Denn alles was neu war, ist bald wieder alt. Und alles was alt ist, wird bald unbeliebt oder unbrauchbar und damit zu Müll. So fallen laut Statistiken jährlich EU-weit etwa 4 Millionen Tonnen[344] ausgediente Fernseher, Radios, Computer, Handys usw. in Sammelstellen an. 853.000 Tonnen davon allein in Deutschland. Das sind rund 10,3 kg pro Kopf. Und ein Ende ist nicht abzusehen. Welche Folgen hat das ...

- für die Umwelt?
- für die Ressourcen?
- für unsere Zukunft?
- Und welche Möglichkeiten gäbe es, dem wachsenden Müllproblem zu begegnen?

Diesen Fragen widmet sich dieses Kapitel.

Fortschritt & Abfall

Mit Beginn der industriellen Revolution, der Massenproduktion, der Erfindung neuer „Stoffe", Materialien und Produkte wie Plastik oder später auch Elektronik und steigendem Konsumverhalten, steigt signifikant auch die weltweite Menge an Abfall. Doch spielte das Müll-Problem im „primitiven" Mittelalter oder sogar bis vor 80 Jahren etwa, also zu Ur-Omas Zeiten, als gesellschaftliche Umweltkatastrophe und ökologisches Desaster, an dem die Menschheit zu ersticken droht, noch fast keine Rolle. So berichtet ein Beitrag des Bayerischen Rundfunks vom 19.07.2024[345]:

> *„Im Mittelalter gab es keine Müllabfuhr. Der Müll wurde einfach aus dem Fenster gekippt. Das war zwar ekelig, aber eigentlich kein*

Problem. Denn das meiste Zeug, das aus dem Fenster flog, waren Gemüsereste, abgenagte Knochen und „Fäkalien", also das, was sich im Nachttopf befand. „Alles Biomüll", könnte man sagen. Dieser Müll wurde einfach vom Regen weggewaschen oder in den nächsten Stadtbach oder Fluss geschwemmt. Ein Teil wurde von Tieren gefressen, der Rest löste sich ziemlich schnell auf. Müll, wie wir ihn heute kennen, gab es damals auch gar nicht. Es gab nur die Art von Müll, die von selbst verschwindet. Sie wurde aber nicht Müll, sondern „Unrat" genannt. Alles andere war kein Müll, denn es wurde nicht weggeschmissen, sondern wiederverwertet. Stoffreste, Metall oder Glas waren viel zu wertvoll, um einfach weggeworfen zu werden. Wenn etwas kaputt ging, wurde es zu etwas Neuem umgearbeitet. Aus Stoffresten entstand ein neues Kleidungsstück, aus Metall schmiedete man Nägel. "

Nachdem man den stinkenden (Öko-)Abfall auf den Straßen als zu unangenehm empfand, schickte man – wie die Autoren des Artikels fortführen – beispielsweise im mittelalterlichen München „Rennschweine" durch die Straßen, die allen Abfall auf ihrem Weg durch die Straßen fraßen. Womit man den Müll einfach in nutzbaren Speck umwandelte. Heute würden wir wohl lebende Biotonne oder Biogasanlage dazu sagen. Als man bemerkte, dass die Schweine-Idee auch Unrat hinterließ, kam man auf die Idee, mit Pferdekarren den „stinkenden Mist" einfach aus der Stadt zu karren, wo er sich in Kompost verwandelte. Womit der erste Gedanke an eine Müllabfuhr entstand. Aber wohl auch das heute übliche Denken:; „Aus den Augen, aus dem Sinn."

Wie unser Denken sich wandelte

Das zu Uromas und Opas Zeiten alles noch anders war berichtet auch ein Beitrag der Stadtwerke Singen unter dem Thema Abfall – früher und heute[346]:

„Auf dem Einkaufszettel der Ur-Oma hätten beispielsweise folgende Artikel stehen können: 3 Liter Milch, 2 Pfund Brot, 1,5 kg Kartoffeln, 4 Äpfel, 1 kg Mehl etc. Brot und Mehl hat die Ur-Oma damals beim

Tante-Emma-Laden erhalten, Kartoffeln, Äpfel und Milch beim Bauern nebenan oder aus dem eigenen Garten. Die Ur-Oma hat alles lose in ihren mitgebrachten Korb gelegt, für die Milch hat sie eine Kanne mitgenommen. Für andere Produkte wie beispielsweise Butter hatte sie auch einen kleinen Behälter dabei."

Heute, wo wir die Dinge des täglichen Bedarfs, Nutz- oder Alltagsgegenstände und moderne, elektrische Geräte wie Handys, Computer, Kleidung, usw. bequem per Hochglanzkatalog auch online bestellen und uns Lebensmittel ins Haus liefern lassen können, ist uns das „mittelalterliche Denken" – all das als kostbar wertzuschätzen und entsprechend wiederzuverwerten, oder ohne Verpackungsmüll einzukaufen –, weitestgehend verlorengegangen. Schließlich gibt es ja auch genug, wird ständig neu produziert, oder werden die Regale ständig nachgefüllt. Was den Anschein erweckt, es sei auch alles immer im Überfluss da. Die Abwanderung aus ländlichen Gebieten in die Städte und Metropolen, auch Urbanisierung genannt, boomt: Mehrere Generationen kennen es inzwischen gar nicht mehr anders, wachsen in Städten und Metropolen auf. Wo sie versorgt und umsorgt werden und ihr Einkommen bestreiten (möchten).

Der entwurzelte Mensch

Dort sorgen gezielte Werbekampagnen dann dafür, dass sie in eine Art Kaufrausch verfallen. Und ständig neu kaufen (sollen). Denn Konsumieren und Vergnügen sind zu einer Art neuer Lebenssinn geworden[347]. Dabei scheinen ganze Großstadt-Generationen zu vergessen, dass das Müllproblem, an dem die Welt neuerdings erkrankt, hauptsächlich von den Industrienationen und Konsumenten verursacht wird. Nicht vornehmlich von den „überbevölkerten" Entwicklungsländern, die wohl noch mehr – so wie frühere wertschätzende Generationen auch – aus dem Müll, den wir dorthin für Devisen exportieren, etwas Wertvolles machen. Während sie insgeheim natürlich ebenfalls nach unserem Luxus streben und gern so viel wie wir wegwerfen und neu nachkaufen würden ...

Profitsucht als Müllverursacher

Und während sich Zukunftsforscher und Politiker heute große Sorgen machen, sind Versuche zu erkennen, die sogenannten „Konsumenten, Endverbraucher und Hersteller" zum Umdenken zu zwingen. So werden EU-weite Gesetze erlassen, die Einwegplastik verbieten sollen, um der sich immer mehr zuspitzenden Lage Herr zu werden[348]. Wobei eine Gesellschaft, die Wertschätzung und den früher natürlichen Begriff der „Nachhaltigkeit" leben würde, wie es mittelalterliches Denken ganz natürlich praktizierte, sich diese Frage überhaupt nicht stellen müsste, und Gesetze zur Plastikbekämpfung gar nicht brauchen würde. Oder einfach ausgedrückt:

Warum kommen wir nicht als Hersteller, Produzent, Erfinder oder Käufer darauf, gleich von Anfang an Wiederverwertbares zu produzieren und zu benutzen, statt erst Jahrzehnte verstreichen zu lassen, in denen wir Milliarden Tonnen Müll produzieren, welche den Planeten vergiften, um dann erst Gesetze zu verabschieden, die die Notlage regeln sollen? Sollte ökologisches Denken und Verhalten nicht an erster Stelle vor industriellem Wachstum stehen und ganz natürlich sein? Als Antwort könnte man etwas provokativ formulieren; weil bei diesen Versuchen die Welt oder unsere Ozeane, die buchstäblich im Müll ertrinken, zu retten, ein wichtiger Punkt übersehen wurde: Das etwas von uns Besitz ergriffen hat, das sich „Profitsucht und Streben nach schnellstmöglichem Wachstum" nennt. Das mit Gesetzen zur Rohstoffschonung oder Plastikverboten nicht so leicht zu beherrschen ist. Denn der Trend geht trotz neuer Gesetze ungebremst weiter, hin zu billiger Massenproduktion, was nicht immer ökologisch nachhaltig ist. Worin jeder versucht zu „sparen", wo es geht. Vom Hersteller der billig produzieren will, bis zum Verbraucher (der großen Masse mit einfachem Einkommen), der billig kaufen will.

Das Moore'sche Gesetz

Hinzu kommt, dass die Technologie ständig weiterentwickelt, verbessert, erneuert oder perfektioniert wird. Bei Computern verdoppelt sich demnach etwa alle 8 Monate, als Faustregel in der Entwicklung, die

Rechenleistung. Was nach Gordon Moore, Mitbegründer der Intel Corporation, 1965 als Moore'sches Gesetz formuliert wurde. Und übersetzt etwa bedeutet, dass heutige Mikroelektronik wie Computer, Laptops oder auch Handys in 8 Monaten wieder veraltet sein werden[349].

Schoppen – ein neues Lebensziel?

Gleichzeitig wird der sogenannte Endverbraucher ständig angehalten oder auch geschickt vom Handel durch Werbung manipuliert, immerfort neu nachzukaufen, um „modern, aktuell, hipp, cool oder in" zu sein. Was zur Folge hat, dass wir gesellschaftlich von kleinauf konditioniert werden, ständig neu nachzukaufen. Auch wenn das Alte eigentlich noch gut und brauchbar ist. Womit nächste Generationen zu einer Wegwerfgesellschaft erzogen werden, die ständig unzufrieden ist und immer das Neueste vom Neuen will. So ist Shoppen zu einem unkontrollierbaren Zwang oder einer zivilisierten Krankheit namens Kaufsucht, oder sogar zu einem neuen gesellschaftlichen Lebenssinn geworden[350].

Tricks und Kniffe der Industrie

Außerdem hat die Industrie längst entdeckt, dass es nicht weise ist, Dinge mit langer Haltbarkeit zu produzieren, da dies den jährlichen Umsatz einer auf ständige Gewinnmaximierung getrimmten Weltwirtschaft schmälert. Und so kamen dortige kluge Rechner auf die Idee, dass man auch schneller verschleißende Teile in bestimmte Produkte einbauen könnte, damit beispielsweise eine Waschmaschine nicht mehr ein Leben lang, sondern nur noch einige Jahre hält. – Und bald wieder nachgekauft wird. Was die Produktion ankurbelt und wiederum Arbeitsplätze schafft, womit dann letztlich auch die Politik und Wirtschaft zufrieden ist. Da sich sinkende Arbeitslosenzahlen politisch gut vermarkten lassen. Was aber auch wieder das Müllproblem verschärft. Zu diesen Problemen kommt seit vielen Jahren noch eine wahre Flut an Billigprodukten, mit denen der Handel aus billig produzierenden Ländern wie China überflutet wird, hinzu[351]. Was wiederum die Wegwerf-Mentalität fördert, denn billige Produkte kosten ja fast nichts und können – im Sinne der Industrie und des unendlichen Umsatzstrebens schnell nachgekauft werden.

Viele Ursachen, ein Problem: Müll!

So ist es nicht verwunderlich, dass die zivilisierte Welt im Müll versinkt. Und nur ein verhältnismäßig geringer Teil der Weltbevölkerung die meisten Rohstoffe verbraucht. Während sogenannte Entwicklungsländer durch Lizenzverträge mit reichen Industrienationen oder Konzernen um ihre Reichtümer gebracht werden. Und sogar den Müll der reichen Industrieländer aufkaufen, der dann dort teilweise illegal auf riesigen Halden – beispielsweise wie in Malaysia – unter freiem Himmel „entsorgt" oder verbrannt statt recycelt wird[352].

Der Müllberg wächst!

Bei diesen Praktiken ist leicht vorhersehbar, dass durch die auf schnellen Profit orientierte Industrialisierung und das Nachziehen sogenannter Schwellenländer, die alle so „verschwenderisch" wie der Westen leben und genießen wollen, das weltweite Müllproblem weiterhin wächst[353]:

> *„Laut dem am Montag veröffentlichten UBA-Bericht fielen 2017 insgesamt 18,7 Millionen Tonnen Verpackungsabfall an – das bedeutet einen Anstieg um drei Prozent gegenüber dem Vorjahr. Das heißt: Pro Bundesbürger entstehen im Schnitt 226,5 Kilogramm Verpackungsmüll. Die privaten Endverbraucher sind dabei für fast die Hälfte des Gesamtaufkommens verantwortlich, nämlich für 47 Prozent. Und dieser Anteil ist mit 3,8 Prozent auch noch überproportional gewachsen."*

Aber nicht nur Plastikmüll, sondern auch Elektroschrott verursacht hierzulande oder weltweit immer mehr Probleme.

Denn das wachsende Konsumverhalten und die vorher abgebildeten Problematiken bilden einen ständigen Zuwachs nicht nur an Kleidungs- und Plastikmüll oder Bauschutt, sondern auch an Elektromüll[354]:

„Nimmt man eine Weltkarte zur Hand und färbt die Regionen ein, in denen besonders viel Elektroschrott pro Kopf produziert wird, dann wird es dunkel in Europa, in Nordamerika, in Australien und Neuseeland. Auf einen US-Amerikaner fielen im letzten Jahr im Schnitt etwas mehr als 19 Kilogramm Elektroschrott, auf einen Deutschen knapp 23 und auf einen Norweger mehr als 28 Kilogramm. 2019 verursachten alle Menschen weltweit über 53 Millionen Tonnen Elektroschrott, bestehend aus alten Handys, PCs, Kühlschränken oder Fotovoltaikanlagen. Ein Gewicht, das 5300 Eifeltürmen entspricht."

Damit hat die Menge an Elektroschrott bis 2020 etwa um 21 Prozent zugelegt und ist Haushaltmüll der am schnellsten wachsende Bereich[355]. Dafür wurden offiziell auch bereits einige Ursachen gefunden:

- der zunehmende Konsum an Elektrogeräten (auch in Entwicklungsländern),
- die Kurzlebigkeit der Produkte,
- eine zunehmende Schwierigkeit, Elektrogeräte reparieren zu lassen.

Interessenskonflikte

Einerseits ist die Wirtschaft vor allem nach der Corona-Pandemie nun bestrebt, den Konsumenten zum Mehrkauf anzuregen, um Einbußen wettzumachen und will der „ehemals eingesperrte" Mensch nun auch wieder sein Leben genießen, andererseits verursacht dieses Streben nun aber auch wieder mehr Müll. Und es ist leicht auszurechnen, ohne ein Mathematikgenie zu sein, dass das Leben und die Umstellung auf Homeoffice weltweit massiv mehr Elektroschrott verursachen wird. Und somit wohl die Statistiken der prognostizierten Elektroschrott-Zuwächse für 2022 von weltweit 59,4 Millionen Tonnen auf 74,7 Millionen Tonnen bis 2030 wohl nach oben korrigiert werden müssen[356].

Rohstoffe, die auf dem Müll landen

Doch in diesen elektrischen Geräten befinden sich viele wertvolle Rohstoffe, wie beispielsweise Kupfer oder sogar Goldlegierungen. So dass wir nicht nur das Müllproblem schüren, sondern auch das Rohstoffproblem. Denn das Recycling dieser wertvollen Materialien oder allgemein von Elektroschrott, steckt immer noch in den Kinderschuhen. Wobei seit 2018 in Deutschland auch Schränke mit verbauten elektrischen Teilen (Leuchten) oder blinkende Turnschuhe u.Ä. als Elektroschrott gelten. Dabei landen, laut Naturschutzbund Deutschland (NABU), viele elektrische Geräte nicht in Sammelanlagen, sondern im Müll[357]:

> *„2020 wurden gerade einmal 44,1 Prozent der verkauften Elektroaltgeräte getrennt gesammelt, dabei schreibt das Gesetzt eine Quote von mindestens 65 Prozent vor. Durchschnittlich werden in Deutschland pro Jahr mehr als eine Million Tonnen Elektroaltgeräte nicht erfasst. Das entspricht etwa dem Gewicht von 100 Eifeltürmen."*

Weitere Problemfelder

Womit sich bereits beim Sammeln Probleme ergeben. Auch nehmen leider viele Handelsgeschäfte Altgeräte nicht zurück, obwohl sie laut NABU dazu gesetzlich verpflichtet sind. Weitere Problemfelder stellen dann das Trennen in nutzbare Ressourcen (Wie Metalle oder recyclebaren Kunststoff) und giftige/unbrauchbare Materialien/Restabfälle dar, die thermisch verwendet (verbrannt) werden. Die thermische Verwertung, egal ob Plastikmüll, Restmüll oder von nicht verwertbaren giftigen Abfall aus Elektroschrott, wird politisch gern mit zum Recycling oder zur „Wiederverwertung" gezählt. Doch bei genauerem Hinsehen ist das Augenwischerei und entstehen dadurch wieder neue Problemfelder:

1. Es gehen so Rohstoffe für immer einem tatsächlichen Kreislauf verloren (werden sprichwörtlich verbrannt).

2. Es entstehen daraus wieder giftige Rückstände oder Schlacken, die auf Sonderdeponien gelagert werden müssen und dort das Grundwasser und die Ökosysteme bedrohen.

3. Stellt sich eine Politik, die das befürwortet und gleichzeitig postuliert, die Klimaziele erreichen und weniger Schadstoffemissionen in die Atmosphäre schicken zu wollen, selbst ein Bein. Da die Müllverbrennung, oder besser gesagt, Verbrennung von Rohstoffen, auch wieder schädliche Abgase erzeugt und das Klima aufheizt.

4. Ist es dann kein Wunder, wenn eine Zivilisation durch diese Vernichtung von Rohstoffen schon jetzt „zwei oder bald mehr Planeten" zum Leben braucht, da sie sich wie ein Heuschreckenschwarm, der nur konsumiert, wegwirft, verbrennt, ... und nicht an die Folgen denkt, benimmt.

Nachhaltigkeit nach dem Vorbild der Natur

Tatsächlich sollten wir, wenn wir künftig nicht an unserem Müllproblem ersticken wollen, vielmehr von der Natur oder vielleicht auch aus den eingangs beschriebenen Praktiken des Mittelalters oder aus Omas Zeiten von vor 80 Jahren etwas lernen. Denn erstaunlicherweise produziert die Natur jährlich Unmengen an Abfall zum Beispiel aus Blättern oder umgestürzten Bäumen, Tierkadavern usw., den sie aber komplett wiederverwertet. Und zwar schon lange Zeit, bevor das Wort „Recycling" überhaupt erfunden wurde. Und vielleicht täten wir Menschen gut daran, wieder von ihr zu lernen, wie man alles, aber auch wirklich alles wiederverwertet? Im Mittelalter warf man schließlich auch nicht alles weg, sondern machte etwas Neues daraus! Nutzte es, bis es nicht mehr ging. Oder nutzte Materialien, die von der Natur wiederverwertet werden können. Demnach war das Mittelalter zwar primitiver vom Wissen, den technischen Möglichkeiten und dem religiösen Fanatismus her, jedoch fortschrittlicher als wir, mit unserem ständig steigenden, unermesslich wachsenden Müllproblem. Worin nun Mikroplastik bereits in unseren Blutbahnen zu kreisen beginnt und wir immer noch fleißig weitermachen, als würde da nichts geschehen und sei es das Einfachste von der Welt, immer mehr Müll zu produzieren! Nun, niemand möchte natürlich gern zurück ins „primitive" Mittelalter und so stellt sich natürlich die Frage, wie man denn zivilisiert leben könnte, ohne dabei auf alte „mittelalterliche" Praktiken zurückgreifen zu müssen. In der Tat gibt es hier bereits einige interessante Denkansätze, die uns Hoffnung geben, dass die Menschheit doch noch nicht ganz verloren ist:

Ökoeffektivität statt Ökoeffizienz

Wenn wir die Natur betrachten, werden wir feststellen, dass sie aus dem Vollen schöpft, aber dennoch kein Müllproblem kennt. Sie ist ökologisch gesehen, sehr effektiv im Verstoffwechseln. Also **öko-effektiv**. So produziert die kleine Ameise, die wie wir Menschen in großen Gemeinschaften lebt, ausschließlich Nährstoffe und keinen Abfall. Wozu der Chemiker Michael Braungart, einstiger Greenpeace Aktivist, meint[358]:

> *„Wenn wir so intelligent handeln würden wie die Ameisen, dann könnten wir sogar 30 Milliarden Menschen auf der Erde sein, und die anderen Lebewesen würden sich noch freuen, dass es uns gibt. Wir würden von Schädlingen zu Nützlingen."*

Viele Firmen oder auch Politiker streben jedoch nicht nach Ökoeffektivität sondern nach der Ökoeffizienz. Was bedeutet, sie wollen möglichst wenig Ressourcen verbrauchen und sparen, sparen, sparen, um möglichst wenig Schadstoffe zu erzeugen. Das Gegenteil der Natur, die viel erzeugt und verbraucht, aber auch wieder alles umwandelt und niemandem schadet.

Eine Welt ohne Verbraucher?

Braungarts Vision beinhaltet eine Welt, die den heutigen Verbraucher nicht mehr kennt, sondern vielmehr ebenfalls alles, was gebraucht und genutzt wird, auch wieder verstoffwechselt. (Cradle to Cradle auch C2C abgekürzt genannt). Ein Verbrauch findet damit nicht mehr - so wie heute noch üblich - statt. Das wird bereits bei T-Shirts, die letztlich auf dem

Kompost wieder in den Kreislauf des Lebens zurückgeführt werden können, oder Autokarosserien, die wiederverwertet werden können, in Komposttoiletten, die fertigen Mutterboden statt Wasserverschwendung produzieren, oder komplett recyclebaren Turnschuhen (z.B. von Nike) umgesetzt. So nimmt eine ökoeffektive Gesellschaft nach Braungart also langsam tatsächlich Gestalt an. Inzwischen soll es schon über 600 Produkte geben, die diesen Trend umsetzen und interessieren sich auch große Firmen wie BASF, Volkswagen oder Airbus dafür. Beispielsweise für kompostierbare Sitzbezüge für den Airbus A380, die bisher als Sondermüll entsorgt werden mussten, was somit sogar noch Kosten spart.

Fernseher & Autos im Recycling-System

Abb. 12: Ein Fernseher, entsorgt in einem Gewässer.

Bildquelle: pixabay.com

Doch wie müssen wir uns das Konzept dann auf Alltags- oder Gebrauchsgegenstände wie beispielsweise Fernseher oder Autos vorstellen? Dazu meint der Ökoeffektivitäts-Visionär Michael Braungart[359]:

„Wir müssen alles noch einmal neu erfinden – ausgehend von der Frage: Was will der Kunde? Der möchte eben nicht die Verantwortung für einen Fernseher mit über 4.000 giftigen Chemikalien übernehmen, sondern er möchte einen Film sehen. Und er möchte eigentlich kein Auto besitzen, sondern mobil sein. In solchen Fällen bietet es sich an, die Nutzung und nicht das Produkt zu verkaufen. Eine Art Öko-leasing also. Die Unternehmen würden dann nicht mehr das Billigste verbauen, sondern das Beste – das, was am besten wiederverwertbar ist. Zum Beispiel konstruieren wir für einen Fahrzeughersteller eine

Autokarosserie, deren Teile nicht geschweißt, sondern verklebt werden. Nach Gebrauch (z.B. Ablauf des Leasingvertrages nach 100.000 km/ Anm.) wird die Karosserie einfach in ein Tauchbad getan, wo Bakterien den Kleber zersetzen. Die einzelnen Teile können anschließend erneut verwendet werden."

Der Prophet im eigenen Land

Während dieses C2C-Konzept in den USA große Erfolge feiert, und weltweit immer mehr Fans gewinnt und Steven Spielberg, Brad Pitt, Cameron Diazs dafür werben, oder sogar Millionen Dollar spenden, sind die sonst so umweltbewussten Deutschen demgegenüber laut Braungart noch sehr skeptisch:

„Viele Deutsche romantisieren die Natur zu sehr und empfinden technische und chemische Innovationen schnell als Bedrohung."

Weitere Ideen für eine ökologisch-nachhaltige Welt

Braungart ist jedoch nicht der Einzige, der sich den wachsenden Herausforderungen des Müllproblems stellt. So gibt es seit einiger Zeit bereits verschiedene Ideen oder Möglichkeiten, Plastikmüll nicht mehr zu verbrennen, sondern wieder in reines Erdöl zurückzuverwandeln. Womit ebenfalls wieder ein Art Kreislauf geschaffen werden könnte, wenn man diesen Rohstoff, der heute überall in Massen verwendet wird, denn nicht in Verbrennungsmotoren oder als Heizöl verbrennt. Die Rede ist hier vom Ölrecycling, auch ReOil genannt.

ReOil – Aus Plastik wird Öl

Eine dieser sogenannten ReOil-Anlagen ging als Pilotanlage im österreichischen Schwechat bei Wien 2018 in Betrieb[360]:

„Bei der derzeitigen Pilotanlage, die seit 2018 in Betrieb ist, kann pro Stunde aus rund 100 Kilogramm Verpackungsmüll wiederum etwa 100 Liter Rohöl gewonnen werden. 450 Tonnen Plastik sind mittlerweile dort bereits verarbeitet worden, sagt Stefan Pirker, Leiter von Plastic2Oil der OMV in Schwechat, stolz: „Es ist eine sinnvolle und wichtige Ergänzung für die zukünftigen Recyclingquoten."

Weitere Anlagen sollen vom Saudischen Petrochemie Konzern Sabic zusammen mit dem britischen Unternehmen Plastik Energie für das wachsende ReOil-Geschäft im niederländischen Geleen geplant werden. Die 25.000 Tonnen Plastik pro Jahr durch Zufuhr von Hitze und Druck so aufbereiten, dass die polymeren Ketten der Kunststoffe aufgespalten und am Ende in synthetisches Rohöl umgewandelt werden können. Eine weitere Anlage soll evtl. im oberbayerischen Burghausen/ Landkreis Altötting/ Deutschland entstehen. Wenn auch keine Abkehr vom Öl, so wird dadurch jedoch ein Weg aufgetan, mit dem wachsenden Müllproblem fertig zu werden. Und zumindest einen Teil davon wieder zu recyceln.

Autofahren ohne Ölwechsel

Jährlich werden etwa 39 Milliarden Liter Schmieröl weltweit verkauft oder Altöl durch Neuöl ersetzt. Diese teuren Ölwechsel und damit auch verschmutztes Altöl, das als giftiger Sondermüll behandelt werden muss und deren Behälter aus Plastik bestehen, zu sparen, hilft eine mit mehreren Innovationspreisen und Fördergeldern des Landes Sachsen-Anhalt geehrte Erfindung aus Dessau-Roßlau von Martin Kemper. Die er Öldialyse nennt und durch ein weltweites Patent schützen ließ. Womit Milliarden Liter Motoröl weltweit nicht mehr ausgetauscht, sondern im Fahrzeug selbst gereinigt werden können. Dass das funktioniert, wird bereits von Mercedes in Berlin, Hafenfährenbetreibern in Hamburg, Städtischen Bussen in Fulda, Geilenkirchen, und Mönchengladbach bestätigt. Welche diese umweltschonende Reinigungsmethode neben den Armeefahrzeugen in Luxemburg bereits nutzen. Weshalb sich Martin Kemper mit seiner um 2010 gegründeten IMT-GmbH auch offiziell als NATO-Zulieferer bezeichnen darf[361].

Ökologisch und ökonomische Elektronik-Schrott-Aufbereitung in Gottmadigen

Dem Hightech-Boom und wachsendem Elektroschrottproblem mit Innovation und Erfindungsreichtum zu begegnen ist auch die Vision des Recycling-Unternehmens Arra Terra in Gottmadingen/ Baden-Württemberg. Über das das Magazin Raum & Zeit bereits in einem Beitrag von Hans-Joachim Ehlers in Heft 5/2010 mit dem Titel „Wo die Ökologie ökonomisch wird" berichtete. Dort ist es offensichtlich gelungen, durch spezielle Verfahren, wie der statischen Aufladung von Elektrokabeln, den Elektromüll so gründlich voneinander zu trennen, dass man praktisch Kupfer von höchster Reinheit (99,9%) wiedergewinnt. Was sich dann sehr gut verkaufen lässt und woraus man wieder neue Produkte herstellen kann. Aber auch Plastik, Glas, Edelmetalle, Holz usw., werden dort auf spezielle Art getrennt und mechanisch so fein zermahlen (granuliert), dass man daraus wieder reine Rohstoffe für neue Produkte gewinnt. Welche dem wachsenden Rohstoffhunger der Industrie wieder zugeführt werden können. Dem Artikel zufolge plant die Firma, künftig in jedem Bundesland mindestens eine Anlage zu errichten, um so bei 24 bis 00 Tonnen Kapazität pro Tag wenigstens 2% des jährlich anfallenden Elektroschrotts zu recyclen. Ein kleiner Schritt in die richtige Richtung, dem hoffentlich bald weitere und großere folgen werden.

Kapitel 17

Mikrowellen & Schallwellen als Waffen: Der neue Trend des Militärs

Nachdem wir die zivilen Anwendungen, Möglichkeiten, Risiken und Schattenseiten des Funks und der 5G-Technologien ausführlich und facettenreich in den vorherigen Kapiteln behandelt haben, kommen wir nun zum militärischen Bereich. Denn egal ob Laser, Schall, Funk- oder Mikrowellen; Polizei und Militär haben längst die Vorteile entdeckt, mit unsichtbaren Mitteln feindliche Gegner aufzuspüren, in Schach zu halten, kampfunfähig zu machen oder sogar zu töten. Diese neuen Waffensysteme sind offiziell als „nichttödliche Wirkmittel oder Waffen" (engl. non-lethal weapon) verharmlost worden[362], obwohl sie es tatsächlich nicht sind, wie wir noch sehen werden. Die Investitionen in diesen Bereichen stellen die zivilen oder medizinischen Entwicklungen der 5G-Technologie weit in den Schatten, weshalb die Öffentlichkeit über diese „militärische Schattenwirtschaft" dringend mehr informiert werden muss. Tatsächlich ist die Entwicklung hier bereits so weit vorangeschritten, dass verschiedene Waffenentwicklungen jetzt im zivilen Bereich Anwendung finden. So nutzen Polizei und Militäreinheiten bereits Mikrowellen und Schallwellenkanonen statt Wasserwerfern zur Demonstrantenabwehr, oder verkünden sogar Bürgermeister und Geschäftsleute offiziell, dass sie käuflich erwerbbare Schallwellengeräte gegen herumlungernde Jugendliche einsetzen[363]. Ebenfalls haben auch kriminelle Kreise diese neue Waffengattung für sich entdeckt.

- Welche neuen Gefahren birgt das für das zivile Leben?
- Wann hat diese Entwicklung historisch rückblickend begonnen?
- Welche Möglichkeiten und Entwicklungen gibt es hier, oder wird es künftig noch geben?
- Und wie können wir uns vor solchen inzwischen auch öffentlich bestätigten unsichtbaren Angriffen schützen?

Dazu möchte dieses Kapitel Antworten geben. Bevor wir uns jedoch dem unangenehmen Thema der gezielten schädlichen, militärisch genutzten Wirkung von Strahlen, Wellen und Feldern als Waffen widmen, ist es weise, zu verstehen, dass es seit den ersten Entdeckungen der Funk- und Mikrowellentechnik seitens der ersten Forscher und Entwickler wohl nicht immer böswillige Absicht war, konkrete schädliche Anwendungen und Möglichkeiten zu finden, oder zu schaffen. Vielmehr war man ursprünglich einfach nur neugierig und forschte relativ „unschuldig" nach dem Prinzip von Aktion und Reaktion. Bevor die Wissenschaft im Laufe der Zeit und über viele Jahrzehnte oder Jahrhunderte hinweg, immer mehr verstand, was schädliche und förderliche Wirkungen für den Menschen oder Tiere und Pflanzen sind und was nicht. Während diese dann das Militär vermehrt als ideale Waffensysteme erforschte.

Die zwei Wege der Wissenschaft

Im Laufe dieser wissenschaftlich sehr aufregenden Zeit entstanden also daraus zwei Richtungen:

- der medizinisch-zivile Bereich, wie beispielsweise die Elektrotherapie, oder der zivile Funk,
- und der militärische Bereich, um Menschen gezielt zu manipulieren, zu schaden und militärische Vorteile auf den Schlachtfeldern der Zukunft zu erzielen.

Dabei sind aus der Suche nach zivilen Anwendungsmöglichkeiten militärische Möglichkeiten entstanden und aus militärischer Forschung auch wieder zivile Möglichkeiten.

1. Die zivile Forschung

Die zivile Nutzung begann bereits mit der Entdeckung der Elektrizität und kann auf über 350 Jahre Forschung zurückblicken. Wobei Präastronautiker wie Erich v. Dänicken nun sicher anmerken würden, dass die alten Ägypter auch schon Elektrizität in einfachster Form besaßen. Kenner der Materie wissen jetzt natürlich, dass von in ägyptischen und mesopotamischen Gräbern gefundenen Volta-Säulen mit isolierten Drähten die Rede ist, die beispielaweise als „Glühlampe" von DENDERA in heutiger Zeit Berühmtheit erfuhr[364]. Deren Gebrauch im Laufe der Zeit als einfache Elektrizitätserzeugung vergessen wurde. Was offiziell umstritten ist, da Elektrizität angeblich ja erst Ende des 18. /Anfang des 19. Jahrhunderts als Volta-Säulen durch Experimente mit statischer Elektrizität von Luigi Galvani (1737-1798) und Allessandro Volta (1745-1827) „neu" entdeckt (wiederentdeckt?) wurde. Bleiben wir daher, um nicht zu viel Wirbel auszulösen, bei der offiziellen Lehrmeinung, dass etwa um 1672 mit dem deutschen Physiker Otto von Guericke und seiner Elektrisiermaschine der heutige Weg in die Elektrizitätsära mit seinen schädlichen und nützlichen Wirkungen begann[365].

1700-1800

Mit der Entdeckung der ersten elektrischen schädlichen Nebenwirkungen, suchte man natürlich auch nach Abschirmmöglichkeiten. Ein früher Versuch zur Abschirmung schädlicher elektrischer Energien ist der bis heute immer noch beliebte Faraday'sche Käfig des englischen Physikers Michael Faraday (1791-1867). Einer Drahtgeflecht-Konstruktion, in derem Innern eine neutrale, feldfreie Zone entsteht[366]. Welche bis heute von elektrosensiblen Menschen oder zur Abschirmung von Autos durch Blitzschlag genutzt und verwendet wird.

1800-1900

In den 1830er bis 1930er Jahren wurde allgemein im deutschen Sprachraum und weltweit in jede erdenkliche medizinische oder technische Richtung zu Strahlen, Wellen, Feldern, Elektrizität, Funk, Röntgen, Mikrowellen usw., teils auch am lebenden Menschen geforscht. Woraus beispielsweise die Elektrotherapie entstand. Die zur damaligen Zeit als eine Art „Wunder- oder Allheilmittel" euphorisiert wurde, da man glaubte, damit fast alles heilen zu können[367]:

> *„Bereits 1834 waren es über 10.000 Ärzte in den Vereinigten Staaten, die sich zur Elektrotherapie bekannten. Zum Beginn der Elektrotherapie im 18. Jahrhundert wurde schwache aber hochgespannte statische Elektrizität verwendet (Franklinisation, Galvanisation). Benjamin Duchenne (1806-1875) war es, der die Faradisation begründete."*

2. Der militärische Weg

Nach ersten Beobachtungen und anfänglicher Neugier, folgten gezielte wissenschaftliche Experimente zur schädlichen Wirkung, die in der Zeit vor dem zweiten Weltkrieg auch öffentlich frei publiziert und diskutiert wurden[368]:

> *„Außerhalb des deutschen Sprachraums widmeten sich nur vereinzelte Wissenschaftler derartiger Forschung. In Italien führte der Neuropsychologe F. Cazzamalli (1887-1958) seit 1921 Versuche zur Wirkung von Ultrakurzwellen an Menschen durch. In seinem zu diesem Thema 1933 erschienenem Buch berichtet Cazzamalli, das menschliche Gehirn würde bei seiner Tätigkeit nicht nur elektromagnetische Wellen aussenden, sondern seinerseits auch auf elektromagnetische Wellen reagieren. Diese Reaktion nannte er den psycho-strahlungsenergetischen Reflex. Dieser strahlungsenergetische Reflex, so Cazzamalli, könnte auch zu Halluzinationen verschiedenster Art führen."*

Maxwell und Tesla

Besonders erwähnenswert aus dieser wissenschaftlich wilden wie spektakulären Anfangszeit, die zu späteren Nobelpreisen und zivilen wie militärischen Erfindungen, wie;

- dem Telegramm (1837 Grundlagen durch Samuel Finley Breese Morse),
- dem Rundfunk (1895 durch Marconi),
- dem Röntgen (durch NikolaTesla vorhergesagt und 1895 von Prof. Wilhelm Conrad Röntgen entwickelt),
- fernlenkbaren Torpedos (1898 durch Nikola Tesla, U.S. Patent 613,809),
- unbemannten Flugzeugen (1903,1907, 1915/ siehe in meinem YouTube-Video: „Die Historie ferngelenkter Waffen": https://youtu.be/YhUkqwFpRCQ?feature=shared),
- dem Sonar (1915 durch Paul Lengevin und Constantine Chilowski),

... führten.

Dabei sind die Entdeckungen von James Clerk Maxwell (1831-1879) und Nikola Tesla (1856-1943) zu Scalarwellen, langwelligen Schumannwellen und Hochfrequenz von besonderer Relevanz. Die in den 1960er Jahren in militärisch- und zivil genutzten großen Hochfrequenz- oder Ionossphärenheizern, den heute recht bekannten wie umstrittenen HAARP-Anlagen (High-frequency Active Auroral Research Program) und tektonischen Waffensystemen Anwendung fanden[369]. Maxwells Entdeckungen zu den Scalarwellen, befanden sich jedoch in einem energetischen Bereich jenseits der offiziellen Forschung, den er Äther nannte, weshalb diese wissenschaftlich nicht ernst genommen wurden. Nikola Tesla griff jedoch Maxwells Ideen auf und entwickelte sie weiter. Woraus neben vielen großartigen zivilen Ideen, auch durch ihn bekannt gemachte Möglichkeiten zu „Todesstrahlen" oder andere militärische Entwicklungen entstanden.

Tektonische & Strahlen-Waffen

1894 experimentiert Tesla beispielsweise mit mechanischen Oszillatoren und meldet am 06.02.1894 ein Patent für eine *Reciprocating Engine* (Hubkolbenmotor) unter US Pat.Nr.514,169 an, mit der er Häuser ins Wanken bringen konnte[370]. Welche die Grundlage für heutige tektonische Waffensysteme des Militärs bilden, worauf ich später noch eingehe. Tesla sah damals bereits voraus, dass die langwelligen Schumannwellen (Todesstrahlen) zur Auslösung künstlicher Erdbeben geeignet seien und behauptete am 11.07.1934 gegenüber der New York Times[371]:

> *„Man kann konzentrierte Partikelstrahlen derartig gewaltiger Stärke durch die Luft senden, daß diese eine Flotte von 10.000 feindlichen Flugzeugen über eine Entfernung von 200 Meilen (ca. 322 Kilometer), ausgehend von der Grenze der sich verteidigenden Nation, zum Absturz bringen und gegnerische Armeen aufgehalten werden."*

Militärische Forschungen während des Zweiten Weltkrieges

Mit Ausbruch des zweiten Weltkrieges gewann die militärische Forschung der Hochfrequenz-Bereiche neben Radar, Funk und zur möglichen gezielten Feindabwehr oder Bekämpfung massiv an Bedeutung. So untersuchten nicht nur amerikanische und britische Forscher mögliche schädliche Wirkungen von Radar auf die eigenen Soldaten oder eigene Bevölkerung[372], sondern investierten auch italienische, japanische oder die Reichsdeutsche Forschungsstelle der Luftwaffe in Groß-Ostheim in Möglichkeiten, Strahlen als Waffe einzusetzen[373]:

> *„In einer bislang unveröffentlichten Ausarbeitung mit dem Titel: ‚Über die Möglichkeit biologischer Wirkungen kurzwelliger Röntgen- bzw. Gammastrahlen von Röntgenröhren besonderer Bauart auf größere Entfernungen' legte der Leipziger Professor Schiebold dar, mit welchen Mitteln und welcher Wirkung kurzwellige Strahlen sich bei größeren Entfernungen nutzen lassen. Diese Ausarbeitung, die auf einem am 8. Mai 1944 auf der Sitzung des Kuratoriums der Forschungsstelle der Luftwaffe gehaltenen Vortrag beruht, kommt zu dem Schluß, daß eine schädigende Wirkung kurzwelliger Strahlen auf feindliche Flugzeugbesatzungen bei entsprechendem großflächigem Einsatz mit ausreichender Stärke möglich ist."*

Was dazu führte, dass die deutsche Luftwaffe bald darauf in spezielle, an Flugzeugen montierte Radarwaffen-Geräte investierte. Welche gezielt feindliche Flugzeugbesatzungen schädigen, geistig manipulieren, vom Kurs abbringen oder idealerweise zum Absturz bringen sollten[374].

Die Zeit nach dem zweiten Weltkrieg & der kalte Krieg

Nach dem zweiten Weltkrieg wurden diese und viele weitere führende Forschungen jener Zeit Teil der Kriegsbeute. So profitierten vor allem die USA und die damalige Sowjetunion (UdSSR) als Siegermächte von den

Forschungsergebnissen Japans, Italiens und Deutschlands. Und „exportierten" beide Länder ganze LKW-Ladungen mit Unterlagen zu geheimen Forschungen wie Raketenantrieben oder Strahlenwaffen in ihre Länder, sondern wurden durch die amerikanische Geheimoperation Paperclip/Overcast[375] deutsche Wissenschaftler in die USA und dem russischen Pendanten, der Geheim-Operation Ossawakim („Ossoawiachim"[376]) am 22.10.1945 unter Leitung von Iwan Alexandrowitsch Serow, dem späterem General des KGB, mehr als 2.500 ausgewählte deutsche Fachkräfte (Wissenschaftler, Ingenieure und Techniker) nebst ihren Familien nach Russland gebracht. Wo sie an den beschlagnahmten deutschen Geheimwaffen weiterarbeiten sollten[377]:

> *„Neben deutscher und italienischer Grundlagenforschung konnten die USA ab 1945 auch auf diesbezügliche Arbeiten japanischer Wissenschaftler zurückgreifen. Japan hatte zwischen 1940 und 1945 an die zwei Millionen Yen ausgegeben, um sogenannte Todesstrahlen zu entwickeln. US-Wissenschaftler und das Amerikanische Kriegsministerium glaubten, aus den japanischen Vorarbeiten eine Strahlenwaffe bauen zu können, die ungeschützte Menschen bis in eine Entfernung von zehn Meilen töten könnte. (Guvatt, 1996; Lammer & Lammer, 1997)*

Das neue Wettrüsten

Damit begann während und nach dem zweiten Weltkrieg ein neues Wettrüsten nicht nur um die Vorherrschaft im Weltraum oder durch Atomwaffen, sondern auch rund um EMF und Strahlenwaffen, die ihren Höhepunkt im Kalten Krieg und der Bildung des Warschauer Paktes und der NATO hatte. Wobei jede Nation die andere natürlich bei diesem „furchtbaren Spiel um Macht und Kontrolle" zu übertrumpfen und auszustechen versuchte. So prahlte 1960 Russlands ehemaliger Staats -und Regierungschef und Chef der KPdSU (1958-1964) Nikita Chrutschtschow, gegenüber dem Präsidium der KpdSU[378]:

„Wir haben eine neue Waffe, welche sich sozusagen im Aktenkoffer unserer Wissenschaftler befindet, die so machtvoll ist, dass diese, wenn sie ohne Hemmungen eingesetzt werden würde, alles Leben auf der Erde auslöschen könnte. Es ist eine fantastische Waffe".

Künstlich Erdbeben erzeugen

Andererseits berichtete ein Whistleblower und ehemaligen Söldner, der in den Siebzigerjahren in Angola kämpfte - Arthur Johnson - nach einem Spezialeinsatz mit neuen Waffensystemen des US-Militärs aus dieser Zeit[379]:

„Zusammen mit fünf Kameraden bekam ich eine Spezial-Schutzkleidung und irgendwelche Koffer. Die Erklärung war lapidar: Eine neue experimentelle Waffe. Wir sollten sie das erste Mal im Kriegseinsatz benutzen. Die Waffe generiert Ultraschall auf kurze Distanz. Johnson berichtet weiter, dass der kleine Trupp Soldaten eine Kamera umgeschnallt bekam, die alles, was nun geschah, aufzeichnen sollte. Nach Einschalten des Gerätes fingen die Overalls der Soldaten von innen heraus zu schwitzen an und in dem von ihnen mit dem neuartigen Gerät bestrahlten Gebiet begann sich bald darauf die Erde zu bewegen:
Es verschlug uns den Atem: Ohne irgendeinen Knall oder Donner: Dort wo unserer Meinung nach ein Dorf sein sollte, fing die Erde an zu kochen. In einem Radius von 200 Metern vom Zentrum des Tales vollführte die Erde Wellenbewegungen und schwoll dann mehr und mehr an. Langsam warf die Erde Blasen auf, die zerplatzten und nach einigen Sekunden in sich zusammenfielen. Danach erreichte auch unseren Standort schon ein leichtes Vibrieren. Im Zentrum bildete sich ein Trichter, der immer schneller rotierte, [...] Radial begannen sich Risse zu bilden, Spalten, die sich öffneten und wieder schlossen. [...] Wir konnten unseren eigenen Augen nicht trauen. Ein paar Meilen von uns tobte ein Erdbeben, das genau fokussiert war an der Stelle, wo die Basis lokalisiert worden war [...] Nach zwei Minuten existierte das Tal nicht mehr. Statt dessen ballte sich dort ein Kegel aus Felsenschutt zusammen, unter dem Einfluß

der Ultraschallwellen, wie eine dicke Flüssigkeit oder ein Gelee, das kochte, dampfte und brodelte."

Offensichtlich hatte also das US-Militär Teslas Ideen von 1894 zum Auslösen künstlicher Erdbeben aufgegriffen und weiterentwickelt, aber auch die UdSSR Mittel und Wege gefunden, militärisch „Gott" zu spielen oder Soldaten mittels Strahlung negativ zu beeinflussen. Woraus weitere Forschungen des US-Militärs, der Air Force, CIA und weiterer Organisationen zwischen 1957 und 2000 im Bereich Funkwellen-, Mikrowellen-, EMF- und Hochfrequenz-Forschung entstanden. Die nachfolgend kurz Erwähnung finden sollen, da sie bald nicht nur zur Feindbekämpfung und im Kriegsfall, sondern auch zur gezielten Bevölkerungskontrolle eingesetzt wurden[380, 381]:

Ehemals geheime militärische Projekte zur Erforschung der Wirkung von Strahlung und Hochfrequenz um 1960-2000 auf Menschen

- **1957 Projekt: STYX:** (Die US-Army erforscht hierin die Schädigung körperlicher Funktionen durch Radio – und Mikrowellen)
- **1958 Projekt ORION:** (Die USAF (United States Air Force) erforscht die Verhaltensbeeinflussung sicherheitsrelevanter Personen mittels VFL-, HF-, ELF- und UHF-Wellen.)
- **1960 Projekt MK-DELTA:** (Die CIA untersucht die Beeinflussung von Verhalten und Einstellungen größerer Bevölkerungsgruppen mittels VFL-, HF-, ELF- und UHF-Wellen.)
- **1963-1966 Projekt PANDORA:** (Die CIA untersucht die Wirkung von Mikrowellen auf das Nerven- und Immunsystem mittels ELF-Wellen.)
- **1983 Projekt PHÖNIX II:** (Die USAF und NSA experimentieren an Verhaltensbeeinflussung größerer Bevölkerungsgruppen mittels Radarwellen, Mikrowellen, Ultrakurzwellen auf der Luftwaffenbasis Montauk/Philadelphia)
- **1989 Projekt TRIDENT:** (NSA und ONR experimentieren an Verhaltensbeeinflussung größerer Bevölkerungsgruppen mittels UHF-Wellen)

- **1990 Projekt RF-MEDIA:** (Die CIA untersuchen Möglichkeiten der Verhaltensbeeinflussung großer Bevölkerungsgruppen mittels unterschwelliger Befehle in Radio- und Fernsehwellen.)
- **1998 Projekt CLEEN SWEEP:** (CIA, NSA und ONR untersuchen Möglichkeiten der emotionalen Beeinflussung großer Bevölkerungsgruppen über Alpha- bis Deltawellen.)

Russlands geheime Projekte

Nach dem zweiten Weltkrieg entwickelte und testete natürlich auch Russland frequenz-basierte Waffensysteme, die jedoch mehr der Geheimhaltung unterlagen, als die durch den Freedom of Information Act von 1965 und dem Privacy Act (PA) von 1974 zur gesetzlichen Offenlegung verpflichtete USA[382]. Demnach entwickelte Russland beispielsweise ein LIDA-Gerät, das mittels ELF-Wellen (*Extremely Low Frequency)* elektromagnetische Frequenzen von 3-30 Herz (Hz), dem Bereich in dem auch unsere Gehirnwellen arbeiten, das sowohl auf die eigene Bevölkerung, als auch auf die Bevölkerung des „kapitalistischen Erzfeindes" gerichtet wurde[383]:

> *„Am 16. Juli 1981 gab der nordamerikanische TV-Sender NBC (National Broadcasting Corporation) bekannt, dass der Nordwesten der USA jahrelang mit Extreme Low Frequency-Wellen (ELF-Wellen) bestrahlt wurde. Und die Nachrichtenagentur Associated Press veröffentlichte zur gleichen Zeit eine Meldung, in welcher stand, dass dies auch beabsichtigt war... Die Sowjetunion habe ab ca. 1960 über ein Gerät namens LIDA verfügt, mit dem man das menschliche Verhalten mittels ELF-Wellen beeinflussen konnte. In der UdSSR sei das Gerät dazu benutzt worden, die Menschen träge zu machen und in einen tranceähnlichen, gleichgültigen Zustand zu versetzen."*

HAARP-Anlagen und Ionossphärenheizer

Parallel entstanden ab den 1960er Jahren weltweit die ersten Ionossphärenheizer[384], HAARP- oder Hochfrequenzanlagen (=High-frequency Active Auroral Research Program). Diese auf Tesla-Forschungen zurückgehenden Großanlagen können laut den Patentbeschreibungen des amerikanischen Erfinders und Patentinhabers „Eastlund" Wettermuster in großen Höhen, der Ionossphäre oder Atmossphäre, gezielt durch Hochfrequenzbeschuss verändern und dadurch Regen nach Äthiopien und schönes Wetter in Überflutungsgebiete bringen, oder Stürme auslösen bzw. abschwächen. (Buchtipp: Dr. Rosalie Bertell: „Kriegswaffe Planet Erde", J.K. Fischer-Verlag 2013) Interessant dabei ist, dass Amerika Russland während des kalten Krieges beim Aufbau ihrer erster Ionossphärenheizer durch Lieferung eines riesigen Magneten unterstützte, während man öffentlich verschwiegene, nicht ratifizierte Übereinkünfte traf, um mit diesen machtvollen Technologien gemeinsam die Pole abzuschmelzen, um an die darunterliegenden Bodenschätze zu kommen. Was dem Thema menschengemachter Klimawandel eine völlig neue Bedeutung gibt. Wie ich bereits im Kapitel zu Mikrowellen und ihren Einfluss auf das Klima zeigte. Damit ergaben sich seit Ende des 2. Weltkrieges völlig neue Möglichkeiten der „militärischen Wetterkriegsführung", die in einem anderen Buch („Vergessene Klimaeinflüsse"/ erscheint ca. 2025) noch ausführlicher behandelt werden. Welche die bewusste und gezielte Einflussnahme des Menschen auf das Wetter (Klima) durch Strahlen, künstlich erzeugte elektromagnetische Felder oder Chemikalien, ermöglichen. Bevor ich jedoch Gefahr laufe, als Verschwöhrungstheoretiker abgeurteilt zu werden, sei hier dazu kurz der Hinweis gebracht, dass der seriöse staatliche metereologische Dienst Spaniens „AEMET" (Agencia Astatal de Meteorologia) 2023 öffentlich zugab, dass eine globale große Aktivität vieler Länder zur künstlichen Wetterveränderung durch Menschen bereits eine gängige Realität ist. Unter dem Link: **https://www.aemet.es/es/conocermas/modificacion_artificial_tiempo** findet der Interessierte dazu folgende Mitteilung:

> *„Mehr als 50 Länder führen derzeit Aktivitäten zur künstlichen Wetterbeeinflussung durch, deren Status sich in den regelmäßigen*

Berichten des Expertenausschusses der Weltorganisation für Meteorologie (WMO) widerspiegelt. Diese Aktivitäten zielen auf eine:

- *Bescheidene Erhöhung des Niederschlags (10-20%).*
- *Reduzieren der Größe des Hagels und den verursachten Schäden.*
- *Zerstreuen von lokalem Nebel."*

Wer diese aus dem militärischen Bereich kommende Forschung immer noch leugnet, kann außerdem die Webseite der Weather Modifikation Association (WMA) besuchen. Dort wirbt die WMA unter dem Motto *„Freier Austausch genauer Informationen über die Wirksamkeit, Sicherheit, Methodik und Kosteneffizienz von Wetteränderungsaktivitäten."* für ihre Vision, der Transparenz zu gezielten menschlichen wettermodifizierenden Eingriffen und Maßnahmen. Auf der eigenen Homepage **https://weathermod.org** werden hier Interessierte und Mitglieder darüber informiert, wo gerade welche Wetter-Manipulationen, diesbezügliche Kongresse oder Aktivitäten, und Meetings stattfinden, oder welche Technologien man erwerben kann. Welche dann in einem eigenen Onlinebranchenmagazin angeboten werden.

Zeitnahe zivile Experimente, Forschungen & Entwicklungen

Nun könnten Kritiker natürlich einwenden, all das sei - selbst wenn es denn wahr wäre - relativ weit weg und deshalb für unsere „moderne, medial gut aufgeklärte und vernetzte Welt" nicht relevant. Doch weit gefehlt, denn die ehemals militärischen und geheimen Forschungen, dringen nun auch in den zivilen Bereich vor:

- Beim Stuttgarter Radiosender Antenne 1 wurde beispielsweise am 10. April 2002 in Zusammenarbeit mit dem Forscher Dr. Bauer ein ziviles Experiment mit einem „Sexbrummton" gestartet. Worin emotional stimulierende Frequenzen unter die Musik gemischt und während des ganzen Tages ausgestrahlt wurden, während das Szenario live von 3 Moderatoren mit überschwänglichen Worten kommentiert wurde[385].

- 2005 kam der US-Tüftlers Woody Norris auf die Idee, mit unhörbaren Mikrowellen Supermarktbesucher zum Mehrkauf zu manipulieren. Wofür sich auch bald das Militär interessierte[386].

- 2008 berichtete, wie bereits in der Kapiteleinführung erwähnt, der Spiegel über eine „Pieptonfolter gegen Jugendliche" seitens eines Bürgermeisters in Dissen, einer Kleinstadt am Teutoburger Wald, der „per Knopfdruck" - oder besser gesagt - mit einem käuflich erwerbbaren „Mosquito-Schallwellengerät", das mit bis zu 104 Dezibel Schalldruckpegel und einer Reichweite von 20 Metern arbeitet, Jugendliche von einem Kinderspielplatz vertrieb, welche dort herumlungerten[387].

Diese Beispiele zeigen in Kürze, dass heute nicht nur Wühlmäuse und Marder mit Ultraschall vertrieben werden, sondern auch Jugendliche und damit Menschen. Und das ganze Thema nimmt immer perfidere Formen an:

Das boomende Geschäft mit „nichttödlichen Waffen"

Heute arbeitet das Militär, was ihre Operationen betrifft, zwar noch geheim, doch was die neuen, angeblich nichttödlichen Waffen betrifft, ziemlich offen und erschreckend transparent. Schließlich will man auch über die Ländergrenzen hinaus davon profitieren und verkaufen, verkaufen, verkaufen ...

- So wird 2006 stolz das „Active Denial System/„Projekt Sheriff", eine Mikrowellenwaffe/Kanone, die mit gebündelten Mikrowellen und 95 GHz Leistung die Haut von Getroffenen auf 50-55 °C über 500 Metern Entfernung erhitzen kann, der Öffentlichkeit vom Entwickler Raytheon auf der Moody Air Force Base/US-Bundesstaat Georgia vorgestellt[388],

- setzte die Polizei 2009 bis 2014 bei nicht genehmigten Demonstrationen am Rande des G20-Gipfels in Pittsburgh 2009 und bei einer Demonstration in Ferguson/USA 2014 Long Range Acoustic Device (LRAD/Schallkanonen) gegen Demonstranten ein[389, 390],

- präsentierte 2017 die Wehrdienststelle des wissenschaftlichen Instituts der Bundeswehr im Bayerischen Greding stolz dem ZDF eine Mikrowellenkanone, die fähig ist, gezielt jegliche Elektronik zu zerstören[391],

- wirbt seit 2019 Chinas Aerospace Science and Industry Corporation (CASIC) für eine Chinesische Mikrowellenwaffe zum Schutz der Landesgrenzen und zur Terrorismusabwehr, die auf Basis von Millimeterwellen höllische Schmerzen verursachen und Gegner kampfunfähig machen soll[392]. Wobei - wie wir wissen - Millimeterwellen ja für die neuen 5G-Netze genutzt werden. Damit haben wir einen direkten Hinweis, dass die 5G-Technologien waffentauglich sind und aus dem militärischen Bereich kommen. Oder dort in ihrer schädlichen Wirkung als Waffe längst verkauft und erforscht werden.

- 2020 zeigte darüber hinaus ein US-Gegenelektroniksystem von General Dynamics namens Leonidas der Öffentlichkeit, dass man Drohnenschwärme durch Hochfrequenz/Mikrowellen als gerichtete Energiewellen sowohl einzeln als auch zu mehreren gleichzeitig bewältigen und zerstören kann[393].

Mikrowellenherde zu Mikrowellenwaffen umbauen

All das ist natürlich nur die Spitze des Eisberges und soll den LeserInnen als kurzer Denkanstoß dienen. Bei diesen Entwicklungen ist es nicht verwunderlich, dass es bereits kriminellen Subjekten gelang, einen häuslichen Mikrowellenherd so umzubauen, dass er zur Mikrowellenwaffe wird. Oder im Netz Literatur oder Videos kursieren, die zeigen, wie man das macht. Was ich hier als Philanthrop aus ethischen Gründen aber weder verlinken noch abbilden möchte, um diesen destruktiven Gedanken keinen Raum zur Verbreitung zu geben. Der Hinweis möge dem Leser genügen, dass das inzwischen möglich ist. Was offiziell, beispielsweise von Jim Lewis, Director of Technology at the Center for Strategic and International Studies in Washington, gegenüber der United Press International (2001), mit folgenden Worten bestätigt wird[394, 395]:

„Es ist unglücklicherweise wahr, daß Leute überall auf der Welt Zugang zu Technologie haben, die fast so fortschrittlich ist, wie diejenige, die dem amerikanischen Verteidigungsministerium zur Verfügung steht."

Was können wir tun und wie können wir uns schützen?

In den USA ist das Thema bereits seit Jahren bekannt und wird ernster genommen als hierzulande. So gibt es in Amerika bereits Bürgerinitiativen, Vereine oder Organisationen, wohin sich Ratsuchende oder auch Opfer von Mikrowellenwaffen wenden können. Wie das Internationale Komitee gegen Mikrowellenwaffen, das „International Network against Mind Control" mit seinem Europa-Ableger: European Coalition Against Covert Harassement, die unter dem Begriff „Havanna Syndrom" agieren[396]. Das hauptsächlich von US-Diplomaten, Geheimdiensten und Militärs gemeldet wird, die an Orten in Übersee stationiert sind und plötzlich unter rätselhaften Beschwerden und Krankheiten, möglicherweise ausgelöst durch Mikrowellenwaffen, leiden. Während in Deutschland solche Organisationen immer noch fehlen, obwohl sogar aus der Presse mögliche Fälle von Angriffen mit unsichtbaren Mikrowellen immer bekannter und für möglich gehalten werden[397]. Das Problem ist oftmals diese Angriffe als solche zu erkennen oder auch Politiker zu finden, die sich dem sensiblen Thema annehmen. Denn Mikrowellenangriffe sind leise, unsichtbar, nicht nachweisbar und können leicht geleugnet werden. Außerdem möchte wohl kein Politiker, der die 5G-Technologie vorantreibt und befürwortet, eingestehen, dass es sich dabei um eine aus dem militärischen Bereich stammende waffentaugliche Technologie handelt. Die bereits in entsprechenden Waffensystemen verwendet wird. Womit die Frage der Schädlichkeit zumindest das Militär ausführlich anhand zugrundeliegender Studien mit **JA** beantworten und aufzeigen könnte. Was zur Folge hätte, dass sich womöglich mehr Menschen gegen die 5G-Technologie wehren und auf die Vorgängerversionen berufen würden. Mit denen man auch relativ schnell Filme herunterladen, mobil telefonieren oder ins Internet gehen kann. So wird also im zivilen Bereich bei der Markteinführung politisch und wirtschaftlich „gemauert" bzw. bestritten, dass es sich bei 5G-Millimeterwellen um eine gefährliche Technologie handelt und stattdessen behauptet, dass es sich um eine sanfte (unschädliche) Technologie handelt. Während das Militär, unter den Augen der Öffentlichkeit, damit Waffe um Waffe konstruiert. Wie wir gerade sahen.

Die Brisanz des Themas spiegelt auch eine offizielle Anfrage an den Staat vom 04. März 2020 zum Schutz vor Mikrowellenwaffen-Angriffen, die (auszugsweise) folgende Kernaussage der deutschen Regierung wiedergibt[398]:

> *[...] dass der Schutz der Bevölkerung vor dem waffenähnlichen Missbrauch von Mikrowellen / EMF und Infraschall/tieffrequentem Schall bzw. solchen Waffen, wie sie im bundesdeutschen Waffengesetz genannt werden, in Hessen* ***eben nicht gewährleistet ist****. Begründet wird dies damit, dass es „in Hessen keine weiteren diesbezüglichen waffenrechtlichen Regelungen" gebe. Es fehle eine „Länderermächtigung". Erkenntnisse darüber, ob und ggf. in welchem Umfang „der intendierte gesetzliche Schutz leerläuft", fehlen – „in Ermangelung geeigneter Messverfahren sowie entsprechender behördlicher Zuständigkeiten"[...]*

Mikrowellenschäden befinden sich also in einer politisch wie gesetzlichen Grauzone und der Bürger ist hier bei möglichen Angriffen aufgrund mangelnder Rechtssprechung und fehlender politischer Vorsorge, oder Messinstrumente, auf sich gestellt. Bürgerbewegungungen wären dringend notwendig und ratsam, um ähnlich wie in den USA, hier aufzuklären und Druck auf die Regierungen auszuüben. Schließlich lassen sich Mikrowellenwaffen mit einfachen Abschirmmöglichkeiten wie Metall oder Gewebe nicht genügend abschirmen, da diese oftmals ihren Weg hindurch finden. Wie bereits Dr. Reinhard Munzert in einem mit über 80 Quellen belegten Aufsatz zum Thema Mikrowellenwaffen aus dem Jahr 2003 berichtet[399]. Worin er schreibt:

> *„Internationale Experten für Elektromagnetischen Terrorismus fordern völlig zurecht: „Obwohl elektromagnetischer Terrorismus nicht gern in der Öffentlichkeit diskutiert wird, da es sich um ein sehr*

heikles Thema handelt, ist es notwendig, eine breitere Öffentlichkeit über die davon ausgehenden Bedrohungen zu informieren ..." (Wik, Radasky & Gardner 2000 [81]). Die Möglichkeiten uns zu schützen, beruhen nicht auf Verdrängung, sondern auf Information, Verantwortung und Handeln!"

Information, Aufklärung, Vernetzung und Engagement, sind somit die wichtigsten Waffen, die wir derzeit zur Verfügung haben. So besteht die reale Chance, dass bald neue Gesetze kommen werden, die diesem immer bekannter werdendem Treiben hoffentlich bald Grenzen setzen, um zu verhindern, dass das aufgezeigte Szenario völlig außer Kontrolle gerät.

Kapitel 18

KI-Waffensystheme: Spiel mit dem Feuer

Nachdem wir im vorherigen Kapitel die militärischen Möglichkeiten von Strahlenwaffen und Millimeterwellen etwas ausführlicher seit den historischen Anfängen bis ins zivile Leben unserer Zeit behandelten, wollen wir nun noch einen Schritt weiter gehen und das gefährliche Spiel des Militärs mit dem Feuer im Bereich der KI-Waffensysteme betrachten. Denn bei aller Euphorie und Schwärmerei um den 5G-Netzausbau wird hier in nüchternen Zahlen jährlich ein Vielfaches mehr an Mitteln in militärische als in zivile Entwicklungen gesteckt. So berichtet der KI-Entwickler und Gegner dieser militärischen KI-Entwicklungen „Max Tegmark" in seinem Buch; *„Leben 3.0, Mensch sein im Zeitalter Künstlicher Intelligenz"*, dass bereits 2016 in den USA die zivilen Investitionen zur KI eine Milliarde Dollar betrugen, der militärische Budgetbedarf des Pentagons diese mit zwölf bis fünfzehn Milliarden Dollar aber weit in den Schatten stellte. 2021 sind die USA bei den Militärausgaben mit 801 Milliarden Dollar nach China (293 Milliarden), Indien (76,6 Milliarden), England (68,4 Milliarden), Russland (65,9 Milliarden) absoluter Spitzenreiter, doch längst nicht mehr allein, da laut Sipri-Forschungsinstitut Stockholm 2021 weltweit einige Staaten insgesamt über 2 Billionen US-Dollar für militärische Zwecke ausgaben[400]. Worunter natürlich auch KI-Waffensysteme einen hohen Stellenwert einnehmen, da – wie Russlands Präsident Putin 2017 äußerte: *„Wer in diesem Bereich die Führung übernimmt, wird die Welt beherrschen."*

- Wohin führt das neue KI-Wettrüsten?
- An welchen Entwicklungen wird hier geforscht?
- Sichern KI-Waffen wirklich den Weltfrieden oder schaffen sie neue Bedrohungen?
- Haben wir mit der KI tatsächlich den heiligen Gral der Wissenschaft gefunden,
- oder eher die Büchse der Pandora geöffnet?
- Wie können wir uns dagegen wehren?
- Und welche Alternativen haben wir?

KI-Waffen: Definition(en)

KI-Waffen werden laut Definition auch gern als „LETALE AUTONOME WAFFENSYSTEME" (LAWS) bezeichnet. Welche auf einer Podiumsdiskussion zum aktuellen technischen Entwicklungsstand am 26. Januar 2021 der Humboldt-Universität Berlin unter dem Thema „Letale Autonome Waffensysteme" so definiert wurden[401]:

> *„LAWS definieren wir als Waffen, die einen Menschen orten, identifizieren und töten können, ohne dass ein Soldat daran beteiligt ist. Es sind Technologien, die ein hohes Maß an Autonomie erfordern. Die ReferentInnen betonen erstmal, dass die Definition nicht so sehr umstritten ist, wie wir zunächst erwähnt haben. Das internationale Komitee des roten Kreuzes betrachtet LAWS als Waffensysteme, die selbständig und ohne menschliche Kontrolle ihr Ziel auswählen, identifizieren und angreifen können. Diese Bezeichnung ist verbindlich. Dazu wird klargestellt, dass ein militärisches Ziel nicht unbedingt ein Mensch sein muss."*

Ziele können also Menschen oder spezielle Volksgruppen, aber auch neben Gebäuden, Bunkeranlagen, AKWs ..., das Hacken der Infrastruktur eines Landes durch KI sein. Unterschieden werden kann hierbei in voll- oder teilautonome Waffensysteme. Teilautonome Waffen unterstehen noch einem menschlichen Befehl, vollautonome Waffen nicht. Doch bevor wir uns detaillierter anschauen, welche Entwicklungen es hier gibt, wäre es erst einmal wichtig zu klären ...

Weshalb wir überhaupt KI-Waffen „brauchen"

Wer nämlich nach den Ursachen dieser neuen Entwicklungen sucht, stößt auf einige interessante Punkte in der Argumentation und Rechtfertigung von KI-Waffen. Wovon viele der angeführten und öffentlich sogar zugegebenen Gründe überraschenderweise geistiger Natur sind. Was bedeutungsvoll ist, in einer Welt, die meist nur wissenschaftlich-materiell denkt und (fast nur) an das glaubt, was sie sieht, messen, wiegen, riechen oder anfassen kann. Und bei der Energie, die hier auch an Mitteln investiert wird, schnell vergessen wird. Dabei handelt es sich um gesellschaftlich tiefsitzende geistige Gründe wie Angst und Misstrauen, wie wir durch die Presse schnell bestätigt finden[402]:

„Die Vereinigten Staaten müssen jetzt handeln, um KI-Systeme einzusetzen und wesentlich mehr Ressourcen in KI-Innovationen zu investieren, um ihre Sicherheit zu schützen, ihren Wohlstand zu fördern und die Zukunft der Demokratie zu sichern", heißt es in dem Bericht. Ein globales Verbot solcher Waffensysteme wäre dagegen nicht im Interesse des Landes – weil sich die wichtigsten strategischen Gegner ohnehin nicht daran halten würden: „Zusagen von Staaten wie Russland oder China würden wahrscheinlich bedeutungslos sein", so das Fazit der Kommission. Amerika solle so viel investieren wie möglich, um einen Vorsprung vor Ländern wie Russland, vor allem aber China zu behalten, diese Dominanz würde dann für Stabilität sorgen. Aufrüsten für den Frieden, sozusagen."

Das neue Wettrüsten

Die zwanzig weltweit am meisten aufrüstenden Nationen USA, China, Indien, Großbritannien, Russland, Frankreich, Deutschland, Saudi-Arabien, Japan, Südkorea, Italien, Australien, Kanada, Iran, Israel, Spanien, Brasilien, die Türkei, Niederlande und Polen[403] befinden sich also durch Angst, Neid, Misstrauen usw. „getrieben", in einem endlosen Kampf, auf den „Schlachtfeldern der Zukunft" überlegen zu sein. Was einen Rüstungswettlauf startet, der droht, in einer ungebremsten Eskalationsdynamik zu gipfeln[404]:

„Wenn ein Land, ein Akteur anfängt, gewisse Systeme anzuschaffen, dann sehen sich Gegner gezwungen, diese Systeme auch anzuschaffen, um sich dagegen zu schützen. Also es geht nicht einfach nur darum, alle schaffen die sich an, weil die der Meinung sind, die funktionieren gut, sondern es gibt so eine Art Zwang. Der eine zieht vor und dann muss der andere nachziehen und es gibt so eine Eskalationsdynamik, die extrem teuer werden kann und vor allen

Dingen auch sehr destabilisierend. Also dass man ebenso eine Situation hat, wo man sagt: Jetzt bin ich gerade vorne, jetzt muss ich den anderen angreifen, weil sonst zieht der wieder nach und es wird alles schwieriger." Es gibt also einen Mix aus Begeisterung für die neue Technik und ihre Möglichkeiten, und dem Narrativ eines KI-Wettlaufs, den kein Land verlieren will. Mit einer sich verändernden geostrategischen Lage wächst der Druck, KI einzusetzen, bevor sie wirklich einsatzbereit ist. Verschiedene Staaten dürften diesem Druck unterschiedlich schnell nachgeben."

Vom Faustkampf zur KI-Kriegsführung: Ursachen der Eskalationsspirale

Was historisch gesehen also noch recht harmlos mit den Fäusten begann, über Pfeil und Bogen zu Schwertern und ersten Entwicklungen des Militärs zum Schießpulver, dann zu maschinellem, atomaren und nun zum KI-Waffen-Wettrüsten führte, droht nun in einem niemals endenden Rüstungswettlauf auszuufern. Der jederzeit auch eskalieren kann, da mit KI immer schnellere Entscheidungen in immer kürzerer Zeit getroffen werden. Wodurch man Konflikten keine Zeit mehr lässt, sich abzukühlen, wie Experten meinen. Neben den Ängsten der Militärs und Regierungen im globalen Wettrüsten nicht mehr mithalten zu können und/oder unterlegen zu sein, gibt es noch eine Reihe weiterer Gründe, die das neue Wettrüsten anheizen:

1. Profitsucht

Ein weiterer Grund für das neue Wettrüsten im Bereich der KI liegt natürlich darin, dass mit Waffen mehr Geld verdient werden kann als mit zivilen Entwicklungen. So gilt die Waffenproduktion als „Rettungsanker in wirtschaftlichen Krisenzeiten" (wie der Coronapandemie), da sie unabhängig vom industriellen Komplex eines Landes fungiert[405].

2. Das Lager- und Überbevölkerungsproblem

Außerdem lösen Kriege das Lagerproblem von zu vielen, veralteten (sich stapelnden?) Waffen oder - wie es in der umstrittenen, jedoch immer noch aktuellen Ausgabe von Leonard C. Lewin's *„Bericht aus Iron Mountain - Ist Frieden sinnvoll und erstrebenswert?"*, heißt, auch das „Überbevölkerungsproblem". Denn der Mensch ist laut dem Bericht zur dominierenden Spezies aufgestiegen und hat - so die unbekannten Autoren - alle seine natürlichen Feinde eliminiert[406]. Dass die Welt vom Kriegsgeschehen tatsächlich stark profitiert, zeigt die aktuelle Situation in der Ukraine, wohin viele friedliebende Länder nun „freundschaftliche Unterstützung" leisten, indem sie beispielsweise ausgediente Panzer und moderne Waffen, oder eben auch neueste Kampfdrohnentechnologie liefern. Die dort eine immer größere Rolle spielen[407].

3. Die Rüstungsindustrie als Arbeitgeber & Friedenssicherer

Außerdem arbeiten weltweit hunderttausende Menschen in der Forschung, Entwicklung, Zulieferung und Logistik oder Verwaltung für die Rüstungsindustrie. Weshalb Bedrohungsszenarien, wie der medial stark vermarktete Russland-Ukraine-Konflikt, natürlich Öl auf die Angst gießt, der dortige Krieg könnte eskalieren. Weshalb die Waffenproduktion durch die nun allgegenwärtige Angst vor einem dritten Weltkrieg, aufgestockt wird oder werden „muss"[408]:

> *„Der Krieg in der Ukraine zeige eindringlich, wie wichtig militärische Stärke ist, um unsere Freiheit in Europa zu schützen, betonte Verteidigungsministerin Christine Lambrecht. Sicherheit habe einen Preis - auch für die Ausrüstung der Bundeswehr. Bereits für den Verteidigungsetat 2022 sollen deshalb mehr als 50 Milliarden Euro veranschlagt werden. Die vorgesehenen 50,3 Milliarden Euro entsprechen einem Plus von 7,3 Prozent gegenüber dem Haushalts-Soll des Jahres 2021."*

Die Angst vor einem dritten Weltkrieg

In der Literatur und in den sozialen Netzwerken häufen sich aufgrund der aktuellen Ukraine-Lage und Entwicklungen nun Berichte über einen möglichen dritten Weltkrieg[409]. Tatsächlich kann sich jedoch - nüchtern betrachtet - niemand „wirklich" einen dritten Weltkrieg leisten. Da, selbst wenn dieser von noch so feindseligen Terroristen, Kriegstreibern oder Staaten gewollt wäre, klar ist, dass diesen bei dem jetzt zur Verfügung stehenden Waffen- und Atomwaffenarsenal und militärischen Bündnissen, niemand überleben würde. Nicht einmal jene, die damit die sogenannte „Weltherrschaft" anstreben. Denn letztlich gäbe es nach einem dritten Weltkrieg nichts, worüber man danach noch herrschen könnte, wenn man denn das Ziel einer Weltherrschaft über andere anstreben würde. Was leicht anhand der Daten zu den weltweit zur Verfügung stehenden Waffenarsenalen bestätigt werden kann. Daher schüren Menschen, die einen dritten Weltkrieg vorhersehen oder auch davor warnen wollen, ein Klima der Angst, das zur Eskalationsspirale beiträgt. Welches ich mit diesem Buch nicht vertreten möchte. Selbst wenn ihre Argumente noch so „wissenschaftlich untermauert und ernüchternd" sind. Durch die Angst vor einem dritten Weltkrieg werden die Kriegstreiber oder Mahner natürlich angefeuert, noch mehr in Gegenmaßnahmen zu investieren. Was nun aber nicht bedeutet, dass wir einfältig und gutgläubig voller „Glauben, alles würde schon nicht so schlimm werden" leben sollten. Denn die derzeitige Situation birgt tatsächlich eine ganze Reihe vieler Risiken, die nur im gemeinsamen Dialog und durch verbindliche Friedensverträge, Absprachen und Abkommen der Völkergemeinschaft, zum Beispiel durch ein weltweites Verbot des Einsatzes von KI-Waffen, Erfolg haben werden.

Das Potential für regionale Kriege

In regionalen Kriegen (Ukraine, Libyen usw.), Wirtschaftskriegen (Sanktionen, Strafzölle etc.) oder Cyberkriegen/Angriffen liegt der tatsächliche neue Trend in der Kriegsführung. Der letztlich auch mit dem neuesten Hit des Militärs - der KI, geführt wird. Algorithmen spüren hierin die Schwachstellen einer „feindlichen" Infrastruktur und Firewalls von Banksystemen und Wirtschaftsunternehmen auf und versuchen diese dann so zu manipulieren, dass sprichwörtlich ein Land ohne Strom oder Infrastruktur dasteht. Was viel effektiver ist, als mittels Drohnen, Raketen und (Atom-) Bomben alles zu zerstören. Experten sprechen hier auch von humaner oder unblutiger Kriegsführung. Algorithmen können aber trotz ihrer Präzision auch irren. Was in einer komplett KI-gesteuerten Welt unzählige Problemzonen kreiert.

Kriegsführung 3.0: KI-Waffensysteme im Detail

KI-Waffen produzieren also in der Tat eine Verschärfung und - wenn autonome Waffensysteme eingesetzt werden-, eine Unüberschaubarkeit der Kriegsführung. Da diese „Kriege der Zukunft" immer weniger durch Soldaten in großen Panzern, sondern durch KI- gesteuerte Systeme wie Drohnen, ferngesteuerte vollelektronische Kriegsschiffe, oder unbemannte Mini-Panzer und Fahrzeuge auf allen Ebenen geführt werden[410]:

> *„Was wie Science-Fiction klingt, ist in den Labors und Versuchsanlagen der Militärs bereits Realität. „Wir sehen, dass die Aufrüstung in jedem Schauplatz des Krieges stattfindet - in der Luft, im Wasser, unter Wasser und zu Land", sagt KI-Experte Toby Walsh von der University von New South Wales. „In allen diesen Bereichen sind Prototypen von autonomen Waffen in der Entwicklung." Experten schätzen, dass weltweit schon gut 380 teilautonome oder vollautonome Waffensysteme existieren oder in Arbeit sind. Mindestens zwölf Staaten sind aktiv an der Entwicklung von Killerdrohnen oder Killerrobotern beteiligt, darunter China, Israel, Russland, Frankreich, Großbritannien und die USA. Viele dieser Systeme werden vorerst teilautonom betrieben, mit einem menschlichen Soldaten als letzter Instanz. Doch die Fähigkeit zum vollautonomen Betrieb ist bereits implementiert."*

KI-Waffenkategorien

KI-Waffen werden offiziell in drei Kategorien eingeteilt:

- **1. KI zur Lagebeurteilung:** (Datenauswertung und Vorschläge militärischer Gegenstrategien in Sekundenbruchteilen, um Gefahren frühzeitig zu erkennen und gegenzusteuern)

- **2. KI zur Steuerung von Waffensystemen:** (Autonome Waffensysteme, die Ziele selbstständig orten, identifizieren und verfolgen können, den Feuerbefehl gibt jedoch noch der Mensch. Diese Technologie ist z.B. in der Drohnenkriegsführung seit Jahrzehnten in Gebrauch.)

- **3. KI als vollautonome Waffensysteme:** (Die ersten beiden Waffensysteme werden hier miteinander verbunden, aber auch der Feuerbefehl wird dem System überlassen. Damit kann diese KI, Ziele selbstständig ohne menschliche Einwirkung erkennen und bekämpfen.)

Eine stetig wachsende Produktpalette an automatischen, intelligenten Waffen

Der Käufer und Interessent findet hier eine breite, stetig wachsende Palette an Möglichkeiten, angefangen bei halbautomatischen oder vollautomatischen Waffensystemen, die natürlich im länderübergreifenden Konkurrenzkampf marktschreiend beworben und ständig verbessert oder vervielfältigt werden. Wie:

- „einfachen Selbstschussanlagen", wie sie schon am Eisernen Vorhang im geteilten Deutschland auf der Ostseite eingesetzt wurden,
- über „intelligente", selbstlenkende Sprengkörper und Munition,
- zu halb- und vollautomatischen Gewehren,
- unbemannten Panzern, Schiffen, Flugzeugen, U-Booten
- intelligenten Drohen- oder Flugzeug-Abwehrsystemen,
- zu Aufklärungs-, Kampf oder Kamikaze-Drohnen, die in allen Größen, für alle Zwecke und „jeden Geldbeutel" produziert werden.

Die Vorteile von KI-Waffen

KI-Waffensysteme haben für die Anwender folgende Vorteile:

- Sie kennen keinen moralischen Kompass, keinen Hunger, posttraumatisches Belastungs-Syndrom, müssen nicht wie menschliche Söldner bezahlt werden, sondern tun einfach, was ihnen „aufgetragen" oder wozu sie „programmiert" wurden: Sie analysieren und töten, ohne zu hinterfragen. Außerdem sind sie;
- beim Töten und in der gezielten Zerstörung viel schneller und effektiver,
- können relativ einfach gewartet, gesteuert oder programmiert werden,
- und auch relativ kostengünstig und billig in beliebig großer Zahl hergestellt werden,
- was wiederum den Einsatz von Soldaten und Mitteln schont. Und Kriege „wirtschaftlicher" und „humaner" macht, da mit weniger Kollateralschäden zu rechnen sei und man in zivilen Gebieten anhand von Gesichtserkennung kriminelle Objekte „chirurgisch präzise" leicht entfernen kann. So zumindest die Vision von Experten, die den Kriegsschauplatz auch in das zivile Leben bringen will.
- Damit verfügen KI-Waffen insgesamt betrachtet über ein größeres, breit gefächertes Einsatzgebiet, weshalb letztlich der Besitz und Einsatz von KI-Waffensystemen laut Herstellern, Entwicklern oder Anwendern künftig, egal ob virtuell durch Algorithmen oder durch Einsatz von Kampfrobotern und Drohnen, kriegsentscheidend sein wird oder kann.

KI und fernlenkbare Waffen im Einsatz (historische Rückblicke)

Per Funk fernsteuerbare Waffen wie unbemannte Flugzeuge oder Panzer hatten bereits während des ersten und im zweiten Weltkrieg Einsätze[411]. Bei diesen, noch via Funk ferngesteuerten Waffen, mit relativ geringer Reichweite waren noch Soldaten nötig, die den Funk und Zieleinsatz koordinierten. Nach Entwicklung der ersten Marschflugkörper und Aufklärungsdrohnen, wie den deutschen „Wunder-Waffen" V1 und V2[412] wurde die Kriegsführung zunehmend programmierbarer und Menschen in vielen Bereichen immer überflüssiger. Heutige moderne Drohnen können selbständig große Gebiete auskundschaften, am Himmel kreisen und Ziele ausfindig machen, oder sich auch automatisch auf diese Ziele stürzen und diese vernichten, indem sie sich selbst dabei sprengen. Weshalb diese im Ukrainekrieg aktuell von beiden Seiten eingesetzten Drohnen auch Kamikazedrohnen genannt werden[413].

Die Umgestaltung der Kriegsführung und ihre Risiken

Tatsächlich findet insgesamt derzeit eine von Experten und Kritikern mit großem Misstrauen beobachtete Umstrukturierung von KI-Systemen von halbautonomen Waffen zu vollautonomen Waffensystemen statt. Wobei bei letzteren Entwicklungen die KI selbst alles steuert und ohne menschliche Einmischung entscheidet, ob gefeuert wird oder nicht. Problematisch wird es, wenn diese teil- oder vollautonomen Waffensysteme, die Milliarden Steuergelder und Entwicklungskosten verschlingen, nicht „ordentlich" funktionieren, Freund und Feind nicht richtig unterscheiden und sich sogar gegen die eigenen Truppen (Anwender) richten. Was nicht nur der fantasierte Alptraum jedes KI-Entwicklers, Anwenders und Gegners ist, sondern tatsächlich schon geschah[414]:

> *„Im Jahr 2003 interpretierte das teilautonome Patriot-Abwehrsystem der US-Streitkräfte im Irak ein Flugzeug der Briten irrtümlich als feindlich und schoss es ab, wenig später geschah das Gleiche mit einem US-Kampfflugzeug. Und auch aktuelle KI-Systeme haben erhebliche Schwierigkeiten, selbst vermeintlich eindeutige Zielobjekte zu erkennen, wie unter anderem ein Experiment am Massachusetts Institute of Technology (MIT) im Jahr 2017 bewies. Die Forscher hatten mittels 3D-Druck eine Schildkrötenskulptur hergestellt, die von einem KI-basierten Erkennungssystem prompt als Waffe interpretiert wurde. Einen gemusterten Baseball wertete die KI als Espresso. „Und es gibt noch viele weitere Tests, die zeigen, wie solche Systeme leicht ausgetrickst oder in die Irre geführt werden können", kommentiert der britische KI-Forscher Noel Sharkey."*

Im Jahr 2007 erregte der Bericht über eine Fehlfunktion einer vollautomatischen Flugabwehr-Zwillingskanone vom Typ GDF-005/ 35 mm Flab Kan 63 für öffentliches Aufsehen, als während einer Übung in Südafrika neun südafrikanische Soldaten ums Leben kamen und vierzehn weitere verletzt wurden. Da infolge eines Defektes sich ein Geschütz seitwärts drehte und unkontrolliert auf das umliegende Gebiet feuerte[415, 416]. Ein anderes Problem sind die hohen Geschwindigkeiten, mit denen künstliche Intelligenz Daten erfasst und verarbeitet, wodurch es zu Wahrnehmungsverzerrungen oder fehlender Datensätze der KI und dadurch Fehlinterpretation des Umfeldes/von Zielen kommen kann. Was im zivilen Bereich schon Unfälle mit KI-gesteuerten Fahrzeugen verursachte, aber größere Konsequenzen bei KI-Waffensystemen zur Folge hätte[417]:

> *„Das allerdings birgt auch ein hohes Risiko, wie der ehemalige US-Army Ranger und KI-Waffenexperte Paul Scharre in seinem Buch „Army of None" beschreibt. Er befürchtet, dass es bei autonomen Waffen zu einem ähnlichen Phänomen wie dem „Flashcrash" an den elektronischen Wertpapierbörsen kommen könnte. Dabei führen die überreagierenden Algorithmen des Hochfrequenzhandels dazu, dass die Kurse kurzzeitig dramatisch einbrechen. „Meine Sorge ist, dass man dabei etwas Vergleichbares bekommt – einen ‚Flashwar', in dem Algorithmen interagieren und plötzlich beginnen Roboter aufeinander zu schießen und Amok zu laufen", so Scharre. Ähnlich sieht es der KI-Forscher Noel Sharkey: „Stellen Sie sich Schwärme autonomer Panzer und Kampfflieger an einer Grenze vor – und plötzlich feuert einer irrtümlich oder weil er gehackt wurde. Das würde eine Schlacht auslösen, die kein Mensch nachvollziehen oder entwirren könnte. Es wäre innerhalb von Minuten vorüber, würde aber Massenzerstörungen und den Verlust von unzähligen Leben hinterlassen." Der Mensch hätte kaum eine Chance, solche „Blitzschlachten" zu kontrollieren oder rechtzeitig zu verhindern."*

Missbrauchgefahr durch kriminelle Subjekte

Eins der weiteren großen Probleme und um sich greifenden Ängste in der zivilen als auch militärischen KI-Waffentechnik sind die nicht zu unterschätzenden Gefahren durch Hackerangriffe oder Terrorismus. Was verheerende Schäden in der Zivilbevölkerung, Wirtschaft und Infrastruktur eines Landes verursachen könnte. Als Gegenmaßnahme entwerfen hochdekorierte Expertengruppen derzeit Horror-Szenarien[418], womit als negativer Aspekt der KI-Nutzung gerechnet werden muss, um diesen künftig zu erwartenden Bedrohungen begegnen zu können. Die „denkbaren Schadensfall-Ideen" dieser Expertengremien reichen hier von;

- einfachen Putzrobotern, die gehackt und mit Gesichtserkennungssoftware und Sprengstoff versehen, Finanzminister oder Prominente gezielt in die Luft sprengen könnten,
- über KI-gesteuerte Hackerangriffe, die neue Sicherheitslücken in Unternehmensnetzwerken suchen und finden, zur Verbreitung von Schad-Software, die Millionen Nutzer erpressen (könnten), um perfekte Phishingangriffe zu entwickeln,
- bis hin zu Szenarien, worin sich Drohnen plötzlich im Besitz von Terroristen befinden.

Was manche Hollywoodstreifen bereits zeigen, wird also von Experten als Krisenvorsorge geistig durchgespielt, um auf solche Situationen vorbereitet zu sein.

Gegenwind

Diese real vorstellbaren Horrorszenarien verursachen natürlich weltweit massiven Gegenwind. So ist die Zahl der Länder, die gegen den Einsatz von vollautonomen Waffen stimmen, größer, als diejenige der Länder, die Verbote boykottieren oder durch ihr Veto entsprechende internationale Vereinbarungen sehr zähflüssig gestalten, wie ein Spiegel-Wissenschaft-Beitrag im Jahr 2019 berichtet[419]:

„Bislang blockieren unter anderem die USA, Russland, Großbritannien, Australien, Südkorea und Israel die Verhandlungen der Uno über Regeln für den Einsatz der Waffen. Dem gegenüber stehen 28 Staaten, die sich für ein umfassendes Verbot von KI in Waffen ausgesprochen haben - darunter vor allem Länder aus Südamerika und Afrika. Aus Europa ist nur Österreich vertreten. Deutschland und Frankreich setzen sich für einen Verhaltenskodex ein, der vorschreibt, dass alle Waffensysteme menschlicher Kontrolle unterliegen müssen. Ferngesteuerte Drohnen wären demnach erlaubt, vollautonome Waffen nicht."

Die wachsende Kluft von Befürwortern und Gegnern

Dabei scheint die Kluft zwischen Befürwortern und Gegnern immer größer zu werden. Vor allem, wenn wir den Einsatz von KI in Syrien sahen oder der Ukraine anhand von Daten und gelieferten Stückzahlen nachlesen können[420]. Die, wie die Befürworter meinen, den Weltfrieden sichern sollen, obwohl sie für Kriegszwecke produziert werden. Aber nicht alle Entwickler, Erfinder oder Technologiebefürworter machen diese Entwicklung mit[421]:

„Einer der Vorreiter war bereits im Jahr 2014 der kanadische Roboterhersteller Clearpath. Er schrieb in einem offenen Brief: „Würde ein Roboter die Moral, Vernunft und das emotionale Verstehen besitzen, um ethisch falschen oder unmenschlichen Befehlen zuwiderzuhandeln? Nein. Sind Computer in absehbarer Zukunft dazu fähig, subjektiv zu entscheiden, ob ein Ziel legitim ist und ob der Gewalteinsatz verhältnismäßig ist? Nein. Könnte diese Technologie dazu führen, dass diejenigen, die sie besitzen und einsetzen, das menschliche Leben weniger wertschätzen? Wir glauben ehrlich gesagt, dass genau das der Fall sein wird." Das Unternehmen ist das erste, dass sich öffentlich weigerte, Roboterwaffen zu produzieren."

Fazit

Letztlich müssen wir Menschen wohl nun gesamtgesellschaftlich eine Entscheidung treffen, wie weit wir mit KI und insbesondere mit KI-Waffen als neuen Trend des Militärs gehen wollen. Wobei wir aus militärischer Sicht diese Waffensysteme als sicher, handhabbar und zur „Wahrung des Weltfriedens, die andere einschüchtert und bedroht" einstufen können, oder aus humaner Sicht, als mögliche unkontrollierbare existenzielle Bedrohung für alles Leben. Die, wenn sie außer Kontrolle gerät, innerhalb von Sekunden alles zerstören kann, was wir in Jahrhunderten schufen. Womit nachfolgende Generationen - falls es diese dann noch gibt - uns fragen werden: „Warum habt ihr das bei all den mahnenden Beispielen nicht verhindert?"

Kapitel 19

Wahrheiten, Teilwahrheiten, Lügen und Betrug: Wie kritische Mobilfunk-Studien bekämpft werden

Zusammenfassend können wir nach den Ausführungen der vorherigen Kapitel feststellen:

- Dass Mobilfunk schädliche Wirkungen auf Menschen, Tiere, Pflanzen, Insekten und Umwelt besitzt und neben der positiven Berichterstattung zahlreiche seriöse Studien und Hinweise existieren, dass es sich damit um eine gesundheitsgefährliche Technologie handelt, mit der wir seit langem militärisch, politisch, wirtschaftlich, gesellschaftlich und privat im Alltag „flirten".
- Dass Mobilfunk dennoch allgemein als ungefährlich eingestuft wird, da es aufgrund zahlreicher Kurzzeitstudien (Tage, Monate bis 2 Jahre), auf die sich Politik und Netzbetreiber berufen, offiziell angeblich immer noch keine Hinweise oder Studien zu Gesundheitsrisiken gibt,
- während parallel industrie-unabhängige Professoren, Doktoren und Wissenschaftler seit den Anfängen der Funktechnologie negative Langzeit-Forschungsergebnisse präsentieren.

Die tiefere Auseinandersetzung mit diesen fundamentalen Widersprüchen offenbart eine ganze Reihe dubioser, unfairer, ja sogar krimineller Vorgehensweisen gegenüber Kritikern, die an einen „Verschwörungskrimi" erinnern.

- Wie ist es möglich, dass wir die erdrückende Beweislast tausender kritischer Mobilfunkstudien seit Jahrzehnten ignorieren?
- Und weshalb konnte sich weltweit diese gesundheitsrisiko-behaftete Technologie trotzdem verbreiten?
- Wie wurden und werden wir hier - von wem - manipuliert?
- Sind wir womöglich selbst Teil des Problems geworden?
- Wohin wird das noch führen, jetzt, wo der neue, viel stärkere, weltweit flächendeckende 5G-Funk kommt?
- Und wie können wir uns aus dem Dilemma befreien?

Blicken wir, um diese Fragen zu beantworten nochmals kurz in der Geschichte der Funktechnik zurück und fassen wir nochmals kurz zusammen:

Erdrückende Beweislast

1930-1950: Bereits mit den Anfängen des Mobilfunks in den 1930er Jahren gab es erste Probleme im Umfeld der ersten Funkanlagen: Bewohner, die in der Nähe solcher Anlagen lebten, litten unter Unruhe, Schlafstörungen, Kopfschmerzen, ... und all dem, was man heute unter dem Oberbegriff „Elektrosensibilität" oder „nicht-thermische Wirkungen" kennt. Nur dass man diese Beschwerdehäufung damals als „Funkerkrankheit oder Radiowellensyndrom" kannte. (siehe Kapitel 1 zu Dr. Erwin Schliephakes Forschungsarbeit aus dem Jahr 1932).

Während des zweiten Weltkrieges wurden diese schädlichen Wirkungen dann gezielt für militärische Zwecke zur Feindabwehr oder als Waffentechnologie genutzt. Und nach dem zweiten Weltkrieg bis in die 1990er Jahre von den Geheimdiensten und Militärs systematisch auf ihre weiteren militärischen Möglichkeiten auch zur Kontrolle größerer Bevölkerungsgruppen in zahlreichen geheimen Projekten genauestens studiert.

1950-1980. Spätestens in den 1950er Jahren erkannte auch die Führung des US-Militärs, dass Funkwellen, Radar und Co. problematisch für die Gesundheit der Soldaten oder Menschen überhaupt sind. Beunruhigt, da man auf Radar und Funk nicht verzichten wollte, suchte man nach Lösungen, wie man damit verfahren solle, da Mobilfunk bald auch für den zivilen Bereich eingesetzt werden sollte. Den idealen Vorschlag unterbreitete der 1947 aus Deutschland in die USA immigrierte Biophysiker Paul Hermann Schwan (1915-2005[422]), der den beunruhigten Militärs eine „neue" Formulierung anbot, womit das Thema der kritischen Wirkungen „entschärft" werden könnte, die da lautete[423]:

> *„Mobilfunk besitze nur thermische, (den Körper erwärmende) Wirkungen. Es gibt keine andere Wirkung, da diese gegen die Gesetze der Natur und wissenschaftliche Forschung verstößt."*

Was heute tausendfach durch eben jene kritischen Studien widerlegt ist, aber immer noch seitens der Befürworter für den uneingeschränkten Netzausbau, die Handynutzung usw. als Hauptargument Verwendung findet. Wie wir leicht auf der Webseite des Bundesamtes für Strahlenschutz nachlesen können, wo es heißt[424]:

> *„Hochfrequente elektromagnetische Felder werden von biologischen Systemen aufgenommen und führen in erster Linie zu einer Erwärmung. Die physikalische Grundlage dieser thermischen Wirkung ist gut bekannt und unstrittig. Fraglich sind mögliche biologische Wirkungen nicht-thermischer Art im Bereich niedriger Intensitäten hochfrequenter Strahlung, deren Existenz bisher wissenschaftlich nicht nachgewiesen wurde, die aber weiterhin erforscht werden."*

1960-2020: Diese aktuelle Aussage vom Juni 2022 des Bundesministeriums für Strahlenschutz (BfS), dass es KEINE wissenschaftlich nachgewiesenen Studien zu nicht-thermischen Wirkungen gibt, wird allein durch 1.500 Studien aus Russland von 1960 bis 1996 zu nachgewiesenen biologischen Wirkungen elektromagnetischer Felder bei 0-3 GHz Leistung auf den Menschen wiederlegt[425], die vom damaligen Bundesministerium für Telekommunikation am 14.11.1996 in Auftrag gegeben wurde. (Au-Nr. 4131/630 4002). Wobei Russland daraus schlussfolgernd seine Grenzwerte – ähnlich wie Polen, Italien, und die Schweiz – um ein Vielfaches niedriger, bei etwa 6 V/m, als der EU-Durchschnitt (etwa 61 V/m) festlegte.

„Politische" Grenzwerte?

Zu diesen in Europa vom ICNIRP (ein privater, einflussreicher Verein mit Sitz in München) empfohlenen und von der Politik zum Gesundheitsschutz der Bevölkerung festgelegten sehr unterschiedlichen Grenzwerten, gibt es folgende offizielle „Erklärungsmodelle"[426]:

> *„Staaten, die sich gegen die Grenzwertempfehlungen der ICNIRP entschieden haben, begründen dies meist mit dem Wunsch nach erhöhter Vorsorge. Derartige Vorsorgegrenzwerte gibt es unter anderem in Italien, Belgien, der Schweiz und Liechtenstein, in Luxemburg sowie in Russland und Polen. Die Höhe dieser Grenzwerte ist*

politisch festgelegt und stützt sich nicht auf wissenschaftliche Erkenntnisse."

Woraus sich ableiten lässt, dass Politiker und nicht Wissenschaftler die gesundheitlichen „Vorsorge-Grenzwerte" jeweils risikofreudiger oder vorsorgefreundlicher festlegen. Wobei sich erhöhte Grenzwerte dann nicht an der Gesundheit und dem Vorsorgeprinzip, sondern an der Wirtschaft orientieren. Was Experten, wie Prof. Dr.-Ing. Günter Käs, der Bundeswehruniversität, bereits im Jahr 2000 feststelle:

„Die Strahlungswerte der Mobilfunknetze liegen zwar unter den Grenzwerten, aber diese Grenzwerte orientieren sich nicht an der Gesundheit."

Damit gibt es offensichtlich innerhalb und außerhalb der EU-Politik keine richtige Klarheit darüber, ab wann Mobilfunk tatsächlich gesundheitlich bedenklich wird oder nicht. Da diese Vorsorgegrenzwerte im Ländervergleich stark abweichen.

Weitere unbequeme Studien zur Schädlichkeit des Mobilfunks

Natürlich sind die 1.500 Studien zu den politisch und wirtschaftlich unbequemen Wirkungen aus Russland nur die „Spitze des Eisberges". Da dem Suchenden bei der Recherche und Besuch von mobilfunk-kritischen Webseiten wie:

- www.powerwatch.org.uk
- www.kompetenzinitiative.net
- www.diagnose-funk.org
- www.emf-portal.org/de
- usw.

... schnell bewusst wird, dass es tausende weiterer Studien zu nicht-thermischen Effekten auf Menschen, Tiere, Versuchstiere, Insekten und Pflanzen gibt (siehe Kapitel 3 und 4). Die jedoch laut Netzbetreiber oder Politik - egal wie wissenschaftlich exakt durchgeführt, allesamt „nicht relevant" sind, einem „Irrtum" unterliegen (müssen), „unkorrekt durchgeführt", „womöglich gefälscht" wurden, oder auf den Menschen „nicht anwendbar und übertragbar" sind. Während sie „psychisch durch Placebo oder Nocebo-Effekte eingebildet" sein müssen, oder einfach in der Argumentation verschwiegen werden. Da es - wie Herr Schwan Ende der 50er Jahre vorschlug, offiziell seit über 70 Jahren nur thermische und keine anderen „gesicherten" Erkenntnisse gibt. Man aber bezüglich der nicht-thermischen Wirkungen „offenbleiben" und auch im Bereich der neuen 5G-Netze noch „forschen" müsse oder wolle.

Gerichtsurteile zugunsten nicht-thermischer Wirkungen

Noch skurriler wird es, wenn - wie im Buchverlauf gesehen - Gerichtsurteile zugunsten mobilfunkkritischer Forscher ausfallen, die mit ihren Studien zu erschreckenden Ergebnissen in der Wirkung des Mobilfunks und hochfrequenter Felder kommen. Und diese Forscher die Größe haben, dem Gegendruck nicht nachzugeben. Wie Professor Adlkofer (**† 2022**), Leiter der von der EU finanzierten REFLEX-Studie (2000-2003), der sich Ende 2020 vor Gericht in letzter Instanz nach vielen Jahren gerichtlicher Auseinandersetzung gegen spekulative Fälschungsvorwürfe seitens eines gewissen Prof. Lerchel (BfS) durchsetzte[427]. Womit diese Forschung, die auf Gen,- Zellschäden- und Krebsrisiko verwies, heute als Beleg für die schädliche Wirkung des Mobilfunks gelten kann. Doch wird seitens der Netzbetreiber- und Befürworter immer noch hartnäckig behauptet, dass dieser Zusammenhang fehlt, oder werden entsprechende Änderungen in den Einträgen nicht vorgenommen[428]:

> *„Die Reflex-Studie hatte zunächst scheinbar gezeigt, dass bei extrem starken Feldern ein reproduzierbarer Zusammenhang zwischen alltäglicher elektromagnetischer Strahlung und Zellschädigungen bestehen kann.[1]Diese Laborergebnisse ließen, auch unter der Annahme dass sie richtig sind, keinen Schluss auf Krankheiten zu, die durch derartige Strahlung hervorgerufen werden."*

Die gesamte Mobilfunkindustrie unter Anklage

Öffentlich wenig bekannt, diskutiert und verschwiegen wird ebenfalls ein noch größeres Dilemma der Mobilfunkindustrie: Dass nämlich die gesamte Mobilfunkindustrie in einem weiteren beispiellosen Prozess in den USA angeklagt wurde, den sie ebenfalls in letzter Instanz vor dem dortigen höchsten Gericht verlor. Was in seinem gesamten Ausmaß aber dem uninformierten Laien und Nutzer erst durch Dokumentationen wie THANK YOU FOR CALLING, von Klaus Scheidsteger offenbar wird[429]. Welche Professor Dr. Carlo in seinem Kampf um Rechtschaffenheit und Aufklärung begleitet. Womit er sich viele mächtige Feinde machte[430].

Vieltelefonieren und Krebs

Interessant wird es rund um den angeblich unschädlichen Mobilfunk, wenn Gerichte neben Forschern wie Prof. Carlo oder Adlkofer auch Betroffenen in öffentlich für Aufsehen erregenden Prozessen durch eingehende Prüfung der Sachlage, Recht auf Schadensersatz zusprechen. Und somit – wie in Italien 2020 gerichtlich bestätigt, den Geschädigten eine Entschädigungs-Rente zusprechen und zeigen, dass Handytelefonieren, tatsächlich Gehirntumor auslösen kann. Womit wir nun eigentlich alle wach werden müssten. Doch das Gegenteil geschieht und Mobilfunk, Handykonsum, DSL-Router oder auch die heimische Mikrowelle in der Küche, gelten weiterhin als unbedenklich und werden in Rekordumsatzsteigerungen weiterhin in Massen verkauft. (Siehe Kapitel 7).

Wie Mobilfunk als unschädlich erklärt wird

Wir könnten dieses Szenario jetzt mühelos über viele hundert Seiten anhand von gesundheitlich bedenklichen Forschungsergebnissen und den Gegenargumenten fortsetzen. Und hätten damit einige Ordner an Beweislast, um die Aussage „Mobilfunk ist gesundheitsgefährlich" durch wissenschaftliche Forschung zu stützen. Während die Befürworter, Politiker und

Netzbetreiber dies weiterhin vehement bestreiten würden, während sie sich auffällig häufenden Wortwahl-Mustern folgen:

1. Leugnung:

- Oft wird hierbei behauptet, es gäbe all das nicht,
- diese (zu einem schädlichen Ergebnis kommenden) Studien seien unseriös,
- nicht wiederholbar,
- unter falschen Gesichtspunkten durchgeführt,
- seien umstritten (womöglich gefälscht),
- auf den Menschen nicht übertragbar,
- gelten als widerlegt,
- müssen (als Wirkungen) erst noch erforscht werden,
- usw.

Wobei Mobilfunkstudien, die thermische oder politsch gewollte positive Resultate erzielen (also unbedenklich sind), als gesichert gelten. Dadurch wird die Wissenschaft und der Nutzer gespalten und gezielt Zweifel an kritischen Studien gestreut, da der Nutzer sich im Alltag oftmals mit den Aussagen der Behörden, Ämter, Politiker und Netzbetreiber zufriedengibt. Denn es wurde ja „seriös" geforscht und untersucht und wenn etwas „zweifelhaft" ist, würde man (öffentlich) darüber informiert, oder sollte man sich damit nicht näher befassen.

2. Widerlegung der Gefährlichkeit:

Gleichzeitig versucht man Studien, die Gesundheitsrisiken zeigen, durch eigene Studien „mobilfunkfreundlicher Wissenschaftler, Labore oder Institutionen" zu widerlegen oder „zu ersetzen". So entsteht der öffentliche Eindruck, „Alles sei sicher". Womit man dem Käufer signalisieren kann: „Schau, wir haben diese und jene Studie, von einem „ordentlichen" Labor oder Forscher gemacht; und alles ist unschädlich. Lass dich also nicht von den Kritikern „verrückt" machen." Professor Karl Hecht, ein langjähriger Mobilfunkkritiker, erklärt in einem

Interview dazu, dass diese „Unbedenklichkeitsstudien" der Netzbetreiber und Politik einer näheren wissenschaftlich-seriösen Prüfung nicht standhalten[431]. Da sie in einem viel zu kurzem Zeitrahmen von wenigen Monaten, Tagen oder maximal 1 bis 2 Jahren gemacht wurden. Was keine eindeutigen Beurteilungen über Langzeitfolgen erlaubt. Während kritische Studien nach 3, 5, 6 oder 10 Jahren im Vergleich dazu, zu schädlichen Ergebnissen kommen. Man umgeht also die langfristige Forschung und kann dann sagen; „Wir haben hier geforscht und sind zu keinem gesundheitsgefährlichen Ergebnis gekommen, daher ist Mobilfunk „ungefährlich". Was dann für Behörden und Institutionen oder Politik und Netzbetreiber in der Argumentation für ihre „Unbedenklichkeitszertifikate" und den globalen Netzausbau verwendet wird. Elektrosensibilität oder Zusammenhänge zwischen Elektrosmog und steigendem Burnout oder chronischen Krankheiten, die im Zusammenhang mit dem ständig wachsenden Netzausbau gebracht werden könnten, werden ebenfalls geleugnet. Was dazu beiträgt, dass man bei den wahren Ursachen für ein gesellschaftlich wachsendes Problemfeld im Dunkeln tappt. Es ist einfacher, angesichts einer boomenden Mobilfunkindustrie, diesbezügliche Hinweise zu leugnen. Selbst, wenn viele Symptome verschwinden, wenn die Strahlenquellen abgeschaltet, abgeschirmt oder entfernt werden. Wie die Ärzte des Freiburger Appells vom 20.10.2002 in ihren Praxen beobachteten, während das Bundesamt für Strahlenschutz (BfS) weiterhin behauptet[432]:

> *„Weder in epidemiologischen noch in tierexperimentellen Studien wurden Hinweise auf eine krebsauslösende Wirkung der hochfrequenten Felder des Mobilfunks gefunden. Des Weiteren konnte kein biologischer Wirkmechanismus identifiziert werden, der eine mögliche, schädigende Wirkung von Mobilfunk auf den menschlichen Organismus erklären könnte."*

3. Verdrehung der Wahrheit:

Natürlich existieren trotz der Behauptung des BfS, dass in tierexperimentellen Studien kein Krebsrisiko entdeckt wurde, auch zahlreiche Studien an Ratten, Mäusen, Kaninchen, Hühnerembryonen usw., die ein auffallend hohes Krebsrisiko oder Absterben sämtlicher Hühnerembryonen zeigen.

Wie die für Aufsehen erregende, bereits um 1999 durchgeführte und aktuell bestätigte NTP-Studie. Die über 10 Jahre Mäuse und Ratten Mobilfunkstrahlung aussetzte[433]. Nachdem sich der „wissenschaftliche Dienst verschiedener Gremien" der Studie annahm, wurde trotz Krebsnachweis in Laborversuchen bei Versuchstieren argumentiert, diese Ergebnisse seien nicht auf den Menschen übertragbar[434]:

> *„In der Bewertung der Studie kommt die Internationale Kommission für den Schutz vor nichtionisierender Strahlung (ICNIRP) zu dem Ergebnis, dass diese Studie zusammen mit weiteren Studienergebnissen keine Überarbeitung der Richtlinien und Grenzwerte für die Hochfrequenz-Exposition rechtfertigt. Die Studie, so die ICNIRP, weise Inkonsistenzen auf und könne nicht ohne weiteres auf den Menschen übertragen werden, weitere Forschung hierzu sei aber notwendig. Die ICNIRP ist ein von der Weltgesundheitsorganisation WHO anerkanntes unabhängiges Expertengremium."*

Dabei spielt es keine Rolle, dass seit 2016 sieben zeitnahe seriöse Studien zu bedenklichen Ergebnissen bezüglich Handykonsum und Krebs beim Menschen kommen:

1. Wang & Guo (2016). Meta-analysis of association between mobile phone use and glioma risk. J Cancer Research Therapy
2. Bortkiewicz et al. (2017). Mobile phone use and risk of intracranial tumors and salivary gland tumors - A meta-analysis. Int J Occ Med Envir Health.
3. Carlberg & Hardell (2017). Evaluation of mobile phone and cordless phone use and glioma risk using the Bradford Hill viewpoints from 1965 on association or causation. Biomed Res Int.
4. Prasad et al. (2017). Mobile phone use and risk of brain tumours: a systematic review of association between study quality, source of funding, and research outcomes. Neurol Sci.
5. Yang et al. (2017). Mobile phone use and glioma risk: A systematic review and meta-analysis. PLOS One.
6. Choi et al. (2020). Cellular phone use and risk of tumors: Systematic review and meta-analysis. Int J Envir Res Public Health.

7. Moon et al. 2024, Seoul National University und Inha University Hospital

So haben wir;

- einerseits Aussagen von Behörden und „Expertengremien", die leugnen, dass es überhaupt Wirkungen auf Menschen oder Versuchstiere gibt,
- andererseits, wenn doch kritische Studien erscheinen, die den sich immer weiter ausbreitenden Mobilfunk in ein unschönes Licht rücken, Aussage(n) oder Gegenstudien, dass diese nicht auf den Menschen übertragbar (und ernst zu nehmen) sind.
- Und letztlich Gerichtsurteile, die mobilfunk-kritischen Studien oder Klägern mit Tumor durch Handystrahlung, nach Prüfung der Sachlage Recht zusprechen. Aber bestritten oder kaum erwähnt werden.

Womit jederm klar werden müsste, dass da etwas in der öffentlichen Argumentation völlig schiefläuft oder noch schlimmer; womöglich im Wahrheitsgehalt in Richtung „Unbedenklichkeit" stark „verbogen" wird. Was Prof. Dr. Wolfgang Löscher, von der tierärztlichen Hochschule Hannover zur Repacholi-Studie[435] zur ‚Süddeutschen Zeitung' im Mai 1997 mit den denkwürdigen, immer noch aktuellen Worten so ausdrückte:

> *„Keine Firma der Welt entwickelt ein Arzneimittel, das bei Versuchstieren Krebs auslöst, und sagt dann, wie das Bundesamt für Strahlenschutz, die Handyfirmen und die Mobilfunkindustrie, das werde beim Menschen schon nicht auftreten."*

4. Diskreditierung mobilfunk-kritischer Forscher:

Hinzu kommt, dass es mobilfunk-kritischen Forschern extrem schwer gemacht wird, ihre Forschungen der Allgemeinheit zugänglich zu machen. So bekommen mobilfunktreue Forscher wie Harald Lesch im Fernsehen und über die Medien starke Präsens und eigene Fernsehsendungen, wo sie behaupten dürfen, dass Mobilfunk oder 5G ungefährlich sei[436], während kritische Forscher, wenn überhaupt, nur kurz, nebenbei oder gar nicht erwähnt werden. Ein tatsächlicher, offener Dialog wie eine Podiumsdiskussion zur Hauptfernsehzeit zwischen Professor Dr. Klaus Buchner, Autor von „5G-Wahnsinn" und dem Fernsehliebling Prof. Harald Lesch, der jede Gesundheitsrisiken des Mobilfunks öffentlich bestreitet, wäre sicher hoch interessant. Bleibt aber aus besagten Gründen nur ein Traum. Vielmehr müssen kritische Wissenschaftler damit rechnen ihren Job zu verlieren, (Prof. Semm - ehemaliger Forscher für die Telekom), oder müssen sie mit medialer Verunglimpfung, Rufschädigung (Pseudowissenschaftler, Schwindler, Verschwörungstheoretiker, Aluhutträger etc.) oder finanziell großen Verlusten durch teure Gerichtsprozesse (Dr. Carlo, Prof. Adlkofer) rechnen. Wodurch ein Klima der Angst geschaffen wird, sich seitens der Wissenschaft nicht gegen eine Milliarden schwere Lobby zu richten.

5. Lüge und Betrug:

Wer sich noch tiefer mit kritischen Studien und seiner Unterdrückung befasst, stößt letztlich auf ein dicht gewobenes Netz aus Lügen, Halbwahrheiten und Betrug, das sich von den „angeblich sicheren" Grenzwerten bis hin zur Behauptung, dass es noch keine nicht-thermischen oder schädlichen Wirkungen gäbe, zieht. Womit der Nutzer und Anwender gezielt manipuliert und in falsche Sicherheiten „eingewoben" wird. Was sogar öffentlich von Erwin Huber, Leiter der bayerischen Staatskanzlei, zur Bereitschaft des Freistaats Bayern, die Innovation UMTS mit staatlicher Hilfe schneller voran zu bringen, zur „Die Welt" vom 16.10.2002 mit folgenden Worten zugegeben wurde:

> *„Wir werden alles dafür tun, was uns Gott erlaubt, und auch manches, was er verbietet, um diese Innovation voranzubringen."*

Industrie-Lobbyismus und Expertengremien

Damit betreten wir jedoch ein politisches Minenfeld des Industrielobbyismus und seiner Macht, Meinung oder Politik zu machen und zu beeinflussen, oder Menschen von sich abhängig zu machen und finanziell zu „ruinieren". Was ebenfalls öffentlich durch den ehemaligen Gesundheitsminister Horst Seehofer in einem Interview mit „Frontal 21" am 06. Juni im ZDF zum Industrielobbyismus der Pharmaindustrie bestätigt wurde:

„... Ja, das ist so. Seit 30 Jahren bis zur Stunde sind strukturelle Veränderungen auch im Sinne von mehr sozialer Marktwirtschaft im deutschen Gesundheitswesen nicht möglich wegen des Widerstandes der Lobby-Verbände ... Ich kann Ihnen nur beschreiben, dass es so ist und dass es so abläuft, und zwar sehr wirksam."

Die unheimliche Macht der Lobby

Neben der Mobilfunkindustrie und Pharmaindustrie praktiziert(en) das erfolgreich die Erdölindustrie, die Zigarettenindustrie, die Atomkraftindustrie und Energiewirtschaft, das Militär, die Automobilindustrie, das Bankwesen, der Vatikankonzern/ die Vatikanbank, die Lebensmittelindustrie, ... aber auch die Politik. Die beispielsweise durch („humanitäre") Weizenlieferungen an von Hunger bedrohte Länder, bei politischen Entscheidungen dann beispielsweise mitentscheiden möchte, mit welchem Nachbarn das abhängige Land dann Handelsabkommen abschließen darf, oder nicht. (Doku-Tipp: Septemberweizen von Peter Krieg, Filmladen/ Mai 2010)

Der Zweck heiligt die Mittel

Dabei ist neben dem Besitz von Großkapital und der Privatbesitz verschiedener lebensnotwendiger Industriezweige (Lebensmittelindustrie, Wasserwerke, Textilindustrie, Rohstoffe usw.) wichtig, nicht nur militärisch oder wirtschaftlich dominierend zu sein, sondern einflussreiche Schlüsselpositionen, Posten oder Gremien mit Entscheidungsbefugnis durch politische Unterstützer zu besetzen. Oder durch Medienkampagnen/ Marktforschung die öffentliche Meinung zu kennen oder gezielt zu beeinflussen. Wie ich bereits in meinem Buch „5G-Mobilfunknetze", Seite 77 / 78, aus einem Artikel zitiere:

„Im Rahmen einer von Kaiser Permanente durchgeführten kontrollierten Studie, deren Ergebnisse im Dezember 2017 in Scientific Reports veröffentlicht wurden, untersuchte man hunderte schwangere Frauen aus dem Gebiet um die San Francisco Bay. Es stellte sich heraus, dass jene, die stärker nichtionisierter Magnetfeldstrahlung im Umfeld von Handys und WLAN ausgesetzt waren, ein 2,72-mal höheres Risiko einer Fehlgeburt hatten als Frauen, die wenig Kontakt mit der Strahlung hatten. […] Im März 2018 brachten die Nachforschungen von Mark Hertsgaard und Mark Dowie für „The National" ans Licht, dass die Presse nur unzureichend über das Ausmaß dieses Problems für die öffentliche Gesundheit berichtet hatte und es daher von der Öffentlichkeit unterschätzt wurde. Die Telekommunikationsbranche setzte dafür PR-Taktiken ein, die erstmals in den 1960er Jahren von den Tabakkonzernen angewandt worden waren. In den 1980er Jahren nutzten die Erdölriesen solche PR-Taktiken ebenfalls. Die PR-Aktionen beeinflussten die öffentliche Auffassung von Drahtlostechnologien und Regulierungsdebatten deutlich."

Die Entscheidungsträger hinter dem ICNIRP

Wie wir bereits gesehen haben, berufen sich die Netzbetreiber, Politiker und Befürworter des Ausbaus unter anderem auf das ICNIRP, als ein angeblich von der Weltgesundheitsorganisation (WHO) anerkanntes unabhängiges Expertengremium zum Schutz vor nicht-ionisierender Strahlung. Das für Europa und weitere Länder Grenzwertempfehlungen herausgibt, denen dann eine Vielzahl von Staaten folgen. So auch Deutschland für die neuen erhöhten Grenzwerte des 5G bis 8G Mobilfunknetzes, welche von 6V/m auf 61V/m erhöht wurden. Schauen wir uns das Expertengremium ICNIRP dann näher an, wird uns bewusst, dass das ICNIRP eine recht „fragwürdige Institution", ist, was das Thema „Schlüsselpositionen und Lobbyismus" nochmals unterstreicht, wie eine Untersuchung im Auftrag der neuseeländischen Regierung zeigt[437]:

„Die Grenzwerte der ICNIRP sind im Auftrag der neuseeländischen Regierung von dem Wissenschaftler Dr. Neil Cherry überprüft worden, der zu einer massiven Kritik an der tendenziösen wissenschaftlichen Einseitigkeit, der Nichtberücksichtigung wichtiger wissenschaftlicher Erkenntnisse und an dem Außerachtlassen biologischer Wirkungen von Seiten der ICNIRP gekommen ist.
Entgegen dem von der ICNIRP und von der Strahlenschutzkommission erweckten Eindruck, die ICNIRP handele im Auftrag der UNO / WHO oder sei eine ihrer Kommissionen, handelt es sich dabei um eine selbst ernannte Gruppe, sie ist ein eingetragener Verein mit Sitz in München ohne irgendeinen demokratischen, politischen oder wissenschaftlichen Auftrag und ohne jede politische oder wissenschaftliche Kontrolle. Sie ernennt ihre Mitglieder selbst, bei denen übrigens kein einziger Mediziner dabei ist. Nach Auskunft von Kofi Annan hat sie nichts mit der UNO zu tun und auch keinen Auftrag von dieser bekommen."

Das ICRINP, mit Sitz in München/Deutschland, ist also (von wem auch immer?) „ermächtigt", internationale Empfehlungen an die WHO und Staatengemeinschaft herauszugeben, die diesen Empfehlungen dann Glaubwürdigkeit verleihen, indem sie diese Richtwerte-Empfehlungen für die Entwicklung ihrer Volkswirtschaften nutzen. Womit Politik und Bürger wieder beruhigt sind (oder werden), da sich solche Gremien „international anerkannt" nennen dürfen. Und sie von Netzbetreibern, Behörden und Politikern vielmals zitiert werden. Womit der „Otto-Normalbürger", der einfach sein Handy nutzen will und hier nicht nachhakt, meist zufrieden ist.

Interessenkonflikte der Politik

Der unbedarfte Laie denkt dabei natürlich, Politiker oder die ihm unterstehenden Behörden handeln im Interesse der Bürger oder Gesundheit. Doch tatsächlich orientieren sich die Grenzwerte mehr am Wirtschaftswachstum und weniger daran, den Mobilfunk auf ein gesundheitlich verträgliches Maß zu reduzieren. Wie folgende Zitate bereits um das Jahr 2000 zeigen. Als Mobilfunk noch weit unter den heutigen Grenzwerten lag und nicht so ausgebaut war:

„Die Bundesärztekammer wünscht einen niedrigeren, präventiven Grenzwert."

(Pressesprecher Hans-Jörg Freese zur ‚Süddeutschen Zeitung' (1. September 2003)

„Ein empfehlenswerter und realistischer Vorsorgewert ist 10 µW/m².“

(Dr. Lebrecht von Klitzing (Medizinische Universität zu Lübeck) und Prof. Dr. Günter Käs (Universität der Bundeswehr) zum Umweltmagazin ‚Öko-Test' zur Strahlung an Mobilfunk-Basisstationen, Heft 4/2001)

Dem gegenüber entgegnen Vertreter aus Wirtschaft oder Politik:

„Wenn man die Grenzwerte reduziert, dann macht man die Wirtschaft kaputt, dann wird der Standort Deutschland gefährdet."

(Prof. Dr. Jürgen Bernhardt, ehemaliger Vorsitzender des industrienahen Gremiums der ICNIRP)

Die Politik als Teilhaber und Profiteur des Mobilfunkausbaus

Vielleicht sollten wir hierbei bedenken, dass die Politik bei der kontroversen Diskussion nicht „unparteiisch" ist und natürlich selbst am Milliardengeschäft des Netzausbaus kräftig mitverdient. Wie wir beispielsweise an der Versteigerung der 5G-Lizenzen an Netzbetreiber in Deutschland für satte 6,6 Milliarden Euro sehen[438]. Womit sich wiederum Pflichten aber auch weitere lukrative Möglichkeiten (Steuereinnahmen etc.) ergeben. Was eigentlich einen Interessenskonflikt darstellt. Da Politiker vom Volk gewählt wurden, um Volksinteressen zu vertreten, sich aber zum Beispiel durch die übereilte 5G-Netzeinführung ohne ausreichendes Wissen über die Langzeitwirkungen (mindestens 5 bis 10 Jahre) zu haben, auf die Seite der Wirtschaft stellen. Dabei sind Netzbetreibern und Politik die schädlichen Wirkungen sehr wohl bekannt[439]:

> *„Selbst Untersuchungen von Ärzten werden ignoriert. Im Mai 2007 übergaben Kemptener Hausärzte den örtlichen Gesundheitsbehörden eine vergleichende Untersuchung, die anhand von Blutbildern bewies, dass um örtliche Basisstationen herum bei Anwohnern der Melatonin- und Serotoninwert signifikant sinkt. Der Bescheid wird ignoriert ... Dr. Hartmann wurde von den Betroffenen gefragt, warum das Gesundheitsamt es abgelehnt habe, solche amtsärztlichen Untersuchungen durchzuführen. Er führte aus, dass die Bayerische Staatsregierung per behördeninternem Schreiben den Gesundheitsämtern untersagt hat, dass die Amtsärzte bei Berichten über gesundheitliche Probleme im Zusammenhang mit Mobilfunksendern aktiv werden. Es sei ihnen von der Staatsregierung verboten worden, amtsärztliche Gutachten zu erstellen ...“*

Einem Vortrag von Peter Hensinger aus dem Jahr 2008 zufolge (siehe bei: http://www.elektro-sensibel.de/docs/Wissenschaftskriminalitaet.pdf), sind folgende sieben Vorgehensweisen der Politik, Netzbetreiber oder Befürworter des wirtschaftlich-industriellen Komplexes zum Netzausbau bekannt:

- *2.1. Methode eins: Offene Fälschungen*
- *2.2. Methode zwei: Forschung verhindern*
- *2.3. Methode drei: Verschweigen*
- *2.4. Methode vier: Offene Fragen ignorieren*
- *2.5. Methode fünf: Die scheinlogische Täuschung*
- *2.6. Methode sechs: Diffamierung und Rufmord*
- *2.7. Methode sieben: Psychologisierung*

Die Ignoranz der Nutzer, das sich ändernde Wertesystem und die netzabhängige Gesellschaft

Doch gehen wir von der sogar etwas verständlichen Ignoranz der Netzbetreiber, Befürworter, Politiker und Behörden weg und schauen wir auf die Nutzer, die – da die Handyverträge jährlich rapide wachsen – ebenfalls kein Problem mit der Funkstrahlung sehen. Und ergründen wir, weshalb denn diese möglicherweise kein Interesse an einer Auseinandersetzung mit unbequemen Fragen wie der risikobehafteten Handynutzung hat. Im Zeitalter von Social-Media, Handys, Laptops, Internet ist Mobilfunk und das smarte Leben im smarten Netz zur gesellschaftlichen, wie sozialen Notwendigkeit geworden. Hinzu kommt, befeuert durch die Homeoffice-Initiative während der Coronapandemie, dass arbeiten im Homeoffice große gesellschaftliche Akzeptanz erfuhr. Wobei sich vor allem jüngere Generationen oft überhaupt nicht mehr vorstellen können, dass es bis vor kurzem ganze Generationen gab, die noch ohne all den technischen Schnickschnack aufwuchsen und sich auch ohne Handy und Smartphone amüsieren und Lebensfreude und/oder (analog) Genuss finden konnten.

Die Werte unserer Gesellschaft ändern sich. Heute den Mobilfunk und seine Ableger wie Smartphone, Mikrowellenherd usw. als schädlich zu definieren und in Frage zu stellen, gleicht einem Narren, der behauptet, sich gegen den unaufhaltsamen Fortschritt stellen zu wollen. Kritiker gelten auch bei Vielnutzern als unseriös, da wir - so die mit Irrtümern behaftete „Logik" - sowieso bereits überall mit strahlenden Nahfeldquellen konfrontiert sind und etwas davon spüren müssten. Oder uns die Öffentlichkeit über Risiken informieren würde, wenn da etwas an Gesundheitsrisiken dran wäre. Doch das tut sie eben nicht, oder sehr verzerrt und nicht wahrheitsgetreu, wie wir nun sahen. Außer wir leben in einem Funkloch oder abgeschirmten Bereich und sind elektrosensibel. Dann ändert sich plötzlich alles. Doch solange wir nichts davon merken und unbeschwert damit „spielen" und kommunizieren (können), besteht auch kein Bedarf, dass wir uns kritisch damit auseinandersetzen.

Es ist weltweit normal geworden, ein Handy zu nutzen. Und so sind wir zu einer Handy-abhängigen, ja süchtigen Gesellschaft geworden. Was wir überall bestätigt finden, wenn wir beobachten, wie viele Menschen beim Laufen, Essen, Freizeitaktivitäten, im Zug/auf Reisen usw. nur noch in ihr Smartphone schauen. Oder uns die erschreckend schnell wachsenden Zahlen an Internetsüchtigen betrachten[440], die zeigen, wohin hier die Reise noch gehen wird. Wer süchtig ist, wird diese Tatsache oder eine mögliche schädliche Wirkung nicht wahrhaben wollen, es leugnen und sich ebenfalls in kritischen Diskussionen darauf berufen wollen, dass Mobilfunk „politisch und wissenschaftlich belegt", unbedenklich ist. Weshalb es Kritiker ebenfalls schwer haben, zu den

Nutzern mit ihren Argumenten und Studien vorzudringen und mit Ablehnung, Beschimpfung, Kritik, Meidung, Ignoranz, bis hin zu „Bisswunden" rechnen müssen. Wie Professor Manfred Spitzer in seinen Büchern „Die Smartphone-Epidemie" oder „Cyberkrank" über eine Mutter berichtet, die ihrem Kind das Smartphone wegnehmen wollte, welches ihr daraufhin in die Hand biss. Was ein klares Zeichen für Sucht ist, so der prominente Autor und Kritiker.

Wohin wird das alles führen?

Aus all dem ließe sich leicht ableiten, wohin die einseitige positive und unterdrückte kritische Sicht auf den Mobilfunk und den globalen Netzausbau, führen wird: In eine Smartphone- und Internetsüchtige Welt, in der Elektrosensibilität und durch Mobilfunk bestätigte und Ärzteappelle belegbare chronische Krankheiten massiver, als wir es bisher erleben, stark zunehmen werden. Wenn wir keine Abschirmmaßnahmen, funkfreien Gebiete oder biomodulierte, natürliche Technologien, mit ebenso hohen Leistungsstärken entwickeln. Wie sie Dr. Sc. Florian König, ein Forscher, Entwickler und Erfinder auf diesem Gebiet durch (s)eine Vision von Bio5G vorschlägt[441]. Letztlich wird sich das Bewusstsein hier wandeln, wenn nicht eingelenkt wird, und sich der Vielnutzer nach Alternativen umblicken müssen. Was wir aber womöglich erst mit dem Schließen der letzten Funklöcher, wenn der Körper keine Chance mehr auf Regeneration erhält, und pausenlos Frequenzen ausgeliefert ist, bemerken werden. Vorher werden Technikbegeisterte natürlich in allen Farben des Regenbogens jubeln, wie schön und bequem unsere komplett vernetzte Welt durch 5G geworden ist. In der wir still und leise jegliche Privatsphäre verlieren und völlig gläsern werden. Aber auch viele Menschen ihre durch von Maschinen ersetzte Jobs verlieren und damit auf Sozialgeld (einheitliches Grundeinkommen?) angewiesen (abhängig?) sein werden. Während Großkonzerne Zugriff auf alle Daten erhalten und dadurch unermesslich reicher werden. Und mit Blick auf den Weltraum und neue Rohstoffquellen, nach noch mehr Reichtum streben werden.

Hoffnungsspender

Demgegenüber gibt es aber auch - wie ich schon an anderer Stelle erwähnte - große globale Hoffnungsspender.

- Wie den Aufbruch von immer mehr Menschen zurück zur Natur. Raus aus den Netzen und hin zu einem einfachen, natürlichen Leben, in oder mit der Natur. Da sie erkennen, dass höhere Lebensqualität nicht unbedingt superschnelles Internet bedeutet. Sondern lieber etwas Echtes spüren möchten. Was dem globalen Netzausbauhype und Plänen eines komplett digitalisierten Lebens völlig entgegensteht.
- Oder einem spirituellen Erwachen der Wissenschaft. Womit letztlich mehr Mitgefühl, Einsicht, Liebe und Weisheit auch in eine wissenschaftlich geprägte Welt fließen wird. Die lieber Drohnen erfindet, um Blüten zu bestäuben, statt das Problem an der Wurzel zu packen und natürliche Technologien zu entwickeln.
- Oder im Widerstand von immer mehr Menschen, sich gegen eine Umwandlung einer Gesellschaft von einer Demokratie hin zu einer Technokratie und den globalen, risikoreichen Netzausbau zu wehren. Und lieber Politiker oder Menschen wählen, die das Vorsorgeprinzip ernster nehmen.
- Und sich als Wissenschaftler kreativ und schöpferisch mit Alternativen für einen biokonformen Funk auseinandersetzen. Und Möglichkeiten entwickeln, fortschrittlich aber unbelastet zu sein.

Es scheint also noch alles offen und nichts verloren zu sein. Wünschenswert wäre, wenn wir denn aus unserem Traum und Dämmerschlaf als kreative Wesen erwachen.

Kapitel 20

Wie sich Technokraten die 5G-vernetzte Zukunft vorstellen

Im letzten Kapitel dieses Buches wollen wir noch einen Blick in die Zukunft wagen und uns mit Fragen beschäftigen, wie:

- Wo bleibt der Mensch, in einer komplett vernetzten, digitalisierten und fast ausschließlich von Robotern und Algorithmen dominierten Welt?
- Und was haben Begriffe wie **„Technokratie", „die vierte industrielle Revolution", „moderne Geldtheorie" (MMT), „Kreislaufwirtschaft", „Internet der Dinge", „Blockchain-Architektur", „intellektuelles Eigentum" und „Gen-Modifikation"**, was insgesamt als **„virtuelle Realität"** bezeichnet wird, damit zu tun?
- Wie verändern oder beeinflussen sie unser Denken, unsere Demokratie und unsere Zivilisation?
- Wollen wir diese Art Veränderung – weg von einer Demokratie und hin zur Technokratie – überhaupt?
- Wenn nein, wie sollen oder können wir uns dagegen wehren?

Das Zeitalter der Technokratie hat längst begonnen

Wir alle nutzen und profitieren von Technologie in allen Variationen, die unser Leben angenehmer, leichter, bequemer, sicherer, luxuriöser, fortschrittlicher und sogar interessanter und inspirierender macht. Doch was, wenn Technologie ihre unterstützende Wirkung verliert und den Menschen, also seinen Schöpfer, immer mehr verdrängt, sich weiterentwickelt und ihn sogar überflüssig und komplett von sich abhängig macht? Also nicht mehr der Mensch als Schöpfer die Technologie kontrolliert, sondern die Technologie immer mehr ihn? Das so etwas möglich ist, zeigen uns bereits einige Beispiele in der Natur, worin eingewanderte Arten die heimischen Spezies verdrängen, weshalb sie ‚invasive Arten' genannt werden. Invasiv, weil sie sich wie eine Invasion immer mehr ausbreiten und den ursprünglichen Arten keine Chance mehr lassen. Wozu der Naturschutzbund Deutschland (Nabu) zur Situation um 2019 schreibt[442]:

> *„In der „Unionsliste" invasiver Arten benennt die EU Tier- und Pflanzenarten, die mit ihrer Ausbreitung Lebensräume, Arten oder*

Ökosysteme beeinträchtigen und daher der biologischen Vielfalt schaden können. Sie wurde 2019 von 49 auf 66 Arten erweitert."

Die Technikflut [Invasion]

Was hat das mit dem globalen Netzausbau oder der als Revolution gepriesenen Industrie 4.0 oder 5.0 zu tun, die bereits vorbereitet wird? Alles! Denn wenn wir genauer hinschauen, erleben wir seit Erfindung des Computers eine unglaubliche Technikflut. So dass viele Menschen bereits jetzt Angst haben, nicht mehr aktuell und im Trend der Zeit zu sein, mit Technologien mithalten oder von dieser verdrängt zu werden. Weshalb viele Menschen bereits resignieren und sich davon abgrenzen, da es ihnen schlichtweg zu viel des „Guten" und zu unangenehm (zu viel Überwachung, Stress etc.) wird. Was nicht nur alten Menschen so geht, sondern auch den in anderen Kapiteln öfter erwähnten Aussteigern, neben einer immer größeren Zahl an Elektrosensiblen.

Götterdämmerung oder Untergang?

Dabei lassen wir völlig außer Acht, dass wir bei den geplanten technischen und gesellschaftlichen Veränderungen erst ganz am Anfang stehen und die wahre Flut mit den 5G-Netzen, dem Internet der Dinge und all dem „Fortschritt" noch kommt. Womit wir dann „gottähnliche Fähigkeiten" durch futuristische Technologien erhalten sollen. Wie der bereits oft zitierte Wissenschaftler Michio Kaku in seinem Bestseller; „Die Physik der Zukunft; Unser Leben in 100 Jahren" (Rowohlt-Verlag 2013) voller Euphorie und Begeisterung beschreibt[443]:

„... Um 2100 werden wir so mächtig wie die Götter sein, die wir einst verehrten und fürchteten. Aber diesen göttergleichen Status werden wir nicht mit Hilfe von Zauberstäben und -tränken erreichen, sondern durch Computerwissenschaften, Nanotechnologie, Künstliche Intelligenz, Biotechnologie und vor allem durch die Quantentheorie, auf der die genannten Technologien basieren.

Um 2100 werden wir wie die antiken Götter Objekte mit der Kraft unserer Gedanken manipulieren können. Computer, die lautlos unsere Gedanken lesen, werden unsere Wünsche ausführen. Wir werden Objekte allein durch unsere Gedanken bewegen, eine telekinetische Kraft, die gewöhnlich nur den Göttern vorbehalten ist. Dank Biotechnologie werden wir perfekte Körper schaffen und unsere Lebensspanne verlängern. Wir werden zudem Lebensformen kreieren, wie es sie auf der Erde nie zuvor gegeben hat. Dank Nanotechnologie werden wir einen Gegenstand in einen anderen umwandeln, etwas aus scheinbar fast nichts schaffen können. Wir werden nicht in feurigen Wagen, sondern in schnittigen Fahrzeugen über den Himmel ziehen, die selbständig aufsteigen und fast ohne Treibstoff durch die Luft gleiten. Mit unseren Maschinen werden wir die unbegrenzte Energie der Sterne nutzbar machen können. Wir werden zudem kurz davor stehen, Raumschiffe auszusenden, um nahe gelegene Sternsysteme zu erforschen"...

Vergessen wir also, dass wir heute schon fortschrittlich sind. Die wahre Technikflut kommt erst noch. Denn wir wollen ja gerade erst 5G-netzfähig sein, um eine Welt voller „göttlicher Wunder", wie autonome Fahrzeuge, über dem Boden schwebende Magnetbahnen usw. zu nutzen, Urlaub im All zu machen, oder Pflegeroboter, virtuelle Berater, autonome Waffen usw. im Alltag zu integrieren.

Worüber 5G-Euphoriker nicht gern reden

Nun, wer einige Bestseller von KI-Entwicklern wie Max Tegmark (Leben 3.0 - Mensch sein im Zeitalter künstlicher Intelligenz / Ullstein-Verlag 2017) oder Eric Brynjolfsson & Andrew MC Affee (The Second Maschine Age / Plassenverlag 2014) liest, die sehr informativ, inspirierend oder erschreckend sein können und von Nobelpreisträgern oder Politikern gelobt werden, findet erstaunlicherweise in keinem dieser Bücher einen Hinweis darauf, dass die Zahl der elektrosensiblen Menschen, Tiere oder Insekten, die mit dieser Technologieflut immer weniger zurechtkommen, parallel ständig wächst. Vielmehr spricht man über Jobverlust, von Gefahren durch autonome Waffen, der Gefahr, dass Menschen durch Technologie überflüssig werden könnten, usw. Was natürlich stimmt und wichtig ist. Doch die Essenz, (dieses Buches), dass diese „göttlichen Technologien" ein gesundheitlich schädliches Mobilfunknetz nutzen, bleibt komplett unerwähnt. Deshalb spielen Burnout, Internetsucht oder Insektensterben durch Mobilfunk, wie in den vorherigen Kapiteln gezeigt, vorerst keine Rolle. Auch wenn manche Kritiker mahnen, dass der Mensch Großartiges vollbringen, aber nur noch eine untergeordnete Rolle in dem Ganzen einnehmen wird. Für die Umsetzung der virtuellen Realität und Industrie 4.0 braucht es und gibt es natürlich einen Masterplan. Der allgemein als virtuelle Realität und Technokratie bezeichnet wird. Welche mit unterschiedlichen Bereichen und Begriffen gespickt ist:

Der Technokratie-Masterplan für die Industrie 4.0: – Neue Begriffe einer komplett digitalisierten Welt und was sich dahinter verbirgt

Folgende Begriffe, die das Fundament oder die Eckpfeiler der Digitalisierung aller Lebensbereiche bilden, hört der daran Interessierte Laie bereits jetzt immer öfter:

- **„Vierte industrielle Revolution",**
- **„Technokratie",**
- **„moderne Geldtheorie" (MMT),**
- **„Kreislaufwirtschaft",**
- **„Internet der Dinge",**
- **„Blockchain-Architektur",**
- **„intellektuelles Eigentum",**
- **„Gen-Modifikation",**

Was insgesamt als **„virtuelle Realität"** definiert wird. Welche Schattenseiten sich darin verbergen, wollen wir nun genauer betrachten. Werfen wir zuerst jedoch noch einen kurzen Blick auf die letzten Entwicklungssprünge des Homo Sapiens ...

Der historische Sprung von der ersten zur vierten industriellen Revolution

- Die **erste große Revolution** vollzogen wir Menschen sicherlich, als wir lernten, von reinen Jägern und Sammlern zu Ackerbau, Viehzucht und Siedlungsbau betreibenden Gemeinschaften zusammenzuwachsen. Die Haltung von Tieren oder der Einsatz von Pferden usw. ermöglichte einen Zuwachs der Produktivität, des Handels und der globalen Vernetzung oder Entwicklung von Kultur, Handwerk, Sprache und Zivilisation, die sich bis zu den Sumerern oder noch weiter zurückverfolgen lässt. Und in der Kriegsführung mit der Erfindung des Schießpulvers einen neuen Höhepunkt darstellte.

- **Die erste industrielle Revolution** erlebten wir mit der Erfindung der Dampfmaschinen, welche hier herausstach. Diese ermöglichte ebenfalls einen Zuwachs der Produktivität,

- während parallel mit der Wiederentdeckung und Nutzbarmachung der Elektrizität die **zweite industrielle Massen-Produktion** (**Revolution**) einsetzte.

- **Die dritte industrielle Revolution** und den Beginn der technischen globalen Vernetzung legte die Erfindung des Computers. Welche das Zeitalter der IT, Digitalisierung und Automatisierung einläutete und die heutige bevorstehende vierte industrielle Revolution erst ermöglichte.

Warum die vierte technologische Revolution alles andere als normal ist

Doch mit der vierten technologischen oder industriellen Revolution, kurz Industrie 4.0 genannt, wird vieles anders. Deshalb wird sie auch oft mit der Erfindung des Schießpulvers oder dem Punkt, wo Menschen das Laufen lernten, verglichen. Denn mit der Industrie 4.0 ändert sich alles. Mit der Industrie 4.0 wird nämlich nicht nur alles mit allem via Mikrochips und hochleistungsstarker 5G-Netze vernetzt, sondern erhalten alle vernetzten Dinge auch eine eigene Intelligenz, um Fehler nicht nur zu lokalisieren und zu senden, sondern selbständig zu beheben und daraus etwas zu lernen. „Maschinelearning" nennt man das. Was die Fähigkeit von Maschinen oder künstlicher Intelligenz bezeichnet, selbständig aus Erfahrungen zu lernen und sich weiterzuentwickeln. Da diese Art Industrie damit den Menschen außer bei der Installation nicht mehr braucht, oder er dabei Schritt für Schritt überflüssig gemacht wird, wird das aufkommende neue Zeitalter auch Maschinenzeitalter (engl. Maschine Age) genannt. Worin der Mensch, wenn überhaupt, künftig nur noch eine untergeordnete oder Nebenrolle einnimmt. Oder gänzlich überflüssig wird. Je nachdem, in wie vielen Bereichen es den Maschinen erlaubt wird, die Kontrolle zu übernehmen. Was für die Industrie 4.0 hervorragend ist, aber für den Menschen selbst oder die menschliche Kultur insgesamt, zahlreiche ethische, soziale oder andere spannungsgeladene Fragen, Probleme und Herausforderungen zu Datenschutz, Privatsphäre usw. aufwirft. Die aus den Argumentationen der Befürworter nicht immer klar hervorgehoben werden. Da man natürlich, um diese neue Art zu leben bereits vor der Einführung nicht zu gefährden, die Vorteile wie;

- Arbeitserleichterung,
- mehr Luxus,
- ein bequemeres Leben,
- mehr Sicherheit,
- vereinfachte Transportwege und Abläufe, etc. hochhebt.

Industrie 4.0: Definition

Aktuell wird die Industrie 4.0 so definiert[444]:

> *„Neue Ansätze, die erst mit Industry 4.0 zum Leben gerufen wurden, verändern fundamental die Arbeitsweise und definieren neu die Rolle, die Menschen in modernen industriellen Prozessen annehmen. Durch Digitalisierung entstehen dramatische Folgen für die Wirtschaft. Dies bedeutet einen sozialen, kulturellen und technologischen Wandel, der die vierte industrielle Revolution markiert und als Industry 4.0 bezeichnet wird ...*

... Industry 4.0 ergänzt Computersysteme mit künstlicher Intelligenz, IoT, Big Data, Virtualisierung und umfassenden Kommunikationstechnologien, die nicht nur einzelne Systeme verbinden, sondern auch autonome Systeme schaffen, die durch Daten und maschinelles Lernen angetrieben werden ...

... Industrie 4.0 verbindet die reale Welt mit virtuellen Welten. Als Folge entstehen neue Cyber-Physische Systeme (CPS), die physische Objekte mit Daten und Intelligenz koppeln und in einem digitalen Ökosystem funktionieren. Roboter und intelligente Fabriken sind Beispiele der industriellen Transformation."

Diese technisch hochtrabenden Erklärungsmodelle der Macher der Industrie 4.0 sind natürlich nur ein Oberbegriff für komplexe gesellschaftliche, wirtschaftliche oder physische Veränderungen, die sich dahinter verbergen. Tatsächlich ist der soziale, kulturelle und damit einhergehende technologische Wandel viel tiefer und benötigt viel mehr an Erläuterung, als es die obigen Erklärungen abbilden können. So integriert die Industrie 4.0 eine ganze Reihe von Bausteinen (Bereichen), um insgesamt überhaupt funktionieren zu können. Wobei die Grundvoraussetzung und Basis dafür natürlich leistungsstarke 5G bis 8G-Netze darstellen. Deshalb ist es wichtig zu klären, was die mit der Industrie 4.0 parallel kommende und untrennbar verbundene Technokratie überhaupt ist. Ein Begriff, der maßgebend für die geplante neue lückenlos vernetzte Welt(-Ordnung?) sein wird.

Was Technokratie bedeutet und worin sie sich von einer Demokratie unterscheidet

Bei www.neueswort.de wird das Wort „technokratisch" so erklärt[445]:

„Das Adjektiv technokratisch beschreibt eine Form der Regierung oder der Verwaltung, die auf wissenschaftlichen Erkenntnissen, statistischer Kontrolle und Rationalität beruht. Dabei stehen Effizienz und die Ausrichtung auf Sachzwänge im Vordergrund, individuelle

Freiheit und demokratische Willensbildung dagegen tendenziell im Hintergrund."

Individuelle Freiheit und demokratische Mitbestimmung (Willensbildung) weichen also in einer Technokratie rationalem Verstand, technischen Entwicklungen und wirtschaftlichen Interessen (Effizienz). Menschliches Leben und soziales Miteinander wird reduziert auf Sachzwänge, zugunsten der Industrie. Was nicht offen ausgesprochen, aber damit zur Realität wird. Da vor allem die Wirtschaft und nicht das Individuum oder der kleine Mann, von der Industrie 4.0 und dem 5G-Netzausbau profitiert. Nun können Kritiker natürlich einwenden, dazu wird es nicht kommen, doch;

- Werden die 5G-Netze nicht hauptsächlich zugunsten der Industrie über die Wählerstimmen oder Volksabstimmungen der Bürger hinweg eingeführt, um wirtschaftlich-industriell wettbewerbsfähig zu bleiben? Ungeachtet dessen, ob damit das gesetzlich verankerte Vorsorgeprinzip missachtet wird?

- Verlängerte Ex-Bundespräsidentin Angela Merkel nicht während der Fußball WM 2006 in Deutschland klammheimlich die Laufzeiten der AKWs, ohne die mit Brot und Spielen abgelenkten Wähler zu fragen? (Stromindustrie über Bürgermitbestimmung/Mitbestimmungsrecht des Bürgers)

- War es nicht enenfalls die EX-Kanzlerin, die nach der Reaktorkatastrophe in Fukoshima die gesundheitlich vertretbaren Grenzwerte für Strahlenbelastungen von Produkten aus Japan offiziell stark anhob, um selbstbekennend die dortige Wirtschaft zu unterstützen? (Wirtschaftsinteressen vor gesundheitlicher Volksvorsorge)

- Erklärte die EX-Kanzlerin nicht ebenfalls, dass es in Zukunft nur noch mit Sondergenehmigung möglich wäre, selbständig Auto zu fahren, um die fernlenkbaren, führerlosen Automobilinnovationen der Industrie zu unterstützen? (Automobilindustrie vor Bürgerwillen, der aufgrund wirtschaftlicher Interessen nicht selbst die Kontrolle behalten darf ...)

- Führen vom politisch-militärisch-industrieellen Komplex eingeführte lückenlose Überwachungs,- und autonome Kriegsgeräte (Drohnen, Panzer, Uboote, etc.) nicht gerade zu einer neuen Art digitaler Kriegsführung, worin Maschinen in der Kriegsführung 4.0, die Kontrolle übernehmen und der Mensch nur noch eine Nebenrolle übernimmt? Obwohl die Weltgemeinschaft insgesamt das mehrheitlich gar nicht will? (Wirtschaftlich-industrieller Komplex über Völkerwillen)

- Werden mit unseren Daten von Regierungen, Militärs, Geheimdiensten oder Internet-Großkonzernen trotz neuer, strengerer oder sogar die persönliche Freiheit immer mehr beschränkender Datenschutzgesetze, täglich teils illegal oder legal immer mehr Daten über uns - auch durch neue Gesetze - gesammelt? Obwohl der Großteil der Bürger und die Mehrheit der Menschen das gar nicht will? (Industrielle-militärische-politische Datensammlung über individuellem Willen)

- Werden zugunsten der Industrie 4.0 nicht immer mehr Bereiche elektronisch so umgestaltet, erfasst und digitalisiert (E-Akten, biometrische Ausweise, etc.), dass der Bürger hier immer gläserner wird, kein Mitbestimmungsrecht erhält oder per Umfrage auch nicht gefragt wurde, ob er das überhaupt will?

Wer sich diese und zahlreiche weitere Beispiele vor Augen führt, erkennt schnell, dass die Umstrukturierung unserer Demokratie hin zur Technokratie beschlossene Sache und längst in der Umsetzung ist und der einfache Bürger, für den das angeblich alles geplant und gemacht wird, dann doch kein weitreichendes Mitbestimmungsrecht erhält. Es wird politisch auf Druck der Wirtschaft und Industrie, teils auch per Gesetz von Staatsführungen, EU-Gremien oder der UNO beschlossen, und wir müssen oder sollen uns dann fügen. Womit sich wieder einmal diese große medial stark vermarktete verführerische Revolution, von der wir alle angeblich nur profitieren, als Augenwischerei und Illusion offenbart.

Verlagerung der Machtverhältnisse

Industrie 4.0 bedeutet also einen Machtzuwachs oder eine Machtverlagerung, sogar weg von der Politik als demokratisch gewählte Volksvertreter, hin zur Wirtschaft (Konzernen), die für die Versorgung und Bedürfnisse der Menschen sorgen. Wobei die Technokratie von unterstützenden Politikern per neuer Gesetze dann gefördert wird. In einer Technokratie findet somit die Demokratie ein Ende. Was man nun als Fortschritt oder Rückschritt bezeichnen und diskutieren sollte oder kann. Je nachdem, welchen Blickwinkel wir einnehmen.

Das Internet der Dinge [IoT]

Die vierte industrielle Revolution und die Technokratie benötigen natürlich eine neue, nie dagewesene Form der Vernetzung von allem, was man nur (via Chips oder Datensammlung) erfassen kann. Hierin spielt das Internet der Dinge (Internet of Things= IoT) eine fundamentale Rolle. Welches offiziell so beschrieben wird[116].

> *„Das Internet der Dinge (Internet of Things, IoT) verbindet physische Objekte mit der virtuellen Welt. Intelligente Geräte und Maschinen sind dabei miteinander und mit dem Internet vernetzt. Sie erfassen relevante Informationen über ihre unmittelbare Umgebung, analysieren diese und verknüpfen sie."*

Das Internet of All [IoA]

Das Internet of All wird die Nachfolgerrolle des Internets der Dinge einnehmen und zusätzlich auch den Menschen als „physisches Objekt" über biometrische Mikrochips mit in die Netze einbinden. Was Bodyhacker bereits einer größtenteils noch skeptischen und kritischen Welt präsentieren. Wie ich in den vorangegangen Kapiten bereits zeigte. Mit dem IoT und IoA werden dann, kritisch betrachtet, reale Menschen vom Individuum auf ein Objekt, oder eine reine zu erfassende Datenmasse (Nummer/Akte) reduziert. Bestrebungen hierzu sind durch die weltweit stark zunehmende biometrische Chipproduktion in allen Varianten erkennbar.

Genmodifikation

Da die Einbindung des Menschen ins Internet via biometrische Chips Herausforderungen mit sich bringt und Technokraten wie Elon Musk Angst haben, mit dem technischen Fortschritt nicht mithalten zu können, muss nach Aussagen vieler Technokraten der menschliche Körper hier verbessert und mit dem Netz kompatibler gemacht werden. Das will man durch Genmodifikationen erreichen. Genetische Modifikation[447] moduliert dabei unsere Gene so um, dass sie mit dem Netz/Internet der Dinge, der Technologie usw. immer besser kompatibel werden. Wodurch der Mensch selbst immer mehr verändert und zur Maschine wird und letztlich alles menschliche verliert. Also zum Cyborg „mutiert". Ein Mensch, der alles menschliche verliert, wird letztlich das, was ihn als Menschen ausmacht und weshalb er eigentlich (als natürliches, schöpferisches Wesen) hierher gekommen ist, (seine Bestimmung?), vergessen und zum reinen programmierbaren Geschöpf werden. Worüber eine ethische große Debatte entbrannt ist. Die sich noch neben der Diskussion der Patentierung von Leben (Embryos) oder den Risiken der Genmodifikation weiter zuspitzen wird.

Die Kreislaufwirtschaft

Mit der Digitalisierungswelle erscheint auch ein neuer ökologisch angehauchter Wirtschaftsbegriff auf der Weltbühne: Die Kreislaufwirtschaft[448]. Diese klingt auf den ersten Blick verführerisch, verspricht sie doch große Vorteile wie ökologische Nachhaltigkeit, sinnvollen Ressourcenumgang uvm. Letztlich führt sie jedoch in die vollständige Abhängigkeit, denn sie schafft das Privateigentum ab und niemand (außer den Superreichen oder Konzernen) soll oder wird hierin dann noch Privateigentum im üblichen Sinne „besitzen". Stattdessen wird alles geleast. Anders ausgedrückt gehört dann alles Materielle verschiedenen Konzernen und Industriezweigen (Firmen/Superreichen) und wir können alles, was wir brauchen, bei ihnen leihen (leasen). Womit sie die geleasten Dinge besitzen, aber auch per Gesetz warten und instanthalten müssen. Praktisch könnte das so aussehen, das Techniker wegen Wartungsarbeiten in ihre Wohnung müssen, um an im Haushalt befindlichen intelligenten, geleasten Geräten etwas auszutauschen. Das kann auch die „ökologisch per Gesetz vorgeschriebene Glühbirne an der Decke" sein, die dann nicht mehr ihnen gehört, sondern einem Konzern. Was mit Menschen geschieht, die nicht wollen oder dulden, das ihr Körper technisch und ökologisch perfekt, aber emotional lieblos, nach dem Ableben in vollautomatischen Entsorgungsfabriken zu Kompost verarbeitet (entsorgt) wird, oder die lieber selbst die Glühbirne, die ihnen dann nicht mehr gehört, austauschen, obwohl der Gesetzgeber aufgrund der Kreislaufwirtschaft und des „intellektuellen Eigentums" sie dazu verpflichtet, wäre interessant. Die Antwort liegt wohl in entsprechend hohen Geldstrafen oder möglicherweise auch Inhaftierungen. Wer in Deutschland derzeit den Wohneigentumsmarkt betrachtet, sieht hier und dort immer wieder Plakate worin Großkapitalbesitzer (Aktien AGs/Versicherungen) für Teil(ver)kauf mit dem Forteil werben, man könnte einen Teil seines Eigentums verkaufen, und als Teilhaber dann mit mehr Geld fürs Alter darin weiter wohnen bleiben. Der Nachteil ist, dass man über sein Eigentum dann nicht mehr ganz und souverän entscheiden kann. Da es im Grunde anderen (Fremden) mitgehört. So hat die Umstrukturierung des Privateigentums im erweiterten Sinne der Kreislaufwirtschaft auch hier bereits begonnen.

Die moderne Geldtheorie

Im Zuge der Digitalisierung und Globalisierung fällt ebenfalls immer wieder ein Begriff, der unbegrenzte Geldmittel, ohne auf Schulden achten zu müssen, focussiert: Die moderne Geldtheorie (engl.: Modern Monetary Theory). Hierzu berichtet der Deutschlandfunk im Jahr 2022[449]:

> *„Die Moderne Geldtheorie erlaubt es Staaten, Schulden zu machen, bis es „quietscht". Wenn ein Staat mehr Geld benötigt, weist er die Zentralbanken einfach an, den Kontostand zu erhöhen, um mehr Geld ausgeben zu können."*

Nach dem Motto: „Wenn wir mehr Geld brauchen, drucken wir (die Banken) es einfach oder stellen es virtuell per Vertrag zur Verfügung" können Staaten damit ständig Geldmengen erhöhen. Ob es gedeckt ist oder nicht, spielt dabei keine Rolle. Geld verliert damit vollständig seinen realen Wert. Während der Coronapandemie sahen wir hier einen riesigen Schritt in diese Richtung bei bereits hoch verschuldeten Volkswirtschaften wie die USA. Die Schulden- und Rückzahlungsfrage spielt bereits heute - wie erwähnt - einfach, smart und easy, auch im großen Style keine Rolle mehr. Wenn es in einem gewissen Rahmen (von den Geldgebern genehmigt und kontrolliert) als sinnvolle Investition erachtet wird. Dieses System führt letztlich in die ultimative Kontrolle von Staaten durch das Bankensystem. Auch wenn diese scheinbar souverän auf Anweisung des Staates handeln. Es verdeutlicht aber auch, inwieweit die Bankensysteme als Akteure im Hintergrund mit von der Digitalisierung und Blockchain-Architektur profitieren. Womit das digitale (Geld-)Handelssystem der Zukunft gefördert wird.

Intellektuelles Eigentum

Intellektuelles Eigentum[450] bietet den Konzernen dann den nötigen rechtlichen Rahmen, um ihre Ideen und Patente oder ihr Eigentum rechtlich zu schützen. Also konkret dient das Programm vom „Intellektuellen Eigentum" dem Schutz von „Immateriellen Investitionen" der Konzerne. Sie beinhaltet Maßnahmen zum Schutz der Erträge von Investitionen in Technologien und neu entwickelter Güter und Dienstleistungen. Der Fokus liegt auf Patenten und Marken als gewerbliche Schutzrechte, die Anbietern von (neuen) Technologien eingeräumt werden." Die vorab beschriebene Glühbirne in ihrer Wohnung gehört damit rechtlich nicht mehr Ihnen als Privatperson, sonderm dem Konzern oder der Marke und dem Unternehmen, wovon sie geleast wurde. Was rechtlich durch das intellektuelle Eigentum geregelt und gesichert wird. Wobei internationale Patentämter und Anwälte dann unter sich klären, wie die globalisierte und digitalisierte Welt der wenigen Privatbesitzer oder Firmeneigentümer von der Kuchenstückchengröße her auch markt-rechtlich aufgeteilt wird. Science-Fiction Versionen in Hollywoodblockbustern, worin „Der Firma" alles gehört und der Mensch im Grunde nur noch bei ihr angestellt ist, oder von ihr versorgt wird, sind also näher und realer als mancher denkt.

Die Blockchain-Architektur

Die Blockchain-Architektur[451] setzt die Digitalisierung und Daten-Verknüpfung aller zuvor genannten Bereiche um, wofür sie das 5G-Netz und leistungsstärkere Netze (6G-8G) benötigt. Sie dient außerdem dazu, das Bargeld abzuschaffen und digitale Zahlungsmittel als einzige Option zu schaffen. Wodurch uns letztlich die Freiheit, mit Bargeld zu zahlen genommen wird. Aber auch der von der Bundesregierung auf ihren Webseiten zur Kriesenvorsorge vorgeschlagenen Notvorrat an Bargeld als sicheres Zahlungsmittel für Krisenfälle unbrauchbar würde. Wodurch der Mensch in Krisenfällen wie Hackerangriffen oder (globalen) Stromausfällen in angreifbare Not-Situationen geraten würde. Da er komplett von der Digitalisierung und digitalen Geldströmen und stets funktionstüchtigen Stromnetzen abhängig wäre. Was automatisch ebenfalls eine lückenlose Überwachung und Kontrolle des Geldflusses und Kaufverhaltens oder der Vorlieben ermöglicht. Eine Oma wird ihrem Enkel nie wieder etwas Geld ohne Wissen Dritter zustecken können, ohne dass es digital registriert ist. Schweden will hier neben 4 anderen Ländern bis 2030 als Vorreiter dieser Vision der smarten Abhängigkeit komplett bargeldlos sein[452].

Zusammenfassung und Fazit:

In allen Bereichen des Lebens, der Wirtschaft und Gesellschaft schreitet die Technologie und Technokratie über ihre Bereiche moderne Geldtheorie" (MMT); „Kreislaufwirtschaft"; „Internet der Dinge"; „Blockchain-Architektur"; „Gen-Modifikation", usw. voran. Und erleben wir dadurch technische Revolutionen, die unsere kühnsten Vorstellungen übertreffen werden. Worin der Mensch jedoch nur noch eine Nebenrolle einnehmen oder selbst zum Cyborg werden wird.

Die Spaltung der Gesellschaft: Volkswille vs. industrieller Wille

Diesen Entwicklungen stehen die Menschen, denen das System eigentlich dienen soll, mit gespaltenen Meinungen gegenüber:

- Befürworter sehen große Vorteile, versprechen mehr Annehmlichkeiten und Behaglichkeit, ja sogar die nächste große Revolution, die menschliches Leben, wie wir es kennen, verändern und überflüssig machen könnte.
- Kritiker sehen tiefe gesellschaftliche und ethische Fragen, wie die nach dem Schutz der Privatsphäre, der Daten, möglicher Hackerangriffe, Blackout-Vorsorge, dem Verlust der Individualität, Freiheit gefährdet, oder empfinden Widerstand bei dem Gedanken als Mensch bald nur noch von der Geburt bis zum Tod ein komplett digitalisiertes Leben zu führen.

Die Technologieflut und Blockchain-Architektur einfach einzuführen, ohne den Willen der Bevölkerung zu kennen oder zu berücksichtigen, wird schlussendlich zu Widerstand und Ablehnung führen. Dennoch wird dieses System politisch und wirtschaftlich weiterhin fokussiert, beworben und – wenn nötig – auch durch neue Gesetzesregelungen über die Köpfe der Menschen hinweg vorangetrieben. Was, wenn die Entscheidungsträger nicht einlenken, hier zu weiterem Widerstand, Spannungsbögen oder Einbrüchen ihrer Parteien bei den Landtags- und Bundeswahlen führen wird.

Was wollen und brauchen wir wirklich?

Was uns letztlich zu der Frage bringt: Was wir Menschen eigentlich wollen? Denn wenn wir ein System oder mehrere durch die Blockchain-Architektur vernetzte Systeme installieren, die der Großteil der Bürger eigentlich nicht will, wozu er gedrängt aber „Nein" sagen wird, weil er um sein Grundrecht auf Selbstbestimmung und Privatsphäre mehr besorgt ist als gedacht, werden all die Erfindungen, Neuerungen, Entwicklungen und Investitionen, wie intelligente Häuser oder autonome Autos nutzlos gewesen sein. Weil niemand darin leben oder diese Fahrzeuge fahren möchte. Da der wahre Trend des Menschen mehr zu Selbstbestimmung, Selbstverantwortung (auch beim Autofahren) oder in der analogen Lebensführung liegt. Erste Belege für die Rückbesinnung auf menschliche Vorzüge finden wir in Japan und China, wo Roboter wieder abgeschafft und durch Menschen ersetzt werden. (siehe Kapitel 8). Der Trumpf der Industrie hierbei ist, dass viele junge Generationen der digitalen Reizüberflutung und den Abhängigkeiten vom Netz bereits mehr erliegen sind, als die älteren Generationen, die ein glückliches und sinnerfülltes Leben außerhalb des Netzes noch kennen. Hoffnung geben wachsende Tendenzen und Sehnsüchte einer wachsenden Gruppe von Menschen auszusteigen, analog oder unabhängig und autark zu sein. Oder auch jene ständig wachsende Zahl, die das Spiel um Macht und Kontrolle durchschauen und es nicht (mehr) mitspielen wollen.Vielleicht wäre es daher weise, wenn die Entwickler, Marktforscher und Zukunftsplaner erst einmal anhand von Umfragen und gesellschaftlicher Tendenzen klären würden, was die Menschen und künftigen Nutzer des von ihnen komplett digitalisierten Systems tatsächlich wollen. Bevor weiterhin Milliarden investiert und ausgegeben werden, die man auch gewinnbringender für die Gemeinschaft der Weltbevölkerung hätte einsetzen können.

Schlussgedanken:

Was können wir tun?

Ich möchte nochmals betonen, dass ich mit diesem Buch keine Angst und Panik auf dem „Marktplatz" verbreiten will, und Fortschritt, wenn er im Einklang mit der Natur und dem Leben stattfindet, nicht ablehne. Doch wer über die Informationen dieser Lektüre zum geplanten Netzausbau mit seinen parallelen Entwicklungen nachsinnt, wird erkennen, dass die künstlichen unnatürlicher Frequenzen, die mit Mobilfunk und 5G bis 8G jetzt komplett alle Lebensbereiche durchdringen, große Risiken einhergehen. Und die Gesellschaft nun am Scheideweg steht, da die derzeitigen Funkbelastungen bereits heute Mensch, Tier und Umwelt schaden. Daher sollten wir hier Vorkehrungen treffen. Obwohl zahllose Belege und Beweise dafür existieren, wird dieser Umstand offiziell immer noch vehement auch seitens der Politik und Netzbetreiber geleugnet. So liegt es an jedem Einzelnen diesbezüglich für sich zu entscheiden und zu klären:

- Wie weit gehen wir bei diesen Entwicklungen mit?
- Und was können wir, wenn wir das nicht wollen, dagegen tun?

Die einfache Antwort lautet:

- sich zuerst auch kontrovers darüber bei unabhängigen Forschern, Gruppen oder Sachkundigen (auch Einzelpersonen) über das Für- und Wider von Risiken und Gesundheitsgefahren offen und unvoreingenommen zu informieren.
- Danach dann Verantwortung zu übernehmen und womöglich auch „NEIN" zu bestimmten Praktiken oder Verhaltensmustern zu sagen, bis unabhängige Forschungen tatsächlich bestätigen, dass 5G ungefährlich ist. Wie gesagt, wenn die jetzigen Mobilfunkstandards bereits Gesundheitsprobleme verursachen, was wird dann erst durch die viel leistungsstärkeren 5G bis 8G-Netze ausgelöst? Hier sollte, bis das geklärt ist, auf jeden Fall das Vorsorgeprinzip beachtet werden, statt als Gesellschaft oder Zivilisation russisch-Roulette zu spielen.
- Wer die Zusammenhänge zwischen natürlichen und unnatürlichen Funkwellen und ihren Wirkungen auf Zellen und Gene versteht, sollte den Mobilfunk- und Handykonsum einschränken, bzw. auf das Notwendigste reduzieren,

- und lieber auf strahlungsarme- oder strahlungsfreie Alternativen ausweichen.
- Funkfreie Zonen auch in den heimischen Ruhestätten und am Arbeitsplatz oder im Wohnumfeld (z.B. auf Spielplätzen) wären ebenfalls vorrausschauend-weise und sinnvoll einzurichten.
- Hierbei könnte man bei Verantwortlichen, Arbeitgebern oder diesbezüglichen Entscheidungsträgern Informationen zu Risiken anbieten und auf das gesetztlich verankerte Vorsorgeprinzip hinweisen.
- Oder, wenn notwendig – und all die Bemühungen in wirklichen Dialog zu treten scheitern-, in Zusammenarbeit mit Bürgerinitiativen den Netzausbau in Wohnortnähe verhindern,
- bzw. die Störquellen abschirmen.

Das klingt äußerlich betrachtet „fortschrittfeindlich", ist jedoch vom Vorsorgeprinzip aus betrachtet, gesetzlich rechtskräftig und schützt den Menschen vor Gesundheitsrisiken, wie wir sie im Buch ausführlich betrachtet haben. Aufgrund von Interessenkonflikten und panischer Angst seitens der Behörden und Netzbetreiber vor Eingeständnissen, Gewinnelnbußen, Machtverlusten oder Sammelklagen von Geschädigten, wird es derzeit in Deutschland und anderen Ländern jedoch stark übergangen. Selbst wenn wir uns auf tausende Hinweise seit den Anfängen des Mobilfunks und auf gesundheitsbedenkliche Studien der „viel schwächeren" Vorgängerversionen (1G-4G) berufen. Sowohl Wirtschaft, Politik, Behörden und Netzbetreiber bilden nämlich dem 5G Netzausbau und allen folgenden Generationenen gegenüber eine Allianz. Die kritische Studien, Gegenstimmen oder Fakten, wie ich sie in diesem Buch zusammenstellte und präsentierte, als unerwünschte Wahrheiten verunglimpft, beschönigt, lächerlich macht oder sogar leugnet und bekämpft. Wobei man sich auch des Mittels der Medienkontrolle bedient. Die Wende muss also über die breite Masse, Bürgerinitiativen, unabhängige Wissenschaftler, Lektüre wie diese oder kritische, offene Landkreise und Parteien kommen. Die bereit sind, das Vorsorgeprinzip mit zu berücksichtigen und bestehende Gesundheitsrisiken nicht zu leugnen, sondern diese anerkennen. Belastbares Material hierzu gibt es seit Jahrzehnten genügend, wie ich mit dieser Schrift hoffentlich ausreichend belegte. Erschwerend kommt hinzu, dass sich über Jahrzehnte der Falschinformation die breite Masse der Bürger von Kindheit an an die gesundheitsschädlichen Funkwellen angepasst hat und auf Smartphone, DSL-Router & Co. nicht mehr verzichten will oder kann. Weshalb unsere gesamte Gesellschaft bereits in einem gewissen Ausmaß internet- und smartfon-süchtig ist. So ist es verständlich, dass der Großteil der Handynutzer mittels Teilwahrheiten und dubioser Forschung überzeugt wurde, glaubt und glauben will, alles sei mit unserer Technologie sicher, ungefährlich und gut. Weshalb er, sie oder es diese Technologien völlig unbedart nutzt. Daher braucht es fundiertes Wissen, Courage und Rückgrat, um „Nein" zu dieser Art industriellem und politisch „aufgezwungenem" und von der breiten Masse geduldetem Fortschritt zu sagen.

Das Gute an Herausforderungen

Letztlich ist das Positive daran, dass die Zeit und der mit aller Macht vorangetriebene Netzausbau hier in gewisser Weise für die Opposition „arbeitet", da mit dem lückenlosen Netzausbau immer mehr Krankheiten durch diese in der Waffentechnologie bereits genutzten Millimeterwellen, teils extrem hohen, noch völlig unerforschten 5G-Frequenzbänder kommen werden. Wie uns Studien zu den Vorgängern bereits jetzt belegen, an die sich die 5G-Netze anlehnen. Die sich verschlechternde gesundheitliche Situation der Bevölkerung wird die Suche nach den Ursachen letztlich auch zu den 5G-Funk-Anlagen und Vorgängerversionen bringen. Wodurch die Opposition und Kritik wieder mehr gestärkt wird. Die Politik und Wirtschaft wird also früher oder später gezwungen sein, sich nach biologisch und ökologisch vertretbaren Alternativen umzusehen. Was die entscheidende Frage aufwirft: Welche Alternativen es gibt? Einige Alternativen möchte ich jetzt nochmals zusammenfassen und vorstellen. Wobei sie nicht der „Weisheit letzer Schluss" sind, da Fortschritt bekanntlich nicht schläft und der Erfindergeist des Menschen auch in positiver Hinsicht ständig vorwärtsstrebt. Bevor wir jedoch zu diesen Alternativen übergehen, oder mit dem Technologiehype fortfahren, müssen oder sollten wir uns noch die ehrliche Frage stellen: Würden wir in einen Bus steigen, dessen Fahrer alle Gefahren und Warnungen auch seitens nahmhafter Experten ignoriert und nur auf das Beschleunigungspedal drückt? Wir sagen unserer Logik folgend zwar „nein" und doch tun wir es mit dem

5G bis 8G-Netz ständig. Welches ein sich ständig beschleunigender Bus ist, der von „Profit und Wirtschaftsinteressen über alles" lenkenden „Fahrern" gesteuert wird. Auf den jetzt viele Einzelpersonen oder sogar ganze Volkswirtschaften aufspringen wollen. Und jeder, der ohne Wissen um die Langzeitwirkung 5G-Satelliten in den Orbit, Hochfrequenz in die Ozeane, ein engmaschiges Moskitonetz an 5G-Funksendern auf der gesamten Erdfläche installiert, handelt grob fahrlässig gegenüber der Vernunft und dem – oft wiederholten – gesetztlichen Vorsorgeprinzip. Wobei smartphoneabhängige Eltern diese Sucht von klein auf an ihre Kinder weitergeben, während sie meinen, ihnen damit etwas „Gutes" zu tun ... Jemand, der sagt, all die Risiken und Gefahren mit dem Funk oder 5G-Netz existieren nicht (trotz tausender Forschungen und erdrückender Beweislast zur schädlichen Wirkung), will nichts ändern. Nach dem Motto: *„Wer will, findet Wege, wer nicht will, findet Gründe."*

Um nach Alternativen zu suchen, braucht es also erst einmal Gründe, nach ihnen zu greifen. Glücklicherweise hat dieses Buch vom Anfang bis zum Ende unzählige Gründe und Gedankenbilder geliefert, sich gegen diese Art technischen „Fortschritt" zu stellen. Womit dieser – zugegeben etwas schweren geistigen Lektüre – nun Auswege und Alternativen zum 5G-Dilemma gegenübergestellt werden sollen. Denn Fortschritt auch im Bereich der Mobilität ist gesundheitlich vertretbar möglich! Wir müssen also nicht „in der Höhle" leben, wie gern von Kritikern der 5G-Kritiker behauptete wird. Und ich befürworte das Höhlendasein nicht, obwohl ich selbst die mehrjährige wunderbare Erfahrung als Aussteiger ohne Strom, Internet und fließendes Wasser machte. Ohne Funktechnologie lebten wir übrigens nicht in der Steinzeit, sondern im Zeitalter der Dampfmaschinen und Zeppeline. Aber kehren wir nun den unbegründeten Ängsten vieler Menschen – ohne Netz zu sein – den Rücken, und blicken wir in Richtungen, die abseits der 5G-Netze funktionieren könnten ...

Mehr Daten und weniger Funkbelastung am Beispiel von St. Gallen/CH

Ein Beispiel, wie es mit dem steigenden Wunsch nach mehr Datenvolumen und daraus entstehenden Druck nach stärkeren Sendeanlagen anders geht, zeigt das schweizerische St. Gallen. Um 2014 stieg hier der Datenvolumenverbrauch der Mobilfunknutzer stark an, weshalb die Mobilfunk-Anbieter die strengen Schweizer Grenzwerte erhöhen wollten. Was die Stadt jedoch nicht zuließ. Woraufhin sie ein Gegenkonzept entwarf, das weniger Strahlung bei mehr Datenvolumen vorsah. Da Funkzellen immer nur einen Bereich von 30 bis 200 Meter abdecken, nutzte man hier statt den von den Mobilfunkanbietern vorgeschlagenen großen Funkzellen (80W Leistung), eine Vielzahl kleinerer Funkzellen (1W Leistung), die an wichtigen Punkten (Access-Points) für guten Empfang an Straßen, Häuserwänden (zum Wohnbereich abgeschirmt) als kleine, kaum auffallende Kästchen installiert wurden. Durch die hohe Dichte war damit ein guter Handyempfang auch bei 1W völlig ausreichend. Zusätzlich erhielt jeder Haushalt die Möglichkeit für schnelle, leistungsstarke Breitbandverbindungen mit Glasfaser, Kupfer- oder Koax-Kabel, da die Wohnungen von der Straße her nicht mehr an das Netz angeschlossen waren. Das erfolgreiche Konzept reduzierte die Strahlenbelastung auf weniger als 80 µW/m^2. (Mikrowatt je Quadratmeter/ 1µW = 0,000001 Watt) bei 10 Metern zum Sender auf 20 µW. Bei 20 Metern zum Sender und in Häusern auf weniger als 1µW./m^2 im öffentlichen Mobilfunknetz (!!!). Während in Deutschland in Sendernähe 1.000 bis 10.000 oder sogar 100.000 µW/m^2 gemessen wurden. Für Tiefgaragen, Keller oder ähnliches braucht man jedoch wesentlich höhere Leistungen, weshalb sich das St. Gallen-Modell nur bedingt dafür eignet. Umweltverträgliche Alternativen dafür gäbe es jedoch auch hierfür. Betrachten wir diese Alternativen nun einmal näher im Detail.

Glasfaserkabel

Glasfaserkabel ist also eine solche schnurgebundene auf Licht basierende Alternative. Die leistungsfähiger, schneller und dazu noch strahlungsarm ist und künftig sein wird. Anfang Juli 2024 stellte Medienberichten zufolge Japan damit sogar einen neuen Weltrekord in der Datenübertragung auf, der mit Mobilfunk bisher unerreichbar scheint[453]:

„Japanische Forscher zeigen, dass mit handelsüblichen Glasfaserkabeln weit höhere Übertragungsgeschwindigkeiten als Gigabit-Datenraten möglich sind. Mit einer Kombination verschiedener Verstärkertechniken stellen sie mit 402 Terabit pro Sekunde einen neuen Weltrekord auf."

Damit beweist das Glasfaserkabelnetz, dass hiermit höhere Datenübertragungsmengen erreicht werden können, als durch das gesundheitlich umstrittene mobile 5G-Netz. In Deutschland ist man jedoch derzeit noch weit davon entfernt, mit solchen Rekordgeschwindigkeiten zu agieren und freut sich im Vergleich dazu, dass zumindest jeder dritte Haushalt hierzulande mit max. 10 Gbit/s strahlungsärmer und umweltfreundlicher als mit dem 5G-Netz (max. 10 Gbit/s) online gehen kann. Bis 2030 will Deutschland jeden Haushalt mit Glasfaseranschluss versorgt sehen.

LiFi/VLC-Lichttechnik

Eine weitere zukunftsträchtige mobile Technologie und strahlungsarme technische Kommunikations-Variante, um Daten und Informationen schneller als der Mikrowellenfunk zu verschicken, ist die sogenannte Lichttechnik. Auch als Datenlicht, VLC (Visible Light Communication) oder LiFi bezeichnet[454]. Lichttechnik nutzt sichtbares Licht oder Infrarot-Licht, an das wir uns praktisch – im Gegensatz zum krebsrisikobehafteten künstlichen Mobilfunk – seit Millionen Jahren angepasst haben. Hat also wie Glasfaserkabel keine oder weniger Nebenwirkungen, wie sie die Ärzte des Freiburger Appells beim jetzigen Mobilfunk registrierten. Vorteile dieser Technologien sind, dass sie einfach, billig, im Energieverbrauch geringer und sogar schneller als das 5G-Netz ist und mehr Daten übertragen werden können. Lichttechnik nutzt dabei zur Übertragung Leuchtdioden (LEDs) die, z.B. an der Decke montiert, sehr schnell ein und ausgeschaltet werden (Millionen Mal pro Sekunde). Also keine künstlich gepulsten Frequenzen, wie der technische Funk. Weshalb diese Technologie großartige Zukunftspotentiale bietet, da selbst die stärksten 5G bis 8G-Netze letztlich an ihre Grenzen stoßen werden. Nachteile sind – ähnlich wie bei hohen 5G-Frequenzen – die geringere Reichweite und kleinen Lichtkegel.

Was man jedoch mühelos durch zusätzliche LEDs an der Decke beheben kann, um die Access-Points zu vergrößern. Das Fraunhofer Institut in Berlin, die Universität Edinburgh, die Insel Mainau, verschiedene Schulen und der HSV (Hamburger Sport Verein), haben diese Möglichkeiten als Ersatz für technisches WLAN bereits erfolgreich getestet/eingesetzt. Marktreif wird diese Technologie bereits von verschiedenen Firmen angeboten. Doch ist Lichttechnik nicht die einzige leistungsstarke Methode, mobil und unschädlich große Datenmengen zu übertragen:

Sferics-Technologie

Abb. 13: Der ab 1997 weltweit erste patentierte und strahlungsarme Kopfhörer SH-S1 mit wahlweise additiver Sferics-/Schönwetterfeld-Berieselung von Florian M. König.

Bildquelle: Mit freundlicher Genehmigung F. M. König/ Bad Wörishofen/D.

Eine fantastische, weltweit einzigartige Möglichkeit bietet sich in einer Ummodulierung der jetzigen künstlichen Frequenzen auf natürliche Felder und Resonanzwellen, wie sie seit Jahrmillionen in der Atmossphäre vorkommen: Auf die in diesem Buch bereits erwähnten Sferics oder Atmossphärics. Zu denen auch die Schumann-Resonanzwellen gehören, welche wir als Hintergrundrauschen im Radio wahrnehmen können. Dieser technisch machbare Weg einer Ummodulation bietet nicht nur erstaunliche Möglichkeiten, um superschnell, natürlich und strahlungsarm zu kommunizieren und hohe Datenmengen zu übertragen, sondern packt das Problem mit dem künstlichen Funk gleich an der Wurzel, indem sie aus einer künstlichen, unnatürlichen Strahlung, wieder eine mit natürlichen Informationen ausgestattete Frequenz macht. Dabei werden die natürlichen Resonanzfelder/Sferics „eingefangen" und den künstlichen Funkwellen per Programmierung „huckepack" aufgesetzt. Wodurch die zuvor künstlich scharf gepulsten Mikro-Wellen wieder eine natürliche (sanfte) „Ausstrahlung" annehmen und negative Wirkungen neutralisiert werden. Die großen Vorteile dieser Ummodulierung liegen darin, dass - „relativ einfach und großflächig" (mit dem nötigen technischen Grundwissen) alle bereits verfügbaren Geräte oder bestehenden Anlagen; vom Babyphone, DSL-Router oder Funkmasten weiterhin genutzt und einfach nur um-programmiert werden können. Wodurch die heute bereits flächendeckend und ständig ausgebauten, bestehenden - und von Industrie, Wirtschaft, Politik oder Endverbraucher genutzten 5G bis 8G-Netze - weiterhin genutzt werden können. Ohne an Leistung und Geschwindigkeit einzubüßen. Aus künstlichem 5G bis 8G-Funk entsteht so eine Art bio5G bis 8G/10G. Die gesamte Infrastruktur würde damit einfach nur um die (öffentlich nicht zugegebenen, jedoch wissenschaftlich nachweisbaren) Gesundheitsrisiken „entstört" werden. Millionen elektrosensible Menschen könnten damit wieder Teil der Gesellschaft werden und die endlose und hitzig geführte Diskussion um den Schutz oder die Wirkung von künstlichem Funk und die Anerkennung der Gesundheitsrisiken, könnte ein Ende finden. Dass diese Technologie kein Hirngespinst oder weit entfernte Utopie ist, hat der Forscher, Entwickler, Erfinder und Vordenker in diesem Bereich; „Florian M. König", mit seinem weltweit ersten komplett Esmogfreien Sferics Kopf hörer SH S1 bewiesen (siehe Abb. 13). Wobei weitere Entwicklungen (wie ein biokonform gestaltetes Babyfon) geplant sind. (Kontaktmöglichkeiten siehe Anhang). Zu den Details und Potentialen dieser biokonformen weltweit neuen und einzigartigen Technolgie erscheint seitens des Autors ein seperates Buch (siehe Anhang).

Bio-geometrisch Mobilfunkstrahlung in Kraftfelder wandeln

Einen anderen Weg, um schädliche Mobilfunkstrahlung zu neutralisieren, praktiziert laut einem Raum & Zeit Artikel von Hilda Müller[455], der mehrfach geehrte Architekt Dr. Ibrahim Karim. Sein Ansatz berücksichtigt ebenfalls natürliche, noch wenig erforschte Felder und Energien, bei denen die heutige Schulwissenschaft jedoch teils in Erklärungsnot gerät, obwohl seine Arbeit Wirkung zeigt: So wurde er im Jahr 2002 um Hilfe gebeten, als im Kirchturm von Hemberg (Bezirk St. Gallen/CH.) ein Mobilfunksender nach der Installation bei vielen Anwohnern Kopf- und Nackenschmerzen, Hyperaktivität, Schlafstörungen, Herzrhythmusstörungen usw. verursachte, die es zuvor nicht gab. Baubiologische Messungen eines Fachmanns bestätigten die erhöhte Strahlenbelastung im Wohnumfeld, woraufhin er zur Abschaltung der Anlage riet. Als Dr. Karim dann im Kirchturm beim Sender und in betroffenen Wohnstätten spezielle Formen der bio-Geometrie und Plexiglaswerkzeuge anbrachte, verschwanden die Beschwerden. Schwalben und Fledermäuse kehrten zurück und funk-geschädigter Pflanzenwuchs in Gärten erholte sich. Bis das Militär mit mobilen Funkstationen im Umfeld des Dorfes stoßweise gleiche Beschwerden erzeugte. Woraufhin Dr. Karim speziell gefertigte Halterungen für seine biogeometrischen Elemente auf die Strahlenquellen richtete, was endgültig Abhilfe schuf. Womit das gestresste Dorf endlich Ruhe fand. Die Medien bezeichneten das bald als „Wunder von Hemberg". Wovon wiederum die 100 Einwohner zählende Ortschaft Hirschberg in Appenzell hörte, die unter ähnlichen Mobilfunkneuinstallations-Problemen litt. Auch hier konnte Karim durch Wandlung störender Energiefelder (Mikrowellen, Röntgenstrahlung, Radiowellen, usw.) in harmonische Felder Abhilfe schaffen.

Funkfreie Zonen in Städten parallel zum 5G-Netzausbau einplanen

Professor Franz Adlkofer, Leiter der von der EU finanzierten und zu einem gesundheitlich kritischen Ergebnis kommenden REFLEX-Studie, erklärte mir in einem Telefon-Interview Anfang 2021, ein Jahr vor seinem Tod, dass die Vorstellung einer komplett funkvernetzten Welt für ihn insofern ein Alptraum sei, da man, wenn durch das auf seine gesundheitliche Langzeitwirkungen unerforschte 5G-Netz tatsächlich Gesundheitsrisiken aufträten, man diese nicht mehr eindeutig identifizieren und darauf zurückführen könnte. Da es als Vergleich für seriöse Studien zu funkbelasteten Gebieten dann keine funkfreien Zonen mehr gäbe. Weshalb funkfreie Zonen ein wesentlicher Bestandteil und unabdingbar für sachlich korrekt durchgeführte wissenschaftliche Studien wären. Um Fehlerquellen bei den wissenschaftlich korrekt durchgeführten Untersuchungen zu den Auswirkungen der 5G-Frequenzen zu vermeiden. Öffentlich geschieht jedoch auf Druck der Politik genau das Gegenteil; das 5G-Netz wird flächendeckend installiert, ohne die Langzeitwirkungen zu kennen! Professor Dr.-Ing. Wilfried Kühling hat diese Gedanken ebenfalls aufgegriffen und in seiner 2021 erschienenen Schrift unter dem Titel *„Mit Planungsrichtwerten die Vorsorge vor Mobilfunkstrahlung auf Gemeindeebene verbindlich umsetzen"* Möglichkeiten publiziert, wie ein solcher entsprechend mit funkfreien Gebieten ausgestatteter 5G-Netzausbau, der Mensch und Tier Erholungspausen von der allgegenwärtigen 5G-Strahlung bietet, ausssehen kann. Womit das gesetztlich geregelte Vorsorgeprinzip zumindest etwas Berücksichtigung fände[456]. In Kombination mit strahlungsarmen Technologien, bestünde damit sogar die Möglichkeit, die Gesellschaft und Ökologie komplett strahlungsarm zu gestalten, ohne auf moderne Technologien zu verzichten.

Abschirmung

Natürlich gibt es auch zahlreiche Möglichkeiten der Abschirmung durch im Handel reichlich erhältliche „Hilfsmittel", angefangen von Abschirmanstrichen für Häuser, Schutzfolien, Spezialgardinen usw., wie ich sie bereits ausführlich in meinem Buch; *„5G-Mobilfunknetze - Strahlende Zukunft oder gefährliche Strahlung; Was erwartet uns?"* in Kapitel 12, ab Seite 295, zu den Alternativen schildere. Welche ebenfalls vom bereits erwähnten Forscher und Entwickler Florian M. König inform von patentierten Mehrkammer-Hohlleiter-Systemen (MHS) als Protection vor Mobilfunk-Strahlung, als vor Esmog schützende Steckdosenleisten, etc. angeboten werden. König berichtet in seinem Beitrag des Raum & Zeit-Journals[457], Heft 223/Januar-Februar 2020, dass er um 2003 ein strahlungsarmes Handy mit 99% Abschirmleistung in Zusammenarbeit mit einem Konzern zur Massenproduktion marktreif machte (siehe Abb. 14). Das zur Abschirmung von handelsüblichen Handys Hartschalen aus Materialen ähnlich der Hülle deutscher U-Boote des zweiten Weltkrieges nutzte, die zum Schutz vor feindlichem Radar entsprechend abgeschirmt waren. Nachdem es alle technischen Prüfungen erfolgreich durchlaufen hatten, zog sich der Konzern nach Aussagen des Erfinders leider kurz vor der Markteinführung aus dem Mobilfunkgeschäft komplett zurück. Womit die Vision eines strahlungsarmen Handys „Made in Germany" wieder einmal auf Eis gelegt wurde und - wie so Vieles - bis heute in einer staubigen Schublade schlummert ...

Abschirmung des Magnet-feldes eines im Jahr 2003 recht bekannten Nokia-Handys mittels MU-Metall der Firma ULTRASONE, das über einen Münchener Konzern kurz vor der Vermarktung stand

Abb. 14: Gründer der Firma ULTRASONE als GmbH war 1990 F. König. Auf Basis seiner damals über 40 unterschiedlicher Erfindungen (insbesonders Raumklang-Kopfhörer-Technologie) wurde im Juli 2000 u.a. die ULTRASONE AG gegründet, die seitdem strahlungsarme Headsets sowie Kopfhörer (ULE) anbietet.

Bildquelle: Mit freundlicher Genehmigung: F. M. König, Bad Wörishofen/ D

Strahlungsarme Technik

In die Kategorie „strahlungsarme Technik" gehören natürlich auch viele weitere heute reichlich erhältlichen Produkte, wie Handys, Laptops usw., mit mehr oder weniger starker Leistung/Strahlung, die man online in einem Vergleich in speziellen Listen leicht finden kann. Was jedoch nicht bedeutet, dass es sich deshalb um eine natürliche Technologie handelt. Denn wir erinnern uns an die Definition des Petkau-Prinzips mit der „schlimmeren Wirkung" eines geringeren Giftes über einen langen Zeitraum, im Vergleich zur hohen Belastung über einen kurzen Zeitraum. Weshalb sich der Kontakt zu diesbezüglichen Beratern (Baubiologen etc.) lohnt. Hervorzuheben wären hier vielleicht noch die vom in Deutschland, Österreich, der Schweiz und in Italien ansässigen Verein „Bürgerwelle e.V." vertriebenen schnurgebundenen Luftschlauchtelefone. Oder die von einigen Anbietern käuflich erwerbbaren Telefone mit Piezotechnik, die schnurgebundenes strahlenarmes Telefonieren im Höhrbereich ermöglichen. Allgemein beheben diese Technologien und Entwicklungen jedoch nur das Symptom und nicht das grundlegende Problem einer unnatürlichen Technologie. Was durch vorab beschriebene Lichttechnik, Glasfaserkabel oder bio5G eher gelöst und an der „Wurzel gegriffen" würde.

Mobilfunkausbau in unmittelbarer Wohnnähe stoppen: So gelingt's

Eine Möglichkeit, durch Mobilfunk ausgelöste Gesundheitsgefahren zu minimieren, besteht natürlich in einem Ausbaustopp. Womit Gesetzgeber, Netzbetreiber, Politker und besorgte Wissenschaftler und Bürger in einem Zwiespalt liegen. Denn die Gesetzgebung, Wirtschaft und Netzbetreiber fordern – um nicht vertragsbrüchig zu werden oder wettbewerbsfähig zu bleiben, zum Ausbau des umstrittenen 5G-Netzes auf, während kommunale Politiker dann zwischen den Stühlen sitzen;

- entweder den gesetzlichen Forderungen zu folgen und das in Artikel 34 Absatz 1 des Einigungsvertrags als Selbstverpflichtung des Gesetzgebers gesetzlich verankerte Vorsorgeprinzip[458], entweder zu verletzen,
- oder – wie es der Landkreis Tutzing, am Starnberger See und andere Landkreise in Deutschland machen, durch einen Ausbaustopp zu berücksichtigen.

Natürlich reicht es bei der Verhinderung einer neuen Mobilfunkantenne nicht aus, als Einzelner zu demonstrieren, oder macht es auch keinen Sinn, als Einzelner zu klagen, sondern läuft alles Bauliche, wie ebenfalls der mögliche Ausbaustopp, über die Gemeinden. Da diese laut Grundgesetz und Urteil des Bundesverwaltungsgerichtes vom 30.08.2012[459] in Deutschland das ausdrückliche Recht haben, die maximale Funkbelastung festzulegen. Die Gemeinden stehen sogar in gewisser Weise in der Pflicht, da die Grenzwerte nicht wirklich schützen, das Vorsorgeprinzip zu beachten. Aufgrund des großen politischen Drucks wird das jedoch nicht überall eingehalten und erklären einige, wie z.B. der Bürgermeister der Stadt Dresden ihre Städte zu 5G-Modellstädten, ohne die Bürger zuvor zu fragen oder dafür ihre Zustimmung einzuholen. Wie mir bei einem mehrteiligen Filmprojekt der „Friedensinitiative Dresden" zum 5G-Netzausbau während einer diesbezüglichen Einladung, mitgeteilt wurde[460]. Bürgerinitiativen bilden deshalb oft eine Schlüsselposition, um die regionalen Entscheidungsträger mittels Aufklärungsmaterial und Unterschriftenaktionen dazu zu bringen, den Bürger anzuhören und durch entsprechende technische Konzepte mit Funk zu versorgen. Und die gesundheitliche Belastung gleichzeitig so gering wie möglich zu halten. Das in Deutschland eingeführte „Dialogverfahren" zwischen Netzbetreiber und Gemeinde, worin Bedenken zum geplanten Funkmast angehört und berücksichtigt werden (sollen), führt laut Experten nur zu mäßigem Erfolg, da die Netzbetreiber natürlich den für sie (auch finanziell) günstigsten Standort suchen und Diskussionen um Gesundheitsrisiken scheuen. Der sicherste Weg vor Errichtung einer Mobilfunkantenne führt über den Flächennutzungsplan eines betroffenen Gebietes mit Wohn,- Gewerbe- und Industriegebieten, in denen man auch verbindliche Vorgaben für die zulässige Umweltbelastung macht. Da Planungsrecht gesetzlich über Fachrecht steht. Wenn hierin beispielsweise festgelegt wird, dass eine Strahlung von 100 µW./m^2 (oder höchstens 1 µW./m^2 für elektrosensible Menschen) nicht überschritten werden darf, ist man sowohl beim gesetzlich geregelten Vorsorgewert, als auch beim Umgehen teurer Berechnungen für die geeignetsten Standorte auf der sicheren Seite, so. Prof. Dr. Klaus Buchner und Dr. Med. Monika Krout in ihrem Buch 5G-Wahn(sinn)[461]:

> *„Ohne einen passenden Flächennutzungsplan, eine Ortsgestaltungssatzung oder dergleichen ist es sehr schwer, einen Funkmast aus einem Gebiet zu verbannen. Eventuell kann noch der Druck einer Bürgerinitiative helfen, denn diese Bürger sollen ja Kunden des Betreibers werden. Eine Gemeinde muss auch berücksichtigen, dass sie nicht immer das letzte Wort hat, ob ein Funkmast aufgestellt werden kann oder nicht. Denn in vielen Ländern kann die übergeordnete Behörde unter bestimmten Voraussetzungen einen demokratisch gefassten Beschluss der Gemeinde durch eine „Ersatzvornahme" außer Kraft setzen. Das ist häufig geschehen, besonders*

bei der Einführung des Behörden- und Organisationsfunks. Gelegentlich hat auch das Argument geholfen, dass das Ortsbild durch einen Funkmast gestört wird. Die Verwaltungsgerichte scheinen solche Begründungen eher zu akzeptieren als Hinweise auf Gesundheitsschäden ..."

Der Physiker Prof. Buchner und die Umweltmedizinerin Monika Krout führen in ihrem Werk noch aus, dass die Stadt Ravensburg plant, gut abgeschirmte Wohnräume für elektrohypersensible Menschen (mit 0,014 μW./m^2) zur Verfügung zu stellen, während die französische Region Drôme und Italien im Parco Regionale della Vena del Gesso Romagnola seit vielen Jahren strahlungsarme Schutzzonen für elektrohypersensible Menschen schufen. Was beweist, dass es möglich ist, dass Mensch und Technik einen gemeinsamen Weg miteinander finden können.

Weiterführende Literatur, Adressen und Links [Stand Dezember 2024]

Literatur:

Franz Bludorf, Grazyna Fosar: „Im Netz der Frequenzen: Elektromagnetische Strahlung, Gesundheit und Umwelt. Was man darüber wissen muß", Michaels-Verlag, 2004, ISBN: 978-3895392375

Das Werk bietet ein gutes Grundverständnis zur Mobilfunkthematik. Einfach zu lesen, werden auch dem Laien die Wirkung der Mobilfunktechnologie auf Mensch und Umwelt wissenschaftlich untermauert nahe gebracht.

Samuel Milham: „Schmutzige Elektrizität", Mosquito-Verlag, 2012, ISBN 9783943238037

Das Buch erzählt die Geschichte von Dr. Samuel Milham, der mit als Erster die Zusammenhänge zwischen der weltweiten Ausbreitung der Elektrifizierung und davon ausgehender schmutziger Elektrizität (E-Smog) und dem bis heute anhaltenden massiven Auftreten chronischer, „Zivilisations-Krankheiten" verstand und nachwies. Und frühzeitig davor warnte, dass die meisten chronischen Erkrankungen des 20. Jahrhunderts, einschließlich Krebs, Herz-Kreislauf-Erkrankungen, Diabetes und sogar Selbstmord, durch elektromagnetische Felder verursacht wurden und immer noch werden können.

Prof. Dr. Klaus Buchner, Dr. Med. Monika Krout: "5G Wahns(sinn) - Die Risiken des Mobilfunks, das gefährliche Spiel mit den Grenzwerten, die strahlungsarmen Alternativen", Mankau Verlag, 2021, ISBN9783863746087

Der Physiker Klaus Buchner informiert in seinem spannenden, leicht verständlichen und fundierten Buch über Hintergründe und Gefahren des Mobilfunks, insbesondere auch des neuen 5G-Standards. Dazu zieht der ehemalige Europa-Abgeordnete zusammen mit der Umweltmedizinerin Monika Krout seriöse Studien und Fallbeispiele heran, über die bisher kaum berichtet wurde. Buchner ist kein Feind von Technik und Mobiltelefonie, macht aber keinen Hehl daraus, dass Funkstrahlung nachweislich schädigt und die neue Mobilfunkgeneration 5G katastrophale Auswirkungen für uns alle haben kann.

Dr. Joseph Mercola: „EMF - Elektromagnetische Felder", KOPP-Verlag 2020, ISBN 9783864457562

Einer der führenden Experten auf dem Gebiet der Alternativmedizin gibt hier einen detaillierten Überblick über die Wirkungen von 5G und elektrischen oder elektromagnetischen Feldern und Frequenzen. Er zeigt jedoch auch sehr ausführlich, umfassend und leicht verständlich, wie und womit man sich vor der zunehmenden Strahlung und Elektrosmogbelastung schützen kann, die sowohl von Mobiltelefonen, Laptops, Funkmasten, aber auch Stromleitungen in der Wohnung ausgehen. Wobei er sich auf fundierte wissenschaftliche Erkenntnisse stützt.

Teslas verschollene Erfindungen: „Geniale Techniken wiederentdeckt", VAP-Verlag, 1994. ISBN 3922367941

Das kleine übersichtliche Werk bildet eine historische Fundgrube von Patentanmeldungen für all jene, die einen der Väter der Hochfrequenztechnologie und sein schaffensreiches Leben und Wirken, das seinerzeit und unserer Zeit teilweise weit voraus war, aus der Vergessenheit zurück in unser Bewusstsein holt.

Prof. Max Tegmark: "Leben 3.0 - Mensch sein im Zeitalter künstlicher Intelligenz", Ullstein-Verlag, 2017, ISBN 9783550081453

Der Autor arbeitet in der Zukunftsschmiede der KI im Massachusetts Institute of Technology in den USA und stellt anhand von Einblicken in die Entwicklungen der KI in diesem Buch verschiedene Visionen vor, wohin die Reise damit gehen kann. Dabei greift er existenzielle Fragen auf, wie: Geht die Ära der Menschen zu Ende? Wird sich die KI der Menschheit eines Tages womöglich entledigen? Erschaffen wir einen neue Superintelligenz, um Hochtechnologie zu produzieren? Werden wir den ausufernden Technologieprozess eines Tages womöglich völlig unterbinden und zu einem einfachen Leben ohne diese zurückkehren? Oder zerstören wir uns vorher womöglich selbst?

Prof. Erik Brynjolfsson, Prof. Andrew McAfee: „The Second Machine Age: Wie die nächste digitale Revolution unser aller Leben verändern wird", Plassen-Verlag, 2018, ISBN 9783864705946

Uneingeschränkter Handel im Zeitalter globaler rasanter technologischer Entwicklungen und die damit einhergehenden Veränderungen in Gesellschaft, Wirtschaft und von dem, was wir heute noch unter gesellschaftlichem Leben verstehen, mit einer Vielzahl von Folgen und Risiken, werden in diesem Werk - auch mit Blick und Ratschlägen an die Politik und Gesellschaft - vorgestellt, wobei das Individuum im Zeitalter digitaler Intelligenz wohl nur noch eine erschreckend nebensächliche Rolle spielen wird.

Prof. Dr. Dr. Manfred Spitzer: „Die Smartphone Epidemie - Gefahren für Gesundheit, Bildung und Gesellschaft", Klett-Cotta-Verlag 3. Aufl. age Januar 2020, ISBN 978-3608985603

„Viele sehen nur die positiven Seiten, wenige machen sich Gedanken um die negativen Auswirkungen für unser Fühlen und Handeln. Smartphones schaden der Gesundheit, der Bildung und der Gesellschaft insgesamt! Es wird höchste Zeit, dem Hype durch Fakten zu begegnen. Wann wachen wir endlich auf? In den letzten zehn Jahren hat das Smartphone die Welt mit enormer Geschwindigkeit erobert und den Alltag für seine vier Milliarden Nutzer verändert wie keine technische Neuerung zuvor. Von morgens bis abends, bei der Arbeit und im Privatleben: ohne Smartphone scheint einfach nichts mehr zu gehen. Über die gesundheitlichen Folgen machen sich mittlerweile sogar Investoren und Unternehmer Gedanken ..."

Dr. Rosalie Bertell: „Kriegswaffe Planet Erde", J. K. Fischerverlag, 4. Auflage, 2018, ISBN 9783941956360

Das Standardwerk über die dunkle und militärische Seite der Nutzung und Forschung verschiedener unvorstellbarer Möglichkeiten im Bereich Wettermanipulation, Waffen-Technologien und deren langjährige, gut belegte Anwendung, verfasst von der ehemaligen alternativen Nobelpreisträgerin und Inhaberin mehrerer Ehrendoktorwürden, das bis heute seinesgleichen sucht. Die leidenschaftliche Forscherin und Aktivistin, die viele Jahre in vielen Ländern forschte und auch regelmäßig Berichte an die UNO oder die Vereinten Nationen schrieb, berichtet hierin über ihre Erkenntnisse und trägt eine Fülle an Material zusammen. Sie stellt aber auch die daraus resultierenden notwendigen Projekte zum Stopp dieser Experimente zum Schutz der Erde und des durch Menschenhand stark geschädigten Lebensraums vor.

Dr. Christine Aschermann, Dr. Cornelia Waldmann-Selsam: „Elektrosensibel - Strahlenflüchtlinge in einer funkvernetzten Gesellschaft", Shaker Media Verlag, 2017, ISBN 78- 3956316227

Das Buch zweier Medizinerinnen zeigt das Leben elektrosensibler Menschen. Wie sie fliehen, leben, sich schützen und dass es in einer funkvernetzten Welt jeden treffen kann. Es informiert über Gefahren, Abhilfemaßnahmen und weshalb diese schädliche Technologie sich trotz vorhandener Belege ausbreiten konnte, und wagt den Blick in die Zukunft, womit wir wahrscheinlich noch rechnen müssen.

Gunilla Ladberg: „Ein schönes Gefängnis - Auf der Flucht vor Elektrizität und Mobilfunkstrahlung", 2010, Bürgerwelle e.V., Lindenweg 10, 95643 Tirschenreuth

Das kleine Büchlein bietet zahlreiche hochinteressante Interviews mit elektrosensiblen Menschen, die ihre Erfahrungen und ihr von der Gesellschaft vergessenes, ausgestoßenes, von der Politik missachtetes primitives Dasein am Rande der Gesellschaft sehr lebendig schildern.

DVD-Dokumentationen:

Lothar Moll und Klaus Scheidsteiger: „Faktencheck Mobilfunk - Die gesundheitliche Wirkung der Mobilfunkstrahlung", DVD 2018, Bezug über die Bürgerwelle e.V., Lindenweg 10, 95643 Tirschenreuth oder: www.faktencheck-mobilfunkstrahlung.de.

Die sehr gut recherchierte Dokumentation bietet eine Fülle von aktuellen Studien zur schädlichen Wirkung des Mobilfunks und dem täglichen sorglosen Umgang damit. Interviews mit kompetenten Fachkräften und Hinweise zu Schutzmöglichkeiten runden die 90-minütige Dokumentation ab.

Klaus Scheidsteiger: „Thank You For Calling", DVD 2016, erhältlich über www.diagnose-funk.org.

Der Film zum gleichnamigen Buch zeichnet die Verschleierungstaktiken der Mobilfunkindustrie nach und begleitet den Kampf einiger mutiger Wissenschaftler, die seit Jahren auf diesem Gebiet forschen, aber erst seit kurzem wirklich Gehör finden. Er führt den Zuschauer hinter die Kulissen der internationalen Forschung, des Industrie-Lobbyismus sowie aktuell laufender Schadensersatz-Prozesse in den USA, die medial kaum beachtet werden.

„Gesundheitsgefahren durch die mobile Kommunikation und Baumschäden durch chronische Hochfrequenzbelastungen", DVD-Live-Mitschnitt einer Informationsveranstaltung vom 24.01.2007 in Rheinstetten/Mörsch. Gezeigt werden Vorträge von:

Dr. med. Annette Mauser, Ärztin für Allgemeinmedizin (ca. 20 min)

Dr. med. C. Waldmann-Selsam, praktische Ärztin (ca. 20 min)

Dr. -Ing. Volker Schorpp, Physiker (ca. 1 h 45 min) erhältlich bei www.puls-schlag.org

„Hochfrequenzsender verursachen Baumschäden - Eine Beweisführung", DVD-Live-Mitschnitt einer Informationsveranstaltung am 02.06.2007 in St. Peter im Schwarzwald bei Freiburg, ca. 1 h 55 min, erhältlich bei www.puls-schlag.org.

Dr. Volker Schorpp stellt die Frage nach der Ursache der Schäden in den Mittelpunkt seiner Untersuchungen. Streng wissenschaftlich und mit „kriminalistischem Scharfsinn" sucht er vor Ort nach Hinweisen, die für oder gegen mögliche Ursachen von Baumschäden sprechen. Anschaulich und leicht verständlich zeigt er anhand ausgewählter, dokumentierter Fallbeispiele wichtige Phänomene in Zusammenhang mit den Schäden auf. Insbesondere die genaue Beobachtung der räumlichen Schädigungsstrukturen sowie der zeitlichen Schädigungsverläufe offenbart teilweise verblüffend einfache Zusammenhänge.

David Bernet: „DEMOCRACY - im Rausch der Daten", DVD, Farbfilm Home Entertainment, 2016

Das Filmteam folgt hier mit der Kamera der Gesetzgebung auf EU-Ebene und zeigt die komplexe Mächte-Architektur, den Zustand der heutigen

Demokratie und die Gefahren von BIG-DATA und Massenüberwachung, aber auch das Ringen um den Schutz unserer Daten.

Dieter Broers: „Revolution 2012 - Die Menschheit vor einem Evolutionssprung", DVD, SCORPIO-Verlag, 2012

Führende Wissenschaftler erklären in dieser hoffnungsvollen Dokumentation anhand aktueller Studien, weshalb die Menschheit vor einem Evolutionssprung und globalem Erwachen steht, welches die Welt in ein neues spirituelles Zeitalter führen könnte. Dabei spielen die Auswirkungen der Sonne auf die Gene eine maßgebliche Rolle.

Webseiten mit Studien und Informationen zu bedenklichen Wirkungen:

www.ulrichweiner.de
www.kompetenzinitiative.net
https://www.diagnose-funk.org
www.youtoube.de/Funkwissen
https://www.emf-portal.org/de
www.powcrwatch.org.uk

Mobilfunkdiskussion in Italien: www.icems.eu

Hier wird im italienischen Parlament öffentlich über 5G „frei" diskutiert, undenkbar für uns in Deutschland und Berlin. Die Konkurrenz der Wissenschaftler zur ICNIRP, welche aktuell Ende Juni 2020 reaktiviert wurde.

Vereine und Organisationen, die Schutz, Hilfe und Infos vor/zu 5G und Mobilfunk anbieten (Angaben ohne Gewähr):

Bürgerwelle e.V., Lindenweg 10, D-95643 Tirschenreuth
Tel. 09631-795736, Fax: 09631-795734
E-Mail: pr@buergerwelle.de, **www.buergerwelle.de**
mit weiteren Büros in :

Schweiz: Güeterstalstr. 19, CH-8133 Esslingen, Tel. + Fax: 0041-(0)44-9840039 www.buergerwelle-schweiz.org
Österreich: Harrachgasse 10, A-8010 Graz, Tel. + Fax: 0043-(0)316-422496
***Italien:* c/o VZS – Verbraucherzentrale Südtirol,** Zwölfmalgreinerstr. 2, I-39100 Bozen www.buergerwelle.it

Verein für Elektrosensible und Mobilfunkgeschädigte e.V. c/o Paritätischer Wohlfahrtsverband
Charles-de-Gaulle-Str. 4, 81737 München,
Telefon: 089 / 61 37 24 98,
E-Mail: kontakt@elektrosensibel-muenchen.de https://www.elektrosensibel-muenchen.de/kontakt.html

PULS-SCHLAG Mobilfunk-Bürgerforum Großraum Karlsruhe e.V.
Nördliche Hildapromenade 12, 76133 Karlsruhe,
Kontakt: Telefon: 07245-8048604
E-Mail: puls-schlag@web.de

Bürgerinitiative 5G-frei
Hans Horner, Hinterm Dorf 9,
97337 Dettelbach
E-Mail: team@5gfrei.de
https://5gfrei.de

Bündnis Verantwortungsvoller Mobilfunk Deutschland
Koordination: Michaela Thiele, Friedensstr. 6, 34466 Wolfhagen
Koordination des Bündnisses: info@bvmde.org
Pressekontakt des Bündnisses: Email: presse@bvmde.org
www.bmvde.org

The World Foundation for Natural Science
Europäischer Hauptsitz: PF 7995, 6000 Luzern 7, Schweiz,
T. +41(41)798-0398
E-Mail: EU-HQ@naturalscience.org

Büro Deutschland: PF 1180, 85749 Karlsfeld, Deutschland,
T. +49(89)38157-0590
E-Mail: DE-Office@naturalscience.org
Büro Österreich: PF 9, 4663 Laakirchen, Österreich,
T. +43(7613)324-22,
E-Mail: AT-Office@naturalscience.org

The Earth Council
Apardato 2323-1002
San Jose, Costa Rica,
T. +506-256-1611.
E-Mail: eci@terra.ecouncil.ac.cr
http://ecouncil.ac.cr

The International Council For Local Environment Initiatives (Globale Vereinigung zum Schutz der Erde)
World Secretariat:
Kaiser-Friedrich-Str. 7, 53113 Bonn/ Deutschland
T. + 49-228/97 62 99-00
E-Mail: iclei.ws@iclei.org
https://www.iclei.org/en/Home.html +49-228 / 97 62 99 00 +49

Friedensinitiative Dresden,
Friedrich Nähring, Bischofsweg 84, 01099 Dresden,
Tel. 0351 3091 3171
www.friedendresden.de
E-Mail: friedendresden@tutanota.com
5G-Filmprojekt:
https://www.youtube.com/channel/UCEihhcl6KIUhzp2se97U9Dw

Empfehlenswerte Elektrosmog-Abschirmung/ Neutralisierung

Elektrosmog/5G-Neutralisierung durch Mehrkammer-Hohlleiter-Rohr-Systeme und Infos zu Sferics:
Dr. sc. Florian König, fke Enterprises, Gärtnerweg 48, 82685 Bad Wörishofen, Kontakt: info2@fk-e.de,
Hohlkammersysteme: http://www.fk-e.de/dienst.html

Zur Person: D. Sc. Florian M. König Geb. 1960, Abitur 1981, Diplom 1988, Promotion Doktor in Science and Physics Engineering, Vasile G. Western Univ. Delaware/ USA 2004. Mehrfacher Firmengründer neben über 160 Patentanmeldungsakten in Deutschland sowie weltweit in der Raumakustik und EMV/EMC; selbstständiger Forscher, Entwickler, Publizist und Consulter. Mitglied in diversen wissenschaftlichen Ausschüssen bzw. Beiräten (u.a. AES, DEGA, Tonmeisterverband sowie ehem. DKE-DIN / TC100.

Buchtipp: Michael M. König: „Die Natur braucht Chaos", Michaels-Verlag, Januar 2021, ISBN 978389539712

Technologien, Infos zu Sferics und komplett strahlenfreie Kopfhörer:

- www.ultrasone.com , www.wellcans.com
- http://www.fk-e.de/news.html; speziell dort Kap. II mit den Paper-Links zu Sferics Papers unter
- https://www.fk-e.de/sferics.html
- https://japanjournalofmedicine.com/wp-content/uploads/2019/12/JJM-146.pdf
- https://japanjournalofmedicine.com/an-inherent-holistic-modeling-of-human-meteorosensivity/
- http://www.wetterfuehligkeit.eu
- oder bei: https://fk-e.de/demo.html
- YouTube Video: „Elektrosmog: Orange tree, with/without electromag damaging":
- https://youtu.be/sb2sq024RpE?feature=shared

Über den Autor

Maik Lindner, geboren 1968, fand bereits im Alter von 22 Jahren seine Berufung in sozialen Tätigkeitsfeldern. Er absolvierte zahlreiche Ausbildungen in alternativen Therapieformen, die er nach erfolgreichem Abschluss in bundesweiten Seminaren, Vorträgen und Schulungen weitergab. Gleichzeitig beschäftigt er sich seit über 30 Jahren intensiv mit den großen Herausforderungen und Fragen unserer Zeit und neuen Erkenntnissen aus Bereichen wie der Zukunftsforschung, Bewusstseinsforschung, Genforschung, alternativen Entwicklungen im Gesundheitswesen, Ökologie, mobile Kommunikation, experimentellen Gesellschafts- und Wirtschaftsformen, Energieprojekten uvm.

Im November 2020 erschien sein Sachbuch-Erstlingswerk „5G-Mobilfunknetze", das bereits im November 2021 auf der iENA-Erfindermesse Nürnberg von Prof. Mladen Karic, Vizepräsident des Europäischen Erfinderverbandes, mit dem ASPA-Innovations-Preis geehrt wurde. Im August 2022 erschien es erstmals in Englisch.

Im September 2024 wurde der im Großraum München lebende Autor mit dem KIT-Medienpreis für seine unermüdliche Arbeit im Bereich Zukunftsforschung und sein drei Jahrzehnte währendes soziales Engagement geehrt, mit dem seit dem Jahr 2000 mutige, engagierte und innovative Menschen mit einer besonderen Biographie jährlich als Vorbilder vom Netz innovativer Bürgerinnen und Bürger (NiBB) ausgezeichnet werden.

Mit diesem Werk setzt der Zukunftsforscher, Philanthroph, Autor und Lebensphilosoph seine bunte Reise als aufblühende „Schriftstellerseele" fort.

Weitere Titel

Maik Lindner
„5G Mobilfunknetze - Strahlende Zukunft oder gefährliche Strahlung; Was erwartet uns?"

Hardcover: 408 Seiten
Preis: 24,99 €
ISBN: 9783347158771

Taschenbuch
Preis: 18,00 €
ISBN: 9798605777724

E-Book Kindle: B087178FVR
E-Book epubli: 9783753111940
Preis: 5,99 €

Das 2020 erschienene, auch von Wissenschaftlern viel beachtete und im Herbst 2021 auf der iENA (Erfindermesse) Nürnberg mit dem ASPA-Innovationspreis geehrte Buch „5G-Mobilfunknetze" berichtet über die Anfänge bis in die Gegenwart des Mobilfunks und zeigt mögliche Zukunftsszenarien durch den weltumspannenden 5G-Netzausbau auf. In einfacher verständlicher Sprache wird ein komplexes technisches Thema mit seinen Vor- und Nachteilen dargestellt, werden Risiken untersucht, Aussagen und Gegenaussagen gegenübergestellt und Alternativen geboten. Ein Grundlagenwerk zum umfassenden Verständnis von 5G, das auch philosophische Fragen zum Menschsein in einer komplett digitalisierten Welt stellt.

In Vorbereitung:

Maik Lindner
„Bio5G – Technologischer Fortschritt im Einklang mit der Natur; Vision, Potential und Machbarkeit"

Taschenbuch ca. 20 €
Erscheinungszeitraum ca 2026

Das Buch berichtet kurz, fundiert und tiefgehend über;

- aktuelle wissenschaftliche Erkenntnisse zu den Risiken und Gefahren des Mobilfunks und des 5G-Netzausbaus,
- folgt dem gesellschaftlich wachsenden Wunsch vieler Nutzer und namhafter Forscher und Mobilfunkkritiker nach Alternativen,
- zeigt, welche Möglichkeiten wir diesbezüglich derzeit haben,
- und präsentiert erstmals in Buchform die weltweit einzigartige Vision, das Potential und die Machbarkeit einer naturkonform vernetzten Welt durch bio5G: Der technischen Nutzung von natürlichen Feldern und Wellen als Kommunikationssystem, die bereits lange Zeit vor und sicher auch lange Zeit nach dem ersten und letzten Fußabdruck des Menschen bestehen. Womit die endlosen Diskussionen und Kämpfe von Kritikern und Befürwortern der Mobilfunktechnologie ein Ende, oder vielmehr einen biologisch-technisch machbaren Ausweg finden könnten.

Danksagung an die LeserInnen

Vielen Dank, dass Sie dieses Buch gelesen haben. Ich hoffe, ich konnte Sie damit gut unterhalten.
Wenn es Ihnen gefiel, Sie inspirierte oder zum Nachdenken anregte, freut mich das sehr. Wenn Sie mir schreiben, Kontakt zu mir aufnehmen, meine Arbeit fördern und weitere Informationen möchten, können Sie das gern unter folgender Adresse tun:

Maik Lindner
c/o SP-Day.de Impressum-Service
Dr. Lutz Kreutzer
Hauptstraße 8
83395 Freilassing (Deutschland)

Mail: Lindner-Buch@web.de
www.maik-lindner.jimdosite.com

Herzlichst

Maik Lindner

Quellenverzeichnis

Die Quellen wurden nach bestem Wissen und Gewissen recherchiert, sowie kurz vor Veröffentlichung dieses Werkes geprüft und verifiziert. Sie waren bei Redaktionsschluss alle aufrufbar. Der Autor und Herausgeber übernimmt keine Verantwortung für das Löschen, Ändern von Seiten, Links und Inhalten seitens der Seitenbetreiber.

Von den Webseitenbetreibern gelöschte Inhalte, Links, Artikel usw. können oftmals über die Wayback Maschine des Internetarchivs (https://archive.org/web/) aufgefunden werden.

Kapitel 1

1 Capital: Starlink 2021: Das ist von Elon Musks Satelliten-Internet zu erwarten: https://www.capital.de/wirtschaft-politik/starlink-das-ist-von-elon-musks-satelliten-internet-zu-erwarten

2 Innovationsforum-Magazin für Ideenfindung und Produktentwicklung / Heft 4/2020, S. 16: „5G- Segen oder was ? – Wir fragen nach!" https://www.innovations-forum.net/Heftarchiv/IF-2020-4/

3 t-online 2020: Macht uns 5G-Mobilfunkstrahlung krank? Köln 2020: https://www.t-online.de/digital/id_86836018/studien-auswertung-macht-uns-5g-mobilfunkstrahlung-krank-.html

4 Satellitemap: Starlink. 2021. https://satellitemap.space

5 Bayerisches Landesamt für Umwelt, August 2018; Meteoritenfalle in Bayern: https://www.lfu.bayern.de/geologie/meteorite/bayern/doc/mauerkirchen.pdf

6 eingeSCHENKt.tv 2020: Prof. Dr. med. Franz Adlkofer: Sein letztes Interview! Strahlung, 5G und der Lobbyismus: https://eingeschenkt.tv/prof-dr-med-franz-adlkofer-sein-letztes-interview-strahlung-5g-und-der-lobbyismus/

7 Gigaherz.ch: Übersetzung Salford Studie. Schweden 2003: https://www.gigaherz.ch/media/download/Salford-Uebersetzung.pdf

8 Diagnose-Funk 2021: Thank you for calling (TY4C). Dokumentation/DVD: https://shop.diagnose-funk.org/DVD-Thank-you-for-calling-TY4C

9 SPIEGEL 2017: Gehirntumor durch Handy-Nutzung erstmals als Berufskrankheit anerkannt:
https://www.spiegel.de/karriere/italien-gehirntumor-durch-handy-nutzung-erstmals-als-berufskrankheit-anerkannt-a-1144218.html

10 Urteil 06.09.2010: http://ul-we.de/wp-content/uploads/2010/06/091210-EMF-Urteil-Brescia-urteil-marcolini-ubersetzung.pdf

11 Therapie.de: Süchtig nach Online-Spielen und sozialen Medien: https://www.therapie.de/psyche/info/index/diagnose/internetsucht/formen-und-haeufigkeit/

12 Musik & Akustik – Vortex HiFi: Prof. Dr. rer. nat. Peter Semm. Lohmar 2021: Hochfrequenz & bio-Wirkung: https://das.raumtuning.info/?page_id=311

13 Bundesministerium der Justiz und für Verbraucherschutz 2020: Regeln gegen Hass im Netz – das Netzwerkdurchsetzungsgesetz: https://www.bmjv.de/DE/Themen/FokusThemen/NetzDG/NetzDG_node.html

14 klagemauer.TV 2019: Telefoninterview mit Mikrowellenspezialist Dr. Barrie Trower Teil 1: Zerstörung von Mensch, Tier und Natur durch 5G-Strahlung: https://www.kla.tv/14078

15 Deutscher Bundestag: Menschenrechte im digitalen Zeitalter. Berlin 2018./ S.20: https://www.bundestag.de/resource/blob/568306/39edaff23c4b48b1be-e67944a169df27/WD-2-107-18-pdf-data.pdf

16 Diagnose-Funk: Länder, Städte, Einrichtungen – weltweit, die einen 5G Ausbau oder WLAN gestoppt haben, Stand 01.05.2020: https://www.diagnose-funk.org/download.phpfield=filename&id=1054&class=NewsDownload

17 Welt 2011: WHO warnt vor Krebsrisiko durch Handystrahlung: https://www.welt.de/gesundheit/article13406108/WHO-warnt-vor-Krebsrisiko-durch-Handystrahlung.html

18 Ärzte der Kompetenzinitiative zum Schutz von Mensch, Umwelt und Demokratie e. V.: Freiburger Appell. Saarbrücken 2012: http://www.maes.de/05%20SENDER/maes.de%20SENDER%20ÄRZTEAPPELL.PDF

19 Elektrosensibel-ehs.de: 16. Juni – Internationaler Tag der Elektrosensibilität. Hamburg 2021: https://www.elektrosensibel-ehs.de/16-juni-internationaler-tag-der-elektrosensibilitaet/

20 Bayerische Staatszeitung 2017: Baumschäden durch Mobilfunk-Strahlung: https://www.bayerische-staatszeitung.de/staatszeitung/wirtschaft/detailansicht-wirtschaft/artikel/baumschaeden-durch-mobilfunk-strahlung.html#topPosition

21 Bundesministerium für Umwelt, Naturschutz und nukleare Sicherheit (BMU): FAQ. Berlin 2020: https://www.bmu.de/themen/atomenergie-strahlenschutz/strahlenschutz/nichtionisierende-strahlung/strahlenschutz-beim-mobilfunk/#c48522

22 GIGA.de 2020: 6G-Netz der Zukunft: So viel schneller wird der 5G-Nachfolger: https://www.giga.de/news/6g-netz-der-zukunft-so-viel-schneller-wird-der-5g-nachfolger/

23 Kühling, Dr. Ing. Wilfried: Mit Planungsrichtwerten die Vorsorge vor Mobilfunkstrahlung auf Gemeindeebene verbindlich umsetzen. Heft 13/2021: https://kompetenzinitiative.com/broschueren/5g-mobilfunk-durch-gesamtraeumliche-planung-steuern/)

Kapitel 2

24 Deutsches Ärzteblatt 2013: Baethge, Christopher: Nocebo – Die dunkle Seite der menschlichen Einbildungskraft: https://www.aerzteblatt.de/archiv/147589/Nocebo-Die-dunkle-Seite-der-menschlichen-Einbildungskraft

25 netDoktor 2017: Machetanz, Lena: Placeboeffekt: https://www.netdoktor.de/therapien/placeboeffekt/

26 ZeitOnline 2005: Lütge, Gunhild: Macht Mobilfunk krank?: https://www.zeit.de/2005/43/Strahlen

27 Wikipedia: Elektrosensibilität: https://de.wikipedia.org/wiki/Elektrosensibilität#:~:text=Als%20elektrosensibel%20werden%20Menschen%20bezeichnet,erzeugt%20und%20sollen%20den%20sog.

28 Deutsches Forschungszentrum für Gesundheit und Umwelt 2012/13: König, Christian, Dipl. Forstwirt & König, Florian, Dr. sc.: Forschungsprojekt Wetterfühligkeit-Biowirkungen auf den Menschen: http://www.wetterfuehligkeit.eu/team.htm

29 NET-Journal Juli/August 2010: König, Florian Dr. sc.: Natürliche Wechselfelder, Elektrosmog und Lichtsmog und ihre Wirkung auf den Menschen: http://www.borderlands.de/net_pdf/NET0710S32-38

30 Elektrosensibel-ehs.de: Geschichte von EHS: https://www.elektrosensibel-ehs.de/geschichte-von-ehs/

31 Ärzte der Kompetenzinitiative zum Schutz von Mensch, Umwelt und Demokratie e.V.: Freiburger Appell, Saarbrücken 2012: http://www.maes.de/05%20SENDER/maes.de%20SENDER%20ÄRZTEAPPELL.PDF

32 Elektrosensibel-ehs.de; EHS und das Bundesamt für Strahlenschutz: https://www.elektrosensibel-ehs.de/bundesamtfuerstrahlenschutz/

33 Neue Züricher Zeitung Bern 02.02.2021: Häberli, Stefan: Es ist der Nocebo-Effekt – 5G wirkt wie homöopatische Zuckerkügelchen: https://www.nzz.ch/meinung/5g-und-gesundheit-gefahr-nocebo-effekt-ld.1599540

34 Quarks.de 13.06.2019: Elektrohypersensibilität: Macht Strahlung krank? Das sagt die Forschung: https://www.quarks.de/technik/digitalisierung/elektrosensibilitaet-das-sagt-die-forschung/

35 DocCheck Flexikon 21.03.2024: Adamietz, Rene; Hircin, Emrah; Antwerpes, Frank: Selbsterfüllende Prophezeihung n. Alfred Adlers: https://flexikon.doccheck.com/de/Selbsterfüllende_Prophezeiung

36 Neue Züricher Zeitung Bern 02.02.2021: Häberli, Stefan: Es ist der Nocebo-Effekt; 5G wirkt wie homöopatische Zuckerkügelchen: https://www.nzz.ch/meinung/5g-und-gesundheit-gefahr-nocebo-effekt-ld.1599540

37 Quarks.de 13.06.2019: Elektrohypersensibilität: Macht Strahlung krank? Das sagt die Forschung: https://www.quarks.de/technik/digitalisierung/elektrosensibilitaet-das-sagt-die-forschung/

38 Verein für Elektrosensible und Mobilfunkgeschädigte e.V. München: https://www.elektrosensibel-muenchen.de

39 Pers. Kontakt am 22.03. 2020 mit der 2. Vorsitzenden des Vereins für Elektrosensible und Mobilfunkgeschädigte München e.V. Helene Henke-Houet (siehe auch in Maik Lindner; 5G-Mobilfunknetze – Strahlende Zukunft oder gefährliche Strahlung; Was erwartet uns? S.114)

40 ApothekenUmschau 13.07.2017: Ballwieser, Dennis: Bourn-out – Symptome, Ursachen, Therapie: https://www.apotheken-umschau.de/krankheiten-symptome/psychische-krankheiten/burn-out-symptome-ursachen-therapie-738121.html

41 TNO-Report: Effects of Global Communication System radiofrequency fields on Well Being and Cognitive Functions of human subjects with and without subjective complaints 2003: https://www.emf-portal.org/de/article/12820

42 Galileo/ProSieben 28. Mai 2018: Elektro-Sensible – Was steckt hinter dieser Krankheit? https://youtu.be/70Wa7xekt7w

43 netDoktor Januar 2024: Dobmeier, Julia: Internetsucht: https://www.netdoktor.de/krankheiten/internetsucht/

44 Wikipedia: ATP https://de.wikipedia.org/wiki/Adenosintriphosphat#:~:text=Adenosintriphosphat%2C%20kurz%20ATP%2C%20ist%20ein,und%20wichtiger%20Regulator%20energieliefernder%20Prozesse

45 Diagnose Funk; Dokumentation/DVD: Faktenchek- Die gesundheitliche Wirkung der Mobilfunkstrahlung: https://shop.diagnose-funk.org/DVD-Die-gesundheitliche-Wirkung-der-Mobilfunkstrahlung-Faktencheck

46 VERUM Stiftung für Verhalten und Umwelt Juni 2006: REFLEX: Risk Evaluation of Potential Environmental Hazards from Low Energy Electromagnetic Field Exposure Using Sensitive in vitro Methods: https://web.archive.org/web/20070929204258/http://www.verum-foundation.de/cgi-bin/content.cgi?id=euprojekte01

47 JRS Eco Wireless 27.05.2011: EU-Studie „Reflex" zeigt DNA-Schäden durch Strahlung von Mobilfunkgeräten und Handys: https://www.jrseco.com/de/eu-forschung-reflex-zeigt-dna-schaeden-durch-strahlung-von-mobilfunkgeraeten-und-handys/

48 Wikipedia: Liste der Länder nach Anzahl an Mobiltelefonen: https://de.wikipedia.org/wiki/Liste_der_Länder_nach_Anzahl_an_Mobiltelefonen#:~:text=2017%20gab%20es%20weltweit%20ca,als%20die%20Erde%20Einwohner%20hatte.

49 diagnose:funk 07.01.2007: Dreiste Datenfälschung in Mobilfunkforschung – Ein Insider warnt: https://www.diagnose-funk.org/aktuelles/artikel-archiv/detail?newsid=370%20)

50 NW-Nachrichten 27.06.2011: Pilotstudie zu Handystrahlen zeigt erste Erfolge: https://www.nw.de/nachrichten/thema/4655504_Pilotstudie-zu-Handystrahlen-zeigt-erste-Erfolge.html

51 memon bionic instruments GmbH-Blog 24.06.2021: Fälschungs-Skandal über Mobilfunkstudie: https://www.memon.eu/blog/reflex-studie

52 elektrosensibel-ehs.de 18.04.2021: Italien | Beginn eines Hungerstreiks um die gefährliche Zunahme der elektromagnetischen drahtlosen Mikrowellenstrahlung (5G) von 6 V/m auf 61 V/m zu verhindern: https://www.elektrosensibel-ehs.de/in-italien-beginnt-ein-hungerstreik-um-die-gefaehrliche-zunahme-der-elektromagnetischen-drahtlosen-mikrowellenstrahlung-5g-von-6-v-m-auf-61-v-m-zu-verhindern/#comment-599

53 Dr. Gunilla Ladberg: „Ein schönes Gefängnis – Auf der Flucht vor Elektrizität und Mobilfunkstrahlung" S. 49/ Vertrieb über Bürgerwelle e.V.)

54 Dr. Gunilla Ladberg: „Ein schönes Gefängnis – Auf der Flucht vor Elektrizität und Mobilfunkstrahlung" S. 48/ Vertrieb über Bürgerwelle e.V.)

55 Dr. Gunilla Ladberg: „Ein schönes Gefängnis – Auf der Flucht vor Elektrizität und Mobilfunkstrahlung" S. 72/ Vertrieb über Bürgerwelle e.V.)

56 Für die Menschen und die Milchkanne: GRÜNE Strategien für bessere digitale Infrastruktur – Positionspapier der Fraktion Bündnis 90/DIE GRÜNEN im Landtag NRW 9. Juli 2019: https://matthi-bolte.de/wp-content/uploads/2019/07/19-07-09_Positionspapier-Glasfaser-5G.pdf

Kapitel 3

57 Wikipedia: Sferics: https://de.wikipedia.org/wiki/Sferics#:~:text=Sferics%20(kurz%20für%20englisch%20atmospheric,natürlichen%20Ursprungs%20innerhalb%20der%20Erdatmosphäre.

58 Zeitschrift für Geobiologie Sonderheft 3/2014: König M. Florian Dr. sc., König B. Christian: Forschungsprojekt Sferics: Biowirkungen auf den Menschen

59 YouTube RTL 09 2003: König Michael Florian: Sferics https://www.youtube.com/watch?v=qffqgEFFpw4

60 allgäu.tv 24.05.2021: Wetterfühligkeit: welche Rolle die Elektrophysik dabei spielen könnte: https://www.allgäu.tv/mediathek/video/wetterfuehligkeit-welche-rolle-die-elektrophysik-dabei-spielen-koennte/

61 Tributsch, Helmut: Wenn die Schlangen erwachen – Erdbebenforscher lernen von den Tieren, Ullsteinverlag 1981

62 Warnke, Ulrich Dr. rer. rer: In den Tod gelotst-Vogelzug & Mobilfunk: Zeitenschrift Nr. 70/ 3. Quartal 2011 S.28: https://www.zeitenschrift.com/heft/zeitenschrift-70

63 raum & zeit No. 147/2007: Mehrwald, Petra Renate: siehe auch bei: https://www.pdf.plocher-produkte.ch/18-hilfe-zur-selbsthilfe/1820_Schlüsselerkenntnis_petkau_gesetz%20.pdf

64 Zwerenz, Siegfried: Der Betrug mit den Grenzwerten: The Journal of Natural Science, Nr.5/2000 S.51

65 Zeitenschrift Nr. 44/2004: Seiler, Benjamin: Erschwertes Überleben im globalen Mikrowellenherd S. 50

66 puls-schlag-org: Vortrag 02.06.2007, St.Peter/Schwarzwald: Schorpp, Volker, Dr.-Ing. Dipl.-Phys.: Hochfrequenzsender verursachen Baumschäden – Eine Beweisführung: http://www.puls-schlag.org/download/Schorpp-StPeter-20070929-online200dpi.pdf

67 Waldmann-Selsam C, Balmori-de la Puente A, Breunig H, Balmori A. (2016) Radiofrequency radiation injures trees around mobile phone base stations. Sci Total Environ.

68 Bundesamt für Strahlenschutz: Waldbäume: https://www.bfs.de/DE/bfs/wissenschaft-forschung/emf/stellungnahmen/_functions/documents/tiere-pflanzen-hf-waldbaum.html#:~:text=Baumschäden%20um%20Basisstationen,sind%20in%20der%20Publikation%20dokumentiert.

69 Kompetenzinitiative.com 15. Juni 2018: Neue Baum-Dokus zu Bamberg und ganz Bayern: https://kompetenzinitiative.com/wissenschaft/neue-baum-dokus-zu-bamberg-und-ganz-bayern/

70 puls-schlag-org: Hochfrequenzsender verursachen Baumschäden Eine Beweisführung; Schorpp, Volker http://www.puls-schlag.org/download/Schorpp-StPeter-20070929-online200dpi.pdf

71 „Erde in Not, Bäume unter Hochfrequenz", Raum & Zeit, 3. Jahrgang, Nr.5, 2010, S.47

72 puls-schlag-org: Hochfrequenzsender verursachen Baumschäden Eine Beweisführung; Schorpp, Volker: http://www.puls-schlag.org/download/Schorpp-StPeter-20070929-online200dpi.pdf

73 klagemauer.TV: Telefoninterview mit Mikrowellenspezialist Dr. Barrie Trower Teil 1: Zerstörung von Mensch, Tier und Natur durch 5G-Strahlung. Schweiz 2019: https://www.kla.tv/Dr.BarrieTrower/14078

74 Symbio-Harmonizer GmbH. Österreich 2021: Warum Bäume wegen 5G gefällt werden: https://symbio-harmonizer.com/warum-baeume-wegen-5g-gefaellt-werden/

75 The World Foundation for Natural Science. Schweiz 2021: Tiere und Pflanzen im Strahlungsstress: https://www.naturalscience.org/de/news/2021/02/tiere-und-pflanzen-im-strahlungsstress/

76 mobilfunkzukunft.de: Forschungsergebnisse: https://www.mobilfunk-zukunft.de/forschungsergebnisse/

77 YouTube FunkWissen 06.03.2011: Die Handy Gefahr (Grenzwert Lüge): https://youtu.be/-IzbcOEL874?feature=shared

78 Internationale Gesellschaft für Elektrosmog-Forschung IGEF: Mobilfunkopfer Tiere: https://www.elektrosmog.com/mobilfunk-risiken-und-schutz/mobilfunkopfer-tiere

79 Drei Linden Filmproduktion – Fritz Poppenberg: Mobilfunk – die verschwiegene Gefahr, Klaus Weber, AGB 2010: https://www.dreilindenfilm.de/produkt/mobilfunk-die-verschwiegene-gefahr/

80 Schweizer Bauer 23.03.2014: Meier, Susanne: Elektrosmog beeinflusst Kühe: https://www.schweizerbauer.ch/tiere/milchvieh/elektrosmog-beeinflusst-kuehe-2/

81 TV-Sendung Planet Wissen im BR am 18.09.2007

82 Rheinische Post 28.10.2008: Dormann, Dieter: Brieftauben finden nicht mehr heim: https://rp-online.de/nrw/panorama/brieftauben-finden-nicht-mehr-heim_aid-11553431

83 Youtube 06.11.2018: 5G Experiment misslingt und hunderte Vögel sterben in Den Hag: https://youtu.be/S-NiZqNzerg?feature=shared

84 he Guardian, 16.Sep.2020: Birds ‚falling out of the sky' in mass die-off in south-western US: https://www.theguardian.com/environment/2020/sep/10/birds-falling-out-of-the-sky-in-mass-die-off-in-south-western-us-aoe?CMP=twt_a-world_b-gdnworld

85 watson.de 17.09.2020: Forscher rätseln: Warum fallen tausende tote Vögel vom Himmel?: https://www.watson.de/klima-umwelt/usa/157602023-tausende-voegel-fallen-tot-vom-himmel-forscherin-hat-einen-verdacht

86 Zeitenschrift Nr. 70/2011 S.32: „Wenn das Handy zu oft piept, piept der Vogel bald nicht mehr"

87 Zeitenschrift Nr. 70/2011 S.30: Dr. rer. nat. Ulrich Warnke: In den Tod gelotst -Vogelzug & Magnetfelder

88 The World Foundation for Natural Science 23.02.2021: Tiere und Pflanzen im Strahlungstress https://www.youtube.com/watch?v=949PE1oeLzA)

89 Bundesministerium für Umwelt, Naturschutz, nukleare Sicherheit und Verbraucherschutz (BMUV): Krefeldstudie: https://www.bmu.de/faq/was-steht-in-der-krefelder-studie

90 The World Foundation for Natural Science: Der Frühling verstummt – Warum immer mehr Insekten und Vögel verschwinden: https://www.naturalscience.org/de/publikationen/der-fruehling-verstummt-warum-immer-mehr-insekten-und-voegel-verschwinden/

91 Zeitenschrift Nr. 64/ 2009 S.13, Seiler, Benjamin: Bienensterben: Quasseln oder Essen?

92 Zeitenschrift Nr. 55/ 2007 S.55, Walter-Wyss, Sandra: Rotten Handystrahlen unsere Bienen aus?

93 Zeitenschrift Nr. 64/ 2009 S.14, Seiler, Benjamin: Bienensterben: Quasseln Oder Essen?

Kapitel 4

94 ARDalpha 15.02.2023: Wüstenbildung: Wie kommt es zur Desertifikation und welche Folgen hat das? https://www.ardalpha.de/wissen/natur/naturgewalten/wueste-welt-weltweit-erde-trocken-boden-klimawandel-wuestenbildung-desertifikation-140.html

95 Bild der Wissenschaft 25.04.2016: Die Erde wird grüner: https://www.wissenschaft.de/erde-umwelt/die-erde-wird-gruener/ :

96 Frankfurter Allgemeine 16.03.2001: Konflikt um russische Pipelines: https://www.faz.net/aktuell/politik/hintergrund-konflikt-um-russische-pipelines-117031.html

97 Sat1 Frühstücksfernsehen 13.03.2019: Tor zur Unterwelt – Kündigt dieser Riesenkrater eine Katastrophe an? https://www.sat1.de/tv/fruehstuecksfernsehen/video/tor-zur-unterwelt-kuendigt-dieser-riesenkrater-eine-katastrophe-an-clip utm_source=facebook&utm_medium=social_paid&utm_term=social_influencer

98 Kulturstudio.tv 2024: Nobelpreisträger John F. Clauser: Der Klimaketzer: https://t.me/Kulturstudio/43040

99 Raum & Zeit 2005: Küppers, Bert Prof. Dr.-Ing.: „Ohne CO2 kein Leben – Das Kohlendioxid im globalen Kreislauf"

100 Two Sides März 2019: Die Welt wird grüner – Und das liegt nicht am Frühling: https://de.twosides.info/UK/die-welt-wird-gruner-und-das-liegt-nicht-am-fruhling/

101 FOCUS online 16.11.2013: Enorme Kosten für CO2-Rückgewinnung: https://www.focus.de/wissen/klima/enorme-kosten-fuer-co2-rueckgewinnung-klimawandel_id_2356464.html

102 Uhlig, Stefan: „Der natürliche Klimawandel – Fakten aus geologischer, archäologischer und astrophysikalischer Sicht", Weltbuchverlag 2021)

103 DER STANDART 21.07.2007: Machbarkeit einer Marsbegrünung getestet: https://www.derstandard.at/story/2966862/machbarkeit-einer-mars-begruenung-getestet

104 Youtube: Wisdom Land März 2007: The Great Global Warming Swindle – Full Documentary HD https://youtu.be/oYhCQv5tNsQ?feature=shared

105 Kongress auf DVD: Die kurzen Beine der Klimalüge, KOPP-Media 2011

106 FOCUS online 18.01.2019: Trotz-Klimaerwärmung: Forscher sagen Mini-Eiszeit wie im Mittelalter voraus: https://www.focus.de/wissen/klima/klimaerwaermung/neue-eiszeit-neue-eiszeit_id_8487796.html

107 Potsdam Institute for Climate Impact Research (PIK), S. Rahmstorf, Februar 1999: Die Eiszeit kommt und andere Presse-Irrtümer: https://www.pik-potsdam.de/~stefan/eiszeitkommt.html#:~:text=Nach%20dem%20jetzigen%20Kenntnisstand%20spricht,einer%20neuen%20Vereisung%20zu%20rechnen

108 Change.org, PBC: Freispruch für CO2: https://www.change.org/p/freispruch-für-c02?recruiter=942404348&utm_source=share_petition&utm_medium=copy-link&utm_campaign=share_petition

109 Zillmer, Hans Joachim: Der Energieirrtum -Warum Erdgas und Erdöl unerschöpflich sind, Langenmüller Verlag 2023

110 Von Retyi, Andreas: Energie ohne Ende – Erfindungen-Konzepte-Lösungen; Kopp-verlag 2013, S.48

111 Prof. Dr. sc. Techn. Dr. rer. nat. Wulf Bennert, Prof. Dr. habil. Wolfgang Merbach, Prof. Dr.-Ing. Hans-Günter Apel, Dr. techn. Diplom-Ing. Helmut Waniczek: Kann der Mensch das Klima Retten? 60 Fragen und Antworten zu Klimawandel und Energiewende, Kaleidoscriptum-Verlag 2022, S.19-20

112 Raum & Zeit Nr.5 2010, S. 9: „Der CO2-Bluff"

113 Seiler, Benjamin: Zeitenschrift Nr. 57 2008, S.12: „Nicht nur auf Erden liegen Badehosen im Trend"

114 National Geografic 09.09.2017: Wird die Menschheit das sechste große Massensterben überleben?: https://www.nationalgeographic.de/umwelt/2017/03/wird-die-menschheit-das-sechste-grosse-massenaussterben-ueberleben#:~:text=In%20den%20letzten%20500%20Millionen,eine%20Reihe%20andere%20Arten%20ausrottete.

115 klagemauer.TV 25.04.2019: Der große Betrug mit der globalen Erwärmung: www.kla.tv/14202

116 Max-Planck-Institut für Gravitationsphysik 2011: Lehners, Jean-Luc: Inflation und Zyklen im Multiversum: https://www.mpg.de/4693329/Inflation_Zyklen_Multiversum

117 DVD-Dokumentation 2009: Dieter Broers: Revolution 2012, die Menschheit vor einem Evolutionssprung.

118 Süddeutsche Zeitung 18.08.2017: Forscher finden riesiges Vulkanfeld in der Antarktis: https://www.sueddeutsche.de/wissen/antarktis-forscher-finden-riesiges-vulkanfeld-in-der-antarktis-1.3630718

119 Bundesanstalt für Geowissenschaften und Rohstoffe (BGR) der Bundesrepublik Deutschland 25.09.2019: Vulkanismus in der kanadischen Arktis und Nord-Grönland als Vorläufer der Öffnung des Arktischen Ozeans: https://www.bgr.bund.de/DE/Themen/Polarforschung/Projekte/Arktis_abgeschlossen/vulkanismus.html

120 DVD-Dokumentation: Die unbequeme Wahrheit über unsere Ozeane, Tiberius Film 8.10.2010

121 Süddeutsche Zeitung 12.03.2019: Mehr Tote durch schmutzige Luft als durch Rauchen: https://www.sueddeutsche.de/gesundheit/luftverschmutzung-schadstoffe-todesfaelle-1.4364271

122 Verein Kritikalität 2009: Hundert gute Antworten: Heiße Flüsse: https://100-gute-antworten.de/hga-017/

123 Gesellschaft für Anlagen- und Reaktorsicherheit (GRS) gGmbH 15.02.2024: Kernenergie weltweit 2024: https://www.grs.de/de/aktuelles/kernenergie-weltweit-2024#:~:text=Weltweit%20sind%20nach%20Angaben%20des,rund%2032%20Jahren%20in%20Betrieb.

124 Heise Medien Gruppe 23.12.2010: Laufzeit 80 Jahre?: https://www.heise.de/hintergrund/Laufzeit-80-Jahre-1157886.html

125 Youtube: Dinge erklärt – kurzgesagt 06.03.2019: Was passiert, wenn man alle Atombomben auf einmal zündet?: https://youtu.be/NBeeRVkTeJg?feature=shared

126 Trägerkreis Atomwaffen abschaffen c/o Netzwerk Friedenskooperative https://www.atomwaffena-z.info/geschichte/atomwaffentests/auflistung-aller-tests

127 klagemauer.TV 31.01.2023: Unbeachteter „Klimasünder“: Die Rüstungsindustrie!: https://www.kla.tv/24930

128 Spektrum der Wissenschaft 21.10.2019: Ruinieren Atombomben das Weltklima? https://www.spektrum.de/kolumne/ruinieren-atombomben-das-weltklima/1680618

129 Deutsches Klima Konsortium Bonn 2017: Wasserkreislauf: Wie wird sich der Wasserkreislauf der Erde ändern? https://www.deutsches-klima-konsortium.de/de/klimafaq-12-2.html

130 Planet Schule SWR 2012: Was ist ein Jetstream?: https://www.planet-schule.de/frage-trifft-antwort/video/detail/was-ist-ein-jetstream.html

131 Kathie Sawyer: Climatology: Space Data Indicate Rivers in the Sky, The Washington Post, Science Notebook, 15. Jan. 1993/: Zeitenschrift Nr. 51 2006: Iten Sophia: Mobilfunktürme Heizen Erdklima auf, S. 33

132 Wikipedia: Liste der längsten Flüsse der Erde: https://de.wikipedia.org/wiki/Liste_der_längsten_Flüsse_der_Erde

133 Youtube: musstewissen Chemie 27.09.2017: Was sind Wasserstoffbrückenbindungen: https://youtu.be/lO_NSF1PeVI?feature=shared

134 The World Foundation for Natural Science 26.04.2021: Lebenseleier Wasser – bedroht durch Strahlung?: https://youtu.be/SePV0jgROw4?feature=shared

135 DERSTANDART Wien 19.10.2012: Handy für Tumor verantwortlich: Gericht in Rom sorgt für Aufsehen:
https://www.derstandard.at/story/1350258837277/handy-fuer-tumor-verantwortlich-gericht-in-rom-sorgt-fuer-aufsehen

136 Bertell Rosalie Dr.: „Kriegswaffe Planet Erde, J.K.-Fischer Verlag 2013. S. 278

137 Laut Bertells Aussagen erfolgte am 11. August 1987 eine diesbezügliche Patentanmeldung der Firma ARCO unter der US-Nummer 4,686,605, das von der Firma APTI gewährt wurde.

138 Belewsky Robert Frank: Lassen technische Mikrowellen das Wasser verdunsten?: Zeitenschrift Nr.54/ 2007, S.9

139 Bertell Rosalie: Kriegswaffe Planet Erde, J.K.-Fischer Verlag, 2. Ausgabe 07/2013 S. 227

140 Wikipedia: Convention on the Prohibition of Military or Any Other Hostile Use of Environmental Modification Techniques (Umweltkriegsübereinkommen):https://de.wikipedia.org/wiki/ENMOD-Konvention

141 Abdellaziz Madjid Dipl Ing.:Förderverein Desert Greening Integrale Umweltheilung: https://desert-greening.com

142 Welt 16.10.2018: Hawking Stephan: „Größtes Ereignis der Menschheitsgeschichte könnte auch das letzte sein":
https://www.welt.de/wissenschaft/plus182180762/Stephen-Hawking-Ein-Auszug-aus-seinem-letzten-Buch.html

143 DVD-Kongress: Energieprojekte für eine neue Welt: KOPP-Media 2015
Prof. Dr. Elisabeth Blackburn; Die Entschlüsselung des Alterns – Der Telomer-Effekt" Mosaik-Verlag 2017

144 Valli Eric: Leben in der Wildnis – Begegnungen mit Aussteigern: Knesebeck-Verlag 2012

145 Müller Gabi: Viva Vortex-Alles lebt – Quanten sind Wirbel sind verschachtelte Rückkopplungen.

Kapitel 5

146 Quarks Online 14.05.2019/08.02.2022: Darum wissen wir von der Tiefsee weniger als vom Mond: https://www.quarks.de/gesellschaft/wissenschaft/darum-wissen-wir-von-der-tiefsee-weniger-als-vom-mond/

147 Tauchen/Magazin für Tauchsport 31.07.2020: Das weltweit erste Unterwasser-WLAN: https://www.tauchen.de/news/das-weltweit-erste-unterwasser-wlan/

148 INGENIEUR.de 22.11.2014: Projekt Ocean Spiral – Japanische Baufirma plant Unterwasserstadt: https://www.ingenieur.de/technik/fachbereiche/architektur/japanische-baufirma-plant-unterwasserstadt/#:~:text=Das%20ist%20die%20Idee%20des,der%20Kugel%20unter%20der%20Wasseroberfläche

149 Business Punk 21.12.2020: Schwimmende Häuser; So schützt sich Amsterdam vor Hochwasser: https://www.business-punk.com/2020/12/schwimmende-haeuser-so-schuetzt-sich-amsterdam-vor-hochwasser/

150 INGENIEUR.de 16.06.2023: Leben auf dem Wasser: Antwort auf steigende Meeresspiegel und Tsunamis: Schwimmende Stadt Dogen City: https://www.ingenieur.de/technik/fachbereiche/architektur/antwort-auf-steigende-meeresspiegel-und-tsunamis-schwimmende-stadt-dogen-city/

151 INGENIEUR.de 25.03.2014: Riesiges Hochhaus sammelt Plastikmüll im Pazifik: https://www.ingenieur.de/technik/fachbereiche/umwelt/riesiges-hochhaus-sammelt-plastikmuell-im-pazifik/

152 NauticExpo: Uboote für Tourismus und Privatnutzung: https://www.nauticexpo.de/boot-hersteller/u-boot-tourismus-21997.html

153 National Geographic 30.10.2017: Drohnen helfen Laienwissenschaftlern bei der Rettung des Meeres: https://www.nationalgeographic.de/wissenschaft/2017/08/drohnen-helfen-laienwissenschaftlern-bei-der-rettung-des-meeres

154 Europäische Kommission 25.01.2024: Kampf gegen den Drogenhandel: EU-Kommission bringt EU-Hafenallianz auf den Weg: https://germany.representation.ec.europa.eu/news/kampf-gegen-den-drogenhandel-eu-kommission-bringt-eu-hafenallianz-auf-den-weg-2024-01-25_de

155 INGENIEUR.de 10.05.2024: Die größten U-Boote der Welt: Titanen der Tiefsee: https://www.ingenieur.de/technik/fachbereiche/rekorde/die-groessten-u-boote-der-welt-titanen-der-tiefsee/

156 Linkedin.com 11.08.2023: Überblick über die Unterwasserbedrohungen und ihre Bedeutung in modernen Marineoperationen: https://de.linkedin.com/pulse/überblick-über-die-unterwasserbedrohungen-und-ihre-mario-eisenhut

157 ELEKTRONIK PRAXIS.de 23.08.2018: MIT ermöglicht direkte schnurlose Kommunikation von Unterwasser zu Luft: https://www.elektronikpraxis.de/mit-ermoeglicht-direkte-schnurlose-kommunikation-von-unterwasser-zu-luft-a-744285/

158 Youtube MIT Media Lab 22.08.2018: Getting submarines talking to airplanes, finally: https://youtu.be/csYtAzDBk00?feature=shared

159 NEXUS-Magazin Juni/Juli 2022, S. 46: Fredericks Greg: Smart Sea: Ozeane im Funkfiasko

160 Verein Safe Tech International: Auswirkungen von Sonar auf die Meeresfauna: https://safetechinternational.org/smart-ocean-impacts-of-technology-on-marine-life/

161 NET-Journal, Heft Nr. 7/8 Juli/August 2024 S. 23: Kongressbericht „Ungewöhnliche Technologien"

Kapitel 6

162 Kühling, Dr. Ing. Wilfried: Mit Planungsrichtwerten die Vorsorge vor Mobilfunkstrahlung auf Gemeindeebene verbindlich umsetzen. Heft 13/2021: https://kompetenzinitiative.com/broschueren/5g-mobilfunk-durch-gesamtraeumliche-planung-steuern/

163 VERUM Stiftung für Verhalten und Umwelt 29.09.2007: REFLEX: Risk Evaluation of Potential Environmental Hazards from Low Energy Electromagnetic Field Exposure Using Sensitive in vitro Methods: https://web.archive.org/web/20070929204258/http://www.verum-foundation.de/cgi-bin/content.cgi?id=euprojekte01

164 Freyer Ulrich: Elektrosmog erkennen und beseitigen./ Franzis Verlag Poing 1998

165 Informationszentrum Mobilfunk.de: Wie werden die Grenzwerte für den Mobilfunk ermittelt?: https://www.informationszentrum-mobilfunk.de/gesundheit/grenzwerte

166 Internationale Gesellschaft für Elektrosmog-Forschung IGEF: Was ist Elektrosmog?: https://www.elektrosmog.com/was-ist-elektrosmog

167 Die Zeit 20.10.2005: Macht Mobilfunk krank?: https://www.zeit.de/2005/43/Strahlen?utm_referrer=https%3A%2F%2Fwww.google.com%2F

168 Internationale Gesellschaft für Elektrosmog-Forschung IGEF: Mobilfunk: Wissenschaftler und Ärzte warnen: https://www.elektrosmog.com/mobilfunk-risiken-und-schutz/wissenschaftler-und-aerzte-warnen?utm_source=getresponse&utm_medium=email&utm_campaign=ratgeber-elektrosmog&utm_content

169 DocCheck Flexikon 21.03.2024:Adenosintriphosphat: https://flexikon.doccheck.com/de/Adenosintriphosphat

170 DVD-Dokumentation von Lothar Moll und Klaus Scheidsteiger: „Die gesundheitliche Wirkung der Mobilfunkstrahlung-Faktencheck"/ www.faktencheck-mobilfunkstrahlung.de

171 Statista 20.10.2021: Arbeitsunfähigkeitsfälle aufgrund von Burn-out-Erkrankungen in Deutschland in den Jahren 2004 bis 2022:https://de.statista.com/statistik/daten/studie/239872/umfrage/arbeitsunfaehigkeitsfaelle-aufgrund-von-burn-out-erkrankungen/

172 Wido – Wissenschaftliches Institut der AOK: Badura/Ducki/Schröder/Meyer (Hrsg.): Fehlzeiten-Report 2021: Betriebliche Prävention stärken – Lehren aus der Pandemie: Springer-Verlag Berlin Heidelberg 2021

173 Arbeitgebermagazin AOK Bayern Heft 4/2021, S.17

174 Ärzte der Kompetenzinitiative zum Schutz von Mensch, Umwelt und Demokratie e. V.: Freiburger Appell. Saarbrücken 2012: http://www.maes.de/05%20SENDER/maes.de%20SENDER%20ÄRZTEAPPELL.PDF

175 Persönliche Kommunikation vom 22. März 2020, Hélène Henke-Houet, 2. Vorsitzende des Vereins für Elektrosensible und Mobilfunkgeschädigte e.V., Charles-de-Gaulle-Str. 4, München

176 Bundesamt für Strahlenschutz: Wirkungen auf Zellen der Körperoberfläche bei Expositionen mit Zentimeter- und Millimeterwellen (5G Frequenzen). Salzgitter 2021: https://www.bfs.de/DE/themen/emf/kompetenzzentrum/forschung/mobilfunk/millimeterwellen.html

177 Galileo; YouTube 2018: Elektro-Sensible: Was steckt hinter dieser Krankheit?: https://youtu.be/70Wa7xekt7w

178 Internationale Gesellschaft für Elektrosmog-Forschung IGEF Ltd. 2021: Hodenkrebs durch Handy in der Hosentasche: https://www.elektrosmog.com/hodenkrebs-durch-handy-in-der-hosentasche

179 Friedensinitiative Dresden; YouTube: Zwangsbestrahlung? | 5/5 Lösungen & Forderungen | Aufklärung zum Thema elektromagnetische Felder. 2021: https://www.youtube.com/watch?v=PYAwB_24Ls0

180 Raum & Zeit Nr.223, Januar/Februar 2020, S.66; Dr. Florian König; Bioverträglicher Mobilfunk

181 DVD-Dokumentation 2018: Moll, Lothar; Scheidsteiger, Klaus: Die gesundheitliche Wirkung der Mobilfunkstrahlung-Faktencheck: https://faktencheck-mobilfunkstrahlung.de/de/

182 DVD-Dokumentation 2012: Broers, Dieter: Revolution 2012: Warum die Menschheit vor einem Evolutionssprung steht

Kapitel 7

183 Statista Januar 2024: Anteil der privaten Haushalte in Deutschland mit Mikrowellengerät bis 2021: https://de.statista.com/statistik/daten/studie/516843/umfrage/private-haushalte-in-deutschland-mit-mikrowellengeraet/

184 Statista Mai 2024: Mikrowellen – Weltweit: https://de.statista.com/outlook/cmo/haushaltsgeraete/haushaltskleingeraete/mikrowellen/weltweit

185 SPIEGEL Online 25.01.2015: Geschichte der Mikrowelle – Bacon in 90 Sekunden: https://www.spiegel.de/fotostrecke/mikrowelle-percy-spencers-zufalls-entdeckung-im-us-militaer-labor-fotostrecke-122998.html

186 WIKIPEDIA: Mikrowellenherd: https://de.wikipedia.org/wiki/Mikrowellenherd

187 Zeitenschrift Nr. 68/2011, Seiler Benjamin; Die Mikrowelle macht dick!/ S.3

188 Zeitenschrift Nr. 68/2011, Seiler Benjamin; Die Mikrowelle macht dick!/ S.3

189 YouTube: Galileo/ProSieben 16.06.2017: 5 Dinge, die auf jeden Fall in eine Mikrowelle gehören: https://youtu.be/X7YPoDCmr68?feature=shared

190 Zeitenschrift Nr.44/2004, Seiler Benjamin: „Erschwertes Überleben im globalen Mikrowellenherd" S.49: https://www.zeitenschrift.com/artikel/erschwertes-ueberleben-im-globalen-mikrowellenherd

191 The World Foundation for Natural Science Mai 2011: Mikrowellennahrung erzeugt nicht nur Krebs, sie macht auch dick!: https://www.naturalscience.org/wp-content/uploads/2014/11/wfns_fact-sheet_obesity_05-11_german.pdf

192 The World Foundation for Natural Science Mai 2008: Krebs durch Mikrowellennahrung: https://www.naturalscience.org/wp-content/uploads/2014/11/wfns_brochure_microwaves-oven_05-08_german.pdf

193 Bundesministerium für Strahlenschutz (BfS) 15.11.2023: Elektromagnetische Felder – Mikrowellenkochgeräte: https://www.bfs.de/DE/themen/emf/hff/quellen/mikrowelle/mikrowelle.html

194 Dr. Joseph Mercola: EMF Elektromagnetische Felder/ KOPP Verlag 2020, S. 220/221

195 Mysteries Nr. 6 / 2015: Mikrowellengeräte können unsere Gesundheit gefährden

196 Zeitenschrift Nr.24/2099; Seiler Benjamin; Siegfried Zwerenz Siegfried: „Der große Mobilfunkreport/ Das Damakles-Schwert über unseren Köpfen". S. 38: https://www.zeitenschrift.com/heft/zeitenschrift-24

197 The World Foundation for Natural Science 1998: Kochen mit Mikrowellen? Der Kuss des Todes!! https://www.naturalscience.org/de/publikationen/kochen-mit-mikrowellen-der-kuss-des-todes/

198 Schrot & Korn 30.09.1999; Krautstein Hans: Mikrowellengeräte im Zwielicht: https://schrotundkorn.de/umwelt/mikrowellengeraete-im-zwielicht

199 RICHTIG SCHÖN KOCHEN: Konvektionsofen - multifunktional und energiesparend: https://www.richtig-schoen-kochen.de/utensilien/konvektionsofen/

Kapitel 8

200 Inter Versicherungsgruppe: Cyberkriminalität Statistik: Aktuelle Zahlen zeigen exponentielles Wachstum: https://www.intercyberguard.de/Blog/Cybercrime/Cybercrime-in-Zahlen

201 INSTITUT DER DEUTSCHEN WIRTSCHAFT Köln: Digitalisierung: https://www.iwkoeln.de/themen/digitalisierung.html

202 Bundesministerium für Umwelt, Naturschutz, nukleare Sicherheit und Verbraucherschutz (BMUV) 19.11.2020: Wohlstand und ein gutes Leben- Alternativen zum BIP: https://www.umwelt-im-unterricht.de/hintergrund/wohlstand-und-ein-gutes-leben-alternativen-zum-bip/:

203 INGENIEUR.de 22.11.2014: Projekt Ocean Spiral - Japanische Baufirma plant Unterwasserstadt: https://www.ingenieur.de/technik/fachbereiche/architektur/japanische-baufirma-plant-unterwasserstadt/

204 Stern 05.09.2021: Die Enterprise aus Peking - China will ein 1000 Meter langes Raumschiff bauen: https://www.stern.de/digital/technik/die-enterprise-aus-peking---china-will-ein-1000-meter-langes-raumschiff-bauen-30709820.html

205 Universität Potsdam 2019: Prof. Schladebach Marcus: Wem gehört der Weltraum ? Grundlagen des Weltraumrechts: https://www.uni-potsdam.de/fileadmin/projects/didaktik-rw/APuZ_2019_29-30_Schladebach_Wem_gehört_der_Weltraum.pdf

206 WIKIPEDIA: Geschichte des Comouters: https://de.wikipedia.org/wiki/Geschichte_des_Computers

207 Clixoom vorn mit e, Youtube 15.01.2019: Winziger als ein Reiskorn: Kleinster Computer der Welt gebaut: https://youtu.be/ohNGPwkZBys?feature=shared

208 Barnard Haisch: Warum Gott nicht würfelt: Geist, Kosmos und Physik/ Crotona-Verlag 2014

209 WIKIPEDIA: Technokratie: https://de.wikipedia.org/wiki/Technokratie

210 lehmanns media: Was ist Mindmapping?:
https://www.lehmanns.de/page/mindmapping

211 t3n digital pioneers 28.09.2021: Copy & Paste: Forschende wollen menschliches Gehirn auf Mikrochip kopieren:
https://t3n.de/news/copy-paste-gehirn-mikrochip-kuenstliche-intelligenz-1410867/

212 interpack SPOTLIGHT Magazin 07.05.2022: PAKET PER DROHNE: 13 MINUTEN VON DER BESTELLUNG BIS ZUR LIEFERUNG:
https://www.interpack.de/de/Media_News/SPOTLIGHT_Magazin/NON-FOOD-VERPACKUNGEN/Non-Food_Verpackungen_News/Paket_per_Drohne_13_Minuten_von_der_Bestellung_bis_zur_Lieferung

213 infineon August 2022: Alles, was Sie über das Internet der Dinge wissen müssen:
https://www.infineon.com/cms/de/discoveries/internet-der-dinge-basics/

214 flixcheck 15.08.2023: Digitalisierung – Diese Vor- und Nachteile hat die Digitalisierung:
https://www.flixcheck.de/vor-und-nachteile-digitalisierung/

215 Neue Züricher Zeitung 09.11.2022: Schon lange vor Facebook zeigte die Online-Welt «Second Life», was im Metaversum alles möglich ist:
https://www.nzz.ch/technologie/second-life-was-uns-eine-18-jaehrige-online-welt-ueber-das-metaversum-erzaehlt-ld.1653856

216 Spektrum.de 29.10.2019: SMART Homes: Intelligent aber unbeliebt:
https://www.spektrum.de/news/das-smart-home-leidet-unter-akzeptanzproblemen/1681066

217 WELT 16.02.2018: AUTOMATISIERUNG – Diese Jobs sind besonders von Robotern bedroht:
https://www.welt.de/wirtschaft/article173642209/Jobverlust-Diese-Jobs-werden-als-erstes-durch-Roboter-ersetzt.html

218 YouTube: Galileo/ProSieben 19.09.2016: Bundesregierung empfiehlt Notvorrat für jeden Haushalt: https://youtu.be/1psienhGdvI?feature=shared

219 YouTube: Galileo/ProSieben 15.01.2019: Bodyhacking: Durch extreme Veränderungen zum perfekten Menschen:
https://youtu.be/sonmEtsthQY?feature=shared

Kapitel 9

220 dasgehirn.info 27.11.2013: Schaltkreise der Motivation: https://www.dasgehirn.info/denken/motivation/schaltkreise-der-motivation

221 Weissenberg Business Consulting Blog 2022: Was ist Deep Learning?:
https://weissenberg-group.de/was-ist-deep-learning/

222 ZEIT ONLINE 20.07.2017: DeepMind – Ein Strichmännchen rennt um sein Leben: https://www.zeit.de/digital/internet/2017-07/deepmind-googles-ki-lernt-laufen?utm_referrer=https%3A%2F%2Fwww.google.com%2F

223 Tegmark Max; LEBEN 3.0 – Mensch sein im Zeitalter Künstlicher Intelligenz, Ullstein-Verlag 2017, S.127-129

224 Der Bank Blog 27.03.2017: Roboter im Back Office: Die Zeichen stehen auf RPA: https://www.der-bank-blog.de/roboter-back-office/technologie/26532/

225 WIKIPEDIA: Dynamic Physical Rendering: https://de.wikipedia.org/wiki/Dynamic_Physical_Rendering

226 Handelsblatt 13.10.2023: Künstliche Intelligenz – Transformation von Recht und Rechtsberatung: https://live.handelsblatt.com/kuenstliche-intelligenz-transformation-von-recht-und-rechtsberatung/

227 Luc Bürgin: Das letzte Geheimnis von Mirin Dajo: Der unverletzbare Prophet, seine Wunder und seine Friedensbotschaft, KOPP-Verlag 2022

228 ZEIT ONLINE 30.09.2021: Künstliche Intelligenz – Der Fehler liegt im System: https://www.zeit.de/digital/2021-09/kuenstliche-intelligenz-begriffserklaerung-ki-systeme-strukturelle-probleme-gemeinwohl?utm_referrer=https%3A%2F%2Fwww.google.de%2F

229 Youtube FunkWissen 18.01.2019: Kurzvortrag Ulrich Weiner: Was ist 5G?: https://youtu.be/mjDT9coZLiU?feature=shared

230 TAGESSPIEGEL 19.11.2017: Wenn der Algorithmus versagt: So dumm ist Künstliche Intelligenz: https://www.tagesspiegel.de/politik/so-dumm-ist-kunstliche-intelligenz-5269513.html

231 WIKIPEDIA: SWORDS (Special Weapons Observation Reconnaissance Detection System): https://de.wikipedia.org/wiki/SWORDS

232 wired.com: 18.10.2007: Robot Cannon Kills 9, Wounds 14: http://blog.wired.com/defense/2007/10/robot-cannon-ki.html

233 scinexx.de 16.11.2018: „Chirurgische" Präzision – Weniger Tote durch autonome Waffen?: https://www.scinexx.de/dossierartikel/chirurgische-praezision/

234 WIKIPEDIA: MIM-104 Patriot: https://de.wikipedia.org/wiki/MIM-104_Patriot

235 DERSTANDARD 15.07.2019: MENSCH ERSETZT MASCHINE – Fehlfunktionen: Roboter werden reihenweise gefeuert: https://www.derstandard.de/story/2000106234915/fehlfunktionen-roboter-werden-reihenweise-gefeuert

236 taz 2020: Unfälle mit künstlicher Intelligenz – Ein rechtlicher Flickenteppich: https://taz.de/Unfaelle-mit-kuenstlicher-Intelligenz/!5711704/

Kapitel 10

237 Bayerischer Rundfunk 12.09.2016: 12. September 1958 - Jack Kilby präsentiert ersten Mikrochip: https://www.br.de/radio/bayern2/sendungen/kalenderblatt/1209-jack-kilby-erfindung-computer-mikrochip-104.html#:~:text=Und%20innerhalb%20kürzester%20Zeit%20hatte,präsentierte%20Jack%20Kilby%20seinen%20Prototyp.

238 WIKIPEDIA: Geoffrey William Arnold Dummer: https://de.wikipedia.org/wiki/Geoffrey_Dummer

239 SPIEGEL Netzwelt 27.09.2007: 40 Jahre Elektro-Addierer - Der erste Taschenrechner wog 1,5 Kilo: https://www.spiegel.de/netzwelt/web/40-jahre-elektro-addierer-der-erste-taschenrechner-wog-1-5-kilo-a-508205.html

240 WDR1 12.09.2018: 12. September 1958 - Erster Mikrochip von Jack Kilby fertiggestellt: https://www1.wdr.de/stichtag/stichtag-mikrochip-jack-kilby-100.html

241 WIKIPEDIA: Vergeltungswaffe: https://de.wikipedia.org/wiki/Vergeltungswaffe

242 WIKIPEDIA: Operation Overcast: https://de.wikipedia.org/wiki/Operation_Overcast

243 WIKIPEDIA: Die Defense Advanced Research Projects Agency (DARPA): https://de.wikipedia.org/wiki/Defense_Advanced_Research_Projects_Agency

244 WIKIPEDIA: Ubiquitäres Computing: https://de.wikipedia.org/wiki/Ubiquitäres_Computing

245 Kaku Michio: Die Physik der Zukunft - Unser Leben in 100 Jahren / Rowohlt-Verlag 2013 S. 41/42

246 GABLER WIRTSCHAFTSLEXIKON: Internet der Dinge: https://wirtschaftslexikon.gabler.de/definition/internet-der-dinge-53187/version-276282

247 Risi Armin: Computereuphorie und das weltweite Netz: Magazin 2000plus Juli/August 2000, S. 23

248 GEO Magazin Juni 1996, S.37: „Der Gläserne Mensch"

249 DIGITALE EXZELLENZ 21.10.2019: Digitale Implantate - Technik, die „unter die Haut geht": https://www.digitale-exzellenz.de/digitale-implantate/

250 ntv 14.10.2019: Gratis Implantation eines NFC-Chips: Sparda-Bank wirbt mit ungewöhnlichem Spot für Baufinanzierung: https://www.n-tv.de/mediathek/videos/wirtschaft/Sparda-Bank-wirbt-mit-ungewoehnlichem-Spot-fuer-Baufinanzierung-article21328513.html

251 Augsburger Allgemeine 08.05.2009: Patentantrag in München: Chip für Überwachung und Tötung von Menschen: https://www.augsburger-allgemeine.de/bayern/Patentantrag-in-Muenchen-Chip-fuer-Ueberwachung-und-Toetung-von-Menschen-id5775181.html

252 SPIEGEL Wissenschaft 20.08.2014: Verhütung auf Knopfdruck – Chip soll 16 Jahre vor Schwangerschaft schützen: https://www.spiegel.de/wissenschaft/mensch/verhuetung-mikrochip-soll-16-jahre-vor-schwangerschaft-schuetzen-a-982270.html

253 Kaku Michio: Die Physik der Zukunft, unser Leben in 100 Jahren/ Rowohlt-Verlag 2013, S. 281

254 REPORT24 27.07.2021: Corona/Gesundheit: Raphael Bonelli fragt nach Todesfällen „mit" Impfung: Masse der Rückmeldungen schockiert: https://report24.news/raphael-bonelli-fragt-nach-todesfaellen-mit-impfung-masse-der-rueckmeldungen-schockiert/

Kapitel 11

255 SPIEGEL Netzwelt 20.01.2015: Tragbare Radargeräte – US-Ermittler durchleuchten Wände: https://www.spiegel.de/netzwelt/web/range-r-neue-polizei-radargeraete-koennen-durch-waende-sehen-a-1013897.html

256 ZEIT ONLINE Juli 2008: Überwachung – Lückenlose Kontrolle: https://www.zeit.de/online/2008/07/eu-fingerabdruecke-einreise-frattini/seite-2

257 Bundesministerium für Wirtschaft und Klimaschutz: Industrie 4.0: Mensch-MaschineSchnittstelle: https://www.plattform-i40.de/IP/Redaktion/DE/Standardartikel/Themen-und-Technologiekatalog/mensch-maschine-schnittstelle.html

258 YouTube Simplicissimus 21.10.2020: Wie Elon Musk unser Gehirn aufrüsten will: https://youtu.be/uPFnCfVqRHI?feature=shared

259 Kaku Michio: Die Physik des Bewusstseins – Über die Zukunft des Geistes / Rowohlt-Verlag 2014, Kapitel 8: Lässt sich das Bewusstsein kontrollieren? S.261

260 science ORF.at 26.04.2005: Die Gedankenlesemaschine: https://sciencev1.orf.at/science/news/134870.html

261 Stern 25.03.2002: KYBERNETIK – Der erste »Cyborg« der Welt: https://www.stern.de/panorama/wissen/natur/kybernetik-der-erste--cyborg--der-welt-3861772.html

262 P.M.-Magazin 4/2007 S.74: Baukhage Mannon: Ich bin ein Homo Optimus

263 FOCUS Online 01.11.2021: Denken aus der Dose – Etwa 30 Menschen haben ihn schon: Kostet uns ein Chip im Gehirn die Menschlichkeit?: https://www.focus.de/wissen/mensch/bewusstes-bewusstsein-kostet-uns-chip-im-gehirn-die-menschlichkeit_id_13447563.html

264 Deutsche Welle (DW) 19.06.2013: The big Data – wie sicher sind unsere Daten?: https://www.dw.com/de/the-big-data-wie-sicher-sind-unsere-daten/video-16893128

265 Frankfurter Allgemeine 23.08.2013: Digitale Körper – Mikrochips im Körper: https://www.faz.net/aktuell/wirtschaft/mikrochips-im-menschen-experten-warnen-vor-gefahren-15749982.html

266 Wissenschaftlicher Dienst der Deutschen Bundesregierung 03.08.2018: Menschenrechte im digitalen Zeitalter: https://www.bundestag.de/resource/blob/568306/39edaff23c4b48b1be-e67944a169df27/WD-2-107-18-pdf-data.pdf

267 YouTube DER STANDARD 11.10.2021: Datenschützer warnen vor Patrouillenroboter in Singapur: https://youtu.be/Mg8aH43Jyz4?feature=shared

268 Bundeszentrale für politische Bildung (bpb) 03.03.2015: Brauchen wir die Vorratsdatenspeicherung?: https://www.bpb.de/dialog/netzdebatte/202219/vorratsdaten-speicherung

269 Frankfurter Allgemeine 18.08.2008: Datenklau-Skandal weitet sich aus: „Kein großer Akt, an illegale Daten zu kommen" https://www.faz.net/aktuell/politik/datenklau-skandal-weitet-sich-aus-kein-grosser-akt-an-illegale-daten-zu-kommen-1692149.html

270 WIKIPEDIA: VeriChip: https://de.wikipedia.org/wiki/VeriChip

271 Point PET 27.11.2018: Verursachen Mikrochips Krebs? https://point.pet/verursachen-mikrochips-krebs/

272 BLLV Bayerischer Lehrer- und Lehrerinnenverband e.V. 10.04.2024: Zunehmende Gewalt auch an Schulen – Kinder spiegeln die Verrohung in Gesellschaft und Politik: https://www.bllv.de/vollstaendiger-artikel/news/kinder-spiegeln-verrohung-gesellschaft-politik-5860

273 YouTube UPROXX 26.09.2016: Wim Hof, The Iceman Cometh: https://youtu.be/q6XKcsm3dKs?feature=shared

274 Blick Facebook 13.04.2021: Hirn-Chip von Elon Musk hilft Affe beim Videospielen mit seinen Gedanken: https://www.facebook.com/watch/?v=457989228610102

275 Universität Insbruck: Die Offenbarung des Johannes – Kapitel 13: https://www.uibk.ac.at/theol/leseraum/bibel/offb13.html

276 IT Finanzmagazin 19.01.2021: Kontaktlos Bezahlen per Smartphone und Wearable: War gestern! Kommen jetzt die Implantate?: https://www.it-finanzmagazin.de/kontaktlos-bezahlen-per-implantat-116658/

Kapitel 12

277 Bundesamt für Strahlenschutz BfS 21.04.2020: Kein Zusammenhang zwischen Corona und 5G: https://www.bfs.de/SharedDocs/Kurzmeldungen/BfS/DE/2020/0420-mobilfunk-corona.html

278 Deutschland spricht über 5G: Schwächt 5G unser Immunsystem?: https://www.deutschland-spricht-ueber-5g.de/informieren/warum-5g-nicht-gefaehrlich-fuer-uns-ist/schwaecht-5g-unser-immunsystem/

279 INFORMATIONSZENTRUM MOBILFUNK.DE 26.05.2020: Aluhut, 5G und Corona: https://www.informationszentrum-mobilfunk.de/2020/05/26/aluhut-5g-und-corona/

280 ZDF-Doku Terra X 11.11.2020: 5G und Corona – haben wir etwas übersehen? https://www.zdf.de/dokumentation/terra-x/lesch-und-co-5g-und-corona-102.html

281 Bayrisches Fernsehen 14.12.2006: Reportage-der-handykrieg: https://ul-we.de/reportage-der-handykrieg/

282 YouTube FunkWissen 07.06.2018: Naila Studie zeigt erhöhte Krebsrate um Mobilfunkmasten: https://youtu.be/2zrLPQwg2KI?feature=shared

283 YouTube Friedensinitiative Dresden e.V. 28.05.2021: Zwangsbestrahlung? | 5/5 Lösungen & Forderungen | Aufklärung zum Thema elektromagnetische Felder: https://youtu.be/PYAwB_24Ls0?feature=shared

284 Florian König Kontakt & Referenzen: https://www.fk-e.de/referenz.html

285 Florian König Artikel im Innovationsforum, Ausgabe 4/2020 S. 16

286 Raum & Zeit Nr.227/ Oktober 2020 ; Die 5G-Corona-Connektion, Seite 38

287 5G-AWARNESS May 24, 2020: Study Shows Direct Correlation Between 5G Networks and "Coronavirus" Outbreaks: https://www.5gawareness.com/5g/study-shows-direct-correlation-between-5g-networks-and-coronavirus-outbreaks/

288 www.tomeulamo.com April 2020: Bartomeu Payeras i Cifre: Estudio de la correlación entre casos de coronavirus y la presencia de redes 5G: http://www.tomeulamo.com/fitxers/264_CORONA-5G-d.pdf

289 klagemauer.TV 2019: Telefoninterview mit Mikrowellenspezialist Dr. Barrie Trower Teil 1: Zerstörung von Mensch, Tier und Natur durch 5G-Strahlung. https://www.kla.tv/Dr.BarrieTrower/14078

290 Zeitenschrift Heft 70/2011 S. 2: Seiler, David: „Mobilfunk und seine Wirkung auf Borrelien"-Warum die Mobilfunkstrahlung die Boriolose-Erkrankung begünstigt und welche Pflanze man dagegen einsetzen kann"

291 pressenza INTERNATIONAL PRESSAGENZY 28.03.2020 - Prof. Dr. Klaus Buchner: 5G schwächt das Immunsystem in Zeiten der Corona-Krise: https://www.pressenza.com/de/2020/03/5g-schwaecht-das-immunsystem-in-zeiten-der-corona-krise/

292 BR24 01.04.2020: Falschbehauptungen über 5G und Corona: https://www.br.de/nachrichten/wissen/falschbehauptungen-ueber-5g-und-corona,S4Eq5ND

293 einGeschenkt.tv 23.09.2020: Prof. Dr. med. Franz Adlkofer: Sein letztes Interview! Strahlung, 5G und der Lobbyismus: https://eingeschenkt.tv/prof-dr-med-franz-adlkofer-sein-letztes-interview-strahlung-5g-und-der-lobbyismus/

Kapitel 13

294 inter Versicherungsgruppe: CYBERCRIME: Cyberkriminalität Statistik: Aktuelle Zahlen zeigen exponentiellen Wachstum: https://www.intercyberguard.de/Blog/Cybercrime/Cybercrime-in-Zahlen

295 Statista 2024: Volumen der jährlich generierten/replizierten digitalen Datenmenge weltweit von 2010 bis 2022 und Prognose bis 2027: https://de.statista.com/statistik/daten/studie/267974/umfrage/prognose-zum-weltweit-generierten-datenvolumen/

296 Data Driven Company 20.06.2020: Daten sind das neue Öl – Herkunft des Zitats und der Stand heute: https://datadrivencompany.de/daten-sind-das-neue-oel-herkunft-des-zitats-und-der-stand-heute/

297 Statista 2024: Umsätze mit Marktforschung und Datengeschäften in Deutschland im Jahr 2016: https://de.statista.com/statistik/daten/studie/549748/umfrage/umsaetze-mit-marktforschung-und-datengeschaeften-in-deutschland/

298 Wikipdia: Globale Überwachung- und Spionageaffäre: https://de.wikipedia.org/wiki/Globale_Überwachungs-_und_Spionageaffäre

299 Berliner Zeitung 13.10.2020: Was kostet eine Welt ohne Hunger?: https://www.berliner-zeitung.de/politik-gesellschaft/was-kostet-eine-welt-ohne-hunger-li.111170?pid=true

300 Süddeutsche Zeitung 16.08.2018: 16-Jähriger hackt Apple: https://www.sueddeutsche.de/digital/it-sicherheit-16-jaehriger-hackt-apple-1.4094805

301 PCGH Games World 25.10.2019: Der Staat hört künftig mehr mit: https://www.pcgameshardware.de/Sicherheit-Thema-229955/News/Der-Staat-hoert-kuenftig-mehr-mit-1335393/

302 KLEINE ZEIZUNG 21.06.2016: Snowden: Geheimdienst-Totalkontrolle selbst über ausgeschaltete Smartsphones: https://www.kleinezeitung.at/video/4837659/Snowden_GeheimdienstTotalkontrolle-selbst-ueber-ausgeschaltete

303 Deutscher Bundestag 2018: Menschenrechte im digitalen Zeitalter, S.20: https://www.bundestag.de/resource/blob/568306/39edaff23c4b48b1bee67944a169df27/WD-2-107-18-pdf-data.pdf

304 ZEIT ONLINE 22.10.2020: Wenn der Nachrichtendienst Ihren WhatsApp-Chat mitlesen will: https://www.zeit.de/digital/datenschutz/2020-10/ueberwachung-geheimdienste-datensschutz-warnung-staatstrojaner-bundesregierung-schadsoftware?utm_referrer=https%3A%2F%2Fwww.google.com%2F

305 All About Security März 2021: die größten Datenverstöße 2020: https://lawpilots.com/wp-content/uploads/2021/03/lawpilots_whitepaper-datenschtzvorfaelle2020.pdf

306 experto.de: WhatsApp: Was Sie über Datenspionage und Sicherheitslücken bei der beliebten Android-App wissen müssen: https://www.experto.de/praxistipps/whatsapp-was-sie-ueber-datenspionage-und-sicherheitsluecken-bei-der-beliebten-android-app-wissen-muessen.html

307 AVG 26.08.2020: Datenbroker: Wer sind sie und wie arbeiten sie?: https://www.avg.com/de/signal/data-brokers

308 Bundeszentrale für politische Bildung (bpb) 11.07.2013: Prism, Tempora, Snowden - eine Presseschau: https://www.bpb.de/themen/medien-journalismus/netzdebatte/165079/prism-tempora-snowden-eine-presseschau/

309 watson digital 23.11.2015: Wie Betrüger Kreditkarten auslesen und wie du dich schützt https://www.watson.ch/digital/schweiz/890008571-

310 Youtube explainity Erklärvideos 01.02.2016: Internet der Dinge einfach erklärt: https://youtu.be/yLZbzbO_7yQ?feature=shared

311 Spektrum.de 29.10.2019: SMART HOMES – Intelligent, aber unbeliebt!: https://www.spektrum.de/news/das-smart-home-leidet-unter-akzeptanzproblemen/1681066

Kapitel 14

312 Statista GmbH 2023: Absatz von Smartphones in Deutschland in den Jahren 2009 bis 2022: https://de.statista.com/statistik/daten/studie/77637/umfrage/absatzmenge-fuer-smartphones-in-deutschland-seit-2008/

313 Statista GmbH 2021: Anzahl der Smartphone-Nutzer in Deutschland in den Jahren 2009 bis 2021:
https://de.statista.com/statistik/daten/studie/198959/umfrage/anzahl-der-smartphonenutzer-in-deutschland-seit-2010/

314 Bundesamt für Umwelt BAFU Bern 2021: Elektrosmog: Die Grenzwerte im Überblick: https://www.bafu.admin.ch/bafu/de/home/themen/elektrosmog/fachinformationen/massnahmen-elektrosmog/elektrosmog--die-grenzwerte-im-ueberblick.html

315 Diagnose-Funk e.V. 2020: Berufungsgericht Turin bestätigt den Zusammenhang zwischen Handynutzung und Gehirntumoren. ICNIRP-Gutachter als befangen abgelehnt: https://www.diagnose-funk.org/aktuelles/artikel-archiv/detail&newsid=1516

316 Diagnose-Funk e.V. 2015: REFLEX-Studie juristisch bestätigt. Fälschungsvorwurf zurückgewiesen: https://www.diagnose-funk.org/aktuelles/artikel-archiv/detail?newsid=844

317 heise online 20.02.2016: Studie: Handystrahlung beeinträchtigt Spermienproduktion: https://www.heise.de/news/Studie-Handystrahlung-beeintraechtigt-Spermien-produktion-3112923.html

318 YouTube 14.04.2011: Der Handykrieg: https://youtu.be/jxH7xav9xXk?feature=shared

319 Optiker Schulz GmbH & Co. KG 2019: So schädlich ist das Handy für die Augen – und wie du dich schützen kannst: https://optiker-schulz.de/allgemein/so-schaedlich-ist-das-handy-fuer-die-augen-und-wie-du-dich-schuetzen-kannst/

320 Saarbrücker Zeitung 28.11.2016: Smartphones sind bei Jugendlichen deutlich beliebter als Bücher: https://www.saarbruecker-zeitung.de/sz-spezial/internet/smartphones-sind-bei-jugendlichen-deutlich-beliebter-als-buecher_aid-1372073

321 Bundesministerium für Gesundheit (BMG) 2011: Prävalenz der Internetabhängigkeit (PINTA): https://www.bundesgesundheitsministerium.de/ministerium/ressortforschung/drogen-und-sucht/epidemiologie-des-suchtmittelkonsums/praevalenz-der-internetabhaengigkeit-pinta.html

322 ZeitenSchrift Nr.64 4/2009: Mobilfunk: Der berühmte Tropfen zuviel: https://www.zeitenschrift.com/artikel/mobilfunkschaeden-der-beruehmte-tropfen-zuviel

323 Internationale Gesellschaft für Elektrosmog-Forschung IGEF 2022: Stahlungsarme Handys: https://www.elektrosmog.com/elektrosmog-handy-strahlung

Kapitel 15

324 ARD -Tagesschau 02.02.2022: Grüner Stempel für Atom und Gas: https://www.tagesschau.de/ausland/europa/eu-kommission-taxonomie-103.html

325 GlobeNewswire 11.11.2020: ABI/InterDigital Report: Wireless Ecosystem Energy Consumption to Grow by 160% by 2030: https://www.globenewswire.com/news-release/2020/11/11/2124486/0/en/ABI-InterDigital-Report-Wireless-Ecosystem-Energy-Consumption-to-Grow-by-160 by 2030.html

326 Zeit Online 10.12.2019: Durch 5G steigt Stromverbrauch in Rechenzentren stark an: https://www.zeit.de/digital/mobil/2019-12/netzausbau-5g-mobilfunkstandard-stromverbrauch-rechenzentren-eon?utm_referrer=https%3A%2F%2Fwww.google.com%2F

327 Raum & Zeit Nr. 5 2010, S.22 : Atom-Renaissance? Nein, danke! https://iddd.de/umtsno/odpsejm/Skalarwellen.pdf

328 ARD-Tagesschau 06.07.2022: EU stuft Atomkraft und Erdgas als nachhaltig ein: https://www.tagesschau.de/wirtschaft/eu-taxonomie-107.html

329 WIKIPEDIA: Walter Russel: https://de.wikipedia.org/wiki/Walter_Russell

330 Puzyna, Dipl. Ing. Krzysztof 2008: Was sind Skalarwellen?: https://iddd.de/umtsno/odpsejm/Skalarwellen.pdf

331 SPIEGEL Wissenschaft 26.09.2020: Was, wie viel und wohin damit – die deutsche Atommüll-Bilanz: https://www.spiegel.de/wissenschaft/technik/endlager-suche-was-wie-viel-und-wohin-damit-die-deutsche-atommuell-bilanz-a-7a153ba3-029a-4e55-adaf-3312b7427d9e

332 Strahlentelex 2008: KiKK-Studie Kinderkrebs bei Atomkraftwerken: www.strahlentelex.de/kinderkrebs_bei_atomkraftwerken.html

333 Raum & Zeit Nr.5 2010, S.18: „ Fahrlässige Wissenschaftler verharmlosen Gefahr durch Atomkraftwerke"

334 Deutsches Ärzteblatt 25.07.2008: Leukämien bei unter 5-jährigen Kindern in der Umgebung deutscher Kernkraftwerke: https://www.aerzteblatt.de/archiv/61936/Leukaemien-bei-unter-5-jaehrigen-Kindern-in-der-Umgebung-deutscher-Kernkraftwerke

335 Wurzbacher, Dipl.-Phys. Karin 2009: Gesundheitsrisiko AKW Die Ergebnisse der Kinderkrebsstudie und ihre Bewertung. https://docplayer.org/59588536-Gesundheitsrisiko-akw-die-ergebnisse-der-kinderkrebsstudie-und-ihre-bewertung.html

336 BfS Bundesamt für Strahlenschutz 2021: Epidemiologische Studie zu Kinderkrebs in der Umgebung von Kernkraftwerken – KiKK-Studie: https://www.bfs.de/DE/bfs/wissenschaft-forschung/wirkung-risiken-ion/abgeschlossen/kikk-studie.html

337 Geo Online 2022: Fracking: Das sollten Sie wissen: https://www.geo.de/natur/oekologie/2906-rtkl-erdgasfoerderung-fracking-das-sollten-sie-wissen

338 ub.de Fachwissen GmbH 2022: Wie gefährlich ist Fracking?: https://www.solaranlage.eu/solar/solarenergie/fracking

339 WELT 10.10.2016: Energiewende kostet die Bürger 520.000.000.000 Euro – erstmal: https://www.welt.de/wirtschaft/article158668152/Energiewende-kostet-die-Buerger-520-000-000-000-Euro-erstmal.html

340 Kesselheld GmbH 2022: Farbstoffsolarzelle: Aufbau, Wirkungsgrad & Entwicklung: https://www.kesselheld.de/farbstoffsolarzelle/

341 Das geht anders – Blog für Freie Energie: Der Magnetmotor funktioniert – doch die Welt will ihn nicht haben: https://gehtanders.de/magnetmotor/

342 Raum & Zeit Nr. 200/ 2016: Energieernte in luftiger Höhe

343 YouTube SABC News 18.05.2015: An electric car that does not require conventional recharging: https://youtu.be/viGjXV38qvY?feature=shared (Siehe auch im NET-Journal Nr. 24 Heft1/2 Januar/Februar 2019 S.4-6)

Kapitel 16

344 Statistisches Bundesamt (Destatis) 2023: EU-weit 4,7 Millionen Tonnen Elektroschrott im Jahr: https://www.destatis.de/Europa/DE/Thema/Umwelt-Energie/Elektroschrott.html#:~:text=Das%20entsprach%20rund%208%2C9,und%20Elektronikgeräte%20in%20den%20Abfallsammelstellen

345 Bayrischer Rundfunk (BAYERN 2) 19.07.2024: Wie wurde früher Abfall entsorgt? https://www.br.de/kinder/die-geschichte-der-muellabfuhr-abfall-entsorgung-kinder-lexikon-100.html

346 Stadtwerke Singen: Abfall – Früher und heute: https://www.stadtwerke-singen.de/pdf_koffer/abfallkoffer/klasse_1_4/1_abfallentstehung/16_frueher_und_heute.pdf

347 Hamer Eberhard: Visionen 2050 -Wohin steuern wir? Kopp Verlag 2016, S. 232: Wertewandel, Lebenswerte bis 2050

348 Archiv der deutschen Bundesregierung 04.07.2021: Einweg-Plastik wird verboten: https://www.bundesregierung.de/breg-de/service/archiv/einwegplastik-wird-verboten-1763390#:~:text=Teller%2C%20Besteck%2C%20To-go,Plastik%20und%20aus%20"Bioplastik"

349 Siehe auch in; Michio Kaku; „Die Physik der Zukunft-Unser Leben in 100 Jahren" Rowohlt-Verlag 2013 S. 38 ff

350 GESUNDHEIT GV.AT 31.08.2022: Kaufsucht: https://www.gesundheit.gv.at/krankheiten/sucht/kaufsucht#:~:text=Ist%20jemand%20kaufsüchtig%2C%20kann%20sie,Betroffene%20nicht%20mehr%20kontrollieren%20können

351 TAGESSPIEGEL 18.08.2007: Produktqualität: Böse Überraschungen aus China: https://www.tagesspiegel.de/wirtschaft/produktqualitaet-boese-ueberraschungen-aus-china/1017006.html

352 DEUTSCHLANDFUNK 12.08.2020: Plastikmüll in Südostasien – Die giftigen Folgen des deutschen Müllexports: https://www.deutschlandfunk.de/plastikmuell-in-suedostasien-die-giftigen-folgen-des-100.html

353 klimareporter.de 19.11.2019: Mehr Produkte, mehr Verpackungen – Die Müllberge wachsen: https://www.klimareporter.de/finanzen-wirtschaft/die-muellberge-wachsen

354 Deutsche Welle (DW) 02.07.2020: Weltweit wachsen Berge von Elektroschrott: https://www.dw.com/de/elektromüll-recyceln/a-54000832

355 Bayerischer Rundfunk (BR24) 02.07.2020: Globaler E-Waste-Monitor 2020: Viel mehr Elektroschrott weltweit: https://www.br.de/nachrichten/wissen/globaler-e-waste-monitor-2020-viel-mehr-elektroschrott-weltweit,S3ZvJab

356 Statista 05.07.2024: Prognose zur weltweiten Erzeugung von Elektroschrott bis 2030: https://de.statista.com/statistik/daten/studie/792541/umfrage/erzeugung-von-elektroschrott-weltweit/

357 NABU (Naturschutzbund Deutschland) e. V.: Das zweite Leben von Elektrogeräten – Zehn Fakten zum Recycling von Elektroschrott: https://www.nabu.de/umwelt-und-ressourcen/abfall-und-recycling/kreislaufwirtschaft/27249.html

358 Eberl Ulrich; „Wie wir schon heute die Zukunft erfinden", Beltz & Gelberg-Verlag 2011, S.168/169

359 Eberl Ulrich; „Wie wir schon heute die Zukunft erfinden", Beltz & Gelberg-Verlag 2011, S.170

360 Bayerischer Rundfunk (BR1) 04.05.2021: Reoil – Wie aus Plastikmüll Öl werden kann: https://www.br.de/radio/bayern1/reoil-100.html#:~:text=Das%20Verfahren%20klingt%20eigentlich%20relativ,synthetisches%20Rohöl%20umgewandelt%20werden%20können

361 Raum & Zeit, Heft 5/2010, S.90: „Wo die Ökologie ökonomisch wird"

Kapitel 17

362 WIKIPEDIA: Nichttödliche Wirkmittel: https://de.wikipedia.org/wiki/Nichttödliche_Wirkmittel

363 WIKIPEDIA: The Mosquito: https://de.wikipedia.org/wiki/The_Mosquito

364 ostfalia.de: Elektrizität im alten Ägypten?: https://www.ostfalia.de/cms/de/pws/ose/.content/documents/NTNB_AKAD/Artikel_EvD.pdf

365 CHIP.de 20.06.2022: Seit wann gibt es Strom? Die kurze Geschichte der Elektrifizierung: https://praxistipps.chip.de/seit-wann-gibt-es-strom-die-kurze-geschichte-der-elektrifizierung_102258#:~:text=Strom%20ist%20keine%20Erfindung%20-%20Elektrizit%C3%A4t%20als%20Naturph%C3%A4nomen&text=Bereits%20im%20Jahr%201672%20baute,zeigte%20sich%20durch%20ein%20Leuchten

366 WIKIPEDIA: Faradayscher Käfig: https://de.wikipedia.org/wiki/Faradayscher_Käfig

367 Heerd Ulrich: Das HAARP-Projekt, Michaels Verlag 2003, S.107

368 Gehring Heiner: Versklavte Gehirne - Bewusstseinskontrolle und Verhaltensbeeinflussung. KoppVerlag 2006, S.14

369 WIKIPEDIA: Ionosphärenheizer: https://de.wikipedia.org/wiki/Ionosphärenheizer

370 Bludorf Franz, Fosar Grazyna: „Die Erde als Waffe", Matrix3000 Nr.32/2006 S.12

371 Bertell Rosalie Dr.: Kriegswaffe Planet Erde, J.K.Fischer-Verlag 2013, S.225

372 Nichols B., Moon P.: Das Montauk Projekt - Experimente mit der Zeit, E.T. Publishing Unlimited 1994, S. 25

373 Gehring Heiner, Versklavte Gehirne - Bewusstseinskontrolle und Verhaltensbeeinflussung. Kopp-Verlag 2006, S.147

374 WIKIMEDIA Commons: Lichtenstein-radar.jpg: https://commons.wikimedia.org/w/index.php?curid=6096963&uselang=de

375 WIKIPEDIA: Operation Overcast: https://de.wikipedia.org/wiki/Operation_Overcast

376 WIKIPEDIA: Aktion Ossawakim: https://de.wikipedia.org/wiki/Aktion_Ossawakim

377 Gehring Heiner: Versklavte Gehirne - Bewusstseinskontrolle und Verhaltensbeeinflussung. Kopp-Verlag 2006, S.147/148

378 Bertell Rosalie Dr.: Kriegswaffe Planet Erde, J.K.Fischer-Verlag 2013, S.243/244

379 Matrix 3000, Ausgabe März/April 2006 S.9: Die Erde als Waffe

380 Gehring Heiner: Versklavte Gehirne - Bewusstseinskontrolle und Verhaltensbeeinflussung. Kopp-Verlag 2006, S.166-168

381 US-Militärprojekte der Amtlichen Dokumente: Scheflin & Opton, 1978; Cannon, 1993; Martin & Caul, 1995; John StClair Akwei vs. National Security Agency, 1996; Patton, 1996; Victorian, 1996: Lammer & Lammer, 1997

382 Springer Verlag 1995: Das FBI heute: Zur Freigabe der Akten: https://link.springer.com/chapter/10.1007/978-3-476-03630-8_5?noAccess=true

383 Heiliger M. Dr.: Bewusstseinsmanipulation durch ELF-Wellen, Zeitenschrift Nr.73/2012 S.20 https://www.zeitenschrift.com/artikel/mind-control-bewusstseinsmanipulation-durch-elf-wellen

384 WIKIPEDIA Ionosphärenheizer: https://de.wikipedia.org/wiki/Ionosphärenheizer

385 Fosar Grazyna , Bludorf Franz: Der Sexbrummton von Stuttgart, Matrix 3000 März/April 2003 S.34

386 WIKIPEDIA: Woody Norris: https://de.wikipedia.org/wiki/Woody_Norris

387 SPIEGEL-Panorama 23.04.2008: Pieptonfolter gegen Jugendliche – Hier kommt die Tinnitus-Attacke: https://www.spiegel.de/lebenundlernen/schule/pieptonfolter-gegen-jugendliche-hier-kommt-die-tinnitus-attacke-a-549176.html

388 SPIEGEL-Wissenschaft 15.01.2007: Strahlenwaffe – US-Militär stellt Mikrowellen-Kanone vor: https://www.spiegel.de/wissenschaft/mensch/strahlenwaffe-us-militaer-stellt-mikrowellen-kanone-vor-a-462187.html

389 SPIEGEL-Wissenschaft 30.09.2017: Rätselhafte Angriffe auf Kuba – Wie Schallwaffen funktionieren https://www.spiegel.de/wissenschaft/technik/schallwaffen-wie-funktionieren-schallkanonen-a-1170765.html

390 Die Welt 21.08.2014: Video: So funktioniert die Schallkanone der Polizei: https://www.welt.de/vermischtes/weltgeschehen/video131445616/So-funktioniert-die-Schallkanone-der-US-Polizei.html

391 YouTube Deutsche Fernsehgeschichte 20.10.2017: Die Mikrowellenkanone – Streng geheim und kriegsentscheidend: https://youtu.be/BWdYx8nTAWg?feature=shared

392 FUTURE-ZONE 25.02.2019: Chinas neue Mikrowellenwaffe soll höllische Schmerzen erzeugen: https://www.futurezone.de/science/article216519205/chinas-neue-mikrowellenwaffe-soll-hoellische-schmerzen-erzeugen.html

393 Wissenschaft-X.com 26.10.2021: Stryker von General Dynamics wird Drohnenschwärme mit einer Mikrowellenwaffe bekämpfen: https://www.wissenschaft-x.com/general-dynamics-stryker-will-counter-drone-swarms-with-a-microwave-weapon

394 SILO.TIPS 26.07.2016: Mikrowellen-Verbrechen: https://silo.tips/download/mikrowellen-verbrechen

395 NEWSMAX.com 26.04.2001: Everyday Materials Used in Radio Weapon: http://newsmax.com/archives/articles/2001/4/26/221849.shtml

396 European Coalition Against Covert Harassment: https://www.information-book.com/electromagnetic-harassment-health-attacks/organizations-against-mind-control/ oder: https://www.havana-syndrom-info.com

397 SPIEGEL-Wissenschaft 22.08.2021: Schall- und Mikrowellenangriffe auf US-Botschaft – Strahlen aus dem Hinterhalt: https://www.spiegel.de/wissenschaft/technik/strahlen-aus-dem-hinterhalt-schall-und-mikrowellenangriffe-auf-us-botschaft-a-4e0daf07-fd94-4e7f-9c5d-74ff94436026

398 FragDenStaat.de 04.03.2020: Schutz der Bevölkerung vor waffenähnlichem Missbrauch von Mikrowellen und tieffrequentem Schall: https://fragdenstaat.de/anfrage/schutz-der-bevolkerung-vor-waffenahnlichem-missbrauch-von-mikrowellen-und-tieffrequentem-schall/

399 Munzert Reinhard Dr.: mikrowellenterror.de 12.10.2003: Verschiedene Mikrowellenwaffen und ihre Gefährlichkeit für Menschen: http://www.mikrowellenterror.de/artikel/munzert2.htm#top

Kapitel 18

400 Süddeutsche Zeitung (SZ) 25.04.2022: Sipri-Bericht – Militärausgaben erreichen Rekordniveau: https://www.sueddeutsche.de/politik/sipri-ruestung-1.5572057

401 Humbold Universität Berlin 26.01.2021: Letale Autonome Waffensysteme: https://utopieeuropa.institutfrancais.de/wp-content/uploads/2020/06/Zusammenfassung-der-Podiumsdiskussion-LAWS.pdf

402 SPIEGEL-Wissenschaft 02.03.2021: Wettlauf der Kampfrooter: https://www.spiegel.de/wissenschaft/technik/wettlauf-der-kampfroboter-a-3e1db4c9-8b1d-425c-b5f7-3996e44a7f83

403 KONRAD ADENAUER STIFTUNG: Analyse aktueller globaler Entwicklungen im Bereich KI mit einem Fokus auf Europa: https://www.kas.de/documents/252038/11055681/Analyse+aktueller+globaler+Entwicklungen+im+Bereich+KI+mit+einem+Fokus+auf+Europa.pdf/99f84ba2-c142-03b3-f76e-ba399c8d131b?

404 Deutschlandfunk 02.01.2022: Kalter intelligenter Krieg – Wie Algorithmen die geostrategische Lage verändern: https://www.deutschlandfunk.de/ki-kuenstliche-intelligenz-waffensysteme-100.html

405 Handelsblatt 12.04.2022: Das sind die größten Rüstungskonzerne der Welt 2022: https://www.handelsblatt.com/unternehmen/rheinmetall-boeing-und-co-das-sind-die-groessten-ruestungskonzerne-der-welt-2022/25317786.html

406 Lewin's C. Leonard: Bericht aus Iron Mountain – Ist Frieden sinnvoll und erstrebenswert? / Kopp-Verlag 2011

407 Tagesschau 28.04.2022: Beschluss des Bundestages – Welche Waffen es für die Ukraine gibt: https://www.tagesschau.de/inland/schwere-waffen-ukraine-101.html

408 Bundesministerium für Verteidigung 16.03.2022: Kabinett einigt sich auf mehr Geld und Sondervermögen für die Bundeswehr: https://www.bmvg.de/de/aktuelles/deutlich-aufgestockt-verteidigungshaushalt-5372564

409 Orzechowski Peter: Der Dritte Weltkrieg - Schlachtfeld Europa: Wie die nächste globale Katastrophe unseren Kontinent und damit auch Deutschland treffen wird, KOPP-Verlag 2015

410 scinexx.de 16.11.2018: Waffen mit Computerhirn - Wenn Waffensysteme autonom werden: https://www.scinexx.de/dossierartikel/waffen-mit-computerhirn/

411 TipsForDrones.com: Die Geschichte der Drohnen - Meilensteine, die Sie wissen müssen: https://tipsfordrones.com/de/die-geschichte-der-drohnen-meilensteine-die-sie-wissen-mussen/

412 WIKIPEDIA: Vergeltungswaffe: https://de.wikipedia.org/wiki/Vergeltungswaffe

413 YouTube Bild: 24.05.2022: Ukraine schlägt mit „Kamikaze"-Drohne zurück: https://www.youtube.com/watch?v=6sHi0jJpG5k

414 scinexx.de 16.11.2018: Waffen mit Computerhirn - Wenn Waffensysteme autonom werden: https://www.scinexx.de/service/dossier_print_all.php?dossierID=206152

415 scinexx.de 16.11.2018: „Chirurgische" Präzision - Weniger Tote durch autonome Waffen?
https://www.scinexx.de/dossierartikel/chirurgische-praezision/

416 WIKIPEDIA: Oerlikon 35-mm-Zwillingskanone: https://de.wikipedia.org/wiki/Oerlikon_35-mm-Zwillingskanone#cite_note-2

417 scinexx.de 16.11.2018: Waffen mit Computerhirn - Wenn Waffensysteme autonom werden: https://www.scinexx.de/service/dossier_print_all.php?dossierID=206152

418 SPIEGEL Netzwelt 21.02.2018: Spekulative Zukunftsszenarien - Wenn der Putzroboter die Finanzministerin sprengt: https://www.spiegel.de/netzwelt/netzpolitik/boese-kuenstliche-intelligenz-experten-warnen-mit-fiktiven-szenarien-a-1194640.html

419 SPIEGEL Wissenschaft 24.02.2019: Künstliche Intelligenz - Autonome Waffen außer Kontrolle: https://www.spiegel.de/wissenschaft/technik/autonome-waffen-ausser-kontrolle-a-1253320.html

420 heise online.de 04.05.2022: Autonome Drohnen und KI-Waffen im Ukraine-Krieg: https://www.heise.de/hintergrund/Autonome-Drohnen-und-KI-Waffen-im-Ukraine-Krieg-6678282.html?seite=all

421 scinexx.de 16.11.2018: „Wir machen nicht mit" - KI-Forscher gegen Killerroboter: https://www.scinexx.de/dossierartikel/wir-machen-nicht-mit/

Kapitel 19

422 WIKIPEDIA: Herman P. Schwan: https://en.wikipedia.org/wiki/Herman_P._Schwan

423 eingeSchenkt.tv 23.09.2020: Prof. Dr. med. Franz Adlkofer: Sein letztes Interview! Strahlung, 5G und der Lobbyismus: https://eingeschenkt.tv/prof-dr-med-franz-adlkofer-sein-letztes-interview-strahlung-5g-und-der-lobbyismus/

424 Bundesamt für Strahlenschutz (BfS): Elektromagnetische Felder – Wirkungen: https://www.bfs.de/DE/themen/emf/mobilfunk/wirkung/wirkung_node.html

425 I.S.F. Institut für Stressforschung Forschung und Entwicklung 1997: Biologische Wirkungen Elektromagnetischer Felder im Frequenzbereich 0 – 3 GHz auf den Menschen – Studie russischer Literatur von 1960-1996: https://ul-we.de/wp-content/uploads/2020/05/19961114-Prof.-Hecht-Russische-Studien.pdf

426 INFORMATIONSZENTRUM MOBILFUNK.DE: WELCHE MOBILFUNKGRENZWERTE GELTEN IM INTERNATIONALEN VERGLEICH?: https://www.informationszentrum-mobilfunk.de/informationszentrum-mobilfunk/gesundheit/grenzwerte-2/international/

427 diagnose.funk.de 02.03.2015: REFLEX-Studie juristisch bestätigt – Fälschungsvorwurf zurückgewiesen: https://www.diagnose-funk.org/aktuelles/artikel-archiv/detail?newsid=844

428 dewiki.de: REFLEX-Studie: https://dewiki.de/Lexikon/REFLEX-Studie

429 YouTube 07.04.2018: Klaus Scheidsteger im Interview über seinen Film „Thank you for calling“: https://www.youtube.com/watch?v=qPoF06lCwlk

430 YouTube 14.04.2011: Der Handkrieg – Originial-Filmversion von Klaus Scheidsteger: https://www.youtube.com/watch?v=jxH7xav9xXk

431 YouTube – Filmprojekt der Friedensinitiative Dresden 21.03.2021: Zwangsbestrahlung? | 3/5 Studien & Grenzwerte | Aufklärung zum Thema elektromagnetische Felder: https://youtu.be/JAccCJka354?feature=shared

432 Bundesamt für Strahlenschutz (BfS): Studien zu Krebserkrankungen in der Nähe von Mobilfunk-Basisstationen: https://www.bfs.de/DE/themen/emf/kompetenzzentrum/berichte/berichte-mobilfunk/krebs-basisstationen.html

433 diagnose.funk.de 17.01.2020: Führender Experte bestätigt NTP-Studie: Mobilfunk-Strahlung kann Krebs verursachen!: https://www.diagnose-funk.org/aktuelles/artikel-archiv/detail&newsid=1511

434 INFORMATIONSZENTRUM MOBILFUNK- NEUE STUDIE ZUR LANGZEITWIRKUNG VON ELEKTROMAGNETISCHEN FELDERN: https://www.informationszentrum-mobilfunk.de/2018/11/14/neue-studie-zur-langzeitwirkung-von-elektromagnetischen-feldern/

435 BAUBIOLOGIE MAES: „Stress durch Strom und Strahlung" von Wolfgang Maes zum Thema „Handyfunk und Krebs": http://www.maes.de/16%20LESEPROBEN/maes.de%20LESEPROBE%20HANDYFUNK%20UND%20KREBS.PDF

436 YouTube – Deutschland spricht über 5G 05.07.2021: Harald Lesch: Wie Wissenschaft 5G Mobilfunk erforscht: https://youtu.be/YwOulMcWW8I?feature=shared

437 Bürgerwelle e.V.: Mobilfunk und Gesundheit – Zum Sachstand wissenschaftlicher Erkenntnisse Mobilfunk und Gesundheit Dr. Wolf Bergmann, Freiburg im April 2003: https://www.buergerwelle.de/de/themen/gesundheit/gesundheit_bergmann.html

438 Süddeutsche Zeitung 12.06.2019: Mobilfunk: 5G-Auktion bringt Deutschland 6,6 Milliarden Euro: https://www.sueddeutsche.de/wirtschaft/5g-lizenz-versteigerung-ergebnis-1.4394410

439 diagnose.funk.org 06.09.2008: Vortrag Peter Hensinger: Deutsche Mobilfunkforschung – Von subtiler Fälschung zur Wissenschaftskriminalität: https://www.diagnose-funk.org/download.php?field=filename&id=34&class=DownloadItem

440 Pro Psychotherapie e.V. 07.02.2018: Internetsucht, Handysucht oder Onlinesucht: https://www.therapie.de/psyche/info/index/diagnose/internetsucht/artikel/

441 Florian König Enterprises GmbH: https://www.fk-e.de/index.html

Kapitel 20

442 NABU (Naturschutzbund Deutschland e. V.) 2022: Marderhund und Götterbaum unter besonderer Beobachtung – Die EU-Liste invasiver gebietsfremder Tier- und Pflanzenarten: https://www.nabu.de/tiere-und-pflanzen/artenschutz/invasive-arten/unionsliste.html#:~:text=In%20der%20

443 Kaku, Michio: Die Physik der Zukunft; Unser Leben in 100 Jahren. Rowohlt-Verlag 2013. S. 24

444 WORLD OF VR: Was ist die Industrie 4.0?: https://worldofvr.de/industrie-4-0/

445 neues wort.de 2022: technokratisch: https://neueswort.de/technokratisch/#wbounce-modal

446 Infineon Technologies AG 2022: Alles, was Sie über das Internet der Dinge wissen müssen: https://www.infineon.com/cms/de/discoveries/internet-der-dinge-basics/

447 MANAGEMENT CIRCLE AG 2018: Cyborgs: Die künstlichen Menschen sind bereits Realität: https://www.managementcircle.de/blog/cyborgs.html

448 Europäisches Parlament 2022: Kreislaufwirtschaft: Definition und Vorteile: https://www.europarl.europa.eu/topics/de/article/20151201STO05603/kreislaufwirtschaft-definition-und-vorteile

449 Deutschlandfunk Kultur 10.05.2022: Modern Monetary Theory – Schulden machen, bis es quietscht: https://www.deutschlandfunkkultur.de/modern-monetary-theory-schulden-100.html

450 ZEW – Leibniz-Zentrum für Europäische Wirtschaftsforschung GmbH 2022: Intellektuelles Eigentum und immaterielle Investitionen: https://www.zew.de/forschung/innovationsoekonomik-und-unternehmensdynamik/forschungsschwerpunkte/intellektuelles-eigentum-und-immaterielle-investitionen

451 CyberForum e.V. 26.07.2021: Blockchain-Architektur verändert Europas Finanzmärkte: https://www.techtag.de/business/blockchain-architektur-veraendert-europas-finanzmaerkte/

452 N26.com 21.09.2021: Bargeldlos bezahlen: In 5 Ländern Europas ist das bald die Norm: https://n26.com/de-de/blog/bargeldlos-bezahlen-in-diesen-laendern-bald-die-norm

Schlussgedanken

453 National Institute of Information and Communications Technology 26.06.2024: World Record 402 Tb/s Transmission in a Standard Commercially Available Optical Fiber: https://www.nict.go.jp/en/press/2024/06/26-1.html

454 Fraunhofer-Institut für Nachrichtentechnik, Heinrich-Hertz-Institut, HHI: Indoor LiFi: https://www.hhi.fraunhofer.de/abteilungen/pn/forschungsgruppen/optische-metro-zugangs-und-inhausnetze/indoor-lifi.html

455 Raum & Zeit Nr. 238/2022 S. 76-81: Hilda Müller: Biogeometrie – eine Wissenschaft zwischen Technologie und Spiritualität

456 KOMPETENZINITIATIVE.COM: Wilfried Kühling: 5G / Mobilfunk durch gesamträumliche Planung steuern: https://kompetenzinitiative.com/5g-mobilfunk-durch-gesamtraeumliche-planung-steuern/

457 Raum & Zeit Nr. 223/ Januar/Februar 2020: https://www.raum-und-zeit.com/produkt/raumzeit-nr-223/

458 Umwelt Bundesamt 21.01.2021: Vorsorgeprinzip: https://www.umweltbundesamt.de/vorsorgeprinzip

459 Urteil des Bundesverwaltungsgerichtes vom 30.08.2012; BverwG. 4 C 1.11.

460 YouTube – mehrteiliges Filmprojekt der Friedensinitiative Dresden: Aufklärung zum Thema elektromagnetischer Felder: https://www.youtube.com/channel/UCEihhcl-6KlUhzp2se97U9Dw

461 Prof. Dr. Klaus Buchner, Dr. Med. Monika Krout: 5G Wahns(sinn) – Die Risiken des Mobilfunks, das gefährliche Spiel mit den Grenzwerten, die strahlungsarmen Alternativen, Mankau Verlag, 2021, S.189-190

FSC
www.fsc.org
MIX
Papier | Fördert
gute Waldnutzung
FSC® C083411

Zeitfracht Medien GmbH
Ferdinand-Jühlke-Straße 7
99095 Erfurt, Deutschland
produktsicherheit@kolibri360.de